RHS Companion to SCENTED PLANTS

英国王立園芸協会

香り植物図鑑

花・葉・樹皮の香りを愉しむ

RHS Companion to SCENTED PLANTS

英国王立園芸協会
香り
植物図鑑
花・葉・樹皮の香りを愉しむ

スティーブン・レイシー［著］
アンドリュー・ローソン［写真］
小泉祐貴子［訳］

柊風舎

目　次

著者の言葉…6

香りとガーデナー…8

香りの性質…24

庭を設計する…46

高木や低木・灌木を植える…54
　　高木…70、低木・灌木…84

宿根草・球根植物・一年草を植える…118
　　宿根草…130、球根植物…144、
　　一年草・二年草…156

壁面や垂直面への植栽…164
　　ウォールシュラブ…172、つる植物…182

高山植物、トラフの植物、水辺の植物…192
　　高山植物・トラフの植物…200、水辺の植物…210

ローズガーデン…214
　　ローズ…224

ハーブガーデン…248
　　ハーブ…258

室内、夏の鉢植え、温暖な気候で育てる植物…272
　　半耐寒性植物…280

香りのカレンダー：主な植物…302

生育環境別にみる香りの植物…304

索引…306

最低気温を示す気温帯のゾーン（Z）値表現…317

参考文献／謝辞／図版出典…318

訳者あとがき…319

凡例
・植物名の学名（属名、種小名）はラテン語のイタリック体、園芸品種名は‘ ’で表記し、各章の後半にある「植物解説」
　は、学名のアルファベット順に掲載。
・植物解説にある属名の見出しは、ラテン語表記に続いてカタカナでその音読みを示し、和名のあるものは（ ）で表記。
・和名は『園芸植物大事典』（小学館）などを参考にしたが、慣用に従ったものもある。
・植物解説の文末にある Z1 ～ Z10 は、それぞれの植物の耐寒性の度合いを示す。
　　Z1：－45℃以下、Z2：－45℃～－40℃、Z3：－40℃～－34℃、Z4：－34℃～－29℃、Z5：－29℃～－23℃、
　　Z6：－23℃～－18℃、Z7：－18℃～－12℃、Z8：－12℃～－7℃、Z9：－7℃～－1℃、Z10：－1℃～4℃

---

2 ページ：リーガルリリー（*Lilium regale*）‘Album’とドクゼリモドキ（*Ammi majus*）
左：手が簡単に届く場所に作られた、タイムとラベンダーの香りを運ぶレイズドベッド。

著者の言葉

　Scent in Your Garden という私の最初の本が出版されたのは1991年。以来、校正を重ね、最新情報も盛り込み、より幅広い情報を網羅して、今回 *RHS Companion to Scented Plants* を出版することとなった。「香り」は相変わらず私にとって、庭の植物を選ぶ時の最高の拠り所であり続けている。

　この間、私はこの本で取り上げた、寒さに対する耐性の異なるさまざまな芳香植物に触れる機会を得た。ノースウェールズにある私自身の庭や、私が友人のために運営するスペイン、マヨルカ島にある庭がその舞台であり、結果として、この本で新しく紹介する植物には、スパイスとして、私の個人的なコメントを加えることができた。

　実際、これはとても私的な本である。植物の選択において、私の好みを反映しているというだけでなく（あるひとつの芳香植物には、時として何十もの品種が存在するのだが、この本ではその中からいくつかを選んでご紹介しなければならない）、香りに対する受け止め方も私自身のものである（香りに対する反応は主観的なものなのだ）。新しく紹介する芳香種とその品種について数多の情報を編纂するのと同様に、長い時を経て私自身が以前書いた文章に向き合いながら、今の私がどのくらい昔の自分に同意できるかを見極めるのは、興味深い経験であった。この機会を与え、サポートしてくださった英国王立園芸協会に感謝申し上げる。

デボン州にあるローズムーア（RHSガーデン）のシュラブローズガーデンにて、バラの綱飾りを彩る鮮やかなオレンジの 'Rêve d'Or' と黄色の 'Goldbusch'、バターイエローの 'Molineux'、ピンクの 'Wisley'。

香りと
ガーデナー

　香りは、ガーデナーが発揮できる技能のなかで最も力強く人を魅了する存在であるが、にもかかわらず、最も軽視され、あまり理解されていない。ほんのわずかな香りが風に運ばれてきただけで、お腹が空いたり、何かを予感させたり、時には、長い間忘れていた子供のころに経験した瞬間や場所へと誘われる。香りはあなたを瞬時に圧倒することもあれば、気軽に楽しませてもくれる。ゆっくりとあなたの意識に忍び込み、気づかれるやいなや空気中に消え失せる。甘い、スパイシー、軽い、重い、などそれぞれの香りは異なる印象を与え、さまざまな感情を誘発する。

　香りは庭での愉しみに素晴らしい喜びを加えるのだが、真剣に扱おうとする人はほとんどいない。そのインパクトを最大限に引きだすために積極的に庭の構成に取り入れて、巧みに扱うべき重要な要素なのだが、いまだに庭の構成要素の補足的な選択肢のひとつに留まっている。少し変わった香りの植物が庭のところどころに植えられることはあるかもしれないが、繊細な香りを楽しんだり、ある効果を期待して設計されることは滅多にない。言われるまで香りが漂っていることに気づかないことも多く、カタログやガイドブックなどでは香りについては何も書かれていないこともしょっちゅうである。たまに見かけたとしても、正確な香りのイメージを理解するには程遠い、おまけ程度の扱いである。

　香りを効果的に活用できないことへのもっともらしい言い訳はたくさんある。まず、鼻の感覚はとても敏感になれるにもかかわらず、私たちは、感じている香りの正体が何なのか、またその印象について、言葉にするということをしない。その結果、香りを比較したり、分類する手段も発達せず、香りを表現するための私たちの言葉はまだまだ未開拓である。「甘い」という形容詞には、バラの花びらの香りから、5ポンド札や1ドル札のにおいまで含まれるのである。

色と香りの連携が素晴らしく、うっとりと酔いしれてしまうようなフィラデルファス
(*Philadelphus*) と真夏のバラ。

　私たちが香りに対してこんなにも無精になったのは、嗅覚が毎日の暮らしにおいて決定的な重大さを失ってしまったためと言われている。下等動物では、においは安全に目的地に向かうための手段（サケは産卵の場所へ戻るためににおいの痕跡を辿る）、食物のありかを示す手段（ほとんどの哺乳類は食物を目で見る前に鼻で嗅ぎ取る）、危険を察知する手段（ハンターたちは獲物の風下から近づく）、縄張りを作るための手段（動物の多くは縄張りを示すためにおしっこをかけたり臭腺をこすりつけたりする）、侵入を阻止するための手段（スカンクのおなら）、コミュニケーションの手段（鹿は仲間に警戒をうながすにおいを発し、蜂は蜜のありかを仲間に知らせ、多くの動物はにおいから相手の部族や社会的ステータスを感じ取る）、さらに性的な成熟度を自己アピールする手段でもある。

濃い花色のイングリッシュラベンダー（*Lavandula angustifolia*）'Hidcote' と黄花のサントリナ（*Santolina*）の香りがハイブリッド・ムスク・ローズの香りと混ざり合う、ツゲで縁どられたくつろぎの庭。囲われた場所では、風に吹き流されることなく空気中に香りが漂いやすくなる。

　私たちはもはや匂いの感覚に生き残りを委ねるようなことはないが、絶えず活用している。たとえば、食べ物や飲み物の味は匂いの感覚があってこそ感じられるものである。食べたり飲んだりしている時に鼻をつまむと、口の中の味蕾をとおして甘味、酸味、苦味、塩味の大まかな印象しか感じられなくなる。これは味と匂いの密接な関係による。香りの多くは口をとおして感じられるため、レモン、蜂蜜、ミント、ブラックカラント、ラズベリー、パイナップル、カレー、チョコレート、バニラ、ココナッツ、クローブ、アーモンドなど、香りを記述するときの多くの言葉は食べ物に関連したものである。

　さらに、香りに対する敏感さや香りに対する反応が人によって異なることが、香りを記述したり比較することを難しくしている。とらえどころのない味をしっかりと感じる人もいれば、嗅覚が比較的弱く、強い香りのみを感じる人もいる。黒髪の人々は金髪の人々よりも鋭敏な嗅覚を持つ（嗅粘膜に少し色素があるため）と言われており、喫煙は嗅覚を阻害する。多くの人には好きな香りもあれば、大嫌いな香りもある。時には説明のつかないような反応を引き起こしたり、過去に体験した場所や人、出来事を連想することもある。

　香りはそれ自体が複雑であり、気候や植物の生長過程とともに増減する多くの成分から成り立っている。香りは一瞬で変化することもあれば、一瞬で消えてしまうこともある。近くで嗅いだ時と少し離れて嗅いだ時とでもその印象は異なる。そのためどんな香りを放つのか、私たちがその香りにどんな反応をするのか、を正確に予測することは不可能である。けれども不確実であるがゆえに、香りの活用はガーデナーにとって挑戦しがいのある興味深いテーマなのである。敬遠するのではなく、理解して扱うべきである。

　日ごろから香りを意識するようにし、香りに出逢った時には注意深く嗅いで、主な特徴を嗅ぎ分け、他の香りに同じ特徴が含まれるものがないかを考えてみる。そうすることで、ちょうどワインの専門家がするように、ゆっくりと、香りを表現するための言葉のパレットを作り上げていけるのである。

　いずれにせよ多くのガーデナーたちは、見えないものを記憶することはすでに実践している。植物にまだ花がついていない時期に、将来どんな大きさに育つか、どんな習性を持つのか、全くわからない状態でデザインし、植栽する。にもかかわらず、配色の枠組みを見事に編成し、植物の高さが段々になるように調整し、さまざまな形を配置している。これと全く同じ技巧が、香りを組み合わせる場合にも適用できるのである。

香りと感情

　何世紀もの間、人々は特有の香りを注意深く選んできた。食べ物や飲み物に味つけをするため、宗教儀式における捧げものとして、体臭を隠すため、嫌なにおいを消すために床に撒くものとして、洗濯物にフレッシュな香りをつけるため、虫よけとして…。最近では、香りが呼び覚ます感情についての研究も行なわれており、患者の感情を鎮めるためのセラピーに使われることもある。コーヒーや焼きたてのパンなどの「我が家」を思わせる匂いが、家を購入する際の購買意欲に潜在的な影響を及ぼすべく活用されることもある。香りの究極の使い道は、もちろん、さまざまな香りをブレンドして洗練された香りのカクテルを作り上げる「パフューマリー（香粧品香料）」である。私は幸運なことに、パフューマー（調香師）たちと少しの時間を共に過ごしたのだが、彼らが嗅覚を鍛えて、ある香りを何十もの素材に分解できるようになることに驚嘆した。それはまるで、音楽を聴き、音のコードや楽器を聴き分けるために、耳をトレーニングするかのようである。いつも香りに囲まれている、香りに敏感なガーデナーたちが、その「作品」に香りを取り入れてこなかったこと、そしてその力を利用してこなかったことは、奇妙にすら思われる。

アリウム属の *Allium hollandicum* と青葉のホスタ（*Hosta*）の上にマメ科の植物特有の香りのする花を垂らすラブルヌム（*Laburnum*）。

　ひとつのテーマだけを取り上げたガーデニングブックは、読者がすぐに全体像を見失ってしまうので危険である。たとえば花盛りのサクラについて200ページ読んだ後には、ピンクと白の花というベールを通して世界全体を見ることだろう。サクラが庭の植物相のひとつに過ぎず、ガーデナーの花暦の小さなハイライトにしか過ぎないということを忘れてしまうのである。この本は香りの庭についての本である。けれども香りだけが、庭を作る人にとって最も重要な問題というわけではない。最も重要なのは、庭の構成が視覚的に与える印象、色や種類、形、質感などの相互作用である。庭は全体的なデザインを必要とし、植栽計画には、構造、調和、季節ごとの美観が必要である。もしこれらが欠けていたら、香りの魔術は帳消しになってしまう。この本ではこの点に留意するつもりである。自分のテーマに酔ってしまい、全体の枠組みのなかでの香りの適切なあり方を忘れることのないようにしたい。香りは植栽のプロセスの底流として存在するものであり、全体の構成に喜びを加え、その場所に求められる雰囲気を補強する、という存在なのである。

香りをプランする

　あなたが新しい庭作りの責任者になり、その構想を考えるとき、頭に香りのことは全く浮かばないかもしれない。けれども敷石や小径、芝や花壇などは緻密に計画し、庭にどんな個性を持たせ、どんな雰囲気やスタイルを持つ場所にするのかについては、古典的か現代的か、際立ったデザインを有するのか自然に倣うのか、などを含めて熟考するだろう。どんな大きさ、形、タイプの庭を選んだにしても、どんな特徴を持たせるにしても、そのなかに後から「香り」を織り込むのは難しいことではない。輪郭部はバラや香りのよい宿根草、ハーブや寒さに弱い植物の鉢植えで満たし、芝生にはスイセンが溢れ、高木からはハニーサックルが垂れる。小さな日陰のエリアには冬に強い低木類を植え、ブルーベルの花で一面を覆う。土壌が乾いていても湿っていても、日向でも日陰でも、その場所で生育できる香りの植物が必ず見つかるはずである。

　香りを最大限に活用したければ、初期段階で心に留めておくべき点がいくつかある。まず、香りを最大限に楽しむにはある程度空気が静かでないといけない。穏やかな風は香りをあなたの元へと運んでくれるが、強い風はあっという間に香りを拡散させてしまうので、風よけの存在がきわめて重要である。寒風にさらされる場所であれば、常緑樹や落葉性で高木・低木の風よけを作る必要がある。ある調査によると、30〜50％多孔性の防風塀は、風をうまい具合に透過させ、最も効率的な風よけとなる。がっしりした常緑樹で作られた生垣や壁面は、空気を激しく揺すぶり風のトンネルを作りだしてしまい、乱気流の原因となる。一般的には、地表面に設置された風よけは、その10倍の高さまで囲うと言われている。

　大きめの庭では、境界線上に自然の風よけを置き、内側に壁面を作るのが理想的な組み合わせである。香りを囲うのと同時に、自然にそれがなされるよう工夫する必要もある。植物の多くは、その香りを現わすために暖かさを必要とするが、壁面は太陽の熱を捉えて反射するのである。寒冷地には、忘れがたい香りの体験をさせてくれる、壁で囲われた庭がある。6月にイギリス、ケント州にあるシッシングハースト城や、ハンプシャー州にあるモティスフォントアビーの庭園を訪れてみるとよい。どちらの庭もオールドローズの素晴らしいコレクションがあり、穏やかで暖かい日には、フルーツやスパイスを思わせるうっとりと酔わせるような芳香が空気中に濃厚に満ちている。

香りの特徴

　壁で囲まれた庭のある人、あるいは、それを作るための道具を持っている人はあまりいないだろう。けれども、家屋の近くに壁面によって作られる小さな陽だまりを見つけるこ

色の塗られたオベリスクの周りに溢れんばかりに咲くキャットミント、エリシマム（*Erysimum* 'Bowles' Mauve'）と斑入りのセージ。手前には舗装の裂け目に狐のにおいのするハナクルマバソウ（*Phuopsis stylosa*）。

引っ込んだ場所にある腰掛けに座り、地面近くと通常の高さに植えられたヘリオトロープ (*Heliotropium arborescens*) の独特のチェリーパイのような香りを楽しむ夏のひととき。

とはできるかもしれない。空気が冷えても壁面からは熱の放散が続き、午後の遅い時間や夕方にも暖かさが残り、香りも楽しめる。陽だまりを作るには、腰掛けを置ける程度の広さの舗装された場所が必要である。腰掛けがあれば、ぼんやりと物思いにふけったり、休憩したりできる。リラックスすれば、あなたを取り巻く香りをより感受性豊かに感じられる。腰掛けを置いた場所では、おそらくどうしたら鼻を楽しませることができるかを考えるだろう。腰掛けの両側にジンチョウゲ (*Daphne*) やフィラデルファス (*Philadelphus*) を植えたり、スイセンやユリ、ヘリオトロープ、グラジオラス属の *Gladiolus murielae* などで季節とともに変化し続ける鉢植えを作ったり。私はロンドンで干ばつに強いビワ (*Eriobotrya japonica*) の鉢植えを2本育てているが、ジューシーな実（とは言っても味はあまりない）をつける前の初冬になると、小さいバルコニーをアーモンドの香りで満たしてくれる。

　腰掛け自体を香りの植物で作ることもある。小さなレイズドベッドやトラフで背もたれと腕置きを作り、リンゴの香りのするカモミールや匍匐性のミント、匍匐性でスパイシーな香りのするタイムなどを植えると、香りの腰掛けに変身する（ただし座る時には蜂に気をつけて）。デボン州にあるキラートンハウスでは、スラットが入った腰掛けの下の地面近くに背の低いサルココッカ属の *Sarcococca hookeriana* var. *humilis* が植えてあり、冬に

は甘い香りとの出会いを演出している。カモミールやミント、タイム、ストック（*Matthiola incana*）、ダイアンサス（*Dianthus*）、そしてマツヨイグサ（*Oenothera stricta*）などは舗装の裂け目に自然にこぼれ種で増えていき、香りの小径（または階段、土手、小さな芝庭など）ができ上がる。芝生には、花の咲くタイムがピンクや紫、白の端正な絨毯を作るが、手で除草したりカットしたりなどの作業が必要となる。

　香りのよい花々の多くは鼻の高さ付近に配置するべきなのは明らかである。クロッカスやアイリス属の *Iris reticulata* などの小さな球根植物、ジンチョウゲ属の *Daphne cneorum* などの矮性低木、フロックス（*Phlox*）などの高山植物、プリムラなどは、地面から持ち上げてやる必要がある。都会や平地の環境とは趣きを異にするロックガーデンに代わって、レイズドベッドやトラフはどのようなデザインにも心地よく納まる選択肢である。植物を地面から持ち上げる方法として、鉢植えのほかに、窓の下に置く植木箱を使う手もある。私は冬の間いつも早咲きの球根を鍋に2～3杯分植えてガーデンテーブルに置いて、アイリスやクロッカスなどのカラーコーディネート、あるいは色の衝突具合も楽しんでいる。

頭上から漂う香り

　アーバー（つる植物を支えるしくみ）、アーチ、トンネルなどを使えば、つる植物を鼻の高さまで持ち上げることができ、これらの植物はトレリスや柱を這い上がりながら見どころを作る。ジャスミンやクレマチス、スイートピーなどが三つ足の支柱を登るようすは見事であるし、以前見たことがある草花のボーダー花壇はフェンスの長さに合わせて断続的に長く続くハニーサックルとバラに包まれていた。これは香りを最も効果的に提供する方法であり（ボーダー花壇の宿根草は真夏にはあまり香りがしない）、他の植物の弱点を補強する構造としても最も有効な手法である。つるバラが、まっすぐな柱の間に張られたロープを伝っていくようすも素晴らしい。

窓の下に香りを配置すると喜びも2倍になる。暖かな日や夕方、バラやジャスミン、ハナタバコなどの香りが風に運ばれて室内にも流れてくる。ドアの横に香り植物の鉢植えを置くのも同様である。鉢植えにはレモンバーベナやサルビア属の *Salvia discolor* など、通る時に葉に触れるとよい香りを放つ植物を植えるのもよい。

オックスフォードシャー州のハスレー・コート（Haseley Court）では、スタンダード型——短い柱とドーム型のワイヤーで支えられたもの——に仕立てられたハニーサックルがノットガーデンのコーナーに置かれている。スタンダード仕立てのフジも、とてもスタイリッシュである。私はいつも、マグノリア属の *Magnolia wilsonii* のしなやかな枝の木陰を作りだすようすを空想している。その下にはレモンの香りのする滑らかな水鉢が置かれているイメージである。もちろん高木や低木が作りだす木陰もある。イングランド南部で見た庭では、屋外のフラワーガーデンの真ん中で芝生の小径が交差しており、それぞれのコーナーにはサクラの木が植えられて白い花々が木陰を作りだしていた。

マーガレットと銀色のプレクトランツス（*Plectranthus*、和名ヤマハッカ）の鉢植えに香りの層を加えるユーコミス（*Eucomis*）、グラジオラス属の *Gladiolus murielae*、リーガルリリー（*Lilium regale*）。

直線状に植えた植物や並木道は命ある香りの壁を作ることができる。正面玄関への私道に植えられたシナノキや、シャクナゲの仲間 Loderi rhododendrons のゆったりした散策路のことではない。どんなに小さな庭でもラベンダーの香りを漂わせたり、クローブの香りのするナデシコを植えるスペースを持ち得るのだ。私の家ではシャクナゲの仲間の華奢な *maddenii* rhododendrons の鉢植えを列状に並べ、５月にはユリのような香りが待ち受ける場所を作りだしている。穏やかな３月のうちに寒い温室から植物を運びだす体制を整える。１種類の植物に焦点をあてれば、その香りが最も強いときに気を散らすことなく没頭することができ、こうした楽しみ方はいつもワクワクできる。

庭の骨組みを作る生垣や常緑樹、高木を選ぶ時、あなたの主な関心事はその姿や形であり、一年を通してデザインに統一感をだせる素材を探すだろう。生垣は密度が濃く頑丈でなければならず、目隠しとなる高木は生長の速いものであり、景木や常緑樹は際立った輪郭を持つか特別な個性を持つものでなければならない。それでも「香り」という選択肢がある場合も多い。はさみでカットするたびに果物のようなほのかな香りがしてきたら、生垣の手入れもはるかに楽しめるものとなる。

日向の香り、日陰の香り

あなたが熱心なガーデナーであれば、多くの植栽エリアが欲しいと思うかもしれない。香りの庭では、概して日陰よりも日向の花壇が好ましい。これは熱があった方が香りが自主的に漂うためであり、芳香植物の多くは太陽を好むからでもある。

もしあなたの庭が寒風にさらされない十分に穏やかな環境にあり、香りのよいタイムやラベンダー、ローズマリー、シスタス（Cistus）などの低木が適応できるくらいに水はけがよければ、日当たりが最高によい花壇にはこれらの植物が適している。これらは皆、温まることを良しとし、空気の動かない暑い日にも地中海の香りで庭を満たし、テーマのはっきりした花壇を作る。さらに他の植物（香りがあってもなくても）を加えてもよい。ユーフォルビア（Euphorbia）やアイリスは、はっきりしたコントラストのある形を作り、レダマ（Spanish broom）やツリールピン（tree lupin）は黄色のハイライトを作る。こうした植栽はテラスや砂利敷の庭に適しており、花の見ごろは初夏である。

より肥沃で土壌が湿っているような日向は、バラや多くの宿根草、一年草、球根植物、低木に好まれる。花の見ごろは主に夏で、低木やバラのうち大きくなるもので後背側の列を作り、高さをだす。反対に背の低いもので平地部を埋め尽くす。敷地全体を、夏の間ずっと色が律動するように作るのはとても難しく、それよりも、開花期の近い植物どう

しを近くに集めて季節ごとのセクションを設けることを提案する。真夏にはユリやバラ、フィラデルファス、ナデシコを寄せ植えしたエリア、晩夏にはブッドレア（*Buddleja*）、フロックス、バーベナ（*Verbena*）やハナタバコなどを寄せ集めたエリア、などで、そうすることで焦点がはっきりする。群葉性植物や花期の長い植物を満遍なく編み込むと、各エリアの花のピーク時以外にも見苦しくならない。

　日陰の役者は林地に生育する低木、宿根草、球根植物である。それらの多くは頭上の樹冠が密になり過ぎる前に花を咲かせるため、日陰のボーダー花壇が最盛期を迎えるのはたいていの場合は春だが、秋、冬の方がはるかに鮮やかに色取られる。たった1本の高木が森林の雰囲気を創りだすこともしばしばある。

　明るい日陰に最も幅広い選択肢を与えるのは、落葉性のマグノリアやマンサク、ビブルナム（*Viburnum*）やアザレアなどを含む冬や春の低木である。暗い日陰には、気持ちを切り替えて、マホニア（*Mahonia*）、スキミア（*Skimmia*）やツツジ類などの常緑樹を考える。これは私の庭の端にある鬱蒼としたブナの木の下で実践した方法で、私はそこにスノードロップやシラー（*Scilla*）、スイセンなどの早咲きの球根植物のたまりも作った。少し明るい場所であれば、ジンチョウゲを使うこともでき、よい年であればカルディオクリヌム（*Cardiocrinum*、和名ウバユリ）が巨大な白いトランペット形の花を日陰に咲かせる。これはおそらく香りを大切にするガーデナーが最もワクワクする植物だろう。

色と香り

　植物の色と香りの関係はあまりはっきりしないが、一般的には花色が薄いほど香りが強いものが多いとされる。最も香りが強いとされるのは、白花のグループである。その次がピンク、モーブ（薄い青みがかった色）、薄い黄色。そのあとに濃い黄色や青紫が続き、最も香りが弱いのは紫、真青、オレンジ、赤のグループである。

アザレアはうっとりするような香りと、強くて濃い幅広い色味を併せ持つ、数少ない芳香植物である。暖かく湿度の高い日にはハニーサックルのような香りが空気の静かな林地の庭の谷部に充満する。秋の落葉前には炎のように真赤に色づいた葉が2度目の見ごろを演出する。

香りとガーデナー 21

色が感情や感覚に与えるインパクトは香りと同じくらい強く、植物がたくさん植えられている庭では視覚的に支配的な力を持つ。私たちの目が色より先に形をとらえるのは、色の種類が少ない時だけである。それぞれの色には異なる演出効果があり、それらを単独で使ったり組み合わせたりすることで、異なるムードを幅広く作りだすことができる。各植栽エリアにおいて、さまざまな色がランダムにミックスされるとしても、私は少なくともテーマとなる色を決める。

庭で色を選択する要因はいくつかある。現場の特徴や背景にある風景、光の加減、個人的な好み。なかでも最も重要なのは、その色のグループを形成する植物が入手できるかどうかである。温暖な気候であれば、黄、白、ピンク、モーブ色などの花は一年を通じて豊富にある。紫や青紫も大幅に不足することはない。オレンジ色は、主にベリー類やローズヒップ、秋に紅葉する葉によって提供され、少し稀になる。真紅や真青は春には球根植物や林地の宿根草などによって手に入るものの、通常は入手しづらい。日陰を好む植物は日向を好むものに比べて寒色系で静かな色味のものが多い傾向にある。

香りがほしいかどうかも色の選択に影響する。あなたが単色のボーダー花壇、または庭を設計する場合、白、黄、ピンクやモーブ色が最適の選択である。これらの色であれば香りの植物の選択肢が多くなり、さまざまな香りのものがある。もし真赤やオレンジ、インクのような紫や青の花壇を作りたくて、同時に、香りも溢れた庭にしたい、となると少し考え込むだろう。まず、強い色と強い香りを併せ持つ花をつける植物(そうしたものは人工的に品種改良されたものが多いが)を使わなければならない。アザレア、ウォールフラワー、スイートピー、バラなどは、カラフルでかつ香りのよい花をつける。モナルダ(Monarda)、ヒソップ、ラベンダー、サルビアはカラフルな花と香りのよい葉をつける。ピエリス(Pieris)にはカラフルな苞があり、スキミアはカラフルな実をつけるが、これらは共に香りのよい花を咲かせる。

2種類の植物のマリアージュを考えるという手もある。ひとつは香りで選び、もうひとつは色の強さで選ぶのである。高木や低木につる植物をよじ登らせることもできる(芳香性のつるバラが紫の葉を持つプラムを登るようすや、紫のクレマチスと芳香性のフィラデルファスも試してみるとよい)。つる植物を2種類編み込むのも素敵である(スパイスの香りがするアケビとルビーレッドの高山性クレマチスなど)。宿根草や球根類は低木の裾野に生い茂る(エキゾチックなボタンの下にスズランを植えたり、甘い香りのするオスマンツス(Osmanthus)の前に鮮やかな緋色のチューリップを植えるなど)。球根植物は岩生植物の間にもよく育つ(高山性のフロックスと一緒に蜂蜜のような香りのするクロッカス属のCrocus chrysanthusを植えるなど)。このように、目と鼻を同時に楽しませることが確かに可能なのである。

それぞれの季節に合った香りの植物があり、特に不足する時期などはない。香りのよい葉を持つ植物も多くあり、たとえ花が乏しい時期であっても鼻が退屈することはない。目標は、一年中毎日、いつでも鼻を楽しませてくれる庭を作ること。これは非常に興味深いチャレンジである。

ルブス属の *Rubus cockburnianus* 'Golden-vale' と蜂蜜のような濃厚な香りのするスイートピー *Lathyrus odoratus* 'Matucana' の粋な組み合わせ。

香りの性質

　庭を作る者には多くの役割がある。思い描いた構想を満足のいく庭として実現していくプロセスのなかで、ある時は設計図を描く職人、ある時は建築家、そして画家、彫刻家、植栽の達人、さらには詩人となる時もある。しかしさらにもうひとつ、演じるべき役割がある。パフューマー（調香師）である。色や形、質感と同様に、植物の香りもまた思慮深く扱われるべき素材なのだ。いい加減に配置され、庭のなかに埋没して失せたも同然になることがよくあるが、位置決めにも注意を払い、互いに相性のよい香りと組み合わせながら植栽すれば、その香りは最大限に効果を発揮する。

　パフューマーとして成功するかどうかはチャンスに恵まれるかにもよる。香りがあなたにどんな特別な瞬間をもたらすのか、そして他の人はその香りにどう反応するのか、正確に言い当てられる人はいないだろう。しかしもし、香りのタイプや、それがいつどのように香るのかを明らかにできれば、少なくともその香りがもたらす効果を予想することができる。有機化学を深く探求する必要などはなく、ある香りや、香りのグループが持つ性質について、役に立つ知識が少しあれば、それを基礎として活用できるのだ。私は科学者ではないので、香りに関する植物学的、化学的な知識は信頼できる情報源から学んだ。特に、1925 年に出版された F・A・ハンプトン（F. A. Hampton）の *The Scent of Flowers and Leaves: Its Purpose and Relation to Man* は、悲しいかな絶版になって久しいが、とても興味深く楽しい小本であり、私を芳香植物の世界へと誘ってくれた最初の本である。

　私はハンプトンから、香りは植物が作りだす揮発性の「エッセンシャルオイル」によって得られることを学んだ。その香りはオイルが酸素と結合した時に放たれる。花の場合は「精油」として知られており、通常は花びらかそれに代わるものの表皮細胞に蓄えられている。八重咲きの花を持つ芳香植物は花びらが多いため、一重咲きのものよりもはっきりと強く香ることも多い。ところがムスク・ローズの *Rosa moschata* やシンスティラ・ランブラーローズの *R. filipes*、*R. mulliganii*（*R. longicuspis*）、'Bobbie James' は、珍しく雄し

ブルーベルとベアガーリックの花の上に咲く、ユリのような軽い香りのするツツジ属の 'Loderi King George'。私の好きなシャクナゲのひとつである。

フサフジウツギ（*Buddleja davidii*）'Purple Emperor' にとまる、柄を描いたような蝶のご令嬢。花のような蜂蜜の香りのするブッドレアはバタフライブッシュ（butterfly bush）と呼ばれる。

べに香りがある。そのためこれらは八重咲きの品種であっても香りがしない。香りは花が開いた時に放たれ、植物によって強さも種類も大きく異なる。同じ花であっても、気温や、植物のライフサイクルによって香りが現われたり、変化したり、消えていくのである。

　花の香りは複雑である。精油がひとつの成分だけからなることはほとんどなく、精油の香りは多くの成分を含んでおり、それらが合わさって香りのブーケを作っている。異なる香りが集まり、多くの場合はうまくまとまっているが、時にはその香りをいくつかに嗅ぎ分けることができる。たとえばリーガルリリー（*Lilium regale*）の*トップノートはとても鋭い甘さを持つが、同時に下の方には嫌なにおいが潜んでいることに気づくだろう。この不快な香りの成分はインドールと呼ばれ、多くの植物が持つ悪臭や、糞のにおいの原因となる成分である。花の香りは少し離れたところで嗅ぐとそのトップノートが香り、近づくと*ベースノートが香ることもある。私がはじめてヘディキウム属（英名 ginger lily、ジンジャーリリー）のキバナシュクシャ（*Hedychium gardnerianum*）の鉢植えを室内に置いた時のことを思い出す。美味しそうなビブルナムのような香りが部屋を満たすのを楽しんでいたのだが、もっと深く嗅ごうと近づいた時、防虫剤のような強烈な香りに待ち伏せ攻撃をくらった。多くの香りは薄いと心地よいが、濃いと嫌なにおいと感じるのである。一方、濃くないと気づいてもらえない香りもある。一輪のブルーベルはほとんど香らないが、ブルーベルの咲く森からは神々しいくらい素晴らしい香りがする。

　花はその香りを花粉の媒介者を惹きつけるためにも使っている。蝶、蛾、蜂、甲虫など

***香りを表現する方法：ピラミッド**
（香りの構成を成分の揮発性の面から区分したもの）

トップノート：揮発性が高い成分で構成され、香りの最初の印象に特徴を与える。風に乗り遠くまで運ばれる。

ミドルノート：中程度の揮発性、保留性を持ち、その香りの中心部となる。

ベースノート：揮発性が低く、保留性が高い。残り香となる部分で、香りの底部を支える。

香りの性質　27

香り高いユリは、日中は蜂やハナアブを引き寄せ、夕方になると夜香性の花が、蛾や甲虫を誘引する。香りを楽しむには、通路や玄関口、あるいは開け放した窓の近くに置くとよい。

を含む虫たちの多くは、香りに対してとても敏感である。そして香りは、色や形、質感とともに虫たちを効果的に誘因する。香りは特定の花粉媒介者にのみアピールするように作られており、なかには虫のフェロモンを模倣した香りもある。夜行性の蛾にとって、夜間に咲く花の輝くような白い花びらが目印となる一方で、香りはその航行を手助けする手段としてとりわけ有効である。ハエもにおいを好むが、彼らはスタペリア（*Stapelia*）、ドラクンクルス（*Dracunculus*）やアモルフォファルス（*Amorphophallus*）など、ある種の植物がご親切にも放つ、腐ったような悪臭を好む。

花の香りの分類

　花の香りを効果的に選び、ブレンドするためには、どんな香りが入手できるのか、どのような植物がその香りを有するのか、を知らなくてはならない。その植物についての全体的な知識も必要である。そうすれば、関連する香りを心の中でグルーピングしたり、他の香りとのコントラストをイメージすることができる。私たちの香りに対する反応は皆少しずつ異なるし、植物の香りそのものが、さまざまな素材が混ざり合って構成されており、時によって強まったり弱まったりするため、すべてのガーデナーに対してその意義を証明できるような、普遍的な分類システムは存在しない。自分自身の鼻に従わなければならな

いのである。とは言え、F・A・ハンプトンや他の著者たちが提唱した分類法で、一般的に受け入れられているものもある。少なくともこれらは私たちに概念的な枠組みを与えてくれる。私はこの分類を、自分の鼻の感覚に合うように少し作り変えた。私の分類をあなた自身の感覚に合うように作り変えてももちろん構わない。

心地よく、人気のある香り

心地よい香りはとてもたくさんあり、細分化されている。まずわかりやすいのは、**エキゾチックな香り**だろう。ペルシアソケイ（*Jasminum officinale*）、ハナタバコ、クサギ（*Clerodendrum trichotomum*）、ある種のスイセン、リーガルリリーなどの花には熱帯を思わせるような重くて甘い香りがある。繊細な香りでも鋭い香りでもないが、濃厚で強く立ち上り、ベースノートに少し嫌なにおいがすることもある。この香りは、近づいて嗅いだ時や、花が色褪せて行くころに最も気付きやすい。鉢植えのハゴロモジャスミン（*Jasminum polyanthum*）の香りは、繊細な風に乗ってふと漂うとこの上なく美しいが、暖かい居間や温室では強すぎることもある。甘い香りがあっという間に腐ったようなにおいになる花には、マンシュウキスゲ（*Hemerocallis lilioasphodelus* または *H. flava*）がある。黄色いデイリリーのなかで最もエレガントな花だが、花がしぼむやいなや、最悪にむかむかするような悪臭を放つ。いくつか室内に置いたことがあるが、もう二度としない。このカテゴリーの香りにに特徴的な個性を持つものが多い。トラチェロスペルマム（*Trachelospermum*）、ステファノティス（*Stephanotis*）、トベラ（*Pittosporum tobira*）、柑橘類の花、マツリカ（*Jasminum sambac*）は、私にははっきりと風船ガムのような香りがする。腐ったような香りはかけらもしない。寒さに弱いシャクナゲ *Maddenii Rhododendron* の香りも同様で、ユリのようなフローラルな香りは私のお気に入りの香りである。防虫剤のような香りが少し含まれるものには、ヘディキウム（*Hedychium*）のほか、オオバナカリッサ（*Carissa macrocarpa*）やマルバタマノカンザシ（*Hosta plantaginea*）などもある。コテージガーデン・モックオレンジとも呼ばれる *Philadelphus coronarius* は美味しそうなフルーティな香りだが、ひどく甘く香るため、このグループに分類した。このグループには、ホワイトフラワーと呼ばれる白い花のものや夜に香りを漂わせる夜香性の花が多い。

次は**スパイシーな香り**である。最も顕著なものに、ビブルナム属のチョウジガマズミ（*Viburnum carlesii*）や *V. x juddii* などがある。これらの香りはエキゾチックな香りのグループとの境界上にあるが、クローブの香りのベースノートが特徴である。この香りはたとえ強く香っていても、私は不快に思ったことはない。似たようなクローブの甘い香りは、ある種のストックやフロックス（*Phlox*）、ハナダイコン（英名 sweet rocket）、ウォールフラワー（英名 wallflowers）、ジンチョウゲ（*Daphne*）、ロニセラ属の *Lonicera×americana*、ナデシコやカーネーションにも含まれる。これらの香りは植物によって甘さやスパイスの度合いが大きく異なる。シャクナゲの一種 *Rhododendron trichostomum* の花のように、クローブの香りそのものというのもある。花の色は白とピンクが多い。

香り豊かなシュラブローズ 'Queen of Bourbons' の間からこぼれ種で増えたハナダイコン（*Hesperis matronalis*）が顔をだす。

コリロプシス（Corylopsis）、クレマチス・レデリアナ（Clematis rehderiana）、そしてもちろん多くの種類のプリムラなど、プリムローズの香りのする花にはほとんどすべて、アニスの種の香りが含まれているため、これらはスパイシーな香りのグループに分類する。このグループは主に黄色である。スパイスの香りには、ナッツやペッパーが混ざった調味料のような香りや、甘さの度合いが異なるもの、などさまざまなものがある。たとえば、シデコブシ（Magnolia stellata）、マンサク類（スパイスと少し腐りかけたフルーツとが混ざったようなにおいはオウムを思い出す）、セストラム属の Cestrum parqui、ライムの香りがするクロバナイリス（Hermodactylus tuberosus）、レモンの香りがするロウバイ（英名 wintersweet）、など。バラの多くもそうである。花の色は多岐にわたる。

バニラやアーモンドの香りもある。これらは食べ物の香りだが甘過ぎず、庭の花の香りとしては、幸運にも一般的である。クレマチス・アーマンディ（Clematis armandii）やクレマチス・モンタナ（C. montana）、アベリオフィルム（Abeliophyllum）、オエムレリア（Oemleria）、ヘリオトロープ、ファビアナ（Fabiana）、ある種のピエリス（Pieris）、ペルシカリア属の Persicaria wallichii、スキゾペタロン属の Schizopetalon walkeri、アザーラ属の Azara microphylla、アンドロサケ（Androsace）、ショワジア属の Choisya ternate、そしてヨシソザクラ（Prunus × yedoensis）などのサクラ類もこのグループに入れた。主な色は白とピンクである。

他に食べ物のような香りといえば、ハリエニシダやヘプタコディアム（Heptacodium）、ポリアンテス（Polianthes）、カルディオクリヌム（Cardiocrinum）、などのココナッツの香りや、チョコレートコスモス（Cosmos atrosanguineus）、イトハユリ（Lilium pumilum）などのチョコレートの香りがある。

次は**マメ科の植物の香り**である。マメ科の植物には特徴的な香りがある。コロニラ（Coronilla）やフジのように、軽くて甘いフルーティな香りもあれば、ラブルヌムやある種のエニシダやルピナスなどは、少し重くてカビ臭さも感じる香りである。マメ科の一員であるアカシア（Acacia）の香りもこのカテゴリーに入り、甘さとカビ臭さを感じる。主に黄色で、花の形にも共通点が多くみられる。

次のグループは、なかには安い日焼け用ローションのような香りもあるが、**フランス香水調の香り**と呼ぶことにする。このグループには、スパイスや熱帯植物のような重さは少なく、鋭い甘さがあり、フローラルで上品な香りを持つものすべてが含まれる。ドイツスズラン（英名 lily of the valley）、ヒイラギナンテン（Mahonia japonica）、スキミア（Skimmia）、シクラメン（Cyclamen）、レセダ（Reseda）、ヒアシンス（底の方に悪臭もあるが）、クレマチス・ヘラクレフォリア（Clematis heracleifolia）、ある種のライラックなどである。スミレの香りもこのグループに入るが、鋭い甘さのとても洗練された香りである。ニオイスミレ（Viola odorata）以外には、アイリス属の Iris reticulate、レウコユム属の Leucojum vernum やクラブアップルの花にもこの香りが含まれている。このグループの香りは、空気中に長く残るものもあるが、多くは繰り返し嗅いで感じ取る。なかには、スミレの香りのように、すぐに鼻を疲れさせるため、少し間をあけながら嗅がなければならないものもある。花の色は幅広くあるが、おそらく白、ピンク、紫が大多数だろう。

バラの香りには、じつはさまざまな種類があり複雑なのだが、通常は独立したグループとする。バラの多くは、私たちが「バラの香り」として認識できる典型的な要素を含んでいる。この要素はクラブアップルやウメにも含まれている。おそらく、最も豊かな本当のバラの香りは、オールドシュラブローズのものだろう。その香りにはインセンスやスパイ

日本のサクラのうち最も香りのよい品種のひとつである 'Jo-nioi'（ジョウニオイ）。

ハナダイコン（*Hesperis matronalis*）の白い花は、夜になり辺りの色が失せ始めると夕闇に光り輝くように咲く。涼しげな香りはそのころに最も強く漂う。夜行性の虫たちの受粉を助けているが、日中は蝶も寄ってくる。こぼれ種で増える。

スの香りの陰に守られるように、甘いフランス香水のような香りもする。フランス香水のような甘い香りはモダンシュラブローズやつるバラ、ハイブリッド・ティー・ローズにも、フルーツやティーの香りとブレンドされて存在している。スパイシーな香りであるほど、空気には広がりやすいようだ。ルゴサ・ローズ、ハイブリッド・ムスク・ローズ、ノアゼット・ローズ、そしてシンスティラ・ランブラーローズなどの香りにはインセンスやフルーツの香りも見いだせる。

　バラの香りには全体を特徴づける支配的な香りの要素が存在していることが多く、これを見分ければ、香りのプランに活用できる。ルゴサ・ローズやつるバラの 'Noisette Carnée'、モダンシュラブローズの 'Fritz Nobis' にははっきりとクローブの香りがする。'Lady Hillingdon' や 'Gloire de Dijon'、シュラブローズの 'Graham Thomas' にはティーの香りが含まれている。フルーティな香りのものはたくさんある。多くのブルボン・ローズや四季咲きのハイブリッド・ローズ、'Cerise Bouquet' にはラズベリーの香り、'Max Graf' や 'Nymphenburg'、テリハノイバラ（*R. wichurana*）にはリンゴの香り、*R.bracteata* やシュラブローズ 'Agnes' にはレモンの香り、'The Garland' にはオレンジの香り、*R. mulliganii*（*R. longicuspis*）や 'Dupontii' にはバナナの香りが含まれている。

　奇妙な香りもある。心地よいけれども甘さがなく、いくつかのバラにはっきりと含まれる香り。専門家はこの香りを「ミルラ（没薬）」と呼ぶ。コールドクリームやカーマインローションのような香りで、'Belle Isis'、'Félicité Perpétue'、'Constance Spry'、'Little White Pet' などに含まれている。ルゴサ・ローズの *R. foetida* や *R. fedtschenkoana*、黄色やオレンジの花がつく低木類、*R. foetida* の系統のシュラブローズが放つ嫌な香りにも注意を払うこと。

　フルーツの香りには幅広く美味しそうな香りがある。鋭いというより、温かみがあって豊かな香りであることが多い。特定のフルーツが支配的に香ることもあるが、通常は他の香りの陰に隠れてフルーツのカクテルのように香る。マツヨイグサ（英名 evening primroses）、タイサンボク（*Magnolia grandiflora*）、マグノリア属の *M. sinensis*、ボローニア（*Boronia*）、プリムラ属の *Primula florindae* や *P. kewensis*、クレマチス・フォステリ（*Clematis forsteri*）などの主な香りはレモン。ホオノキ（*Magnolia obovata*）はメロン。カラタネオガタマ（*Magnolia/Michelia figo*）やムスカリ属の *Muscari macrocarpum* はバナナ。フリージアやアイリス属の *Iris graminea* はプラム。エニシダ属の *Cytisus battandieri* やフィラデルファス属の *Philadelphus microphyllus* はパイナップル。ブッドレア属の *Buddleja agathosma* はラズベリー。私は感じないが、モクセイソウ（*Reseda odorata*、英名 mignonette）からもラズベリーの香りがするという人もいる。

香りの性質 33

　ホンアマリリス（*Amaryllis belladonna*）やギンモクセイ（*Osmanthus fragrans*）、ガーデニア（*Gardenia*）はアプリコット。他のマグノリア類やハニーサックル類、ニオイロウバイ（*Calycanthus floridus*）はバランスのとれたフルーツカクテルの香りがする。これらの花の多くは香りを保有する一方、それらしい色もついている。レモンやバナナの香りがするのは黄色の花、プラムの香りがするのは紫の花、などである。全体にはほとんどすべての色のスペクトルが存在している。

　蜂蜜の香りも同じくらい美味しそうである。クロッカス属の *Crocus chrysanthus* やヒイラギメギ（*Mahonia aquifolium*）、クランベ（*Crambe*）、オゾタムナス属の *Ozothamnus ledifolius*、ユーフォルビア属の *Euphorbia mellifera*、ロブラリア（*Lobularia*）、サルココッカ（*Sarcococca*）などは、濃厚でべたつくように重く香る。ブッドレアはもう少し花のような香りがする。スイートピーやオシロイバナ（*Mirabilis jalapa*）、ヤコウボク（*Cestrum nocturnum*）は豊かなフローラルの香り。ニオイヤグルマ（*Centaurea moschata*）やオレアリア属の *Olearia moschata* にはムスクの気配も感じる。

最後に、どのグループにも属さない、**一匹狼の香り**というグループを作った。特別甘くはないけれども私が心地よいと感じる香りはこのグループに入れた。ドリミス属の *Drimys winteri* のマグネシアミルクのようなにおい、カリステモン属の *Callistemon pallidus* のハツカネズミとおがくずを合わせたようなにおい、ロンドレティア属の *Rondeletia amoena* の馬と象を合わせたようなにおい、など。

あまり心地よくない香り

心地よくない香りのグループは、香りの計画に故意に組み込むことはしないので、必要ないかもしれない。けれども実際、庭には彼らの居場所もある。

多くのガーデナーはアルム（arum）類の植物を育てる。最も一般的に知られているのは湿地に育つボグアルムのアメリカミズバショウ（*Lysichiton americanus*）である。早春、黄色い仏炎苞が池のほとりを照らすように咲く。香りは他のアルムに比べるとマシで、少しであれば気づかないかもしれない。ただし、狭い掘割などにたくさん植えられていると嫌なにおいがする。ドラゴンアルム（*Dracunculus vulgaris*）は遥かにひどい腐敗臭を放ち、ハエが受粉するのだが、花の形が興味深いために栽培される。多くは花粉媒介者を視覚的に騙すために、不規則な斑点や血のような色をした肉のように見える花をつけるが、実際、腐敗した肉のようなにおいがする。ドラゴンアルムは深紅の仏炎苞とえび茶色のネズミの尻尾のような肉穂花序をつける。とある栽培者の庭ではじめてこれに出会ったときは、あまりの悪臭に卒倒しそうになった。

アゲラティナ属の *Ageratina ligustrina*（*Eupatorium micranthum* または *E. ligustrinum*）も私の不快な香りリストの上位にいる。ナーセリー（種苗場）のカタログでは、バラ色を帯びた小さい白花をつけるこの常緑性低木を褒め称えているが、その香りについては一言も触れられていない。尿のようなにおいが勝り、晩夏の暖かい庭は全体から悪臭を放つことになる。

我慢できる程度の香りもある。南アフリカ産のユーコミス属の *Eucomis bicolor* は珍しい球根状の植物で、茎の先端につく花序は緑のパイナップルのようだ。温暖地域以外では屋外では寒さに弱いので、鉢植えで育て、覆いの下で越冬させる。ただし、肉のようなにおいは不快でハエが寄ってくるため、座る場所の近くには置かないように気をつけること。栽培されている他のユーコミスの多くは、ココナッツのような香りを含んでおり、許容できる香りである。

サンザシ（*Crataegus*）、コトネアスター（*Cotoneaster*）、ナナカマド（*Sorbus*）、イボタノキ（*Ligustrum*）などの低木の香りは私にとっては不快な香りに分類され、ハエも寄ってくる。ナナカマド属の *Sorbus vilmorinii* は香り以外の点では小さい庭に理想的な植物だが、その香りは特にひどい。これらの香りは、重く、こもったような香りで、甘さがなく、吐き気を催すこともある。生魚のにおいがすると言う人もいる。必ずしも攻撃的な香りではなく、この香りを好きと言う人もいる（特にサンザシ類の香りは懐かしさがあり、のどかな田舎を連想させる）のだが、これらは香りの計画に取り入れるにはふさわしいものではない。一般的なライラックの花やトチノキ属の *Aesculus parviflora* の花のように、少しむれたような印象の甘さのある香りについても同様の印象を持つ方もいるかもしれない。キャンディタフト（*Iberis sempervirens*）も私にはむれた靴下のにおいである。

最もひどい悪臭を放つドラゴンアルム（*Dracunculus vulgaris*）。同時に最もドラマチックな容姿を持つ耐寒性の多年草。

クチベニスイセンの変種 Narcissus poeticus var. recurvus やその園芸種は軽くて清潔感のある香りがあり、自然な雰囲気の演出にふさわしい。庭ではシンプルな植栽が最も魅力的であることも多い。

もしひどく不快な香りの花を育てたいのであれば、その攻撃的な香りが気にならない場所を探して植えなければならない。その香りが風に乗って運ばれるのであれば、家の窓や主要な小径、戸外で座ってくつろぐような場所からは遠く離れた、風下の場所であることを確認しよう。

葉の香りの分類

葉からも花のような香りを感じることがある。ただ、一般的には砂糖のような甘さは少なめである。葉の香りは花とは異なり、惹きつけるのではなく、追い払うことを目的とするからである。香りは病気から身を守るために使われており、葉の香りには多くの防腐効果のある成分が含まれている。たとえばユーカリやタイム、クローブなどの精油には、薬の成分としても重要な役割がある。渋味のある香りは虫や動物が近づくのを防ぎ、揮発性の精油には天然の除草剤となるものもある。

従って、葉の香りはピリッとしたものや、苦味があるもの、薬効のあるもの、という傾向がある。それらがどのように香るのかは、それらがどのように蓄えられるのかによる。精油が葉の奥深くのカプセルに蓄えられている場合には、葉をこすったり破いたりすることで香りが放たれる。葉の表面近くの細胞にある場合には、葉を手で軽く払うだけで香る。葉の表面に分泌される場合には、葉に触れなくても香りを感じることができるのである。強い太陽光によって酸化する香りもあれば、雨が降った後に顕著に香るものもある。

葉の香りは通常は花の香りよりもシンプルである。おそらく、誘引剤ではなく忌避剤を作りだす時には、香りの微妙なニュアンスはそれほど重要ではないのだろう。けれども葉の香りにも多くの種類があり、その分類にも必然的にさまざまな香りが含まれる。

よく知られた、心地よい香り

エキゾチックな花の香りに匹敵するような香りのする葉はないが、温かみのある**スパイスの香り**を持つものはたくさんある。ゲッケイジュ、タイム、バジル、マジョラム、カルダモン、ローズマリーなどの料理用のハーブから、コンプトニア属の Comptonia peregrina（英名 sweet fern）やクロモジ属の Lindera benzoin（英名 spice bush）、マートルなどの低木まで多種多様である。カレーの香りがするカレープラント（Helichrysum italicum）やエスカロニア属の Escallonia illinita などもこのグループに入る。これらの香りは熱で暖められて空気中に拡散する。

　プリムローズの香りのする葉は存在しないが、**アニスの種の香り**のものはある。花よりも葉の方がアニスの種そのものの香りがする。フェンネルやプリムラ属の *Primula wilsonii* var. *anisodora*、アガスタケ属の *Agastache rugosa*（*A. foeniculum*）がよい例である。タムシバ（*Magnolia salicifolia*）にもそのニュアンスがある。スイートシスリー（*Myrrhis odorata*）やセキショウ（*Acorus gramineus*）の 'Licorice' という品種のリコリス菓子のような香りもかなり近い。これらはふつう、葉をこすると香りが立つ。

　バニラやアーモンド、フランス香水のような香りのする葉は思い当たらないが、ゲラニウムの葉には**バラの香り**がある。バラの花の香水のような珍しいトップノートを持つが、フルーツやミント、スパイスの香りによって、青っぽく香る。ペラルゴニウム（*Pelargonium*）では *P.* 'Attar of Roses' の香りが特に素晴らしく、真正ゲラニウム（*Geranium*）では *G. macrorrhizum* や *G. endressii* が素晴らしい。オレアリア（*Olearia*）には、ムスクや蜂蜜のような香りがある。

数あるイングリッシュローズのひとつで、強く複雑な芳香を漂わせる品種 'Grace' と、キャットミントの一種 *Nepeta sibirica* 'Souvenir d'André Chaudron'。このキャットミントの葉はとりたてて素晴らしい香りではないが、初夏の庭で凛々しい大きめの花をつける多年草である。

フルーツの香りはたくさんあるが、葉の香りは花の香りよりも一般的に鋭く感じる。レモンバーベナ（*Aloysia citrodora*）やペラルゴニウムの 'Citronella' はシャーベットのようにさっぱりした清潔な香りである。レモンタイム（*Thymus citriodorus* hort.）やベルガモット（*Monarda didydma*）では、レモンはスパイスとブレンドされて香り、レモンバーム（*Melissa officinalis*）やレモンユーカリ（*Eucalyptus citriodora*）はレモン石鹸のような印象である。ドクダミ（*Houttuynia cordata*）には、苦味のあるオレンジの飛沫の香りがある。ペラルゴニウム属の *Pelargonium graveolens* は、温かみのある芳しいオレンジの香り。ヘンルーダ（英名 rue、ルー）は、オレンジピールのようなピリッとした刺激のある香りである。サルビア属の *Salvia discolor* や *S. microphylla* などは最高のブラックカラントの香りがする。暑い日にはシダー類がブラックカラントの香りを空気中に運ぶ。ベイスギ（*Thuja plicata*）には洋梨キャンデーのような樹脂の香りがあり、アメリカオオモミ（*Abies grandis*）はグレープフルーツの香りがする。サルビア属の *Salvia elegans* 'Scarlet Pineapple' は美味しそうなパイナップルの香り。バラの一種の *Rosa rubiginosa* やカモミールにはリンゴの香りがあり、アップルミントはそれにミントの香りが混ざる。クルミの葉からは驚くべきフルーティな香りが漂い、時には空気中に留まることもある。蒸し暑い日にオゾタムナス属の *Ozothamnus ledifolius* の葉から漂うフルーツケーキのような香りも同様である。しかし、ヒペリカム（*Hypericum*）の葉から漂うフルーツの香りはむしろ不快である。レドゥム（イソツツジ）属の *Ledum groenlandicum* やキャットミントの一種 *Nepeta sibirica* 'Souvenir d'André Chaudron' も明らかに腐ったにおいがする。サルビア属の *Salvia dorisiana* のパイナップルとバラがブレンドされた香りも素敵そうに思うが、実際は違う。

これ以外の葉の香りは、花の香りとは全く異なる。まず、アキレア（*Achillea*）やほとんどのアルテミシア（*Artemisia*）、タンジー（*Tanacetum vulgare*）、サントリナ（*Santolina*）から漂う、**樟脳のような刺激のある香り**である。私は好きではないが、それほど嫌と感じない人たちもいる。このグループには素晴らしいグレーの葉を持つものもあり、庭ではよく用いられる。私の庭にもある。これらは葉をこすると香りが漂う。

樹脂のような香りも葉の香りとしては一般的である。マツ類やその他の針葉樹のテルペンチンの香り、ヘーベ属の *Hebe cupressoides* のシダーの香り、バラの仲間 *Rosa primula* のインセンスの香り、カロメリア属の *Calomeria amaranthoides*（*Humea elegans*）のタバコの香り、シスタス（*Cistus*）のゴムのような樹脂の香り、ツヤ（*Thuja*）、アビエス（*Abies*）、バーニングブッシュ（*Dictamnus albus*）のフルーティな樹脂の香り、ナンキョクブナ属の *Nothofagus antarctica* のパンプキンパイの香りなどから、バルサムポプラ（*Populus balsamifera*）の新芽の鼻につく甘い樹脂の香りまで、さまざまな香り

オレンジ色のヨウラクユリ（*Fritillaria imperialis*）の美しい群植。春には狐のようなにおいを漂わせる。

がある。これらの多くは、とりわけ春の暖かい日にその香りで空気を満たす。暑い夏の夕暮れ時、ディクタムナス（*Dictamnus*）の穂状花序は可燃性の精油で覆われる。それに火を掛けると、レモンの香りが放たれるのである。

　ミントとユーカリの香りはとても似ている。どちらも鋭いトップノートを持ち、互いの香りに隠れるように香る。ユーカリノキ（*Eucalyptus*）の種類にはミントの香りがするものもあり、特に *E. coccifera* には鋭いペパーミントの香りがある。ユーカリノキの仲間の多くは少し薬効感のある香りがする。甘さとフルーツの香りで和らげているが、ラベンダーも同様である。*E. glaucescens* は特にフルーティな香りがする。ミントの香りは、プロスタンテラ（*Prostanthera*）、キャットミント、カラミンサ（*Calamintha*）、エルショルツィア（*Elsholtzia*）などのように、フルーツやウィンターグリーンの香りとブレンドされていることが多い。ペラルゴニウム属の *Pelargonium tomentosum* やハッカの仲間のスペアミントやペパーミントが最もひんやりと爽やかに香る。

　その他のグループの香りには、パセリやセロリなどの、**新鮮でグリーンな香り**や、シダ類のムスクのような香り、ドリオプテリス属の *Dryopteris aemula* の干し草のような香り、ウィンターグリーン（*Gaultheria procumbens*）の香りなどが含まれる。

花や葉以外を源とする香り

香りは花や葉以外の部位からも得ることができる。多くの植物の根には香りがある。最も知られているのはスミレの香りのするアイリス 'Florentina'、バラの香りのロディオラ（*Rhodiola rosea* または *Sedum rhodiola*）、アンゼリカ、クローブの香りのするハーブベネット（*Geum urbanum*）、マグノリア、である。掘り起こしたり、根をカットしたりなどして、これらの香りと出くわすのは、いつも心地よい驚きである。けれどもこれらは簡単に手が届くところにはないため、香りの計画のなかでの役回りはほとんどない。同様のことはドリミス（*Drimys*）、カリカンツス（*Calycanthus*）、ダヴィディア（*Davidia*）などの香りのよい樹皮についても言える。芳香のある樹木を楽しむ最良の方法は燃やすことである。秋には香り溢れる焚き火、冬にはログファイアができる。

種からも香りが採れることがある。けれども花や葉と同様に、必ずしも心地よい香りだけではない。銀杏のまわりについている果肉はじつに嫌なにおいがする。フルーツは暖かい室内におくとより心地よく香るが、なかでも最も香りが豊かなのはもちろんトロピカルフルーツである。量がたくさんある時や、よく熟れた果実の香りは自然に運ばれる。たとえばパイナップル、イチゴ、リンゴ、マルメロ、クサボケなどである。他のフルーツは皮を引っ掻くか、香りが最も強いのが果肉であれば、カットしなければ香らない。

花、葉、根、樹皮、果実など、その源が特定される香り以外に、庭には全体として滋味のある土っぽい植物の香りが混ざり合って漂っている。湿った土壌や葉の香り、太陽に干された草の香り、刈り取られたばかりの芝の香り、などもある。これらが背景に調和を作りだしている。

あまり心地よくない香り

葉の香りには、次にあげるもの以外にはものすごく不快と思う香りはない。白やピンクを帯びたモーブ色の花をつけるどっしりとした二年草の *Salvia sclarea* var. *tukestanica* と、明るいピンクの花をつける匍匐性の多年草のハナクルマバソウ（*Phuopsis stylosa*）は、ともに汗臭い不快なにおいがする。ヨウラクユリ（*Fritillaria imperialis*）の狐のようなにおいもよい香りではない。猫のおしっこのにおいにたとえられるツゲ類の葉の香りが嫌いな人は多いが、スグリ属の *Ribes sanguineum* の花の方が嫌なにおいである。白や薄いピンクの花のものは、ミントがよりはっきり香るため、攻撃的な不快な感じが弱まる。

クレロデンドルム（*Clerodendrum*）の葉から漂う肉のようなにおいはすさまじく、花からもそのにおいがすることに気づくだろう。サルビア属の *Salvia gesneriiflora* の「ローストビーフ」の香りは私には脂っこすぎるが、ミナリアヤメ（*Iris foetidissima*）では気

にならない。私は、これらの肉のような香りに対して人々がどのように反応するかを、その香りを前もってどう表現するかで条件づけができることを発見した。もし私が、サルビア属の *Salvia confertiflora* の葉はラムのローストにミントソースをかけたような（定番のお料理）香りがする、と前もって告げれば、人々は必ず嗅いで「美味しそう」と言うだろう。しかしもし、不快なにおいがするのでそのつもりでいてください、と告げたのなら、嗅いでみて「オエッ！」と言うだろう。

芳香植物を配置する場所

　庭に香りのよい植物を植える場所を選ぶ時、注意するべき点が3つある。いつ、どのように香りが放たれるかと、香りの種類、である。心地よく香る植物はみな、鼻の近くになければならないし、よい香りのする葉は大抵は葉をこすると香りが立つため、手や足の届く場所に配置する。芳香植物は通路から遠いところに置いてはならないのである。横長のボーダー花壇の後背側や、水または棘のある下草で遮られた向こう側などもふさわしくない。ただし、近くではあまり香らないが、よい香りが葉から空気中に漂うような植物は例外である（シスタスやバラの仲間 *Rosa primula* など）。

　香りが豊かに漂うジャスミンやハニーサックル、ルゴサ・ローズなどは、必ずしも通路の近くでなくても大丈夫だが、私はそんなに遠くへは配置しない。香りを深く吸い込む機会を失わないためである。オックスフォード・ボタニックガーデンでは、マホニア（*Mahonia*）やサルココッカ（*Sarcococca*）の香りが、来訪者たちを、ロックガーデンの後ろにある秘密の冬の庭へと導いている。香りは植物のライフサイクルや大気の条件によって強まったり弱まったりする。香りを効果的に使うためには、それがいつ香るのかを正確に知っておく必要がある。香りのよい花にももちろん開花期があり、配置場所を決める際に影響するかもしれない。最も寒い時期に花開く植物は、通常は、おそらく家の近くや普段からよく使う通路の傍らで育てるのがよいだろう。あまり低い位置で育てると、せっかくの香りがやすやすと無駄になってしまうので留意すること。

　葉の香りには季節性もある。スパイスの香りの多くは暑い夏の日に最もよく香る。シスタスは常緑だが、その樹脂性の香りを放つには熱が必要である。また、最も香りが豊かなのは若葉である。そのため、穏やかな初夏の日にはその香りが空気を満たすが、秋冬あるいは春の寒い日には、香りが風に乗って漂うことはない。ナンキョクブナ属の *Nothofagus antarctica* は春に強く香る。カツラ（*Cercidiphyllum japonicum*）は秋になり落葉した時にだけ甘いキャラメルの香りを漂わせる。

　私たちは天候をコントロールすることはできないが、雨の後に最も強く香るものが多いことを記しておく。バラの仲間の *R. primula* や *R. rubiginosa* などの葉から漂う香りに勝るものはない。夕方になり気温が下がると香りを顕わにする花もある。そうした夜香性の花にはジャスミン、ハナタバコ、ハニーサックル、夜香性のストック、フロックス、ハナダイコン、セストラム属の *Cestrum parqui* やヤコウボク（*C. nocturnum*）、キダチチョウセンアサガオ（*Brugmansia*）、マツヨイグサ、アブロニア（*Abronia*）、バーベナ（*Verbena*）、オシロイバナ（*Mirabilis jalapa*）、ペチュニア（*Petunia*）、ジンチョウゲ属の *Daphne laureola* などがある。ハニーサックルやマツヨイグサには少しフルーツの香り

ある夏の日、柔らかく調和するディアスキア（*Diascia*）、ペチュニア、バーベナの香りに鉢植えのハナタバコの香りが流れ込む。

フルーツの香りがするキバナツツジ（*Rhododendron luteum*）とブルーベルは初夏の林地の庭でよく見かけるデュオである。

があり、オシロイバナやセストラムには蜂蜜の香りがある。これらの香りはエキゾチックでスパイシーな香りである。窓の近くや中庭、あるいは外で座る場所の近くに集めて植えるのがよい。

　香りの性質も考慮するべきである。視覚的に異なる風景がそれぞれの雰囲気を創りだすべくうまく設計された庭と同様に、異なる香りとの出会いが続くべく編成された庭を創るのである。ある色から別の色彩計画へと移るように、ある香りのゾーンから別の香りのゾーンへと移るのである。

　同じ時期に香る植物を選ぶのではなく、似たような香りが継続して香るようにアレンジすることもできる。たとえば、あるエリアにヒイラギメギ（*Mahonia aquifolium*）とクランベ、ロブラリア、サルココッカを植えると、何か月もの間蜂蜜の香りがするゾーンを作ることができる。アザーラ属の *Azara microphylla*、オエムレリア、クレマチス・モンタナ、ヘリオトロープ、ペルシカリア属の *Persicaria wallichii* などが一年中バニラやアーモンドを香らせるエリアとのコントラストも提供できるだろう。

　色彩がそれにふさわしい香りを示唆することもある。あなたがどこかで黄色の色彩計画を使うことにしたとするなら、レモンの香りを織り込んでその雰囲気を強調してはどうだろう。ブロンズ色や白の計画であれば、チョコレートやペパーミントの香りもよい。多くの植物にはその見た目から連想される香りがまさしく存在する。ラズベリーの香りがするラズベリーリプル模様（ラズベリー色がストライプ状に入ったもの）のバラ *Rosa* 'Ferdinand Pichard' や、金色を帯びた茶色で蜂蜜の香りがするユーフォルビア属の *Euphorbia*

香りのハーモニーとコントラスト

香りは複雑なもので、多くの香りに共通の要素が含まれているため、深刻な香りの不調和が起こることはない。心配なのは、互いの香りを消し合ってしまうことである。空気がジャスミンの香りに満ちているときはモクセイソウの繊細な香りを捉えることは難しいだろう。けれども、互いに強調し合うような香りの組み合わせを考えて、いくつもの香りを合わせるのは愉しいものである。これは、香りのハーモニーやコントラストを考えながら扱うということで、まさに色のマッチングを考える時と同じである。息の合ったハーモニーを作るには、同じ香りのグループから選ぶとよい。エニシダの一種 *Cytisus battandieri*、リンゴの香りのバラ、クロスグリ（ブラックカラント）の香りのセージ、レモンバーベナなど、フルーツの香りをミックスするのもよいだろう。ナデシコ、ハナダイコン、ハニーサックルの一種 *Lonicera × americana* など、クローブの香りをブレンドさせることもできる。

---

mellifera を想像してみてほしい。視覚的な印象と嗅覚的な印象が完全に調和していると、じつに愉しいものである。

異なる香りのグループから香りを選んでミックスできるようになったら、パフューマリー（香粧品香料）の世界に足を踏み入れたということである。大きな香料会社に手助けしてもらえたらよいのだが、プロのパフューマーたちは抽出された精油に関心を持っており、それらは庭で生じる香りとはかなり異なるものである。肝心なのは、自分のやり方で感じ取る、ということなのだ。香りのグループ同士が自然に調和するものもある。フルーツの香りと蜂蜜の香り、アーモンドの香りとクローブの香り、などである。これらは混ぜてもよい香りになる。プリムラ属の *Primula florindae* とスイートアリッサム（*Lobularia maritima*）、ヘリオトロープとストックなどもそうである。

相性のよいコントラストを作りだすものもある。スパイスあるいは樹脂の香りと甘さとの組み合わせは、多くのよい香りの計画の基礎となっている。一般的には、トップノートを提供するものは花に多く、ベースノートを提供するものは葉に多い。ほとんどの葉はこすると香りがするので、ベースノートの加減は気分に合わせてコントロールすることができる。マツヨイグサのレモンの香りは、タイムの香りが流れてくると強調されるかもしれないし、バラの仲間の *Rosa wichurana* のリンゴの香りは近くにあるマツの香りによって引き立てられるだろう。ラベンダーとバラの組み合わせも好まれる。

バラ、ラベンダー、フィラデルファスの3つの相性のよい香りどうしの組み合わせは、さらに洗練された調和を生みだす。フルーツやスパイスの香りからティーやミルラの香りまで、バラの香りのあらゆるニュアンスが一杯に詰め込まれた、壁で囲まれたローズガーデンでは、完璧なまでに官能的な香りの世界に浸ることができるだろう。

46　庭を設計する

庭を設計する

　ここでは、香りが支配的な力を持つような、4つの設計案と植栽計画を提案する。設計に当たっては、色や形、質感との関連も考慮した。温暖気候で極端に寒くも暑くもない環境を想定する。テラスの計画で季節の鉢植えに用いたものが、唯一寒さに弱い植物である。

植栽計画　舗装された、あるいは砂利敷きの庭

　日当たりがよく水はけのよい場所のためのプラン。ベンチの背後には壁があり、横には豊かな香りを空気に漂わせる低木やつる植物を配置する。冬はアザーラ（*Azara*）、春はユーフォルビア（*Euphorbia*、和名トウダイグサ）、夏はフィラデルファス（*Philadelphus*、和名バイカウツギ）やトラケロスペルムム（*Trachelospermum*、和名テイカカズラ）、秋はブッドレア（*Buddleja*、和名フジウツギ）なども活用する。ほかの場所にはウメ（*Prunus mume*）、アベリア（*Abelia*、和名ツクバネウツギ）、エラエアグヌス（*Elaeagnus*、和名グミ）、シュラブローズやタイサンボク（*Magnolia grandiflora*）などをあちこちに散らして植える。砂利敷きの周りには背が低く丸みがあって、よい香りのする低木や宿根草を組み合わせる。ダイアンサス（*Dianthus*、和名ナデシコ）、セージ、サントリナ（*Santolina*）や、シスタス（*Cistus*）、銅葉のフェンネル、夜に香るユリやマツヨイグサ（英名 evening primroses）、または珍しい香りの *Rosa primula*、フルーツケーキの香りのオゾタムナス属の *Ozothamnus ledifolius*、レモンのような香りのディクタムヌス（*Dictamnus*、和名ハクセン）などを配置するのもよい。

1　ヨウシュハクセンの一種
　　Dictamnus albus var.
　　purpureus
2　ジンチョウゲ属の *Daphne*
　　laureola subsp. *philippi*
3　グミ 'Quicksilver'
4　ジンチョウゲ属の *Daphne*
　　mezereum
5　ウメ 'Beni-chidori'
6　シスタス属の *Cistus* x
　　cyprius
7　アベリア属の *Aberia*
　　triflora
8　リーガルリリー
9　モロッカンブルーム
10　ユーフォルビア属の
　　Euphorbia mellifera
11　バラ 'Tuscany'
12　マンネンロウ 'Sissinghurst
　　Blue'
13　カレープラント
14　フィラデルファス属の
　　Philadelphus maculatus

　　'Mexican Jewel'
15　ギンバイカの一種
　　Myrtus communis subsp.
　　tarentina
16　キャンディタフト
17　オリガヌム属の
　　Origanum laevigatum
　　'Herrenhausen'
18　サントリナシルバーの一種
　　Santolina chamaecypa-
　　rissus subsp. *neapolitana*
19　セージ 'Purpurascens'
20　バラの仲間 *Rosa primula*
21　オゾタムナス属の
　　Ozothamnus ledifolius
22　ハリエニシダ 'Flore Pleno'
23　トウテイカカズラ
24　ブッドレア属の *Buddleja*
　　crispa
25　アザーラ属の
　　Azara microphylla
26　アイリス属の *Iris pallida*

27　ジンチョウゲ属の *Daphne*
　　tangutica
28　シスタス属の
　　Cistus laurifolius
29　マツヨイグサ 'Sulphurea'
30　サンジャクバーベナ
31　ストック 'Alba'
32　ウイキョウ 'Purpureum'
33　バラ 'William Lobb'
34　タイサンボク
35　カンザキアヤメ
36　クレマチス・アーマンディ

球根類　スイセン 'Avalanche'、シクラメン属の *Cyclamen purpurascens*、クロッカス属の *Crocus speciosus* と 'Snow Bunting'、マツユキソウ 'S. Arnott'

間を埋める植物　タイムス属の *Thymus pulegioides* 'Bertram Anderson'、ナデシコ類

48　庭を設計する

植栽計画　鉢植えやプランターのあるテラス

　このプランではすべての植物をコンテナで育てる。パーゴラはジャスミン、クレマチス、ハニーサックルに包まれ、夕方にも日中にも香りが漂い、足元には日陰に強いグラウンドカバーの植物を配置する。その隣にはハーブや、パイナップルの香りのセージ（*Salvia elgans*）、レモンバーベナ（*Aloysia citrodora*）などの、葉によい香りのある植物を小さな鉢に植えて寄せ集め、葉を揉んで香らせる。

　庭の反対側には高さのあるウォーターガーデンを配置して、水生植物を浮かべたり、背後に沼植物を植える。その隣には高山植物や岩生植物の花壇のペアを作り、ひとつはツツジ・シャクナゲ類を植えるために酸性土壌とする。中央の鉢植えは、ゲッケイジュや冬咲きのビワ、ショワジア（*Choisya*）、カメリア（*Camellia*、和名ツバキ）などの寒さに強い常緑性低木の周りに配置し、さらにその外側を、季節の球根植物や一年草、半耐寒性の外来種などで取り囲む。春にはヒアシンス、ウォールフラワー（*Erysimum*）、シャクナゲ の *Rhododendron* 'Fragrantissimum' や、夏と秋にはスイートピー、ダチュラ（*Datura*、和名チョウセンアサガオ）、サルビア、ヘディキウム（*Hedychium*）なども活用できる。マイヤーレモン（*Citrus x meyeri* 'Meyer'）から採れるレモンはスライスして、テラスで頂く飲み物に添えるのもよい。

1　ペルシアソケイの一種 *Jasminum officinale* f. *alpina*、クレマチス属の *Clematis cirrhosa* 'Wiseley Cream'。足元にはサルコッカ属 の *Sarcococca hookeriana* var. *humilis*、ヤエムグラ属の *Galium odoratum*
2　スイカズラ 'Halliana'、クレマチス・モンタナ。足元にはサルココッカ属の *S. hookeriana* var. *humilis*、ヤエムグラ属の *G. odoratum*
3　レモンバーベナ
4　サルビア属の *Salvia elegans*
5　キレハラベンダー
6　リーガルリリー
7　ハーブ（チャイブ、マジョラム、ミント、バジル）
8　香りのあるペラルゴニウム（*Pelargonium* 'Attar of Roses'、*P. tomentosum*、*P.* 'Chocolate Peppermint'、*P.* 'Lady Plymouth'、*P.* 'Prince of Orange'、*P.* 'Citronella'）
9　ウォールフラワーとチューリップ 'Orange Favourite'、

シーズンの終わりにヘリオトロープ、バーベナ、ペチュニア
10　白いヒアシンス、白いシクラメン、シーズンの終わりにチョコレートコスモス、スイートアリッサム、ニコチアナ属の *Nicotiana suaveolens*
11　ユリ 'African Queen'
12　トウショウブ
13　ヘディキウム
14　オシロイバナ
15　マイヤーレモン
16　ビワ
17　ブルグマンシア（キダチチョウセンアサガオ）類
18　コロニラ属の *Coronilla valentina* subsp. *glauca* 'Citrina'
19　スイートピー
20　サルビア属の *Salvia discolor*
21　アメリカチョウセンアサガオ
22　ショウジア属の *Choisya x dewitteana* 'Aztec Pearl'
23　ゲッケイジュ（トピアリー仕立て）
24　マルメロ
25　サザンカ 'Narumigata'
26　シャクナゲ

'Fragrantissimum'
27　スイレンの池
28　高山植物／岩生植物の花壇：ジンチョウゲ属の *Daphne tangutica* Retusa Group、タチジャコウソウ、ヤナギハッカ、スタキス属の *Stachys citrina*、アツバサクラソウ、ダイアンサス属の *Dianthus gratianopolitanus*、クロバナイリス
29　高山植物／岩生植物の花壇：シャクナゲの一種 *Rhododendron trichostomum*、レドデンドロン属の x *Ledodendron* 'Arctic Tern'、フロックス属の *Phlox divaricata*、コリダリス属の *Corydalis flexuosa*
30　ミズサンザシの池
31　プリムラ属の *Primula florindae*
32　セイヨウナツユキソウ
33　ミズバショウ

春先の球根類
シラー属の *Scilla sibirica*、オオマツユキソウ、ムスカリ属の *Muscari armeniacum* 'Valerie Finnis'

50 庭を設計する

植栽計画　日陰を散歩する庭

　このプランでは、冬や春に色彩豊かになる林地の植物を植えた半日陰の花壇の間を、曲がりくねった小径が続いていく。庭の上層部はマグノリア（*Magnolia*、和名モクレン）、コルヌス（*Cornus*、和名ミズキ）、プテレア（*Ptelea*、和名ホップノキ）、さらにマホニア（*Mahonia*、和名ヒイラギナンテン）、サルココッカ（*Sarcococca*）、スキミア（*Skimmia*、和名ミヤマシキミ）、カメリア（*Camellia*、和名ツバキ）などの香りのよい常緑性低木で構成する。ハマメリス（*Hamamelis*、和名マンサク）も添え、さらに開けた場所にはオスマンツス（*Osmanthus*、和名モクセイ）、ビブルナム（*Viburnum*、和名ガマズミ）、ダフネ（*Daphne*、和名ジンチョウゲ）、フルーティな香りのするアザレアやウンナンオガタマ（*Magnolia / Michelia yunnanensis*）、そして美しいパエオニア属の *Paeonia rockii* などを植える。

　これらの木本植物の足元には、スミレや香りのよい葉を持つゲラニウム、スイートシスリー（*Myrrhis*）、ホスタ（*Hosta*、和名ギボウシ）、サクラソウやスズランなどの宿根草のタペストリーと、スノードロップ、クロッカス、ブルーベルやクチベニスイセンの変種などの球根植物を植え、極めつけにヒマラヤウバユリ（*Cardiocrinum giganteum*）をボリュームたっぷりに群植する。

1　ヘレボルス属の *Helleborus foetidus*
2　ドイツスズラン
3　マグノリア属の *Magnolia yunnanensis*
4　シナマンサク 'Wisley Supreme'
5　マホニア属の *Mahonia x media* 'Charity'
6　スキミア属の *Skimmia x confusa* 'Kew Green'
7　フクリンジンチョウゲ
8　ミナリアヤメ
9　アマドコロ
10　サルココッカ属の *Sarcococca confusa*
11　カメリア 'Cornish Snow'
12　マグノリア属の *Magnolia x loebneri* 'Merrill'
13　オスマンツス属の *Osmanthus delavayi*
14　パエオニア属の *Paeonia* 'Late Windflower'
15　ジンチョウゲ属の *Daphne bholua* 'Jacqueline Postill'

16　キバナツツジ
17　マルバタマノカンブシ
18　アクタエア属の *Actaea matsumurae* 'Elstead Variety'
19　シナミズキ
20　ビブルナム属の *Viburnum x juddii*
21　スイートチャービル
22　ルナリア属の *Lunaria rediviva*
23　ヒマラヤウバユリ
24　オスマンツス属の *Osmanthus x burkwoodii*
25　ロニセラ属の *Lonicera fragrantissima*
26　バラ 'Cornelia'
27　ホスタ 'Honeybells'
28　パエオニア属の *Paeonia rockii*
29　ヒイラギメギ 'Apollo'
30　ニオイインドウ 'Serotina'（コルヌスの幹に）
31　セイヨウサンシュユ
32　アンゼリカ

33　ホップノキ 'Aurea'
34　ヒイラギナンテン
35　ハマメリス属の *Hamamelis x intermedia* 'Pallida'

間を埋める植物
ニオイスミレ、ゲラニウム属の *Geranium macrorrhizum* 'Album'、テリマ属の *Tellima grandiflora* Rubra Group、キバナクリンソウ、クレイトニア属の *Claytonia sibirica*、ヤエムグラ属の *Galium odoratum*

球根類（少しずつグループにして流れを作りながら、全体にランダムに散らす）
クチベニスイセンの一種 *recurvus*、ヒアシンソイデス属の *Hyacinthoides hispanica*、クロッカス属の *Crocus speciosus*、*C. biflorus* 'Blue Pearl'、オオマツユキソウ

52 庭を設計する

植栽計画　夏の幾何学庭園

　このプランは夏向けに作っているが、四隅には他の季節にも楽しめる低木があり、ボーダー花壇は春になると球根植物が波打つように咲き誇る。バラが主なテーマであり、繰り返し花をつける種類を植えている。'De Resht' や 'Gertrude Jekyll' の複雑な香りを中心に、'Felicia' のフルーティな香りや、中央の日時計の周りにタイムに囲まれるように植えた 'Little White Pet' のミルラの香りが混ざり合って香る。

　フィラデルファス（*Philadelphus*、和名バイカウツギ）、ブッドレア（*Buddleja*、和名フジウツギ）やシボタン（*Paeonia delavayi*）などを含む夏の低木が植栽の背骨部分を構成する。フロックス（*Phlox*）、カンパニュラ（*Campanula*、和名ホタルブクロ）、サポナリア（*Saponaria*、和名シャボンソウ）や、葉によい香りのするアガスタケ（*Agastache*）、キャットミントなどの香りのよい宿根草を、珍しいインパティエンス属の *Impatiens tinctoria* とともに植える。さらに、一年草のスイートピー、ハナタバコ、こぼれ種で増えるヘスペリス（*Hesperis*、和名ハナダイコン）とバーベナ〔*Verbena*、和名クマツヅラ〕、そして力強い香りのするユリの 'Casa Blanca' や Pink Perfection Group なども加える。

1　カツラ
2　ニコチアナ属の *Nicotiana sylvestris*
3　バラ 'Madame Knorr'
4　ユリ Pink Perfection Group
5　チャボハシドイ 'Superba'
6　フサフジウツギ 'Dartmoor'
7　マンシュウキスゲ
8　サンジャクバーベナ
9　バラ 'Claire Austin'
10　ユリ 'Casa Blanca'
11　カンパニュラ属の *Campanula lactiflora*
12　アガスタケ属の *Agastache rugosa* 'Blue Fortune'
13　ガルトニア属の *Galtonia candicans*
14　ハナタバコ
15　クサキョウチクトウ 'Mount Fuji'
16　ネペタ属の *Nepeta racemosa* 'Walker's Low'

17　アイリス属の *Iris pallida*
18　スイートピー（三つ足の支柱）
19　シャボンソウ 'Alba Plena'
20　ツゲ
21　バラ 'Gertrude Jekyll'
22　フィラデルファス属の *Philadelphus microphyllus*
23　ビブルナム属の *Viburnum x burkwoodii*
24　バラ 'Felicia'
25　アクタエア属の *Actaea simplex* Atropurpurea Group
26　シボタン
27　クサキョウチクトウ
28　ボタンクサギ
29　バラ 'Cornelia'
30　フィラデルファス 'Sybille'
31　ビブルナム属の *Viburnum farreri*
32　バラ 'De Resht'
33　インパティエンス属の *Impatiens tinctoria*

34　フィラデルファス属の *Philadelphus maculatus* 'Mexican Jewel'
35　バラ 'Constance Spry'
36　フサフジウツギ 'Nanho Blue'
37　バラ 'Munstead Wood'
38　ロウバイ
39　バラ 'Little White Pet'
40　タイムス属の *Thymus pulegioides* 'Bertram Anderson'

春先の球根類
草本類のエリアに、スイセン 'Actaea'、ヒアシンス 'Delft Blue'、チューリップ属の *Tulipa sylvestris*；バラと低木類のエリアに、ハナダイコン、ヒアシンソイデス属の *Hyacinthoides non-scripta*、ガランツス類

高木や
低木・灌木を
植える

香りのよい高木を選ぶ

　高木類には素晴らしい香りのするものがさまざまあるが、残念なことに庭に使えないものもある。最大級の庭があればそれらを最大限に活用できるのだが、通常の庭では 1 本か 2 本を使用して、その他の香りは別の場所で楽しむことになる。

　田園風の庭では、寒風から保護し、見苦しい場所を見せないようにし、外から覗かれないようにすることが欠かせない。高木は壁面や生垣を構成し、防御目的で活用されることが多い。目隠しや風よけとして用いられる香りのよい高木には、主役級である針葉樹のほか、バルサムポプラ（英名 balsam poplars）、ラブルヌム（*Laburnum*）、シナノキ（*Tilia*）、ヤナギ（*Salix*）などがある。常緑樹と落葉樹の高木を賢く組み合わせると、常緑樹で堅牢な障壁を築くよりもよい風よけとなることを覚えておこう。香りの強さの点ではバルサムポプラやシナノキに勝るものはほとんどない。バルサムポプラは春に最も強く香り、ベタベタする蕾から砂糖のように甘い樹脂性の香りが空気中に漂う。夏になるとシナノキがその花からフルーティな香りを放つ。

　ユーカリノキ（*Eucalyptus*）は庭では最も生長の速い高木であるため、急いで縦長の造形を作りたい時にも用いられるが、大きくなると南国的な輪郭線を形成し、異国情緒を醸しだす。寒さに強い品種もある。何年か前、ウェールズの私の庭の東側に建てられた団地の輪郭を遮断するために、6 本の品種の異なるユーカリを植えたのだが、生長の遅いシナノキや常緑樹が育つまでの間、一時的な防御として楽しませてくれた。シルバーブルーの葉にはフルーティな香り、ミントや薬効感のある香りなど、さまざまな香りが潜んでおり、蜂蜜のような香りのする花まで咲かせた。圧倒的に寒さに強かったのは *E. pauciflora* subsp. *niphophila* で、あまり大きくなり過ぎず格好のいい樹幹に生長したので、そのまま残すことにした。

嘆かわしくも香りのない常緑性のアザレアの植栽に *Rhododendron* 'Spek's Orange' のような落葉性のアザレアを加えて、その不足を補う。

ショウジア（*Choisya*）、ケアノツス（*Ceanothus*）、キティスス（*Cytisus*）の強い香りとほのかな香りが混ざる低木植栽。

　高木はその大きさから庭の特徴的な存在となるので、香りだけで選ぶのは少し行き過ぎだろう。高さや枝張り、密度、樹形、そして木の個性も含めて総合的に判断するのがよい。たとえば円錐束状の高木は躍動感がある。単独で植えると表情豊かな中心点となり、列植したり左右対称に植えると空間に強い形式性を与えることができる。針葉樹の多く、特にイトスギ（*Cupressus*）、ビャクシン（*Juniperus*）、グレープフルーツの香りのするアメリカオオモミ（*Abies grandis*）などが円柱形やピラミッド形に仕立てて用いられる。イングランド、グロスターシャー州のウエストンバート植物園にある有名なインセンスシダー（オニヒバ）が方陣型に群植された姿は、打上げ台から発射される緑のロケットの集団を思わせる。

ブルーアトラスシダー（*Cedrus atlantica* 'Glauca'）やレバノンスギ（*C. libani*）など、水平線を強調する高木も同様に彫刻的である。暑い日にはクロスグリ（ブラックカラント）の香りが辺りを取り巻く。イギリスでは貴族の大邸宅があることを知らせる香りである。ヨーロッパアカマツ（*Pinus sylvestris*）も力強く水平に生長する。裂溝のある樹皮とごつごつした輪郭を持つ、私のお気に入りの高木である。

枝垂れた高木は優美で、香りのよいものとしては、シダレベイトウヒ（*Picea breweriana* S. Watson）に代表される多くの針葉樹のほか、シナノキ属の *Tilia* 'Petiolaris'、シダレカツラ（*Cercidiphyllum japonicum* f. *pendulum*）などがある。小さな庭には蜂蜜の香りの花を咲かせるブッドレア属の *Buddleja alternifolia* もよい。枝垂れた木の理想的な背景として水辺を考えがちだが、木だけでも印象的である。

香りの宿主として

香りのない高木の場合、芳香性のつる植物の宿主となることで香りを放つこともできる。ハニーサックル、クレマチス、つるバラなどが候補であろう。相棒を選べば、同じ季節に何種類かの見ごろを迎えることも、異なる季節に2度香りを提供することもできる。オックスフォードの小さな庭で見た緋色のクラブアップルに絡まるシナフジの組み合わせを思い出すが、見た目にも印象的で香りもよく、道ゆく人々を楽しませていた。

一般的には頭頂部が丸い高木は風景とも調和しやすく、ラフな曲線を描く輪郭は背景によく馴染む。これらは庭にリラックスした雰囲気を作るのだが、多くは素晴らしい個性がある。クラブアップル（野生リンゴ）やサンザシ類はその香りを空気に漂わせ、ふしだらけの果樹（洋ナシやリンゴの花には繊細な香りがある）も同様である。コテージガーデンの雰囲気を出すには果樹を小径沿いに少し乱しながら列植するのが最善の方法である。もしくはクラブアップルやサンザシ類を小さな芝庭の角に植えるのもよい。庭の歴史には何世紀もの間マルメロ（英名 quince）も欠かせなかった。

印象的な葉や樹皮を持つ高木は、長い期間にわたって楽しませてくれるので、小さな庭に植えると評判がよい。大きな葉を持つパウロウニア（*Paulownia*、和名キリ）、異国風な香りのするカタルパ（*Catalpa*、和名キササゲ）、そして日向では艶のある葉を持ちレモンの香りのする花を咲かせるタイサンボク（*Magnolia grandiflora*）が芝庭の見事な景木となる。スチュアーティア（*Stewartia*、和名ナツツバキ）や、純白や蛇柄の樹幹を持つさまざまなユーカリノキなどもよい。この他、マグノリア（*Magnolia*）、ラブルヌム、シナノキ、ハレーシア（*Halesia*）、サクラ、ケルキディフィルム（*Cercidiphyllum*、和名カツラ）なども頭頂部が丸い高木で香りがよく、短い間だが花が咲く時期や秋の紅葉が美しい。フユボダイジュ（*Tilia cordata*）やカツラ（庭の芳香植物としては最良の２種）のように、樹形も美しく景木として育てる価値があるものもある。香りが漂う季節にだけ存在感を発揮するものは庭の背景として使用できる。たとえばナンキョクブナ属の *Nothofagus antarctica* を控えめに低木の植込みの間に挟み込んでおき、春になると涎が出るくらい美味しそうなパンプキンパイの香りで通りがかりの人をもてなすのもよい。

香りのよい高木で作られた並木道も忘れられない風景になるだろう。これにはシナノキやクルミ類（英名 walnuts）などが向く。一般的なクルミの葉から漂うフルーティな香りは、風のない湿度の高い日にはとても強く香る。ライラックの列植も美しいが、個人の庭向きではない。初夏に咲く色とりどりの泡のような総状花序（ピーク時には甘くよい香りがするが、その後はくどくなる）は文句なく魅力的だが、葉はとても寂しい印象で、吸枝も厄介である。ロビニア（*Robinia*、和名ハリエンジュ）の並木道も気持ちよく、シナノキと同じく定期的に剪定しなくてもよい。

小さな庭の高木として、他のお薦めはクラブアップル、マルメロ、ナツツバキ、プテレア（*Ptelea*、和名ホップノキ）、そして *Magnolia x loebneri* 'Merrill' のような小型のマグノリアなどである。種に毒があることを気にする人も多いが、ラブルヌムも選択肢に挙げておく。軽やかで魅力的な葉は日陰をほとんど作らず、手を入れずに育てても、トンネルやアーチ型に仕立てても、花が咲いたようすは見事である。

香りのよい生垣と常緑樹

私たちは庭の境界線に生垣を作り、内側の仕切りとする。形式ばったもの、幾何学的なもの、小ぎれいに刈り込んだもの、などが設計案に秩序を与え、低木やボーダー花壇の植物がラフな形やデザインであることとバランスを取る。もしくは、直線を柔らかくし、外の田舎の風景と庭とをうまく馴染ませた、ゆるく素朴な生垣もある。

背の高い、形式的な生垣として、最初に思い浮かぶのはイチイ（*Taxus*）である。小奇麗な常緑樹で密生し、色も濃く、生長の速度も扱いやすい。しかし香りはしない。ローソンヒノキ（*Chamaecyparis lowsoniana*）やレイランドヒノキ（× *Cupressocyparis leylandii*）の方が香りの点ではよい。これらは生長が速いので、小ぎれいに保つためには年に２回剪定すること。香りの心地よさという点ではベイスギ（*Thuja plicata*）が優勝だろう。近くを人が通って葉をつねるたびに洋ナシのキャンデーのような香りを放つ。若葉色の葉を持ち、密生していて寒さに強い。濃い色の葉を持つ 'Atrovirens' は花を最も美しく見せる。

燃えるようなオレンジのチューリップと、燃えるような葉を持ち蜂蜜の香りのするヒイラギメギ（*Mahonia aquifolium*）'Moseri'。

60 　高木や低木・灌木を植える

高木や低木・灌木を植える　61

ツゲ（英名：box）

　小型の幾何学的な生垣には間違いなくツゲがよい。猫のおしっこのにおいがするという人もいるが、単に他の庭や夏の天気、ぶらぶらと過ごす幸せな時間を思い出す人が多い。ツゲで縁取りされたボーダー花壇は、たとえその中はハーブガーデンのように無秩序だとしても、立派な印象を醸しだす。縁があることでだらりとした植物もきちんと納まって見える。ツゲは夏の間中、花や葉に埋もれることもなく、冬にはその輪郭が特に好ましい。ツゲの最も洗練された使用法はもちろんノットガーデンである。ツゲのにおいが嫌いな人や胴枯病に困っている人にとっては、ボックスハニーサックル（*Lonicera nitida*）が代替になるだろう。こちらはフルーティで甘く、クリーム色の花をつける。

　芝生の脇、なだらかに続く山野の風景、花壇の後ろ、などに花の咲く生垣があると素晴らしい。これに使用できる芳香植物は多くある。背の高い生垣には、常緑性で蜂蜜の香りのするベルベリス（*Berberis*）、甘く力強く香るオスマンツス（*Osmanthus*）、グミ（*Elaeagnus*）、フィリレア（*Phillyrea*）などを考慮するとよい。温暖な気候の地域では樹脂性のエスカロニア（*Escallonia*）、ムスクの香りのオレアリア（*Olearia*）やローズマリーなどがよい。落葉性の生垣にはシュラブローズが素晴らしい候補であり、リンゴの香りのする葉を持つ *Rosa rubiginosa* のような野生種（これを用いた矮性の生垣がハートフォードシャー州のハットフィールドハウスにある）でも、繰り返し深紅に開花する 'Wild Edric' や 'De Resht' などの洗練された交配種でもよいだろう。ルゴサ・ローズの列植からは強い芳香が漂い、イングランド、グロスターシャー州のキフツゲートコート（Kiftsgate Court）には縞模様のバラの仲間 Rosa mundi（*Rosa gallica* 'Versicolor'）の鮮やかな生垣がある。常緑で花を咲かせる背の低い生垣や縁取りには、ラベンダー、サントリナ（*Santolina*）、ジャーマンダーなどがある。

伝統的なツゲのパルテール（幾何学模様の花壇）に納まるオールドシュラブローズ。最も洗練された花の香りを漂わせる。

混植の生垣は、特にラフに刈り込まれたり、ある植物だけが背を高く伸ばしていたりすると、形式ばった印象は薄くなる。野生生物の生息環境としては素晴らしい。サンザシ（*Crataegus*）、ニワトコ（*Sambucus*）、イボタノキ（*Ligustrum*）なども使われるが、その重い香りはすべての人に好まれる訳ではない。ハニーサックル（*Lonicera periclymenum* の園芸品種や常緑のスイカズラ 'Halliana'）のなかに織り込まれた野バラや、バニラの香りのするクレマチス・フランムラ（*Clematis flammula*）は甘い香りを加えてくれる。オエムレリア（*Oemleria*）は自然風の生垣にふさわしく、そのアーモンドの香りは春の香りのなかで最も強いもののひとつである。

常緑性の低木は単独でもグループでも庭に構造をもたらしてくれる。鉛筆形のジュニパー、先端の尖ったユッカ（*Yucca*）、ピラミッド形のツヤ（*Thuja*）、ツゲのトピアリー、など人目を引く樹形のものは庭の要となり得る。斜め上方に生長するジュニパーは、草地の斜面が石壁や階段などとぶつかる場所に用いるとデザインのつなぎ目の弱点を隠す達人となる。他にも小さな丘やハンモック、クッション、雲形の植え込みなど、冬の庭に、その上に腰かけてリラックスできる家具のような場所をこしらえる常緑樹もある。難しいのは、どのくらい使うかである。少な過ぎると冬の庭は寒々しくなりみすぼらしくなるが、多過ぎると夏の庭が重たい印象になる。茶色く枯れた草や宿根草を一掃して冬の間中いくつかのトピアリーだけに命を吹き込むガーデナーもいるが、私は緑で満たされた風景を見晴らすのが好きである。

香りのよい低木・灌木を選ぶ

冬に宿根草の多くが冬眠している間、低木・灌木や高木は特に重要である。常緑樹が前面に見えるようになると、その樹形や輪郭が目立ってきて、樹幹や枝の色、質感に気づくようになる。香りを意識するガーデナーにとっては素晴らしい香りを多く楽しめる、豊かな季節である。

ほとんどの冬咲きの低木は日陰に強いが、この陰鬱な季節に花が本当に美しく咲くには太陽の光を浴びる必要がある。午後の日差しを受けて育ったマンサク（*Hamamelis*）を日陰で育ったものと比べると明らかに違って見える。色の異なるマンサクを集めて植えるとさらによい。夏には目隠し用の落葉樹のスクリーンや落葉樹のひさしの陰となる場所で育てると、秋には落葉するのでよいだろう。

サンゴミズキに照らされてマンサクのフルーティな香りがビブルナムの一種 *Viburnum* x *bodnantense* 'Charles Lamont' の蜂蜜やアーモンドのような香りとブレンドされる冬のある日。

高木や低木・灌木を植える 63

初夏に咲くビブルナム *Viburnum* x *burkwoodii* の花は空気中に甘いクローブの香りを漂わせる。

スパイシーな春の香り

　アーモンドやスパイスの香りと混じり合うピンクと白のカラースキームは、ヨシノサクラ（*Prunus* x *yedoensis*）や香りのよい 'Jo-nioi'（ジョウニオイ）などのサクラやマグノリアの一種 *Magnolia* x *loebneri* 'Merrill'、そしてもちろんビブルナム（*Viburnum*）などで編成するとよい。春の間中咲く白花のビブルナムは、初期の品種とは異なる香りがあり、蜂蜜やアーモンドの香りの代わりに、突き刺すように甘く豊かなクローブの香りが漂う。この季節の私のお気に入りの香りである。*V.* x *burkwoodii* が最もコストパフォーマンスがよいのだが、常緑性の栄養系品種は長い期間にわたって花を咲かせ、秋の色づきも素晴らしい。オオチョウジガマズミ（*V. carlesii*）や *V.* x *juddii* はさらに素晴らしく、香りも洗練されている。

　冬の落葉性低木のなかでは冬咲きのビブルナムが最も価値がある。秋から早春にかけて葉のない枝にピンクや白の花をつけ、蜂蜜やアーモンドの香りを漂わせる。常緑樹や芝庭、あるいは晴れた空を背景に、直立する茎が群生するようすは印象的な輪郭線を形成する。ジュウガツザクラ（*Prunus* x *subhirtella* 'Autumnalis'）は遠目に見るとピンクで、その足元にはスノードロップやクロッカスをたくさん植えて花だまりを作るとよい。

　ジンチョウゲ属の *Daphne bholua* からはより洗練されたスパイシーな香りが漂う。これはここ何十年かの間に入手できるようになった新しい低木のなかで最も素晴らしいもののひとつであると思う。ピンクの蕾から白い花を咲かせるのだが、'Darjeeling' の蕾はより淡い色で、白い花をつけたようすは常緑性の 'Jacqueline Postill' や落葉性の 'Gurkha' よりも少し柔らかい印象である。ビブルナムと一緒に植えると空気中に香りがよく漂う。

サルココッカ（*Sarcococca*）は背の低い常緑樹で日陰のコーナーに便利である。蜂蜜のような香りが冬の空気に気の向くままに漂い、さまざまに色の異なるヘレボルス（香りがないもの）と組み合わせると、目も鼻も楽しませることができる。スズランのような香りを何か月にもわたって漂わせ、景木としても楽しめるヒイラギナンテン（*Mahonia japonica*）を近くに植えてもよい。私の母の好きな香りだった。真冬になると、マンサクが温かみのある色にさまざまに色づき、ビブルナムのように葉のない枝に花を咲かせる。黄花のものは他の色よりも甘く香る傾向があり、赤やオレンジのものはかび臭くフルーツとスパイスが混ざったようなまさにオウムのにおいがする。黄花のものは、緑のヘレボルスである *Helleborus foetidus* や、葉にローストビーフの香りがありオレンジ色の果実をつけるミナリアヤメ（*Iris foetidissima*）の茂みに一緒に植えるとかわいらしい。

　大きな庭のラフなコーナーにはセイヨウサンシュユ（*Cornus mas*）や *Salix aegyptyaca*、*S. triandra* や *S. pentandra* などのヤナギを植える場所があるかもしれない。そうすると晩冬から春にかけてスパイスや蜂蜜、アーモンドなどの香りが途切れることなく漂う。酸性土壌にある高木の足元には、コリロプシス（*Corylopsis*）を植えると早春にレモンやプリムローズの香りのする雄穂をつけ、常緑のピエリス（*Pieris*）を植えるとピッチャー形の花がついたクリーム色の円錐花序をつけ、スズランやバニラの香りが漂う。私は特にハリエニシダのココナッツのような温かみのある香りが好きで、この香りを嗅ぐと瞬時に北ウェールズのアングルシーの海岸の小径を散歩した子供のころの記憶が蘇る。

　低木類にとっては春が最盛期で、さまざまな色や香りを提供する。春咲きの低木の多くは日陰にある程度強く、主な生育場所は、高木の足元や、壁面や庭のへりなどの影になる場所、あるいは豊富な日照を必要とする遅咲きの植物のために残されたオープンスペースなどでも育つ。ヒイラギメギ（*Mahonia aquifolium*）は早春に最も力強い蜂蜜の香りを漂わせる。どんなに見込みのない土地に植えてもきちんと育ち（深い日陰や乾燥した土壌にも耐性がある）、庭中に芳香を漂わせる。冬咲きや春咲きの多くの花には蜂蜜やそれに似た香りがあり、他の香りをも強調する。マホニア（*Mahonia*）に近い香りにはスキミア（*Skimmia*）、フォッサギラ（*Fothergilla*）、オレンジや黄色のベルベリス、また下草にはプリムローズや早咲きのスイセンなどがある。

　素晴らしい *Daphne* x *burksoodii* 'Somerset' を含め、クローブの香りのするジンチョウゲ属の多くは冬が花期である。クラブアップルのピンクや白、赤の花を目立たせるために使用することもできるが、これらの花にはしばしばスミレやバラのような香りがあり、驚かせてくれる。チャボハシドイ（*Syringa microphylla*）'Superba' のようなピンクの矮性ライラックもよいかもしれない。土壌が酸性であれば日向を愛するシャクナゲの *Rhododendron trichostomum* もよい。この小さく華奢な低木はジンチョウゲにそっくりで、ピンクの花には甘さのない樹脂性の強い香りがある。

アザレア（azaleas）にはそれとは異なるフルーティな香りがある。私の見解では、見かけも、フルーツカクテルの香りの強さにおいてもキバナツツジ（*Rhododendron luteum*）が無敵である。黄色の花と薄緑の若葉は林地の日陰にまだらな光を作りだす。輝くような色を持つ多くの交配種には、失われた自然の美しさがある。ブルーベルとの相性も素晴らしい。温暖な気候の地域では 'Fragrantissimum' や 'Lady Alice Fitzwiliam' のようなやわらかい白花のシャクナゲが春の林地の庭の愉しみである。これらはユリの香りとともに少しナツメグの香りがする。より手軽に楽しめる、ピンクや白の花をたくさんつけたトラスを持つ寒さに強いシャクナゲの仲間 *Rhododendron* Loderi の栄養系品種もある。私の庭の芝地の縁にある北向きの花壇には 'Loderi King George' が何本か植えられており、ぶらぶら歩きながら軽いスパイシーな香りを嗅ぐのを楽しんでいる。

春から夏に移ろうと、強調されるものが日陰に強い低木から、エニシダやライラック、ラブルヌムなどの日向を愛するものへと移っていく。'Frühlingsgold' や *R. spinosissima*（*R. pinpinellifolia*）などの早咲きのバラが花開き、コテージガーデン・モックオレンジ（*Philadelphus coronarius*）のフルーティな香りが空気を満たす。この香りは他の香りを埋もれさせてしまうので、風に乗って漂ってくるように敷地の境界線に植えるのがよいだろう。

他のモックオレンジはもっと控えめである。パイナップルの香りのする *P. microphyllus* はシュラブローズの洗練された香りと美味しそうに組み合わさり、純白に栗色の斑の入った 'Sybille' の花の香りは深紅やピンクのバラの香りとブレンドされる。私の庭では *P. maculatus* 'Mexican Jewel' は少し遅く咲き、おそらくフィラデルファス（*Philadelphus*、和名バイカウツギ、別名モックオレンジ）のなかで最も香りが良い。寒風にさらされない日差しの強いボーダー花壇では、シスタス（*Cistus*）の花が咲く。その常緑の葉から漂う粘り気のある香りは一年中不規則に香るが、夏の暑さのなか、多くの品種がねばねばした若葉を萌えだすころに最も豊かに香る。ローズマリーやタイムの葉がスパイスの香りを加え、ウンベルラリア属の *Umnellularia californica* がフルーツの香りを放ち、オレアリア属の *Olearea macrodonta* からはムスクの香りがする。トップノートを補うために、蜂蜜の香りのするヒース（*Erica arborea* とその近縁種）やオゾタムナス属の *Ozothamnus ledifolius*（*Helichrysum ledifolium*）、アーモンドの香りのするコレティア属の *Colletia hystrix*、バニラの香りのするレダマ（*Spartium junceum*）などを植えてもよい。

日陰のボーダー花壇や日の当たる林地では香りのよい低木に事欠かない。酸性土壌では芳香性のシャクナゲだけが選択肢を提供する。大型の品種や交配種がたくさんあるが、花にはスパイスやその他の香りのニュアンスとともにフルーティなユリの香りがある。

ほとんどが香りのない盛夏の草本植物を補うためには、香りのある素晴らしい低木もある。マウントエトナブルーム（*Genista aetnensis*）、ツリールピン（*Lupinus arboreus*）は宿根草のボーダー花壇に理想的で、秋まで花を咲かせるルピナスに対して、ゲニスタは葉が小さく枝が細いので丈は高いけれどもほとんど影を落とさない。黄色い花にはスイートピーの香りがあり、空気に漂う香りを感じることもある。ブッドレア（*Buddleja*）も春には地面まで切り戻されるので、草本植物として扱うことができる。フサフジウツギ（*Buddleja davidii*）や *B. fallowiana* は青、紫、白などの花をつけ、*B. weyeriana* 'Golden Glow' はアプリコットイエローの花をつける。これらには花のような蜂蜜の香りがある。ボーダー花壇の目立つコーナーには壮観な枝付き燭台の形をしたユッカがよい。

ボタンクサギ（*Clerodendrum bungei*）の花には不愉快な肉のようなにおいがあり、特に葉から漂う。しかし他よりも甘さが多く、ピンクの大きな花と輝く美しさは香りの不快さを埋め合わせる。私の庭ではボーダー花壇の後ろ側にあった1本から、4.5mのコロニーを形成するまでに生長している。明るいピンクは庭が黄褐色の霧に包まれていく時分に素晴らしく映える。近縁種の *C. trichotomum* var. *fargesii* は半日陰で育つ。香りは甘さがやや控えめで、ジャスミンの花の香りが失せかけているような印象であるが、力強く、遠くまでよく香る。秋の林地の庭に趣きをもたらす貴重な植物である。白い花とターコイズ色の果実が深紅の萼（がく）の中につくようすはいつも目を引くものである。

グミ属の *Elaeagnus* x *ebbingei* の砂糖のような甘い香りは暖かい秋の宵に強く漂い、小径を歩く人々は足を止めて香りの源を探そうとする。花はほとんど見えないため、わびしい常緑の植物と思われることも多いが、日向に植えて春に剪定すると、銀色の若葉と枯れ行く金色の葉とが目を見張るようなコントラストを作りだし、白い花をたくさん咲かせる。装飾用には金色の斑入りの品種 *E.* x *ebbingei* やナワシログミ（*E. pungens*）などがある。

秋が深まると早咲きのヒイラギナンテンが直立した黄色い総状花序をつける。これらの品種は遅咲きのものと比べるとそれほど心地よい香りではないが、屋外では嫌な香りではなく花色もとても明るくて楽しい。オスマンツス属の *Osmanthus armatus* からも甘い風船ガムのような香りがする。けれども紅葉の時期に私が最も愉しみにする香りは、カツラ（*Cercidiphyllum japonicum*）のキャラメルのような香りである。これは、条件がよければ黄色、運がよければピンクの紅葉をともなう。葉の茂った品種 'Boyd's Dwarf' もある。

最も素晴らしいマンサクの一種 *Hamamelis* x *intermedia* 'Jelena'。熟したフルーツのような香りが、私にはオウムのにおいを思わせる。

高木
こうぼく

ABIES　アビエス（モミ）属
Pinaceae　マツ科

ほかの多くの針葉樹と同様に、モミ類（英名 firs）の葉は傷をつけると樹脂性のフルーティな香りを放つ。樹皮にも樹脂を含むものが多い。常緑の円錐形をした大木となるが、生長は遅い。小さな庭には *A.Koreana*（チョウセンシラベ）（Z5）が適しており、20年で3mに生長し、やがては12mに達する。若い時期から紫を帯びた青い球果をつける。大きな庭には、*A.nordmanniana*（コーカサスモミ）（Z5）も好ましく、フルーツの香りがする淡緑の葉と緑の球果をつける。生長の速さも高さもチョウセンシラベの3倍以上である。次の2品種は、最も特徴的な強い香りがある。

A. balsamea （英名：balsam fir／balm of Gilead、和名：バルサムモミ／ギレアドバルム）

濃緑で光沢のある葉を持ち、強い樹脂性の香りがする。若葉や葉の裏側は美しいグレーである。バルサムモミは、原産地である寒い北アメリカから離れると高木になるが、若木の時が一番よく、私は樹齢25年ごろに切り倒すのが一番よいと思う。そのころには6mの高さになる。球果は紫。Hudsonia Group には、小型のもの（60cm）もある。酸性または中性の土壌。Z3

A.grandis （英名：giant fir、和名：アメリカオオモミ）

濃い色の葉には、グレープフルーツのような強くて甘い樹脂性の香りがある。この木は力強く大きく育ち、新芽はオリーブグリーンで、淡緑の球果をつける。他のモミ類より、日陰やアルカリ性土壌に強い。日向または半日陰。水はけのよい湿った土壌。20年で15m。Z6

AESCULUS　アエスクルス（トチノキ）属
Sapindaceae　ムクロジ科

A.californica

トチノキ類（英名 horse chestnuts）にはよく知られた *A.hippocastanum*（セイヨウトチノキ）をはじめ、香りのよい花をつける品種がある。庭の香りとして最適の品種は *A.californica* である。これは、枝張りのある小高木、あるいは大きな低木、といったところだが、メタリックな灰緑の掌状複葉を持ち、夏の間中、ピンクがかった白い花を、直立した形に密集してつける。栄養に乏しい芝地では魅惑的で珍しい景木となり、日照豊かなカリフォルニア州から離れても耐寒性がある。日向または半日陰。3-9m。Z7

左端：バルサムモミ（*Abies balsamea*）Hudsonia Group
左：トチノキ属の *Aesculus californica*

左：カバノキ属の *Betula lenta*　右：アメリカキササゲ（*Catalpa bignonioides*）

BETULA　ベツラ（カバノキ）属
Betulaceae　カバノキ科

B.lenta　（英名：sweet birch / black birch）
アメリカ東部原産。イギリスではあまり一般的でなく、大きくは生長しない。樹形は直立で、葉は典型的な楕円形でギザギザがあり、秋には明るく輝くような黄色になる。樹皮は、若いうちは黒く滑らかで、齢とともに剝がれやすくなる。新芽を傷つけると、ウインターグリーン、もしくは薬のような香りがする。春には尾状花序をつける。日向。20年で9m。北米では24mに達するが、ヨーロッパではもっと小さい。Z3

CARYA　カリア（ペカン）属
Juglandaceae　クルミ科

C.tomentosa　（英名：mockernut / bigbud hickory）
多くのペカン類（英名 hickories、ヒッコリー）と同様に、栽培されたものは少ない。移植が難しいからである。しかし自然に播かれた種や、実生の苗を早いうちに移植した場合はよく育つ。美しい木で、ヒッコリーのなかでは一番香りがよい。葉には甘い樹脂性の香りがあり、空気中に香りが漂う時もあるが、それ以外は手で触れると香る。エキゾチックに長い複雑な葉は、7枚かそれ以上の小葉から成り、秋には鮮やかに黄葉する。大きな芽が冬には興味深い。日向。良質なローム質の土壌。20年で6m。24mに達する。Z4

CATALPA　カタルパ（キササゲ）属
Bignoniaceae　ノウゼンカズラ科

C.bignonioides　（英名：Indian been tree、和名：アメリカキササゲ）
大きな庭の芝地には最も印象的な景木。樹形は丸く横に広がり、葉はとても大きなハート形で薄緑。黄色と紫の差しが入った、甘く香る白い花は、夏に直立する目立った円錐花序となる。暑いときには花後に細長い莢ができる。この種と *C. x erubescens* 種に属する *C. ovata* との交配種には、見事なユリの香りがある。日向。湿った深い土壌。15m。Z4

CEDRUS　ケドルス／セドルス（ヒマラヤスギ）属
Pinaceae　マツ科

スギ類（英名 cedars）は暑い日には、空気中に温かみのある樹脂性の、クロスグリのような香りを放つ。しかしその香りは他の針葉樹ほど強くはない。主に3種あるが、どれもとても大きな常緑性高木。最初はピラミッド形だが、のちに幅が広がっていく。最大級の広さの庭では、スギ類に勝るほど見事で堂々とした芝地の景木はほとんどない。日向。水はけのよい湿った深い土壌。

C.atlantica　（英名：Atlas cedar、和名：アトラススギ）
レバノンスギとほぼ同一。若いうちは生長が速いが、枝が水平に伸びてバランスのとれた姿になるまでには何年もかかる。'Glauca' はブルーグレーでとても人気があり、ギンヨウヒマラヤスギ（英名 blue atlas cedar）としてよく知られている。20年で12m。36mに達する。Z6

C.deodara（英名：deodar、和名：ヒマラヤスギ）

近縁種のスギとは異なり、優雅で特徴的な吊下形の樹形を作る。'Aurea' は、他のものより小さく、生長も遅く、春には金色を帯びた黄色になる。ロックガーデンには、半匍匐性で金色の 'Golden Horizon' を試すもよい。これは若い時期の姿が魅力的で、小さな庭によく植えられる。20 年で 14m。60m に達する。Z7

C.libani（英名：cedar of Lebanon、和名：レバノンスギ）

水平に広がった大きな枝を持つ、公園や大きな屋敷でよく見かける威厳のある木である。生長はアトラススギより遅い。20 年で 9m。36m に達する。Z6

CHAMAECYPARIS　カマエキパリス（ヒノキ）属
Cupressaceae　ヒノキ科

ヒノキ類（英名 false cypresses）は、最もよく栽培される針葉樹であり、葉をこすると、つんとした樹脂性の香りがする。樹形は円錐形だが、年が経つにつれて横に広がっていく。多くは目隠しや背の高い生垣に向くが、よく生長し、色々な形になるので、年 2 回は剪定が必要。ローム質の湿った土壌。

C. lawsoniana（英名：Lawson's false cypress、和名：ローソンヒノキ）

巨木となり、葉は平坦でシダ状の小枝につく。高い目隠しや生垣に最適で多くの栄養系品種を生みだしている。'Columnaris' はブルーグレーの細い円柱形で 7.5m。'Elwoodii' は生長が遅く、濃い青緑の円柱形でがっしりした樹形。7.5m。'Erecta Viridis' は深緑のがっしりした円柱形。素晴らしく均整がとれ、幾何学的な印象だが比較的若い時が最もよい。9-27m。'Fletcheri' はブルーグレーでジュニパ

CERCIDIPHYLLUM　ケルキディフィルム（カツラ）属
Cercidiphyllaceae　カツラ科

C.japonicum　（和名：カツラ）

極東地域原産で、最も愛されている庭の高木のひとつ。葉はハート形で、初めは黄褐色だが、若葉色になり、秋には黄色に、時にはピンクに変わる。秋に紅葉すると、美味しそうなキャラメルの香りが空気を満たす。落ち葉からも香りがする。株立ちで見かけることが多いが、よく考えて剪定すれば 1 本の幹に仕立てられる。若葉は春の霜に弱いので、寒い地域では風よけが必要。***C. j. f. pendulum***（シダレカツラ）と呼ばれる、美しく枝垂れたものもあり、私は葉の茂った 'Boyd's Dwarf' も育てている。半日陰。肥沃で湿った深い土壌。20 年で 9m。野生では 30m。Z5

カツラ（*Cercidiphyllum japonicum*）

一のような樹形。ふさふさした円錐形で生長は遅い。6-12m。'Green-Pillar' は見事に茂った緑色の円柱形。7.5m。'Kilmacurragh' は鉛筆のように細い濃緑の円柱形。7.5-12m。'Lanei Aurea' は金色のピラミッド形。7.5m。'Pembury Blue' は白い粉で覆われたようなブルーグレーの円錐形。生長は遅い。3.5-9m。'Pottenii' は灰緑の円錐形。9m。Z5

C.obtusa（英名：hinoki false cypress、和名：ヒノキ）
水平に伸びる毛の生えた小枝に濃緑の葉をつけ、幅の広い円錐形の樹形をつくる。('Crippsii' は輝くような山吹色で、大きさは1/3程度に小さい。）酸性の湿った土壌。20年で7.5m。23mに達する。Z5

C. thyoides（英名：white false cypress、和名：ヌマヒノキ）
白い粉で覆われたような緑の葉にはつんとするスパイシーな香りがある。きれいに目の詰まった円錐形。酸性土壌。20年で7.5m。6-15mに達する（野生では24m）。Z5

CLADRASTIS　クラドラスティス（オオバユク）属
Papilionaceae　マメ亜科

C.kentukea（*C.lutea*）（英名：yellow wood）
アメリカ南東部原産の丸形の頂上を持つ落葉樹で、観賞用に重宝される。エキゾチックで美しい、レタスグリーンの羽状の葉を持ち、秋には明るい黄色になる。初夏にフジのように垂れ下がる円錐花序につく、白いマメ科の花から漂う甘いバニラの香りは、成熟した木にのみ見られるようである。日向。酸性土壌。20年で9m。12m以上に達する。Z3

CRATAEGUS　クラタエグス（サンザシ）属
Rosaceae　バラ科

サンザシ類（英名 hawthorns）の強い香りは、晩春のイギリスの郊外に特徴的な香りである。*C.monogyna*（英名 common hawthorn/may）の香りは、良くても甘くカビ臭いにおいで、ひどい時は腐った魚のようである。*C.laevigata* または *C.oxyacantha*（セイヨウサンザシ）（Z6）にも似たような香りがあるが、'Paul's Scarlet' のような濃い色の品種ではほとんどにおわない。

CUPRESSUS　クプレッスス（イトスギ）属
Cupressaceae　ヒノキ科

イトスギ類（英名 cypresses）は、傷つけるとフルーティな樹脂性の香りがする。温かい地域や海の近くでは、*C.macrocarpa*（モントレーサイプレス）（Z7）が生長が速く、風よけや生垣として便利。金色で形のよいものが多く、20年で14m以上に育ち、18-30mに達する。細く濃緑の *C.sempervirens*（イタリアンサイプレス）も、極寒の地域以外ではよく育ち（ウェールズにある私の庭では淡緑の品種 'Totem Pole' の完璧な耐寒性が証明された）、円柱形のものとしては庭に最適である。20年で11m。24mに達する。日向。灌水土壌以外すべて可。

左：ローソンヒノキ（*Chamaecyparis lawsoniana*）　右：サンザシ属の *Crataegus monogyna*

ユーカリノキ属の *Eucalyptus gunnii*（左）と *E. pauciflora* subsp. *niphophila*（右）

C.arizonica var. *glabra* （英名：smoth Arizona cypress、和名：アリゾナイトスギ）

最も寒さに強い品種のひとつ。軽やかで透けるような、美しい円錐形で、魅力的な剥皮のある赤茶の樹皮を持つ。近縁種の 'Pyramidalis' は青く、飛び抜けてがっしりしている。香りはどことなくグレープフルーツを思わせる。20年で7.5m。9m 以上に達する。Z6

CYDONIA キドニア（マルメロ）属
Rosaceae　バラ科

C.oblonga （英名：quince、和名：マルメロ）

想像できうる限り最も美味しそうな独特のフルーティな香りがある。器に入れておくと部屋中に芳香が満ちる。頂上が丸い小型の落葉樹で、無骨とも言える姿は芝地の個性的な景木となる。濃緑の葉は裏側がうぶ毛に覆われたグレーで、春に大きな皿のような形をしたローズピンクの花をつける。初秋に実る果実は黄色い洋ナシ形で、マルメロゼリーを作るのに使われる。'Vranja' は形に優れている。

ほかの多くの果樹と同様、害虫や病気の被害を受けやすい。日向。肥沃で良質な土壌。7.5m。Z5

EUCALYPTUS　エウカリプツス（ユーカリノキ）属
Myrtaceae　フトモモ科

ユーカリ類（英名 gum trees）は、原産地であるオーストラリアの外に出るといつも注目を浴びる。冬の寒さに強いものもあるが、多くは温暖な沿岸地方から離れると十分な耐寒性がない。見た目の美しさとは別に、信じられないほどの生長の速さが主な魅力である。常緑性の葉には幼年期と成年期がある。葉は短く丸い形から始まり、後に細く尖った形になる。葉をこすると香りが立つ。種から育てやすく、小さな苗の時が最も根づきやすい。直立した細い形の景木で、葉に薄く覆われている。花には濃厚な蜂蜜の香りがある。日向。水はけのよい土壌。以下のものは比較的寒さに強い。

E.coccifera （英名：Tasmanian snow gum）

最初はハート形で後に細い鎌形になる灰緑の葉を持つ。葉を揉むとペパーミントの香りがする。滑らかな幹は白から次第にグレーになっていく。20年で17m。21m に達する。Z9

E.dalrympleana

庭では最も魅力的で頼れる品種。*E. coccifera* よりも大きな葉を持ち、美しく滑らかな幹にはクリーム色、グレー、淡褐色のつぎはぎ模様がある。20年で17m。24-36m に達する。Z9

E.glaucescens （英名：Tingiringi gum）

葉に美味しそうなフルーティな香りがある。若葉は強烈なシルバーブルーで、生長しても白い粉で覆われたような上品な色を保つ。樹皮はクリーム色の剥皮がある。20年で12m。Z9

E.gunnii（英名：cider gum）

最もよく知られた品種。丸い若葉は、白い粉で覆われたようなシルバーブルーで、生長すると緑の鎌形になる。樹皮は薄緑とクリーム色から、茶とグレーに変わる。若葉のころが全盛期で、萌芽更新する低木としてとても有用である。20年で23m。30mに達する。Z9

E.pauciflora subsp. *niphophila*（英名：snow gum）

おそらく庭に植えるには最良のユーカリで、上手くいけば最も寒さに強い。緑の丸い若葉を持ち、生長すると革のような灰緑の葉となる。幹は植物界で最も凛々しいもののひとつであり、純白の粉をふいたような滑らかな幹には緑とグレーのヘビ柄の模様がある。やさしいフルーティな香りがする。野生では6m。庭では20年で15m。Z8

FRAXINUS フラクシヌス（トネリコ）属
Oleaceae　モクセイ科

F.ornus（英名：flowering ash／manna ash、和名：フラワートネリコ／マナトネリコ）

庭に加えると面白い。花をつけるトネリコ—*F.sieboldiana* または *F.mariesii*（マルバアオダモ）—として最良というわけではないが、香りはメダル級である。春に泡のように咲くクリーム色の花からはとても強い香りが漂う。賛否はあるが、蜂蜜のような香りである。羽状の葉を持ち、頂上が丸い落葉樹。日向。20年で12m。15mに達する。Z5

HALESIA ヘイルジア／ハレーシア（アメリカアサガラ）属
Styracaceae　エゴノキ科

H.carolina（英名：Carolina silverbell、和名：アメリカアサガラ）

大きな庭に植えると素晴らしい。特に林地を伐り開いたような背景が暗い場所によい。春には枝から滴るように、優しく甘い香りがする純白のベル形の花をつける。葉はほぼ楕円形で秋には黄葉し、同時に小さな翼状の実をつける。株立ちになる。日向または半日陰。水はけのよい湿った土壌。酸性土壌だとなおよい。ヨーロッパでは20年で4.5m。アメリカでは頂上が丸い樹形となり9mになる。Z5

H.monticola（英名：mountain snowdrop tree）

H. carolina より全体的に大きく、花と実がより印象的である。株立ちになる。日向または半日陰。20年で9m。Z5

JUGLANS ユグランス（クルミ）属
Juglandaceae　クルミ科

クルミ類（英名 walnuts）の大きな羽状の葉にはフルーティな樹脂性の香りがあり、特に秋には空気中にも漂うことが多い。葉を手でこすると、よりつんとする香りが漂う。一般的に栽培される2種は、寒風と晩霜に弱く、寒風にさらされない場所を探す必要がある。移植を嫌うため、苗木のうちに根づかせるか、種から育てるのがよい。両種とも以下に記すが、落葉樹である。日向または半日陰。酸性またはアルカリ性で良質のローム質の土壌。

J.nigra（英名：black walnut、和名：クログルミ）

ここに挙げた2種のうちではより鑑賞に向いているが、香りはこちらの方が弱い。葉が特別長く、熱帯植物のような印象的な姿は、芝地の景木となる。毒素を排出し、他の植物を枯らすかも知れないので、混植には使わないこと。頂上が丸いピラミッド形で、生長が速い。木の実は食べると美味しい。20年で11m。24m以上に達する。Z4

J. regia（英名：English walnut／Persian walnut、和名：ペルシアグルミ／セイヨウグルミ）

主に木の実と柔らかい果実を目的として育てられる。特に優れた栄養系品種は果樹の専門家から入手できる。小さめの木で、香りは強くフルーティで、空気中に漂うことも多い。20年で7.5m。18m以上に達する。Z6

クログルミ（*Juglans nigra*）

左：ペルシアグルミ（*Juglans regia*）'Buccaneer'　右：ラブルヌムの一種 *Laburnam* x *watereri* 'Vossii'、シナフジ（*Wisteria sinensis*）、アリウム属の *Allium aflatunense*

JUNIPERUS　ユニペルス／ジュニペルス（ビャクシン）属
Cupressaceae　ヒノキ科

ジュニパー類（英名 junipers）は、つんとした樹脂性の香りがする羽のような常緑性の葉を持つ。興味深い品種の多くは、この章で扱うには小さすぎるので、「低木・灌木」の章に記載した。日向または半日陰。灌水土壌以外。

LABURNUM　ラブルヌム（キングサリ）属
Papilionaceae　マメ亜科

キングサリは最も優雅な庭園用の高木で、初夏に山吹色の吊下形の総状花序をつける。花の香りは甘いが、香りのあるマメ科の多くの仲間と同様に、どちらかというと重く閉じ籠ったような印象の香り。日向または半日陰。すべての土壌。

L.alpinum（英名：Scotch laburnum）'Penduluml'
面白い芝地の景色。スコッチラブルヌムのなかでも著しく枝垂れて咲く姿が特に上品である。小型で細く、生長が遅い（接ぎ木しない場合）ため、郊外の庭園ではシダレヤナギより遥かに賢明な選択である。総状花序は優に 30cm の長さになり、光沢のある深緑の三出葉を持つ。3m。接ぎ木ならば 6m。Z5

L. x *watereri* 'Vossii'
とても長い総状花序を目当てに選ばれる。パーゴラに仕立てると壮観だが、自立させて育てると通常の丸い樹形となる。花がない時は目立たないが、決して魅力がないわけではない。20 年で 7.5m。Z6

MAGNOLIA　マグノリア（モクレン）属
Magnoliaceae　モクレン科

香りのあるマグノリアの仲間の大半は「低木・灌木」の章に記載した。*M. grandiflora*（タイサンボク）は「ウォールシュラブ」の章で扱う。特筆すべき香りのある葉を持つものもあるが、ほとんどは花に香りがある。

M.denudata（英名：yulan / lily tree、和名：ハクモクレン）
大型の低木あるいは丸い小高木。多肉質の花びらを持ち、早春からレモンのような香りのする大きい純白の花を咲かせる。春に咲くすべてのマグノリアと同様に、霜の降りた芽に朝陽が当たらない場所に植えるのがよい。西または南西向きで、日向または半日陰になる場所が理想的。春の庭の喜びのひとつである。中性または酸性土壌。通常は 9m 以下。Z6

M.kobus（和名：コブシ）
寒さに強い落葉樹で、幹が 1 本あるいは株立ちの中型の高木。花が咲くまで時間がかかることで知られるが、白い花は開くと香りがよい。春、小さな濃い色の葉が出る前に咲き、成熟した木に花をつけたようすは華やか。日向（日陰は避けること）。9m 以上。Z5

M. x *loebneri* 'Merrill'
この木が植えられた庭を横切る時、その香りはいつも私を感動させる。早春に白く細長い花を塊で咲かせる。'Leonard Messel' はピンク、'Ballerina' は美し

左：マグノリアの一種 Magnolia x loebneri 'Ballerina'　右：交配種のクラブアップル

い赤味のある白で、これらは皆素晴らしい低木である。日向。弱アルカリ性土壌でも可。7m。Z5

M. obovata (M. hypoleuca) (和名：ホオノキ)

初夏に巨大なクリーム色の皿の形をした花をつける。中央に球形に突き出た深紅の雄しべを持ち、熟れたメロンのような強くフルーティな香りがある。秋には緋色の実がなる。白い粉で覆われたような美しい緑の、とても長い革のような葉を持つ落葉樹。寒さに強く生長が速い。直立する性質があり、林地の庭では素晴らしい姿である。香りは遠くまで届く。日向。酸性または中性の湿った豊かな土壌。20年で9m。15m以上に達する。Z5

M. salicifolia (和名：タムシバ)

ほっそりとした葉が特徴的な小高木。春に咲く白い花が香るだけでなく、葉や樹皮を傷つけると鋭くスパイシーなレモンやアニスの種のような香りがする。美しい植物で、'Jermyns' という小さな栄養系品種はより大きな花と幅の広い葉を持つ。日向または半日陰。6m以上。Z6

M. virginiana (英名：sweet bay、和名：ヒメタイサンボク)

アメリカ東部の庭の大黒柱。暑さを好むため、暖かい地域で育てるのが最もよく、晩夏に何週間も香りのよい花を咲かせる。完全な日向。強アルカリ性でない保水力のある土壌。アメリカ南東部では18m以上。ヨーロッパでは9m以下。Z5

MALUS　マルス（リンゴ）属
Rosaceae　バラ科

野生リンゴ（英名 crab apples、クラブアップル）の仲間は、香りのよい花をつけることも多く、個性的な高木となる。コテージガーデンには理想的。濃いピンクの蕾から白い花が開くものは、春に花をつける高木のなかで最も美しい木のひとつ。落葉樹で、葉はこするとよい香りがする。リンゴの木と同じ病気に弱い。日向または半日陰。水はけのよい土壌。

M. coronaria 'Charlottae'

初夏に半八重のシェルピンクの大きな花をつける。花には際立って強いスミレの香りがある。横に枝を張った樹形となり、楕円形の葉は秋には魅力的な色となる。20年で7.5m。9mに達する。Z4

M. 'Golden Hornet'

冬の間中楽しめる金色の果実が人気のある品種。ピンクの蕾から開く白い花も人目を引き、素晴らしい芳香がある。がっしりと直立した樹形。赤い果実のなる 'John Downie' も香りのよい白い花をつける。20年で7.5m。9mに達する。

M. hupehensis (和名：ツクシカイドウ)

直立した樹形で、花の美しさでは M. floribunda（英名：Japanese flowering crabapple、カイドウズミ）に次ぐ。春にピンクの蕾から白い花が雲のように咲く。香りの点では、日本のクラブアップル（カイドウズミ）に勝る。20年で7.5m。9m以上に達する。Z4

NOTHOFAGUS　ノトファグス（ナンキョクブナ）属
Nothofagaceae　ナンキョクブナ科

N.antarctica
南半球のブナのなかで最も寒さに強いもののひとつ。チリ原産で、小さく丸い葉は春に力強く香る。樹脂性の香りはパンプキンパイを思わせる。秋に黄葉する。晩春に咲く花にも香りがある。樹形は少し風変わりだが魅力的で自由に枝を広げるが、私のは自分で剪定して、何年も低木の様相を保っている。寒風を避けること。日向。水はけのよい酸性土壌。20年で11m。15mに達する。Z8

PAULOWNIA　パウロウニア（キリ）属
Paulowniaceae　キリ科

P.fargesii（和名：シナギリ）
P.tomentosa（キリ）ほど知られていないが、丸い大きな葉を持ち、初夏には管状の花が高く直立した円錐花序をつける。花は黄色い差しが入った淡いライラック色で、フルーツと蜂蜜の香りがする。枝を張る落葉樹で、芝地の景木には理想的だが寒風を避けること。日向。酸性の水はけのよい土壌。20年で12m。18mに達する。Z7

P.tomentosa（英名：empress tree / foxglove tree、和名：キリ）
濃い色の花と深い切れ込みのある葉を持つ。その他は *P.fargesii*（シナギリ）に類似。どこに植えても南国風に見え、その熱帯サイズの葉を目当てに育てることも多い。何本かを集めて植え、春になると老木を5cm程度刈り込む。この作業は香りを愛するガーデナーにとっては面白みのない作業である！　幼木の時以外は寒さに強いが、残念ながら花は晩霜に弱く、毎年そのフルーツと蜂蜜の香りの饗宴を楽しめるかは保証の限りではない。日向。弱酸性の水はけのよい土壌。20年で12m。15mに達する。Z6

PICEA　ピケア（トウヒ）属
Pinaceae　マツ科

トウヒ類（英名 **spruces**）は外見がモミに似ているが、松かさがついていれば素人でも簡単に見分けることができる。モミの松かさは直立しており、トウヒのはぶら下がっている。常緑性で、葉は針葉樹らしい典型的な樹脂性の香りがある。浅い土壌やアルカリ性の土壌、暑く乾燥した気候には適さない。日向。深い、湿った土壌。

PINUS　ピヌス（マツ）属
Pinaceae　マツ科

マツ類（英名 pines）は樹脂性の香りのする葉と松かさを持ち、庭の常緑樹の種類に貴重な広がりを与える。長く針のように尖った葉が特徴的で、2枚から5枚が束生する。大きくて鑑賞にはあまり向かない *P.contorta*（英名 beach pine、和名ヨレハマツ）、*P.pinaster*（英名 maritime pine、和名カイガンショウ）は砂の土壌に向く。後者は海浜の砂丘に植えるのによく、*P. nigra*（英名 Austrian pine、和名オウシュウクロマツ）は防風林に最適で、白灰質の土壌や高緯度の地域にもふさわしい。酸性土壌

左：ナンキョクブナ属の *Nothofagus antarctica*　右：キリ（*Paulownia tomentosa*）

左：オウシュウクロマツ（Pinus nigra）の一種
下：バルサムポプラ（Populus balsamifera）

の海浜地区では生長が速い *P.radiata*（英名 Monterey pine、和名モンテレーマツ）が向く。マツの多くはアルカリ性土壌にも強い。完全な日向。水はけのよい土壌。

P.ayacahuite（英名：Mexican white pine、和名：メキシコシロマツ）

枝張りのある素晴らしい木で、暖かい庭に向く。葉は長く白い粉に覆われたような緑で、松かさは樹脂性で垂れ下がる。20年で9m。30mに達する。Z7

P.bungeana（英名：lace-bark pine、和名：シロマツ）

ニシキヘビの色をつぎはぎしたような樹皮の剥がれ具合が、高木のなかで最も美しい。何年もかけてようやくこのように美しくなる。がっしりと直立した楕円形の樹形。苗木の稀少性と生長の遅さが相まって、あまり見かけない木となっている。20年で7.5m。12m以上に達する。Z5

POPULUS ポプルス（ハコヤナギ）属
Salicaceae ヤナギ科

バルサムポプラほど力強く香る木はほとんどない。蕾は芳香性の樹脂でべとべとしており、春、または春を過ぎるととても甘い樹脂の香りが空気いっぱいに広がる。唾液が出るくらい美味しそうな香りだが、多量にあるとくどくなるので、庭の境界線に植えるとよい。日向または日陰。どんな土壌も可。

P.balsamifera（英名：balsam poplar、バルサムポプラ）

原産地の北アメリカではとても背の高い株立ちの樹形になるが、ヨーロッパでは *P.trichocarpa* の方が満足いく育ち方をする。卵形の葉は、表は緑、裏が白っぽい。20年で15m。30mに達する。Z2

P. 'Balsam Spire'（'Tacatricho 32'）

この交配種は、生長が速い素晴らしいバルサムポプラで、細く育ち、じつに見事な香りがある。親種と異なり根瘤病にはなりにくい。20年で18m以上。60mに達する。

P. x jackii 'Aurora'

ギレアドバルム（英名 balm of Gilead）の形をしたポプラで、若葉には白とピンクの斑点がある。広く知られているが、私にはその突飛な色合いがひどく目障りである。20年で15m。30mに達する。Z2

P. trichocarpa（英名：black cottonwood）

バルサムポプラのなかでも最も素晴らしいもののひとつ。生長が速く、ピラミッド形の樹形となる。香りはどの点からみても *P.balsamifera* のように力強く、この品種あるいは 'Balsam Spire' は、より大きめの香りの庭には欠かせない。20年で18m以上。60mに達する。Z5

左：サクラ（*Prunus*）'Jo-nioi'　右：ウワミズザクラ（*Prunus padus*）

PRUNUS　プルヌス（サクラ）属
Rosaceae　バラ科

サクラ類の多くは蜂蜜またはアーモンドの香りのする花をつけるが、普通はとてもかすかな香りである。溢れ出るほどに香りはしないが、ここには、そのなかでも強く香る種類だけを記載する。これらはみな花をつけ、十分小さく、ほとんどの庭に植えるのに適している。澄み切った青空と同様に、濃い常緑の背景も、その白い花を最高に引き立てる。日向または半日陰。灌水土壌と乾燥しすぎの土壌以外は可。

P. hirtipes 'Semiplena'
ナーセリー（種苗場）でも見つけるのは難しい品種で、新芽は晩霜や鳥による被害を受けやすい。（西向きで、人の往来の多い所ではこの問題は解決するかも知れない。）ここに載せたのは、至極美しい早咲きの山桜であるため。白い花は冬の間から咲き始め、長い間楽しめる。アーモンドのよい香りがあり、上品で枝を張った樹形となる。20年で7.5m。11mに達する。Z6

P. padus（英名：bird cherry、和名：ウワミズザクラ）
ヨーロッパ原産で目立つ花をつける。アーモンドの香りがする白い花は、泡のような塊にならずに、細長く垂れ下がった総状花序となる。樹皮には、刺すようにつんとするにおいがある。ワイルドガーデンや林地では見事だが、庭には栄養系品種の'Watereri'を薦める。これはより長い総状花序をつけ、自由に根を張った樹形となる。20年で9m。15mに達する。Z4

P. x yedoensis（和名：ヨシノサクラ）
美しく枝を広げるサクラ。早春、緑の若葉が広がる直前に、アーモンドの香りのする白い花を鈴なりに咲かせる。20年で9m。12mに達する。Z6

花盛りの日本のサクラ
鑑賞に向くこれらのサクラの多くは、ほかにアーモンドの香りがする。なかでも最も香りが強いのは'Amanogawa'（アマノガワ）というすらりとした円柱形の種類で、春になると半八重のピンクの花をつける。7.5m。また、'Shirotae'（シロタエ）は枝張りがあり、早春に大きな半八重の白い花をつける。7.5m。香りの点でメダルに値するのは'Jo-nioi'（ジョウニオイ）である。枝張りがある美しいサクラで、春に一重の白い花を咲かせる。11m。Z6

PSEUDOTSUGA　プセウドツガ（トガサワラ）属
Pinaceae　マツ科

P. menziesii（英名：Oregon Douglas fir、和名：ベイマツ／アメリカトガサワラ）
生長が速く、木材として使用される。庭には大きすぎることが多いが、力強くフルーティな樹脂性の香りがある。幅の広い円錐形になり、樹皮は魅力的なコルク質で深い裂を持つ。アルカリ性土壌では満足に生長しない。日向。水はけのよい湿った土壌。30mに達する。アメリカでは90mに達する。Z4-6

PTELEA　プテレア（ホップノキ）属
Rutaceae　ミカン科

P. trifoliate（英名：hop tree、和名：ホップノキ）
珍しい種だが、香りの庭には大変望ましい。夏に緑を帯びた小さい花の房をつけ、少しビブルナム（*Viburnum*）を思わせる力強い甘くスパイシーな香りがある。耐寒性の高木の花のなかで最も香りがよいという専門家もいる。薄緑の葉は油腺に覆われ、傷つけるとフルーティなつんとした香りを放つ。花の後には、翼状の緑の実をつけ、秋になると葉は綺麗に黄葉する。背は低く横に枝を張った丸い樹形の高木、あるいは大型の低木となる。私は'Aurea'を育てているが、日陰のボーダー花壇に魅力的なレモン色の輝きを与えてくれる。日向または日陰。あらゆる土壌。6m以下。Z5

ホップノキ（*Ptelea trifoliata*）

PTEROSTYRAX　プテロスティラクス（アサガラ）属
Styracaceae　エゴノキ科

P. hispida（英名：epaulette tree、和名：オオバアサガラ）
珍しい落葉性の高木あるいは大型の低木で、もっとあちこちで育てられてもおかしくない。楕円形でギザギザした葉を持ち、葉の裏側は白っぽい。晩春か初夏に甘い香りの白い円錐花序をつけ、その後に紡錘形の実をつける。生長は速く寒さに強い。日向で暑さを好む。浅い土壌、酸性土壌を好む。4.5–9m。Z6。

ROBINIA　ロビニア（ハリエンジュ）属
Papilionaceae　マメ亜科

R. pseudoacacia（英名：false acasia／black locust、和名：ハリエンジュ／ニセアカシア）
庭木のなかで最も鮮やかな若葉色の凛々しい葉を持つ。金色の品種'Frisia'の代わりにこちらを植えることをお薦めしたい。初夏に咲くフジに似た白い総状花序からは、繊細で甘いマメ科の植物の香りが漂って来る。この落葉樹は根づかせるのが難しいが、一度根づけば繁殖力も強い。風の害を受けやすいので、寒風にさらされない場所を探すこと。日向または半日陰。ほとんどの土壌。20年で12m。24mに達する。Z3

SALIX　サリクス（ヤナギ）属
Salicaceae　ヤナギ科

S. pentandra（英名：bay willow）
ゲッケイジュのような幅の広い光沢のある葉を持つ。傷つけると甘い香りがして、春には空気中にも香りが漂う。ヤナギのなかでは最も生長が遅く、初夏に尾状花序をつける。雄の尾状花序は山吹色。魅力的で便利。日向。乾燥した土壌以外は

左：エゴノキ（*Styrax japonicus*）　右：ナツツバキ属の *Stewartia sinensis*

すべて可。20年で14m。18mに達する。

STEWARTIA　スチューアティア（ナツツバキ）属
Theaceae　ツバキ科

S.sinensis
林地の酸性土壌で育つさまざまな高木および低木のなかで、最も香りがよい。甘い芳香を漂わせる白いコップ形の花は、晩夏に楕円形の淡緑の葉の間にひとつずつ咲く。秋には燃えるように紅葉する。特に壮観なのは樹皮で、夏の滑らかなオレンジブラウンから秋には紫に変わり、冬の間に細長く剥ける。ピラミッド形の樹形は、寒風にさらされない場所で最もきれいに育つ。日向。深く、湿った酸性土壌。20年で9m。15mに達する。Z6

STYRAX　スティラクス（エゴノキ）属
Styracaceae　エゴノキ科

S.japonicus（英名：Japanese snowbell、和名：エゴノキ）
小さな庭に最も優雅に花を咲かせる高木。ほのかに香る白い花は、初夏に細い枝に沿った長い花梗（かこう）にすがるように咲き、淡緑の楕円形の葉と相まって、キレのよい洗練された風情になる。落葉性で、枝張りがある樹形。晩霜に弱く、朝陽の当たらない場所を好む。半日陰。中性または酸性の湿ったローム質の軽量土壌。20年で6m。7.5mに達する。

S.obassia（和名：ハクウンボク）
香りはよいがあまり知られていない品種で、細く直立し、楕円形で大きな葉を持つ。垂れ下がった総状花序に白い花がつく。*S. japonicus*（エゴノキ）と同じくらい美しく好ましい。生育条件は *S.japonicus* と同じ。20年で9m。11mに達する。Z5

TETRADIUM（EUODIA）　テトラディウム（エウオディア）属
Rutaceae　ミカン科

T.daniellii
落葉樹で、晩夏に香りのよい小さなコップ形の白い花をつける。蜜蜂が好み、魅力的な果実をつける。大きな葉は秋に黄葉する。同属の *T.ruticarpum* の葉はとてもスパイシーな香り。日向または半日陰。水はけのよい土壌。9m以上。Z5

THUJA　ツヤ（クロベ）属
Cupressaceae　ヒノキ科

T. koraiensis（英名：Korean arborvitae）
野生の変種で、庭では低木あるいは小高木となる。裏側が銀色を帯びた葉と、濃厚なフルーツケーキにたとえる人もいる葉の香りで見分けられる。7.5m以下。Z5

T.plicata（英名：western red cedar、和名：ベイスギ／アメリカネズコ）
大きな庭に向く見事な常緑樹で、洗練された柔らかい生垣を作る。濃緑の葉は、傷つけるとフルーティで美味しそうな洋ナシのキャンディのような香りがする。このため垣根の剪定は愉しい作業になる。ピラミッド形のものは景木になり、さびたようなオレンジブラウンの樹皮は壮観。日向または日陰。乾燥土壌以外はすべて可。20年で14m。30m以上に達する。Z5

T.standishii（英名：Japanese arborvitae、和名：クロベ／ネズコ）
珍しい種だが、葉にあるレモンのような鋭い香りは注目に値する。枝張りのある円錐形で、黄緑の葉と深い赤茶色の樹皮を持つ。20年で5.5m。18m以上に達する。Z6

TILIA　ティリア（シナノキ）属
Malvaceae　アオイ科

シナノキ類（英名 limes）はとても強く香る花をつける。アブラムシの発生によって分泌される蜜がたれなければ、また、その花粉が蜜蜂達を麻痺させる麻酔性の成分を含んでいなければ、もっと植えられるはずである。シナノキの近くの小道はべたべたするし、草木には黒カビのような染みがつくし、蜜蜂達も危険である。しかし空気中には美味しそうな砂糖のように甘くフルーティな香りが漂う。落葉性。日向または半日陰。どんな土壌も可。

T. cordata（英名：small-leaved lime、和名：フユボダイジュ）
盛夏にとても香りのよい黄色がかった花房をつける。こざっぱりしたピラミッド形の樹形となり、私のお気に入り。私も境界線に沿って何本か植えている。20年で9m。30mに達する。Z4

T. x euchlora（英名：Crimean lime、和名：クリミアシナノキ）
最も香りのよいシナノキのひとつで、蜜をたらすこともないが、蜜蜂の問題は残る。光沢のある緑のハート形をした魅力的な葉を持ち、丸く、少し下垂した樹形の愛嬌のある景木となる。20年で6m。15m以上に達する。Z6

T. 'Petiolaris'（英名：weeping silver lime）
魅力的な枝垂れた樹形でよく知られる。葉の裏側は白いフェルトのようで、強い香りのする花をつけるが、蜜と蜜蜂の問題は困ったものである。20年で11m。24mに達する。

左：フユボダイジュ（*Tilia cordata*）　右：テトラディウム属の *Tetradium daniellii*

低木・灌木

AESCULUS　アエスクルス（トチノキ）属
Sapindaceae　ムクロジ科

A. parviflora　（英名：bottlebrush buckeye）
トチノキの低木種。典型的な掌状複葉と、クリームのように白い直立した円錐花序を持つ。香りは重く甘い。少々甘ったるく感じる時もあるが、その香りは空気に満ちる。特に林地の境界に便利な低木で、アジサイと共に植えると晩夏まで興味をそそる。日向または半日陰。2.5-4.5m。Z5

BERBERIS　ベルベリス（メギ）属
Berberidaceae　メギ科

ベルベリスの多くは、その蜂蜜のような香りに驚かされる。密生した小奇麗な低木で、香りのよい常緑の生垣を作るものもある。花は春に咲き、暖かい日には香りが空気に満ちる。日向または日陰。

B. candidula
背の低いアーチ型の低木。ボーダー花壇の手前やロックガーデンに植えるとよい。光沢のある小さな常緑の葉の裏側は白く、棘で守られている。短い茎に山吹色の花をひとつずつぶら下げる。1-1.2m。Z6

B. julianae
常緑性のベルベリスのうち最も寒さに強いもののひとつ。細長い葉を持つ直立した樹形の低木。人目を引く針状の葉は防御的で非常に鋭利である。淡い黄色の花が枝に沿って房状にぎっしりと咲く。*B. sargentiana* は、*B. julianae* と似ているが、わずかに小さく、赤味を帯びた若い芽をつける。3m。Z6

B. verruculosa
B. candidula と近い種だがより大きく（2m）、葉の裏側は白いと言うよりは白い粉で覆われたようである。花は春の盛りに咲き、山吹色の花には蜂蜜の香りがある。Z5

BUDDLEJA　ブッドレア（フジウツギ）属
Scrophulariaceae　ゴマノハグサ科

ブッドレア（英名 butterfly bush、バタフライブッシュ）は、夏の庭に美味しそうな蜂蜜の香りを与えてくれる。しかしその香りは自然と空気に漂うほどではないので、鼻の近くにくるように植えるのがよい。落葉樹だが、温暖な気候では冬にも少し葉が残る。日向。

B. alternifolia
優雅な低木で、シルバーグリーンの葉を持ち、アーチ型に生長するさまはヤナギのようである。初夏には垂れ下がる枝にライラック色の花の房が散りばめられ、色鮮やかな吹き流しのようになる。枝垂れた樹形にしたり、日当たりのよい壁に扇状に仕立てることが出来る。ほとんど剪定の必要はない。シルバーリーフの'Argentea'という小さめのものもある。3-4.5m。Z6

ブッドレア（*Buddleja*）'Lochinch'（左端）と *B. globosa*（左）

低木・灌木　85

左：ベルベリス（メギ）属の Berberis julianae　右：刈り込まれたツゲ

B. davidii （和名：フサフジウツギ）

よく知られた晩夏に咲くブッドレア。繁殖力が強く、その年の枝に花をつける。毎春強剪定すること。ボーダー花壇には、スイセンやチューリップをこの木の足元に植えると、それらが咲き終わりに枯れかけたようになるのを素早く隠してくれる。'Black Knight' は濃い紫。'Empire Blue' は青紫。'Ile de France' は純粋なスミレ色。'Royal Red' は赤紫。'Harlequin' は赤紫の花と白い縁取りのある葉を持つ。青や紫そして白の 'Nanho' は高さが1.5m程度である。'Dartmoor' は紫の花序の分枝をつけた独特な姿で、やや遅咲きのために便利である。私の北側の庭では、蝶の最も多い時期に合わせて咲く。3m。Z6

B. fallowiana var. alba

白い花のブッドレアが欲しい時によい。グレーの葉と白い茎により完璧に引き立つ。外見は B.davidii （フサフジウツギ）に似ているが、それほど耐寒性はなく、しばしばウォールシュラブとして扱われる。2.5m。'Lochinch' は B.fallowiana との交配種で、私のお気に入りのブッドレアであり、耐寒性と繊細な色の両方を有する。グレーの葉とライラック色の羽状部を持ち、パステル調の美しさがある。3m。Z9

B. globosa （英名：orange ball tree）

独特のブッドレアで、夏にオレンジ色のドラムスティックのような円錐花序をつける。硬い葉の上に咲く花のようすはむしろ失望させるもので、小さな庭には薦めない。しかし香りはよい。どちらかというと生長が遅く、剪定はほとんど必要ない。3m。Z8

B. x weyeriana 'Golden Glow'

B. globosa の遅咲き版であり、はるかに綺麗な山吹色のブッドレアである。花の塊は緩く、より柔らかい色である。花は盛夏に咲き始め、初霜が降りるころまで咲き続ける。晩夏に強い色を提供するものとしては第一級の材料となる。B. x weyeriana には金色とモーブ色のものがあるが、ひどく醜い。3m。Z8

BUXUS　ブクスス（ツゲ）属
Buxaceae　ツゲ科

B. sempervirens （和名：セイヨウツゲ）

セイヨウツゲは、幾何学的な庭園の大黒柱である。常緑樹で、こじんまりと目を詰めて生長するので、意匠的なよい素材である。生垣やトピアリー、ノットガーデンや縁取りによい。低木のボーダー花壇に自然な樹形のまま使用されることもある。どんな形にも育てることができるが生長は遅い。葉の香りは心地よく私の鼻を刺激するが、猫のおしっこを思い出す人もいる。アン王妃はこのにおいがとても嫌いだったため、ハンプトンコートのツゲの花壇を撤去させたと言われる。春に咲く地味な花は蜂蜜の香り。異なる魅力を持つ多くの品種がある。'Handsworthiensis' は大きな景木に最適で、生垣にも向く。'Suffruticosa' は矮性のツゲで、縁取りに最適。'Elegantissima' は美しいクリーム色の斑入りのツゲ。日向または日陰。やせた土壌にも耐性あり。肥沃な土では生長が速まる。1.2–2m。Z6

ニオイロウバイ（Calycanthus floridus）

CALYCANTHUS　カリカンツス（クロバナロウバイ）属
Calycanthaceae　ロウバイ科

C. floridus（和名：ニオイロウバイ／クロバナロウバイ）
最も理想的なアメリカンオールスパイス。落葉性低木で外見は目立たないが、あらゆる部位から独特の香りがする。卵形の葉は表面がざらざらして色が濃く、裏側は薄い色の綿毛で覆われている。葉をこすると根や木質部と同じく樟脳の香りがする。夏に咲く小さな深紅の花は小型のスイレンに似ており、フルーツカクテルのように美味しそうな匂いがする。日向または日陰。2.5m。Z5

CAMPHOROSMA　カンフォロスマ属
Amaranthaceae　ヒユ科

C. monspeliaca
小さな常緑性低木で、細長い羊毛質の葉と目立たない花を持つグレーのヒースに似ている。若芽はこすると樟脳のような香りがする。気温が高い乾燥地のボーダー花壇や沿岸部の庭に向く。日向。60cm。Z8

CARYOPTERIS　カリオプテリス（カリガネソウ）属
Lamiaceae　シソ科

C. × clandonensis
イングランド、サリー州で作られたカリガネソウの交配種全体を表わす。晩夏のボーダー花壇に理想的で、その季節に多い黄色の花々の隣に青紫の花を添える。グレーの葉をこすると松やにの匂いがする。'Arthur Simmonds' は最初に作られた栄養系品種で、淡い青紫。'Heavenly Blue' も似ているが、より小型。'Ferndown' および 'Kew Blue' は鮮やかな色を持つ。毎春切り戻すこと。日向。90cm。Z8

CASSINIA　カッシニア属
Asteraceae　キク科

C. leptophylla subsp. fulvida
直立したヒースのような低木で、茎と葉の裏側が金色で、全体を黄緑に見せる。

シスタス属の Cistus × aguilarii（右）と C. × purpureus 'Alan Fradd'（右端）

夏に咲くオフホワイトの花序には、強い蜂蜜の香りがある。イギリスの暖かい地域では寒さに強い。日向。水はけのよい土壌。1.2m。Z8

CHIONANTHUS　キオナンツス（ヒトツバタゴ）属
Oleaceae　モクセイ科

C. virginicus（英名：fringe tree、和名：アメリカヒトツバタゴ）
アメリカ東部原産の落葉性低木、あるいは小高木。夏には細い卵形の葉と、純白の花を小さく束ねたような円錐花序をつける。とても香りがよい。好奇心をそそるような面白い低木で、もっとたくさん植えられてよいものである。日向。湿ったローム質の土壌。3-9m。Z4

CISTUS　キスツス／シスタス属
Cistaceae　ハンニチバナ科

シスタス（英名 rock rose、ロックローズ）の香りほど、地中海を思い起こさせる香りはない。ラブダナムと呼ばれる樹脂性の香りは、若芽や葉に染みついており、暑い日には空気を満たす。最もよいシスタスは、粘着性の樹脂で濡れて輝く。たとえ花を全くつけなくても、私なら育てるだろう。白とピンクの皿形の豪華な花をたくさんつけ、しばしば黄色や深紅かチョコレート色の斑が入る。一つひとつの花は1日しか持たないが、夏に次から次へと咲く。シスタスは、低木のなかでは寒さに強いものではないが、挿し木で簡単に早く育つ。常緑樹であり、風よけが必要。完全な日向。水はけのよい土壌。

C. × aguilarii
C. × aguilarii と、ドラマチックに大きな斑のある品種の'Maculatus'は、直立した木の上に巨大な白い花をつける。おそらく最も印象的な外見のシスタスだが、厳冬期には例外なく枯れてしまう。1.2m。Z8

C. × argenteus 'Peggy Sammons'
ピンクの花と灰緑の葉を持つ、よく生い茂った常緑性低木。90cm。Z8

C. × cyprius
耐寒性があるシスタスのひとつで、かなり大きな低木になる。非常に美しい。白い花には深紅の斑が入り、緑の葉は冬になると心地よい鉛のような青を帯びる。1.2m またはそれ以上。Z8

C. ladanifer
樹脂で特によくコーティングされ、ゴム・シスタスとして知られている。緑豊かな群葉は、斑入りの白い花を引き立たせる素晴らしい背景となる。色合いが C. × cyprius よりもやや強い。1.2m またはそれ以上。Z8

C. ladanifer var. sulcatus（C. palhinhae）
小さく目の詰まった低木で、並はずれて大きい純白の花は、濃い色の葉を背景にして素晴らしく魅力的である。耐寒性はそれほどない。60cm。Z8

C. laurifolius
庭に向くシスタスである。耐寒性があり、夏中白い花を咲かせる。1.2m またはそれ以上。Z8

シスタス属の C. × argenteus 'Peggy Sammons'

左端：ボタンクサギ（*Clerodendrum bungei*）
左：セイヨウサンシュユ（*Cornus mas*）

C. x *lenis* 'Grayswood Pink' ('Silver Pink')
よく知られた寒さに強い交配種。ライラックピンクの花とグレーを帯びた葉をつける。60cm。Z7

C. x *purpureus*
地中海沿岸のボーダー花壇では素晴らしい色合いをなす。樹脂をたくさん出す2品種の交配種で、香りも期待通り。'Alan Fradd' は白い花が咲く。1.2m またはそれ以上。Z8

CLERODENDRUM　クレロデンドルム（クサギ）属
Lamiaceae　シソ科

C. bungei（和名：ボタンクサギ）
繁殖力が強く、茎を垂直に林立させて伸ばすので、細心の注意をもって植えること。紫の茎につく大きなハート形の葉には、悪臭があるので避けた方がよい。しかし、砂糖菓子のようなピンクの花からは、甘く素晴らしい芳香が空気中に漂う。淡紅の蕾からは澄んだ優しい色合いの花が現われ、晩夏と秋には貴重で評判となるだろう。風よけがあった方がよい。日向。1-2m。Z7

C. trichotomum（和名：クサギ）
落葉性で立派な低木あるいは小高木となる。葉がまばらにつく習性があり、紫を帯びた柔らかい卵形の葉をつける。葉は傷つけると悪臭を放つ。晩夏に半結球性の花をつけるが、白い花にはジャスミンのような香りがする。花は突起した深紅の萼を持ち、2色の相対効果が心地よい。後に、ターコイズブルー（最後は黒になる）の実がつくが、色落ちしない深紅の萼を背景にして驚愕するような対比を見せる。寒風に弱く生長は遅いが、夏の終わりには素晴らしい素材である。変種の *fargesii* は耐寒性があり、もっと丈夫である。日向または半日陰。3.5m またはそれ以上。Z6

CLETHRA　クレトラ（リョウブ）属
Clethraceae　リョウブ科

C. alnifolia（英名：sweet pepper bush、和名：アメリカリョウブ）
林地や沼地には面白い落葉性低木。ビブルナムのような香りが、夏の盛りに咲くふわふわした白く細長い穂状花序から漂う。直立した株立ちとなり、のこぎり状の葉を持つ。遅咲きで、湿った土壌にも強いので便利である。'Paniculata' は、美しい樹形を作る。日向または日陰。酸性土壌。2.5m。Z4

C. barbinervis（和名：リョウブ）
人目を引く品種で、晩夏にアセビのような白く長い総状花序をつけ、強い芳香がある。葉色は濃く、秋には綺麗に色づく。日向または日陰。酸性土壌。2.5m。Z4

COLLETIA　コレティア属
Rhamnaceae　クロウメモドキ科

C. hystrix（*C. armata*）
葉のない奇妙な常緑樹で、気温が高い乾燥地のボーダー花壇によい。棘が絡み合っているようすはむしろハリエニシダのように見えるが、花は蝋で覆われたようで白い。秋の間中、花をつけた枝をうねらせ、香りはアーモンドのようである。香りを嗅ぐ時は棘に気をつけること。日向。1.2-2.5m。Z8

C. paradoxa（*C. cruciata*）
C. hystrix よりさらに珍しい。灰緑の棘は幅広く平らな三角形で、独特な姿となる。小さな花はクリームのように白く甘い香りがするが、残念ながら屋外ではあまり育てられていない。日向。1.2-2.5m。Z8

COMPTONIA　コンプトニア属
Myricaceae　ヤマモモ科

C. peregrine（英名：sweet fern）
特徴的な小さな落葉性低木で、林地や湿地の庭に向く。株立ちで生長し、柔らかいシダ状の葉を持ち、春には茶色の尾状

花序をつける。暑い日には、葉からスパイシーな香りがするが、乾燥した葉からも同じ香りがする。日向。60cm–1.2m。Z2

CORNUS　コルヌス（ミズキ）属
Cornaceae　ミズキ科

C. mas（英名：cornelian cherry dogwood、和名：セイヨウサンシュユ）
遠くまで染み透るようなスパイシーな香りを放ち、晩冬の庭園を満たす。問題は、非常に大きな低木または小高木になり、一年中ほとんど冴えないということ。黄色い花房が葉のない茎につき、その趣きはマンサクに似ている。日向または半日陰。6–12m。Z5

CORYLOPSIS　コリロプシス（トサミズキ）属
Hamamelidaceae　マンサク科

このグループの低木の繊細な美しさは、もし花をつけるのが夏であれば、おそらく気づかれずに通り過ぎてしまうだろう。しかし春先に咲くので、同じ時期に咲く青花の宿根草や多年草と一緒になるととても素晴らしく、庭に植える価値がある。枝張りのある葉のない枝に、短く垂れ下がる淡い黄色の総状花序をつける。サクラソウのような香りは、しばしばデリケートで捉えにくい。半日陰または日陰。酸性土壌。

C. pauciflora（和名：ヒョウガミズキ／ヒメミズキ）
背の低い低木で、おそらく最も綺麗な花を咲かせる。1.2–2m。Z6

C. sinensis var. *calvescens* f. *veitchiana*（*C. veitchiana*）
大きめで赤味を帯びた目立つ葯をもつ花をつける。最も香りがよい。2m。Z7

C. sinenensis var. *sinensis*（*C. willmottiae*）
少し背が高く、素晴らしい景木となる。若葉は紫を帯び、'Spring Purple' と呼ばれる紫の茎を持つものもある。3.5m に達する。Z6

C. spicata（和名：トサミズキ）
最もよく見かける品種である。2m またはそれ以上。Z6

CORDYLINE　コルディリネ（センネンボク）属
Asparagaceae　キジカクシ科／クサスギカズラ科

C. australis（英名：New Zealand cabbage tree、和名：ニオイシュロラン）
異国情緒のある外見でイギリス諸島では寒さに強いが、屋外で育てられるのは温暖な地方においてのみである。成熟するに従って、常緑の革紐のような葉の房は頑丈な大枝に支えられ、初夏にクリーム色の円錐花序をつける。香りは強く、バニラを少し加えたようで遠くまで香る。日向。水はけのよい土壌。3.5–7.5m。Z9

ニオイシュロラン（*Cordyline australis*）

左：エニシダ属の Cytisus × praecox 'Warminster'　右：ジンチョウゲ属の Daphne pontica

CYTISUS キティスス（エニシダ）属
Papilionaceae　マメ亜科

C. x praecox 'Warminster'（英名：Warminster broom）

耐寒性のある大きなエニシダのなかでは最も力強く香る。息苦しいくらいに重いにおいで、多くの人は不愉快に感じるけれど、私には、晩春の庭の一部となっている。クリーム色のマメ科の花が多量につくさまは息をのむほど素晴らしい風景である。濃黄色の 'Allgold' や白花の 'Albus' もある。それらは落葉性低木で、生長は速いが短命。日向。酸性または中性土壌。1.2m。Z6

DAPHNE ダフネ（ジンチョウゲ）属
Thymelaeaceae　ジンチョウゲ科

ジンチョウゲの仲間は庭に最も洗練された香りを与えてくれる。荘麗な甘い香りで、しばしばクローブの香りもする。生育が難しく予測出来ないと言われるが、避けるべきではない。特に下記の品種はお薦めである。

D. bholua

冬と春の庭に素晴らしい低木。落葉するものと常緑のものがあり、紫を帯びたピンクや白い花をつける。'Gurkha' は紫の斑入りの白花をつける丈夫な落葉樹。'Jackqueline Postill' は素晴らしい常緑（非常に寒い冬だけはダメージを受けやすい）。このグループのえり抜きたちである。ジンチョウゲ属の低木は冬中咲くので、常緑樹と落葉樹では異なる効果を演出する。'Darjeeling' は色が薄く、私の経験では少々寒さに弱いが、他のものに先駆けて初冬に咲くという利点がある。半日陰。湿った、水はけのよい土壌。2.5m またはそれ以上。Z8

D. x burkwoodii 'Somerset'

最も育てやすく美しいジンチョウゲの仲間のひとつであり、クローブのとてもよい香りがある。春にピンクの星形の花の房がつくが、青緑の小さい若葉が素晴らしい背景になる。直立した半常緑性低木。金や銀の種類もある。日向または半日陰。湿った、水はけのよい土壌。1.2m。Z6

D. laureola（英名：spurge laurel）

イギリス原産の便利な小型の常緑樹で、光沢のある葉に埋もれて小さな黄色い花をつける。見た目のインパクトはない。晩冬から早春に咲き、香りの手品をみせる。時として冷えた夕方の空気に香りが満ちるが、たいていは香らない。日陰。湿った、水はけのよい土壌。90cm。亜種の *philippi* は、30cm 以下。Z7

D. mezereum（英名：mezereon）

やはりイギリス原産でアルカリ性土壌でよく育つ。晩冬に葉のない直立した茎に、赤味を帯びた紫の星形の花が散りばめられる。'Alba' は見事な白色。'Bowles' White' はさらによい。半日陰。湿った、水はけのよい土壌。1-1.2m。Z5

D. odora 'Aureomarginata'（和名：フクリンジンチョウゲ）

D. odora（ジンチョウゲ）の耐寒性のある種類で、金色に縁どられた常緑性の葉を持つ。人気があり信頼できるジンチョウゲの仲間で、豊かでフルーティな香りがある。小ざっぱりした低木で、晩春にピンクを帯びた紫の星形の花がぎっしり

詰まった房をつける。日向または半日陰。湿った、水はけのよい土壌。1.2m。Z7

D. pontica
D. laureola よりひと月くらい遅れて花をつける。葉は似ているが、より細い。日陰。1-1.5m。Z7

DEUTZIA　ドイツィア（ウツギ）属
Hydrangeaceae　アジサイ科

ウツギの仲間は、初夏に咲く落葉性低木のなかでは多くの色を提供するグループ。花が咲いた後はもの寂しいが、花の盛りは素晴らしい風景である。ボーダー花壇に植えても、シュラブローズとゲラニウムとともに植えても、庭のあまり幾何学的にデザインされていない場所に植えても魅力的。日向または半日陰。湿った、肥沃土壌。

D.compacta
盛夏にピンクの蕾から現われる小さな白い星形の花が集まった頭部をうねらせる。香りは蜂蜜やアーモンドを思わせる。1.5m。Z6

D. x elegantissima
初夏に甘いローズピンクの円錐花序をつける。濃いピンクの 'Rosealind' や、薄いピンクの 'Fasciculata' もある。1.5m。Z6

DIPELTA　ディペルタ属
Caprfoliaceae　スイカズラ科

D. floribunda
落葉性低木で、葉やロート状の形をした花のようすがタニウツギ（*Weigela*）に似ているが、育つとより直立した樹形になる。甘く香る花は薄いピンクや黄色を帯びており、春の間たくさん咲く。林地でもよく育つ。半日陰。3-4.5m。Z6

ELAEAGNUS　エラエアグヌス（グミ）属
Elaeagnaceae　グミ科

E. x ebbingei
遅い季節に香らせるのに最適なもののひとつ。常緑で生長が速く、生垣にも使われる。太陽の下だと多くの花をつけるが、日陰にも耐性がある。暖かい秋の夕

方には、小さく隠れたようなロート状の白い花から漂うフルーティな甘い香りが空気を満たす。革のような緑の葉は、裏側がメタリックシルバーで、若葉は風変わりなサンドグレーである。親種の *E. macrophylla*（マルバグミ／オオバグミ）（Z8）はより優雅な低木で、やはり美味しそうな香りがする。*E. x ebbingei* の、黄色の斑入りの種である 'Gilt Edge' と 'Limelight' はとても見栄えがする。

左：ウツギ属の *Deutzia × elegantissima* 'Fasciculata'　　右：グミ属の *Elaeagnus × ebbingei*　　上：ディペルタ属の *Dipelta floribunda*

3m。Z7

E. pungens （和名：ナワシログミ）

生長の速い常緑樹。E. x ebbingei ほど硬くなく、葉はやや小さめで縁は波立っており、葉の裏側はくすんでいる。甘く香る花は白く、秋に咲く。ベストセラーである 'Maculata' などの斑入りの品種がいつも人気をさらってしまうため、この品種自体は珍しい。日向または日陰。3.5m。Z7

E. 'Quicksilver' （英名：oleaster/Russian olive）

グミ類のなかでは最も形がよい。実際、栽培されるシルバーリーフの低木のなかで間違いなく最も美しい。細い葉は輝くようなシルバーで、特別に優雅な姿となる。初夏に葉の陰に隠れて咲く極小さい黄色を帯びた花々からは、突き刺すような甘い香りが漂う。グレーのボーダー花壇の中心や、紫の葉を持つ低木に明るいコントラストをもたらすものとして、これに匹敵するものはない。寒い地域では、オリーブの代用物として地中海風の雰囲気を演出する。E. commutata (E. argentea) は外観が 'Quicksilver' によく似た株立ちの低木だが、1m ほど低く育つ（Z2）。日向。水はけのよい土壌。4.5m。Z4

ELSHOLTZIA　エルショルツィア （ナギナタコウジュ）属
Lamiaceae　シソ科

E. stauntonii

秋にモーブピンクの瓶ブラシのような花をつけると、人目を引く。それほど生長しないが、ワイルドガーデンではその野暮ったい容姿も場違いでなく、遅咲きのものとして面白い。葉は押しつぶすとミントの香りがする。普通は毎冬、地面レベルまで刈り込んでしまうが、いずれにせよ春には茎の一番根元につく一対の芽の所まで刈り込むこと。完全な日向。良質の土壌。1-1.5m。Z5

ERICA　エリカ属
Ericaceae　ツツジ科

E. arborea （英名：tree heather）

ヒースの庭に高さを与え、シスタスとラベンダーの地中海的なプランによいコントラストをもたらす。ローズマリーともバランスがよい。春にはたくさんの白い花をつけ、その蜂蜜のような香りが遠くまで運ばれる。寒さにもまずまず強い。alpina は背が低く、より寒さに強い品種（Z7）。日向。酸性土壌。寒い地域では 2 m、温暖な地域では 6m 以上。Z9

E. erigena （E. mediterranea）

春に咲く素晴らしいヒースで、蜂蜜の香りがする。アルカリ性土壌にも耐性がある。'Superba' という可愛いピンクの花をつけるものもある。ロックガーデン向きには、矮性のがっしりした品種がある。なかでも、バラ色の 'Brightness' と、白花の 'W．T．Rackliff' は並はずれて素晴らしい。日向。60cm–2m。Z8

左：エリカ属の Erica arborea var. alpina　右：エスカロニア属の Escallonia rubra 'Crimson Spire'

ユークリフィア属の Eucryphia × nymansensis 'Nymansay'

E. × veitchii 'Exeter'

温暖な地域に向く繁殖力の強い優れたヒースー。春には美味しそうな蜂蜜の香りがする白い花を花房にたくさんつける。日向。酸性土壌。2〜3m。Z9

ESCALLONIA エスカロニア属
Escalloniaceae エスカロニア科

夏の間中断続的に、白、ピンク、または赤の花序をつける便利な低木グループである。光沢のある葉を持つ常緑樹で、触るとベタベタして全体的に甘い樹脂を思わせる香りの若芽をつける。寒さの影響を受けやすく、内陸の庭では寒風から保護する必要がある。しかし潮風には耐性があり、沿岸部では生垣としてなじみがある。'C. F. Ball' は印象的な品種で、夏中大きな深紅の花の塊をつける。繁殖力が強く、わずかにアーチ型をした樹形となり、よい香りがある。'Donard Beauty' は大きな葉を持ち、バラ色の花をたくさん咲かせる。日向または半日陰。水はけのよい土壌。3m。Z8

E. illinita

強い刺激臭を持つことから豚小屋にたとえられてきたが、カレーのにおいそのものであるという人も多い。白い花をつける。日向または半日陰。水はけのよい土壌。3m。Z8

E. rubra var. macrantha (E. macrantha)

沿岸の生垣用の植物としてこれに代わるものはない。バラ色の花と魅力的で香りのよい葉を持つ。変種の 'Crimson Spire' やローズピンクの 'Ingramii' もよい。日向または半日陰。水はけのよい土壌。3m。Z8

EUCRYPHIA エウクリフィア／ユークリフィア属
Cunoniaceae クノニア科

ユークリフィアの仲間は、晩夏の庭を最も面白くする大きな低木または小高木である。シャクナゲの咲く林地では、見ごろの季節を延長できるため人気がある。一重で大きな純白の花は、かすかに光る雄しべを持ち、蜂蜜の香りを放つ。開花するまでには多少の年月がかかることがある。円柱またはピラミッド形の樹形。風よけが必要。寒さの厳しい庭には向かない。半日陰。涼しく湿り気のある酸性土壌。

E. glutinosa

最も寒さに強い品種のひとつで、見た目には華やかだが、香りは他のユークリフィア類ほど強くはない。落葉樹で秋には燃えるように紅葉する。花は盛夏に咲く。6m またはそれ以上。Z8

E. × intermedia 'Rostrevor'

晩夏に咲く寒さに強い交配種で、繁殖力が強い。花は中心が黄色く、E. glutinosa より小さいが、花で覆われた樹姿は見事で、素敵な香りがする。常緑樹。6m またはそれ以上。Z9

E. lucida

温暖な気候の地域のみに向くが、最も可憐な常緑性のユークリフィアのひとつ。白い花がぶら下がるように咲き、特に香りが強い。生長すると 12m に達する。Z9

E. × nymansensis 'Nymansay'

イギリスでは最も人気のあるユークリフィアで、いつも私が最初に選ぶものである。生長が速く耐寒性の常緑樹で、'Rostrevor' よりアルカリ性土壌に強い。白い花と蜂蜜の香りが素晴らしく、盛夏に楽しめる。生長すると 12 m。Z8

左：フォッサギラ属の *Fothergilla major* Monticola Group　右：ゲニスタ属の *Genista cinerea*

FOTHERGILLA　フォテルギラ／フォッサギラ属
Hamamelidaceae　マンサク科

フォッサギラ類は落葉性低木で、春になると林地の庭を目覚めさせる。葉が伸びる時、クリーム色の瓶ブラシのような小さい花をつけ、ホップのような甘い香りを放つ。卵形の葉は、秋になり、素晴らしく豊かな色を帯びるまでは目立たない。半日陰。酸性土壌。

F. gardenii
春咲きのフォッサギラの矮性種で、日陰のボーダー花壇の手前側に植えるとよい。'Blue Mist' は素晴らしい変種類で、印象的な青い葉をつける。90cm。Z5

F. major
生長の遅い低木で、最高の品種。色とりどりのシャクナゲの間から真っ直ぐに突き出るように咲く。光沢のある葉は秋には黄葉し、春に香りのよい穂状花序をたくさんつける。Monticola Group は、他の品種よりも枝が張る。秋になると葉が焚き火のような赤やオレンジ、金色に紅葉する。2-3m。Z5

GAULTHERIA　ゴーテリア（シラタマノキ）属
Ericaceae　ツツジ科

ゴーテリア類は、無鉄砲なガーデナーたちに常緑のグラウンドカバーを供給する。よい時はおだやかで興味深いが、ひどい場合 (*G. shallon*) は巨大な侵略者となる。日向または日陰。酸性土壌。

G. forrestii （和名：チタンコウ）
暗い色の革のような楕円形の葉を持ち、吸枝で広がる。その魅力は、春になると白い茎を持った総状花序となる、香りのよい白く光沢のある花にある。30cm-1.5m。Z6

G. procumbens （英名：wintergreen／partridge berry、和名：ヒメコウジ）
シャクナゲやアザレアの足元をカーペットのように埋める。小奇麗な矮性種で、盛夏にランプシェードのような形をした、少し赤味を帯びた白い花を咲かせ、その後に赤い実をつける。小さな庭ではあまり冴えないが、林地の広い敷地では大いに役に立つ。芳しい 'wintergreen'（ウィンターグリーン）の香りが植物全体から漂う。15cm。Z3

GENISTA　ゲニスタ（ヒトツバエニシダ）属
Papilionaceae　マメ亜科

G. aetnensis （英名：Mount Etna broom）
高木のように育ち、夏の草花のボーダー花壇に素敵なアーチ型の中心部を作り、その雑味のない真鍮のような黄色い滝が強烈な配色を成す。花は甘い香りで優しく香る。生長は速く、エニシダと違って長い間元気に育つ。完璧な耐寒性を有する。日向。浸水した土壌以外すべて良し。4.5m またはそれ以上。Z8

ハマメリス属のマンサク（*Hamamelis japonica*）'Zuccarinniana'（左）と *H*. × *intermedia* 'Pallida'（右）

G. cinerea

盛夏に黄金色の花の塊を作る。香りはマメ科の典型的なものである。名前はグレーを帯びた葉に由来する。日向。水はけのよい土壌。2-3m。Z7

HAMAMELIS　ハマメリス（マンサク）属
Hamamelidaceae　マンサク科

マンサク類（英名 witch hazels、ウィッチヘーゼル）は、冬に葉のない小枝にイソギンチャクのような花を咲かせ、この季節にはおそらく最も面白い低木である。黄色い品種の香りにはフルーツあるいはスパイスのような甘さがあり、花の色が強いものの香りはより刺激的で甘さが少ない。長い枝を一杯に伸ばすので、そのうちの１本を垂直に仕立て高さを出す。葉は卵形でハシバミのようであり、秋に燃えるように黄葉する。日向または半日陰。酸性または中性土壌。4.5mに達する。

H. × *intermedia*

この品種は、赤やオレンジの可愛い花をつける（特に 'Diane' と 'Jelena'）が、概して香りは強くない。ただしオレンジの 'Aphrodite' は例外。黄色のものは通常香りが強めである。薄黄色の 'Moonlight' や山吹色の 'Vesna' はとても香りがよく、素晴らしい選択である。'Pallida' は私のお気に入りのウィッチヘーゼルで、枝張りのある樹形の低木。硫黄のような黄色をした大きな花をつけ、くすんだ色の常緑樹を背景にすると素晴らしく輝いて見える。Z6

H. japonica 'Zuccariniana'（和名：マンサク）

豪華な遅咲きのウィッチヘーゼルで、薄いレモンイエローの小さな花には力強い香りがある。若いうちはくっきりと直立し、秋は綺麗に黄葉する。Z6

H. mollis（英名：Chinese witch hazel、和名：シナマンサク）

最も一般的で人気のある品種。とても美しく、冬から早春に山吹色の大きな多くの花からなる房をつける。その強い香りは栄養系品種にも伝わる。'Brevipetala' は、オレンジがかった黄色の花を持ち、生長もよく、直立した樹形となる。'Coombe Wood' は濃黄色の花でこの種のなかでは少し大きく、より枝張りのある樹形となる。'Goldcrest' は、赤味を帯びた黄色の花を持つ。'Wisley Supreme' は香り高い濃黄色の花を咲かせ、素晴らしい。Z6

H. vernalis

銅色、オレンジ、オレンジがかった黄色の小さな花で覆われたウィッチヘーゼル。'Sandra' はカドミウムイエローの花を持ち、その親種と同様に強い刺激臭がある。葉は、春には紫を帯び、秋は燃えるようなオレンジと深紅に紅葉して楽しませてくれる。Z5

左：ヘーベ属の *Hebe cupressoides*　中央：アジサイ属の *Hydrangea anomala* susbsp. *petiolaris*　右：シキミ（*Illicium anisatum*）

HEBE　ヘーベ属
Plantaginaceae　オオバコ科

キクやダリアと同じように、ヘーベ類は確かに香りがあるのだが、私はこれを香りのある植物とはしない。香りは、この常緑性低木がカジュアルな生垣としてよく使われている沿岸部の庭の所有者には特になじみがある。しかしこの香りは、温かみのある青々とした体によさそうな香り、スキミアの花にも含まれる香り、くらいしか言いようがない。実際、大きなヘーベには、よい香りの花を持つものも一つ二つあるが、これとは異なるもっと甘い香りである。

H. cupressoides
絶対にヘーベに見えないヘーベの仲間はたくさんあるのだが、そのひとつで、灰緑の枝が小型のイトスギに似ている。葉からもスギのような樹脂性の香りを放つ。小奇麗な小さい常緑樹でボーダー花壇の手前側やロックガーデンに、ヒースや針葉樹と組み合わせるとよい。小さく淡青色の花序が盛夏に咲くが、あまり面白くない。完全な日向。肥沃で水はけのよい土壌。60cm–1.2m。Z8

H. 'Midsummer Beauty'
人気のあるヘーベで、夏の間中と秋に甘く香るモーブ色の長い総状花序をつける。細長い常緑の葉が重なるようにつき、極寒の内陸の庭以外では屋外で育てられる。完全な日向。水はけのよい土壌。1.2m。Z8

H. stenophylla（'Spender's Seedling'）
耐寒性のヘーベで夏の間、甘く香る白い総状花序をつける。日向。1.2m。Z8

HYDRANGEA　ヒドランゲア／ハイドランジア（アジサイ）属
Hydrangeaceae　アジサイ科

H. aspera、*H. paniculata* の変種、つる性の *H. anomala* subsp. *petiolaris*、などを含む多くのアジサイには、淡い香りがある。これらは晩夏、特に日陰で大変価値のある花を咲かせるグループである。

H. scandens subsp. *chinensis* f. *macrosepala*
とてもよく香る白い花をつけるガクアジサイ。細い葉とアーチ型の長い枝を持つ。日向または半日陰。湿った水はけのよい土壌。3m。

ILLICIUM　イリキウム（シキミ）属
Schisandraceae　マツブサ科

I. anisatum（和名：シキミ）
多肉質の葉を持つ常緑樹で、葉は押しつぶすとアニスの種のようなスパイシーな香りを放つ。寒い気候には向かず、気候が温暖な寒風にさらされない場所に向く。林地ではよく育つ。細長い奇妙な花は、緑を帯びた黄色で春に咲く。生長は遅い。半日陰。場所によるが2–6m。Z8

I. floridanum（和名：アメリカシキミ）
フルーティーな香りがより強い、スパイシーな香り。小型でコンパクトな樹形で、花は栗色を帯びた紫で初夏に咲く。このアメリカの品種はその近縁種より寒さに

HEPTACODIUM　ヘプタコディアム属
Caprifoliaceae　スイカズラ科

H .miconioides
かなり最近紹介されたものである。大きな落葉性低木で、その格好のよい生長ぶりと葉、そして秋に咲く花に価値がある。白い星形の花々の房をつけるが、かすかにココナッツの香りがする。蝶が寄ってくると言われるが、私の所では見たことがない。日向または半日陰。3mまたはそれ以上。Z5

ヘプタコディアム属の *Heptacodium miconioides*

弱いが、温暖な気候の地域では日当たりのよい壁を背にして、絶対に植える価値がある。日向。酸性土壌。2-2.5m。Z9

I. simonsii
最も華やかで最も香りのよい品種。春になると革のような葉の間に薄黄色でスパイシーな香りの花を咲かせる。半日陰。水はけのよい酸性土壌。2-2.5m。

JUNIPERUS　ユニペルス／ジュニペルス（ビャクシン）属
Cupressaceae　ヒノキ科

ビャクシン類（英名 junipers、ジュニパー）は、独特の刺激的なフルーティな香りがある。庭に常緑の骨格を作るところに価値がある。他の針葉樹よりも万能で耐性があるばかりでなく、どんな形にも大きさにも仕立てられ、色も豊富である。日向または半日陰。酸性またはアルカリ性土壌。

J. chinensis（英名：Chinese juniper、和名：イブキ）
形のよい円柱や円錐形に育つ。'Pyramidalis' は白い粉で覆われたような青色の洗練された樹形で、2m以上になる。Z4

J. communis（英名：common juniper、和名：セイヨウネズ）
常緑性で、性質の異なるさまざまな品種がある。'Compressa' は目の詰まった小さな松かさをつけ、ロックガーデンや高山地域のトラフに向く。var. *depressa* と 'Depressa Aurea' は、それぞれ緑色、金色の葡匐性のグラウンドカバーとなる。'Hibernica'（英名 Irish juniper）は針葉樹が流行した時にガーデンデザイナーに好まれた。密生した暗い色の円柱状となり、やがて3mかそれ以上に達する。'Hornibrookii' で庭一面を覆うのも素晴らしい。Z3

J. 'Grey Owl'
素晴らしい半匍匐性のジュニパーで、くすんだ灰緑の枝が張る。

J. horizontalis （和名：アメリカハイネズ）
匍匐性のジュニパーでさまざまな色の種類がある。Z3

J. x pfitzeriana
枝を真上に伸ばして広がる面白いジュニパー。庭の基本設計の際に、厄介なコーナーや弱い連結部を隠したいときにとても便利。'Wilhelm Pfitzer' は素敵な緑の樹形。'Old Gold' は黄色が最も美しいもののひとつ。90cm またはそれ以上。Z3

J. procumbens （和名：ハイビャクシン）'Nana'
若葉色の匍匐性のジュニパーで、斜面地によい。

J. sabina （英名：savin）
すべてのジュニパーのなかで最も刺激的な香りがする。魅力的な品種で背は低く枝が張った樹形。1.2m。'Tamariscifolia' は匍匐性で、青緑のよい樹形となる。Z3

J. scopulorum 'Skyrocket'
ほっそりとした直立性の素晴らしいジュニパーで、まるで風景のなかにブルーグレーの色鉛筆で線を描いたようである。3m。Z6

J. squamata 'Meyeri'
半直立性の青いジュニパーで人気がある。4.5m またはそれ以上。Z5

x LEDODENDRON クロス レドデンドロン属
Ericaceae ツツジ科

x L. 'Arctic Tern (Rhododendron 'Arctic Tern')
美しいジンチョウゲのような小型の低木で、親種のひとつである Rhododendron trichostomum が白い花をつけたよう。香りも同じく樹脂性の香り。半日陰。水はけのよい、酸性土壌。90cm。Z7

LEDUM レドゥム（イソツツジ）属
Ericaceae ツツジ科

L. groenlandicum (Rhododendron groenlandicum) （英名：Labrador tea）
矮性の常緑樹で、じめじめした場所で役に立つ。その暗い卵形の葉の裏側は、さびがついたフェルトのようで、腐った果物のような強いにおいがする。しかし見た目には魅力的な低木で、晩春に白い花々の房をつける。日向。酸性土壌。60-90cm。Z2

LIGUSTRUM リグストルム（イボタノキ）属
Oleaceae モクセイ科

カビのような甘さのある重い香りのする花は、イボタノキ類（英名 privets）の魅力とは言えない。幸い、生垣として育てた場合、夏の剪定によって花を咲かせることはない。もし剪定せずに自由に育てるなら、風があなたの方ににおいを運んでくるような通り道や場所からは遠ざけた方がよい。L. ovalifolium（オオバイボタ）、L. lucidum（トウネズミモチ）、L. sinense の斑入りや金色のものは、とても装飾的な葉を持つ。緑色の葉を持つ L. quihoui は、価値ある遅咲きの低木で、秋に印象的な羽のような白い冠毛をつける。

イソツツジ属の Ledum groenlandicum

ロニセラ属の *Lonicera fragrantissima*（右）と *L. standishii*（右端）
下：ツリールピン（*Lupinus arboreus*）

LINDERA　リンデラ（クロモジ）属
Lauraceae　クスノキ科

L. benzoin（英名：spice bush）
葉を押しつぶした時に放たれる力強いスパイスの香りがとても素晴らしい。大きな丸い葉は、秋に黄葉する。雌木は目立たない緑を帯びた花をつけた後、秋に赤い実をつける。湿った林地でよく育つ。日向または日陰。酸性土壌。3.5mまで大きくなる。Z5

LONICERA　ロニセラ（スイカズラ）属
Caprifoliaceae　スイカズラ科

低木のロニセラ（英名 honeysuckles、ハニーサックル）は、つる性のものに比べるとほとんど香りがなく、見た目も華々しくはない。しかし、よい香りの花を持つものが多くある。常緑の生垣に使われる *L. nitida*（特に栄養系品種の 'Fertilis' はよい）や、グラウンドカバーに使われる *L. pileata* でさえ、そのフルーティな甘い香りで驚かせる。庭の装飾には、冬に花を咲かせる種類や、珍しい葉を持つものが最も面白い。

L. fragarantissima
L. standishii とその交配種の *L. x purpusii*（'Winter Beauty' は樹形がよい）は、皆よく似ており、どれが一番よいのか決めるのは難しい。冬の間中、ほぼ落葉した幹に小さなクリーム色の花々の小さな房をつける。葉のない枝は花を見せるのに都合よい。*L. fragantissima* は最も多くの花をつけるが、いつもこの点でスコアが低い。これらは皆、あまりエレガントな性質ではなく、大きな堅い葉をまとっているので、夏は見苦しく、ボーダー花壇では他の種より劣っている。しかしながら、近づくと強く甘く香る。私は家のなかの切り花用に、いつも *L. x purpusii* を育てている。日向または日陰。2m。

L. syringantha
夏に咲く香りのよい低木のロニセラのなかで最も可愛い。青緑の葉、赤紫の茎と、アーチ型に育つ性質は、日当たりのよいボーダー花壇に咲くピンクの花を引き立て、初夏に小さなライラック色のロート状の花を房状につける。ショー的な華やかさはほとんどないが、芳しいヒアシンスの香りがする。強剪定すると見事な葉をつける。完全な日向。2mまで。Z5

LUPINUS　ルピナス（ハウチワマメ）属
Papillionaceae　マメ亜科

L. arboreus（英名：tree lupin、ツリールピン）
全く無視されてきた低木だが、簡単に種から育ち、生長も速く、常緑の掌状複葉を重なり合うように密生させ、夏の庭に素晴らしいコントラストを創りだす。4か月もの間、マメ科の植物特有の香りのする黄色い花々を直立した総状花序につける。香りは空気中によく漂う。低木のボーダー花壇にも、草地を背景にした斜面地にも映えるが、残念ながら短命。日向。水はけのよい肥沃な土壌。2m。Z8

MAGNOLIA　マグノリア（モクレン）属
Magnoliaceae　モクレン科

マグノリア類の香りは外見と同様エキゾチックである。多くは、東洋のスパイスをかすかに感じさせつつ、トロピカルフルーツのような香りがするが、品種によ

ウケザキオオヤマレンゲ（*Magnolia × wieseneri*）

って異なる。よく見かける星形のマグノリア *M. stellata*（シデコブシ／ヒメコブシ）（Z4）は、早春に葉のない枝に細長い白い花をつける。チューリップやユリのように咲き人気のある *M. × soulangeana*（Z5）や *M. liliiflora*（シモクレン／モクレン）（Z6）のような魅力はない。しかし注目すべき香りのよい交配種もある。

M. 'Apollo'
香りがよく、濃いライラックピンクの大きく開いた花をつける。4.5m。Z6

M. 'Charles Coates'
素晴らしい交配種で、花は *M. sieboldii*（オオバオオヤマレンゲ）に似ており、頂垂れるのではなく直立して咲く。フルーティな香り。9m またはそれ以上。Z6

M. 'Heaven Scent'
とても香りのよいゴブレットグラス形の花をつける。花は、濃いライラックピンクから紅潮した頬色のグラデーション。6m。Z5

M. 'Jane'
この直立した交配種は、晩春に赤紫の星形で内側が白い花を咲かせる。豊かな香りがある。日向。保水力のある酸性土壌が好ましい。4.5m。Z5

M. sieboldii（和名：オオバオオヤマレンゲ）
魅力的に枝が張ったマグノリアで、レモンの香りのする白い花の萼は夏の間中入れ替わり現われる。これらは突起した濃いバラ色の雄しべを持ち、長い花梗に揺れている。深紅の実も目を奪う。日向または半日陰。中性または酸性土壌。3.5–4.5m。Z6

M. sieboldii subsp. *sinensis*
私のお気に入りの夏に咲くマグノリア。洗いたてのように白い萼が、深紅の雄しべとともに下降し、枝を見上げるようすは趣きがある。花はレモンを主とする美味しそうで豊かなフルーツの香り。*M. wilsonii* も似ているが、葉はより細く、花はより小さい。日向または半日陰。強アルカリ性の土壌以外すべてよし。6m。Z6

M. × soulangeana 'Picture'
育ちのよい soulangeana の交配種で、よい香りがある。白いゴブレットグラス形の花は、紫を帯びたピンクの斑が入っている。'Sundew' は香りのよい、クリーム色を帯びた白い花をつける 'Picture' を親種とする。日向。6m。Z5

M. 'Susan'
春の中ごろに紫を帯びたピンクの香りのよい星形の花を葉のない枝につける。日向。保水力のある酸性土壌が好ましい。3.5m。Z5

M. × wieseneri（*M. × watsonii*）（和名：ウケザキオオヤマレンゲ）
暖かい地域向きのマグノリアで、最も強く香るもののひとつ。光り輝くトロピカルフルーツのカクテルのような壮麗な香り。上を向いて咲くクリーム色を帯びた白い大きな花は、深紅の雄しべを持ち、盛夏にかなり大きな革のような葉の間に咲く。日向または半日陰。強アルカリ性以外の土壌はすべてよし。6m。Z6

M. yunnanensis（*Michelia yunnanensis*）と *M. maudiae*（*Michelia maudiae*）
つい最近ガーデナーたちに紹介された、わくわくするような芳香植物の新メンバー。初夏に咲く、小さい花のマグノリアに似ており、*M. grandiflora*（タイサンボク）と同じ美味しそうで豊かなフルーツの香りがする。*M. yunnanensis* は、柔らかい茶色のスウェードのような芽からクリーム色の花を咲かせる。光沢のある緑の葉を持ち、刈り込んで樹形を作ることもできる。私の庭では他の常緑樹が枯れてしまう冬でも無傷であり、寒さに強かった。3m。Z8

M. maudiae は、長い灰緑の葉と白い花を持つ。湿った水はけのよい土壌。日向

低木・灌木　101

左端：マグノリア 'Heaven Scent'
左：ヒイラギメギ（*Mahonia aquifolium*）
下：ツルアリドオシ属の *Mitchella repens*

または半日陰。4.5m。Z8

MAHONIA　マホニア（ヒイラギナンテン）属
Berberidaceae　メギ科

M. aquifolium（英名：Oregon grape、和名：ヒイラギメギ）

日陰で育つ便利な常緑のグラウンドカバーとなる。装飾用には、私はいつもブロンズ色の 'Atropurpurea'、'Apollo' または交配種 *M.* x *wagneri* 'Undulata' を好んで選ぶ。光沢のあるモチノキのような小葉は、冬には紫に光り、春には花芽の詰まった黄色のベル形の頭状花序と鮮やかなコントラストを成す。蜂蜜のような香りが空気を満たす。花の後には濃い藍色の実をつける。日向または日陰。すべての土壌。1–2m。'Undulata' は背が高め。Z5

M. japonica（和名：ヒイラギナンテン）

スズランの香りがする。これは黄色く花芽のゆるい総状花序から来るもので、晩秋から早春にかけて咲く。常緑のモチノキのような葉を持ち、冬の最高の役者のひとり。'Charity' とは樹形も花も異なり、やせ細って直立した感じというより、むしろ枝が張って目が詰まった感じである。*M. japonica* Bealei Group は *M. japonica* と似ているが、その総状花序は短かめで、ほぼ直立した樹形（Z4）。日向または日陰。3m。Z7

M. lomariifolia

香りは弱いが、間違いなく貴族的なマホニアである。直立した樹形となり、初冬に花芽の詰まったまっすぐな総状花序をつける。しかしその主な魅力は、他の品種よりも美しく小さい常緑性の葉にある。悲しいかな、完全な耐寒性はない。温暖な地域以外ではしばしばウォールシュラブとして育てられるが、私の庭では、最も寒い冬でも被害はほとんどなかった。*M.* x *media* 'Lionel Fortescue' と 'Buckland' は、わずかに粗野だが、寒い地域の庭ではよい代替物となる。日向または日陰。3.5 m まで。Z9

M. x *media* 'Charity'

イギリスで初冬に咲くマホニアのなかで最も人気があり、黄色いほぼ直立した総状花序をつけ、スズランの香りがする。垂直で構造的な低木で、その葉は *M. lomariifolia* や '*M.* x *media* 'Lionel Fortescue'、*M.* x *media* 'Buckland' ほどエレガントではないが、役に立つ常緑樹である。日向または日陰。3 m またはそれ以上。Z8

MITCHELLA ミッチェラ（ツルアリドオシ）属
Rubiaceae　アカネ科

M. repens（英名：partridge berry）
匍匐性の常緑樹でグラウンドカバーとなる低木。盛夏にジャスミンのような香りのよい白い花を咲かせ、その後赤い実をつける。日陰。Z6

MYRICA ミリカ（ヤマモモ）属
Myricaceae　ヤマモモ科

M. cerifera（英名：wax myrtle、和名：シロコヤマモモ）
ほぼ常緑の大きな低木で、細く光沢のある香りのよい葉を持つ。冬になる実は白く、蝋で覆われていて、香りのよい蝋燭作りに使われる。日向。じめじめした酸性土壌。9ｍまたはそれ以上。Z6

M. gale（英名：sweet gale/bog myrtle）
この属のなかでは最もよく知られている。酸性でじめじめした、できれば泥炭質の土壌で使うのに便利。傷つけると木全体から甘い樹脂性の香りがする。落葉性低木で、先細の葉を持つ。雄木と雌木があり、早春に葉のない幹に小さな金色を帯びた茶色の尾状花序をつける。日向。1-1.2m。Z4

M. pensylvanica（英名：bayberry）
通常とは異なる問題のある土地、すなわち乾燥した不毛な土壌、特に沿岸部の土地に便利。*M. gale* より大きく、香りのよい横長の葉を持ち、冬にはグレーの実をつける。落葉性。日向。酸性土壌。2m。Z3

NEOLITSEA ネオリトセア（シロダモ）属
Lauraceae　クスノキ科

N. sericeae（和名：シロダモ）
大きく恰好のよい低木で、光沢のある香りよい常緑の葉を持つ。若葉はグレーを帯びた茶色。秋に緑を帯びた花を房状につける。温暖な場所では、屋外でも寒風にさらされない場所ならよく育つ。日向または半日陰。湿った水はけのよい土壌。6m。Z9

OEMLERIA オエムレリア属
Rosaceae　バラ科

O. cerasiformis
若葉色の葉が芽生える晩冬のころ、力強いバニラの香りのする白い花々がペンダント状の房につく。夏の見かけは冴えないが、寒い日には芳しい香りと出会えるため、私は玄関から車庫までの通路沿いに育てている。育てやすく、野趣のある生垣に組み入れるのもよい。日向または日陰。3m。Z3

OLEARIA オレアリア属
Asteraceae　キク科

ほとんどのオーストラリア原産のオレアリア類（英名 daisy bush、デイジーブッシュ）は傷つきやすく、最も温暖な地域以外では屋外で育てるのは難しい。ここに挙げるものは寒さに強い方だが、寒風にさらされない場所にある日当たりのよいボーダー花壇で育てたり、沿岸地方では生垣とするのが理想。常緑の葉からは普通はムスク（麝香）の香りがする。花は甘いセイヨウサンザシの香りを持つ

左：オエムレリア属の *Oemleria cerasiformis*　右：オレアリア属の *Olearia macrodonta*

こともある。

O. × haastii
最も寒さに強いため、イギリスでは最もよく見かけるデイジーブッシュである。よく茂る常緑で、濃い色の革のような小さな葉の裏側は白いフェルトのよう。盛夏に香りのよい白い花序をつける。沿岸地方では便利な生垣用の植物。日向。水はけのよい土壌。1.2-2.7m。Z8

O. ilicifolia
灰緑でのこぎり状の葉を持つ魅力的な品種で、葉の裏側は白いフェルトのよう。盛夏に香りのよい白い花序をつける。葉からは強いムスクの香りがする。多くの地域で屋外で育てられ、一般的な *O. × haastii* よりも印象的。日向。水はけのよい土壌。3m。Z9

O. macrodonta （英名：New Zealand holly）
繁殖力の強い低木で、光沢のあるシルバーグリーンのモチノキのような葉にはムスクの香りがある。夏に香りのよい白い花序をつける。沿海地域では、素晴らしい遮蔽植物となる。日向。水はけのよい土壌。2.7m。Z9

O. nummulariifolia
小さくずんぐりした黄緑の葉を持つ特徴的な品種。盛夏に咲く白い花は、他の品種ほど人目は引かないが、ヘリオトロープのような繊細な香りを持つ。日向。水はけのよい土壌。2.7m。Z9

ORIXA オリクサ（コクサギ）属
Rutaceae ミカン科

O. japonica （和名：コクサギ）
枝を張る習性を持つ珍しい落葉性低木。明るい緑の葉は押しつぶすとスパイシーなオレンジの香りがする。葉がとても淡い黄色に黄葉する秋が一番美しい。春に咲く緑の花はあまり印象的ではない。日向または半日陰。水はけのよい土壌ならすべてよし。2.5m。Z6

OSMANTHUS オスマンツス（モクセイ）属
Oleaceae モクセイ科

素晴らしく貴重な、芳香性の常緑性低木。葉の小さい品種は、幾何学的な形に刈り込むことができ、生垣にもなる。ほとんどの土壌、どんな場所でもよく生長し、Z6までの耐寒性を持つものもある。香りは、白いジャスミンのような花の房から漂い、普通は鋭い甘さがある。

O. armatus
長細く濃い色をした革のような葉を持つ。葉は顕著にのこぎり状に尖っていて、近縁種とは全く異なる。面白いことに、この秋咲きの品種はめったに育てられることもなく、売りに出ることもなく、話題にも上らない。けれども最も魅力的な低木のひとつである。香りは風船ガムのよう。日向または日陰。2.5-4.5m。Z7

O. × burkwoodii （× *Osmarea burkwoodii*）
人気のある交配種で、密生した小さく色の濃い葉を持つ。花は春に咲き、暖かく風のない日には蜂蜜とバニラの香りが空気を満たす。育てやすく生長の遅い植物で、白亜質の薄い土壌でもしっかり育つ。日向または日陰。3mまで。Z7

オスマンツス（モクセイ）属の *Osmanthus × burkwoodii*

左：パエオニア（ボタン）属の *Paeonia rockii*　右：フィラデルファス（*Philadelphus*）'Manteau d'Hermine'

O. decorus（Phillyrea decora）

素晴らしい春咲きの低木で、のこぎり状ではない大きな葉で見分けられる。日向または日陰。3m。Z7

O. delavayi

O. × *burkwoodii* の親種で、生長が非常に遅くかなり小さめだが、似た性質を持つ。春に白い花の大きな塊をつけるが、間違えようもなく日焼用ローションの香りがする。日向または日陰。3m。Z8

O. heterophyllus （和名：ヒイラギ）

セイヨウヒイラギのような葉を持つ。この品種には色違いのものが多くあり、花は秋に咲く。密生していて生長が遅いため、生垣にも向く。日向または日陰。3m。Z7

O. yunnanensis

晩冬に花をつけるが、主な魅力はその素晴らしい葉にある。葉は長く、エキゾチックで、ギザギザしている。多くの近縁種より生長が速いが、耐寒性に劣るため、暖かい地域にのみ適している。日向または日陰。しばしば 9m かそれ以上。Z9

OZOTHAMNUS　オゾタムナス属
Asteraceae　キク科

O. ledifolius（Helichrysum ledifolium）

密生した小さな面白い常緑樹で、寒風にさらされない場所にある日当たりのよいボーダー花壇によい。若芽と小さい革のような葉の裏側が、フルーツケーキのような強い香りがするベタベタした黄色い樹液で覆われている。可燃性で、原産のタスマニア島では 'kerosene（灯油）bush' と呼ばれている。濁った白い花序は、盛夏に強い蜂蜜の香りを漂わせる。日向。水はけのよい土壌。90 cm。Z9

PACHYSANDRA　パキサンドラ（フッキソウ）属
Buxaceae　ツゲ科

P. axillaris （和名：タイワンフッキソウ）

グラウンドカバーとなる背の低い低木で、コロニーを形成する。のこぎり状の幅の広い常緑性の葉や、目立たない薄いピンクの香りのよい花は、早春に咲くサルココッカを思わせる。日陰。湿った水はけのよい土壌。15cm。Z7

PAEONIA　パエオニア（ボタン）属
Paeoniaceae　ボタン科

P. delavayi （英名：tree peony、和名：シボタン）

ボタン類のなかで最も香り豊かなもののひとつで、フルーツカクテルのような香りがする。株立ちの低木で、繊細な切れ込みの入った恰好のよい葉と、黄色い雄しべが突き出た豪華な濃赤の大きな花を持つ。私が育てているものも含めて、深紅やグレーを帯びた美しい葉が広がり、初夏の開花期間中ずっと楽しめるものもある。開花の直前に葉が緑になるものもあり、その効果はものによって全く異なる。1.5m。日向または半日陰。ほとんどの土壌で育つ。Z5

P. rockii

初夏に咲く大きな半八重の花が有名。特に白花に暗紫の目立った斑が入ったものは最高に美しい。多くは、強く清潔感のある甘い香りがする。優雅な切れ込みが

入った葉はしばしば白い粉で覆われたような灰緑で、赤らんだ美しい葉を広げる。庭園用の低木としては、最も望まれるもののひとつ。2m。日向または半日陰。湿った土壌。Z5

PEROVSKIA　ペロフスキア属
Lamiaceae　シソ科

P. atriplicifolia（英名：Russian sage）
宿根草のハーブのように扱われ、早春に地表面まで剪定する。すると生き生きした白い新芽がまっすぐに現れ、グレーを帯びた細い切れ込みの入った葉からは松やにの香りがする。印象的に仕立てるには群生させ、支柱でそっと支えてやる必要があるかもしれないが、遅い時期に素晴らしい姿を見せるので、育てる価値は十分ある。寒さに強い 'Mrs Popple' などの、赤や紫のフクシアなどと一緒に植えるとよい。'Blue Spire' は優れた品種。完全な日向。良質の土壌。90 cm。Z6

PHILADELPHUS　フィラデルファス（バイカウツギ）属
Hydrangeaceae　アジサイ科

フィラデルファス（バイカウツギ）類（英名 mock orange）のフルーティな香りは、モックオレンジの強い香りからパイナップルそのものの香りまで幅広く、一年の香りのハイライトとなる。魅力的な品種がたくさんあり、選ぶのが難しいが、相対的な高さや花の大きさに加えて、香りの強さを考慮するとよい。圧倒されそうになるほど強く香るものもあれば、弱くて捉えにくいものもある。これらは皆、盛夏のころに咲く。それ以外の期間はあまりぱっとせず、葉も特に目立たない（金色の斑が入った P. coronaries は例外）。古い花芽は咲き終わった直後に枝から2.5cm 以内に剪定すること。日向または中程度の日陰。すべての土壌、アルカリ性土壌でも可。

P. 'Avalanche'
大きな純白の一重の花をたくさんつけ、豊かな香りがする。半直立した樹形の低木で葉は小さい。1.5m。Z5

P. 'Beauclerk'
幅の広い花びらを持つ大きな一重の花をつける。花は白く、中心がピンクに染まっている。香りは芳しいが、強すぎることはない。枝張りのある樹形となる。2.5m。Z5

P. 'Belle Etoile'
最高の品種のひとつ。香りは控えめで、深紅の差しが入った白い花をたくさんつける。1.5m。Z5

P. coronaries（英名：cottage garden mock orange）
コテージガーデンでよく見かけるフィラデルファスで、圧倒するような香りを漂わせる。庭の境界線上に植えれば、ほどよく香りが届く。大きな直立した樹形となり（3.5m に達する）、一重のクリーム色を帯びた白い花をつける。金色の品種 'Aureus' と、白い斑入りの品種 'Variegatus' は、葉の色が最も美しい。やや小さく、香りが鼻に届きやすい。半日陰が一番よい。Z5

P. maculates 'Mexican Jewel'
最近庭向けに紹介されたもので、私はフィラデルファスのなかで最も香りがよいものと評価する。スイーツのお店のようなフルーティで洗練された香りには、パイナップルのニュアンスも含まれる。紫の斑が入った白い花は角ばっており、霞のような小葉の上に咲く。他のものより寒さに弱いが、私の庭では寒い冬でも問題はない。2 m。Z8

P. 'Manteau d'ermine'
背が低くコンパクトな素晴らしいフィラデルファスで、ボーダー花壇の手前側に植えるとよい。小さな葉と純白の八重の花を持ち、最も人気のある品種のひとつ。1–1.2m。Z5

P. microphyllus
魅力的な品種で、小さな葉を持ち、初夏に芳しいパイナップルの香りのする一重の白い花を咲かせる。密生したコンパク

フィラデルファス 'Beauclerk'

PONCIRUS　ポンキルス（カラタチ）属
Rutaceae　ミカン科

P.trifoliata（*Citrus trifoliata*）
（英名：Japanese bitter orange、和名：カラタチ）
棘のある落葉性低木で、春の見ごろには葉のない緑色の枝に大きな星形の花をつける。花の香りは柑橘系の甘い風船ガムのようである。温暖な地域では、うぶ毛のある小さな柑橘類の実をつける。完璧な耐寒性があり、面白い樹形となる。刈り込めば 通り抜け出来ない生垣としても使える。完全な日向。肥沃で水はけのよい土壌。2.5 mの低木から6mの高木にまで育つ。Z8

カラタチ（*Poncirus trifoliate*）

トな低木。完全な日向。2m。Z6

P. 'Sybille'
花はほぼ正方形で、枝はアーチ型になり、深紅の斑の入った白い花をつける。香りは芳しい。1.5m。Z5

P. 'Virginal'
純白の八重の花をつけ、格調の高い香りがする。大きく、直立した姿となる。2.7m。Z5

PHILLYREA　フィリレア属
Oleaceae　モクセイ科

香りの点から最も価値の高い品種 *P. decora* はオスマンツス（モクセイ）属のところに記載されているが、他の2品種にも価値がある。2種とも寒さに強い大きな常緑樹で興味深い。日向または日陰。すべての土壌。

P. angustifolia
細く色の濃い葉が密集した半球形の樹形となり、初夏に甘く香る花の房をつける。3m。Z8

P. latifolia
あまり香りのしないさえない白い花をつける。しかしアーチ型の枝に小さな光沢のある葉をつけ、見事な群葉を形成するようすは、矮性のトキワガシ（holm oak）に似ている。4.5m またはそれ以上。Z8

PIERIS　ピエリス（アセビ）属
Ericaceae　ツツジ科

日陰のボーダー花壇に向く魅力的な常緑樹で、酸性土壌を好む。シャクナゲの林地ではとても便利で、春には水差しの形をしたスズランのような花を円錐花序につける。香りは、スズランからバニラまでの幅広いニュアンスを持っている。葉は細長く濃い色で革のような質感を持ち、

アセビ（*Pieris japonica*）'Christmas Cheer'（**左**）と'Firecrest'（**右**）

多くの品種の若葉は輝くような赤である。春には寒風にさらされない場所が必要。半日陰。酸性土壌。

P. 'Forest Flame'
最も寒さに強く、春には新しい枝が赤く目立つ、繁殖力の強い品種。大きく垂れ下がる円錐花序からはよい香りがする。3mまたはそれ以上。Z7

P. formosa var. forrestii
おそらく最高のアセビで、輝くような若葉と長い円錐花序を持つ。寒い地域の庭には向かない。新しい枝や開花時の色が豊かで美しい'jermyns'と、幅の広い葉を持つ'Wakehurst'の、ふたつの素晴らしい品種がある。3mまたはそれ以上。Z8

P. japonica （和名：アセビ）
美しい葉を持つ低木で、若葉は光沢があり銅色を帯びている。花は垂れ下がった優雅な円錐花序となる。若芽は霜に弱く、寒い地域のガーデナーにはバラ色に染まった花をつける品種'Christmas Cheer'がお薦めである。'Firecrest'もよい。1.5-3m。Z6

RHODODENDRON ロドデンドロン（ツツジ）属
Ericaceae ツツジ科

この重要な属は、庭に甘くスパイシーな芳香を与えてくれる。春の色どりの素晴らしさと大きさや形状が豊富な点で、他に並ぶものはない。しかし、巨大でエキゾチックな花序を持つ交配種や色合いの豊かな品種は、めったに香りがしない。香りがあるのは主に落葉性のアザレアや、白花の品種に集中する。白花のものは半耐寒性のものが多く、「半耐寒性植物」の章に記述してある。半日陰。保水力があり水はけのよい土壌。酸性土壌。

R. arborescens
大きな落葉性のアザレアで、普通は遅咲きで初夏から盛夏にかけて咲く。ロート形の花はピンクを帯びた白で、突き出た赤い雄しべを持ち、フルーティな甘い香りがする。葉は光沢があり、綺麗に紅葉することも多い。それほど生長しないが、素晴らしく魅力的である。6mまで。Z5

R. atlanticum
アメリカ東部原産の魅力的な落葉性のアザレア。春には、時にピンクを帯びた小さな白い花をつけ、豊かでスパイシーなバラの香りがする。理想的な条件下では、匍匐茎を伸ばし、大きなやぶを形成する。日向または半日陰。深い、じめじめした土壌。1.5mまで。Z6

R. auriculatum
盛夏に咲く。常緑のシャクナゲで、とても大きな色の濃い革のような葉と、白い花々の巨大な花房をつける。花にはスパイシーな甘い香りがある。太陽の強い日差しを避ける必要があり、早霜が降りる前に若芽が熟すのを保証してくれるような長い生育期間がある温暖な気候でよく育つ。白花の交配種'Polar Bear'は、より見栄えがよい。白花に深紅の斑が入った'Argosy'もよい。4.5mまたはそれ以上。Z6

R. ciliatum
見事なシャクナゲで、うぶ毛のある卵形の葉を持ち、春にはベル形の花の房をつける。バラ色の蕾からピンクの花が咲き、

ロドデンドロン属のキバナツツジ（*Rhododendron leteum*）（**左**）と *R. occidentale*（**右**）

スパイシーな香りがする。日陰のボーダー花壇の手前側に植えると小綺麗なドーム形の常緑の樹形を作るが、寒風や早霜をよける必要がある。1–1.2m。Z8

R. decorum
革のような葉を持った素晴らしく大きな常緑のシャクナゲで、初夏にフルーティな香りのする白または薄いピンクの花々が印象的なゆるいトラスを形成する。変種になりやすく、よい品種には半耐寒性のものもある。7.5m まで。Z7

R. fortunei
春に、薄いライラックピンクの、香りのよいベル形の花の房をつける魅力的なシャクナゲで、育てる価値は十分ある。南の地域の庭にはその亜種 *discolor* の方がよく、これは初夏から紅潮した頬のようなピンクの巨大な花房を形成する。両方とも、親種のよい香りを受け継いだ、本当に素晴らしい交配種を生んでいる。なかでも 'Albatross' は壮麗で大きな低木で、豊かに香る白いトランペット形の花がゆるいトラスを形成する。以下に挙げる Loderi の栄養系品種も、どれも素晴らしい佇まいである。3m またはそれ以上。Z7

R. glaucophyllum
樹脂性の香りのする葉が面白く、革用の石鹸を思い出させる香りだが、シャクナゲのなかでは一級品ではない。細長く色の濃い葉が密集した常緑性低木で、葉の裏側は白く、春にはバラ色の頭状花序をつける。1–2m。Z8

R. griffithianum
春に、香りのよい大きな白い花をつける。寒風にさらされない場所が必要。4.5m。Z8

R. heliolepis
常緑で光沢のある葉に強い芳香がある。しかし、初夏に小さな房状に咲く、深紅の斑が入ったローズパープルの花には香りがない。その亜種 *brevistylum* も似ているが、少し遅れて咲く。3m。Z8

R. Loderi Group
最もワクワクするような、香りのよい大きなシャクナゲが含まれる。最も見事なのは、おそらく 'Loderi King George' である。丈夫でよく育つ常緑性低木で、真緑色の大きな葉に覆われている。春にロート形の花が巨大なトラスを形成する。白花だが、蕾の時はピンクを帯びており、軽いがスパイシーでフルーティな驚くような香りがする。'Loderi Pink Diamond' は、素晴らしい薄ピンクの花色。Loderi の交配種は、通路沿いに植えるのが最適で、アーチ型に育てると花に届くことができ、素晴らしい。葉のない茎の色がところどころ剥げたようになっているのも美しい。半日陰。寒風よけが必要。7.5m まで。Z8

R. luteum（和名：キバナツツジ）
林地の庭でよく見かける黄色い落葉性のアザレア。フルーティなハニーサックルのような香りが、春の空気を満たすように、管状の黄色い花から漂う。落葉性低木で、秋にはその細長い葉が深紅やオレンジを帯びる。ライバルのアザレアの交配種が氾濫するなか、これは、春の庭の誉れであり続けており、ブルーベルの合間に植えると人目を引く。日向または半日陰。2.5m。Z5

R. moupinense
魅力的な背の低い常緑のシャクナゲで、ボーダー花壇やロックガーデンの手前側に植えるのに理想的。晩冬に大きな白またはピンクの甘く香る花を、単独もしくは小さな房状につける。よく霜にやられるが、温暖な場所では愛らしく咲く。葉は革のようで卵形。1.2mまで。Z7

R. × mucronatum（和名：リュウキュウツツジ）
枝張りのある樹形になる常緑の小さなシャクナゲで、春に純白の甘く香るロート形の花を咲かせる。1.2mまで。Z6

R. occidentale
落葉性低木で、アザレアの季節を初夏まで延ばすため、価値がある。黄色い斑が入ったクリーム色または薄ピンクの花をつけ、ハニーサックルのような香りが芳しい。秋にきれいに紅葉する。最高の状態では美しい品種であり、交配に多く使われてきた。2.5m。Z6

R. prinophyllum（R. roseum）（英名：roseshell azalea）
これも落葉性のアザレアでは望ましいもののひとつ。こちらは春に澄んだ深いピンクの花をつけ、クローブ（チョウジ）の香りがする。2.5m。Z3

R. rubiginosum
大きな直立した姿のシャクナゲで、芳しい槍形の葉を持ち、晩春にピンクまたはバラ色を帯びたライラック色の花を咲かせる。6m。Z6

R. saluenense
小型で芳しい常緑のシャクナゲで、小さく色の濃い光沢のある葉を持つ。春に、バラ色を帯びた紫の花の房をつける。1.2mまで。Z6

R. serotinum
晩夏に最も遅く咲くシャクナゲのひとつ。ゆるい樹形に生長する常緑樹で、甘く香る大きなベル形の花をつける。花はピンクを帯び、ピンクの斑が入る。3mまたはそれ以上。Z8

R. trichostomum
私のお気に入り。しばしばジンチョウゲと間違えられるが、小さな細い葉を持ち、春には管状の花がぎっしり詰まった花序をつける。白や淡いピンク、またはバラ色の花には、クローブの強い香りがある。この常緑樹は日当たりのよい場所を好み、気難しく、寄せ植えに適応しやすいシャクナゲたちとは異なる性質を持つ。1.2mまで。Z7

R. 'Turnstone'
背の低いコンパクトな交配種で、半耐寒性の R. edgeworthii から豊かなユリの香りを受け継ぎ、耐寒性はもう一方の親種 R. moupinense から受け継いでいる。私の庭ではとても丈夫に育っている。花は淡いピンク。90cmまで。Z8

R. viscosum（英名：swamp honeysuckle）
葉の茂った落葉性のアザレアで、スパイシーで甘い見事な芳香がある。初夏の遅い時期に咲き、ピンクを帯びた白いロート形の花の房をつける。通常は秋に綺麗に紅葉する。耐性はあるが、じめじめした土地は必要としない。2.5m。Z3

R. yedoense var. poukhanense（英名：Korean azalea、和名：チョウセンヤマツツジ）
枝を張る習性を持つ落葉性低木で、春には甘く香るピンクを帯びた紫の花を小さな房状につける。これも秋は綺麗に紅葉する。1.2m。Z5

アザレアの交配種
色彩豊かな落葉性のアザレアの交配種は多くあり、その多くにはハニーサックルのような甘い芳香がある。

Ghent Group
通常は、優雅な長いロート形の花をつけ、

ロドデンドロン属の R. trichostomum

秋の紅葉も美しく、香りも強い。'Daviesii'は白花で、中心が黄色い。'Nancy Waterer'は豊かな山吹色。'Narcissiflorum'は澄んだ黄色の八重で、第一級のコンパクトな植物である。それらは皆丈夫で、寒さに強い低木。1.5m。

Knap Hill Group
印象的なトランペット形の花を持ち、秋の紅葉もきれい。花の色は一般的にGhent Groupより遥かに鮮やかだが、香りは弱いか匂わないのが通常。'Lapwing'はクリーム色を帯びた黄色または紅潮したようなピンク。'Whitethroat'は、美しい八重の白花が密集して咲く。ともに注目すべき例外である。1.5m。Z5

Mollis Group
晩春に、大きなトランペット形の目立つ花をつける。しかし、いつも香りには失望する。晩霜に弱い。1.2m。

Occidentale Group
必ずしも輝くような色調ではないが、素晴らしい芳香のある花が丸い房を形成する。初夏の開化期は長く、秋の紅葉も綺麗。'Exquisitum'は、オレンジの斑が入った肉のようなピンク。'Ireen Koster'は最高の品種で、花は小さく、ピンクを帯びた白。1.5m。Z7

Azaleodendrons
落葉性のアザレアと常緑のシャクナゲの交配種。アザレアの習性を持つが、半常緑性。よい香りのものある。特に'Govenianum'は直立したコンパクトな低木で、ライラックパープルの花を咲かせる。'Odoratum'は、葉が生い茂った小型の低木で、淡いライラック色の花をつける。両種とも、今は稀である。花期は夏。1.2-1.5m。

遅咲きのアザレアの交配種がイギリス、チェシャー州のデニー・プラット（Denny Pratt）によって新しく品種改良された。*R. viscosum*や*R. occidentale*から強い香りを受け継ぎ、色は*R. bakeri*やKnap Hillの交配種から受け継いだ品種もある。金色と黄色の'Anneke'や、クリーム色と黄色の'Summer Fragrance'は、どちらも豊かでフルーティな香りがあり、よく知られた品種。盛夏のころに咲く。2-2.5m

RHUS ルス（ヌルデ／ウルシ）属
Anacardiaceae ウルシ科

R. aromatica
原産地のアメリカ東部の庭で育てられているが、イギリスではあまり知られていない。その主な魅力は三つに切れ込みの入った形のよい葉にあり、傷つけると魅力的な樹脂性の香りを放つ。黄色っぽい花が密集した房が春に咲くのも魅力。枝張りのある樹形の落葉樹。日向。1-1.5m。Z3

RIBES リベス（スグリ）属
Grossulariaceae スグリ科

R. odoratum（英名：clove currant、和名：チョウジスグリ）
この品種は次に挙げる*R.sanguineum*とはかなり異なる。ゆったりと直立した低木で、艶のある若葉色の切れ込みの入った葉を持ち、秋には燃え立つような色合いを帯びる。春に短い総状花序につく山吹色の花からは、クローブの香りがする。ボーダー花壇に珍しさと魅力をもたらす。日向または半日陰。2-2.5m。Z5

左：ルス（ヌルデ／ウルシ）属の *Rhus aromatica*　右：チョウジスグリ（*Ribes odoratum*）

R. sanguineum（英名：flowering currant）

昔から見かける低木のボーダー花壇にはどこにでも植えられている。ミントのようだが甘く汗臭く感じる葉の香りが空気に漂うのが私には非常に不快である。香りのためにこの低木を選ぶのは想像もできないが、春にぶら下がるように咲く総状花序は、ピンクや赤、深紅に白と、装飾性が高い。淡い色や白い花が咲くものは葉の香りもそれほど不快ではない。たとえば 'White Icicle' は、花に香りはないが素晴らしい。落葉性。日陰に強い。2–2.5m。Z6

RUBUS ルブス（キイチゴ）属
Rosaceae　バラ科

R. odoratus（英名：flowering raspberry）

花の大きさに比べると大きいツタのような形の葉をたくさんつける。繁殖力が強く、コロニーを形成する。この落葉性低木はワイルドガーデンに望ましい。茎の先端につく花房に咲く一重の明るいピンクの花は、夏の間、長い期間咲き続けて、柔らかい香りを放つ。一方、若芽には松やにの香りがする。日向または日陰。2.5m。Z4

SALIX サリクス（ヤナギ）属
Salicaceae　ヤナギ科

S. aegyptiaca（*S. medemii*）（英名：musk willow）

庭の香りの源としてヤナギは思いつかないかも知れないが、香りのよい葉を持つもの（「高木」の章に記載した *S. pentandera*、英名：bay willow や珍しい *S. pyrifolia*、英名：balsam willow など）もあれば、香りのよい尾状花序を持つもの（籠を作るのに使われる *S. triandra*、英名 almond-leaved willow）もある。なかでも、*S. aegyptiaca* は最も力強く甘く香る。雄の尾状花序は飲料に利用され、食用の砂糖漬けにも用いられる。尾状花序は人目を引くほど大きく明るい黄色で、晩夏に葉のないグレーの小枝につく。大きな繁殖力の強い低木で皮針形の葉を持つ。日向または半日陰。乾いた土壌以外すべてよし。4.5m。Z6

SAMBUCUS サンブクス（ニワトコ）属
Adoxaceae　レンプクソウ科

ニワトコの花はムスク（ジャコウ）の強い香りがして、皆に好まれる香りではない。生長の速い落葉性低木で、どこでも元気に育つため、とても役に立つ。ワイルドガーデンでは、セイヨウニワトコは重要な景木あるいは生垣の低木となり、花の盛りには昆虫が、実がなるころには鳥が寄ってくる。他の場所で最も重宝するのは、開花期の短いボーダー花壇の花々の背景の群葉となる、葉にきれいな色があり切れ込みの入った品種である。日向または日陰。すべての土壌。

S. nigra（英名：common elder、和名：セイヨウニワトコ）

初夏にクリーム色の花の大きく平たい頭状花序をつける。その後、房状に黒い実をたくさんつける。人目を引く金色の斑入りのものや、魅惑的な暗い紫も含めてさまざまな色の葉があり、'Laciniata' という綺麗なシダ状のものもある。亜種の *canadensis* 'Maxima' は、巨大な頭状花序をつける。3m 以上小さい高木程度まで。Z6

S. racemosa 'Plumosa Aurea'

金色の葉を持つニワトコのなかで最も素晴らしい。栽培されている金色の低木のなかで、ほぼ間違いなく最高である。切れ込みの入った美しい葉を持ち、若葉は黄褐色で、初夏には黄色い花をふわふわと咲かせる。時折、立派な深紅の実をつ

セイヨウニワトコ（*Sambucus nigra*）

ける。葉は強い日差しに焼けるので、半日陰の場所が最もよい。2.5m。Z5

SARCOCOCCA サルココッカ属
Buxaceae　ツゲ科

サルココッカ（英名 sweet box/Christmas box）は、どの庭にも植えられるべきである。気取らない矮性種または小さな常緑樹で、晩冬に花の房をつける。花は目立たないが、力強く豊かな蜂蜜の香りを空気に発散する。同時期に咲くクリスマスローズやマホニア（ヒイラギナンテン）とも相性がよく、狭い花壇に押し込むのにもよい。日陰。乾いた土壌以外すべてよし。

S. confusa

密生して枝張りのある低木。細長く先の尖った葉は若葉色で、艶のあるクリーム色の花の後には小さな黒い実をつける。1.5m。Z6

S. hookeriana var. *digyna*

一般的に手に入りやすい。直立した枝に

左端：サルココッカ属の *Sarcococca hookeriana* var. *humilis*
左：ミヤマシキミ（*Skimmia japonica*）'Rubella'

紫を帯びた緑の細長い葉をつける。花はピンクを帯びており、その後に黒い実をつける。1.2m まで。Z6

S. hookeriana var. *humilis*
紫の品種で、矮性の株立ちの低木。暗く光沢のある美しい葉を持ち、日陰のボーダー花壇の手前側に緑のクッションを作る。クリーム色の花の後には、黒い実をつける。60cm まで。Z6

S. ruscifolia
chinensis の変種で、繁殖力が強く好ましい。*S. confusa* と見かけは似ているが、実の色は赤い。1.5m。Z8

SKIMMIA　スキミア（ミヤマシキミ）属
Rutaceae　ミカン科

常緑性の低木で日陰のボーダー花壇や鉢植えに適している。強アルカリ性の土壌は嫌うので、その場合は酸性堆肥をやり雨水で育てるとよい。スキミアの仲間は幅の狭い楕円形の革のような葉を持ち、こぎれいで密生した半円形となる。春に現われる円錐花序はよい香りがする。その香りは、スズランのような香りからヘーベ（*Hebe*）を思わせるニュアンスまでを併せ持つ。雌木は、秋になるとよく目立つ緋色の果実をたくさんつける。結実させるには雄木も植えておくこと。

S. anquetilla
あまり一般的ではないが、葉を傷つけるとフルーティな芳香があるので、香りの庭にはとても好ましい。私の庭では、小さくコンパクトな常緑性低木となり、美味しい赤い果実をつけ、簡単に育っている。90cm。Z8

S. × confuse 'Kew Green'
花の美しさでは最高のスキミア。緑からクリーム色を帯びた黄色へと変化する円錐花序をつける。雄木だが花粉はほとんどつけない。90cm。Z8

S. japonica（和名：ミヤマシキミ）
素晴らしい品種がたくさんある。*S. japonica* 'Veitchii'（通常は *S.* 'Foremanii' として売られている）は繁殖力の強い雌木で美味しい果実をつける。'Nymans' もよい。雄木の花が最も美しい栄養系品種を選ぶなら、甘い香りのする 'Fragrans' がよい。'Rubella' の花の蕾は赤く面白い。亜種の *reevesiana* は両性花のため、クリーム色の花の後にはいつも深紅の果実がなる。やや小さい（約 60cm。Z9）。90cm。Z8

S. laureola
雄木は、緑を帯びたクリーム色の香りのよい綺麗な花をつける。葉は潰すと鼻につんとくる香りがする。通常は 90cm 以下。Z8

SPARTIUM　スパルティウム（レダマ）属
Papilonaceae　マメ亜科

S. junceum（英名：Spanish broom、和名：レダマ）
夏の開花期が長く、暑さや乾燥に耐性があるため人気がある。海の近くでは特に素晴らしい。脚がすらりと直立した低木だが、春に剪定すればこぎれいに密生した樹形を維持できる。夏になると明るい黄色のマメ科の花が爆発的に咲き、秋まで続く。花はバニラの香りがする。日向。2.5m またはそれ以上。Z8

STAPHYLEA　スタフィレア（ミツバウツギ）属
Stapyleaceae　ミツバウツギ科

S. colchica（英名：bladdernut）
直立した落葉性低木で、春に白い円錐花序をつける。有名な栽培者で作家でもある E・A・ボウルズ（E. A. Bowles）はその香りをライスプティングにたとえた。花の後には、人目につく膨らんだ莢をつける。日向または半日陰。ローム質の土壌。

左：レダマ（*Spartium junceum*） 右：ミツバウツギ属の *Staphylea colchica*

3m またはそれ以上。Z6

SYRINGA　シリンガ（ハシドイ）属
Oleaceae　モクセイ科

ハシドイの仲間（英名 lilacs、ライラック）は夏の前触れであり、晩春の庭の大黒柱である。小高木ないしは低木で、大きな羽飾りのような花をつける。低木のボーダー花壇のなかの日当たりのよい場所やワイルドガーデンでは、よい背景となる落葉性低木。小さなものはあまり目立たない葉を持ち、花期が長いことが多い。早咲きのライラックを草花のボーダー花壇に紛れ込ませてもよい。花の香りは「ライラックのような香り」と言う表現があるくらい特徴的だが、その表現には「とても甘い」から「不快なくらいに強い」までの幅がある。ライラックの花は大きいほど美しいが、花の後の塊は侘しさを感じる。これは花が小さめのライラックではあまり気にならない。日向または半日陰。強アルカリ性の土壌以外すべてよし。

S. x chinensis（英名：Chinese lilac/Rouen lilac）
可憐で珍しい低木。薄いライラック色の円錐花序を弓なりにつけ、よい香りがする。密生した樹形だが、時にはゆるい姿となる。3m。Z3

S. x hyacinthiflora
変化しやすい交配種で多くの魅力的な栄養系品種が生まれている。**S. vulgaris** に似ているが、枝張りのある低木となり、ゆるい花序をつける。春に少し早目に咲く。'Clarke's Giant' は美しいライラックブルーをしており大きな花序をつける。'Esther Staley' の蕾は素晴らしいピンクや赤である。3.5m。Z3

S. x josiflexa 'Bellicent'
非常に美しい大きなライラックで、長い羽根飾りのような形に、澄んだ薄いピンクの甘く香る花をつける。最盛期の姿はとても素晴らしい。もし大きなライラック1本分の場所しかなければ、これを選ぶべきだろう。3m またはそれ以上。Z5

S. meyeri 'Palibin'
一般的に育てられている背の低いライラックで、小さな葉をつける。ゆるい円錐花序は甘く香り、ライラックピンクの花は初夏に咲く。1.5m まで。Z5

S. microphylla（和名：チャボハシドイ）'Superba'
小さなライラックのなかで最良で、香りのよい小型の低木としても最高である。開花期が長く、春に一斉に開花した後、秋まで断続的に咲き続ける。バラ色の蕾から現われる花は、澄んだピンクで、丸い花序となる。私にとっては外せないものである。1.2m。Z4

S. x persica（英名：Persian lilac）
繊細な姿をしており、小枝に優雅な花をたくさんつけ、細長い葉を持つ。花は素敵な香りがして、淡いライラック色。'Alba' という、さらに美しい白い品種もある。2m。Z5

S. x prestoniae
変化しやすい交配種。大きなライラック

で、さまざまな色合いを提供し、ライラックの見ごろを夏まで延ばしてくれる。多くは垂れ下がる花々が見事な花序をつけ、皆よく香る。ライラックピンクの'Elinor'が最も入手しやすいが、濃いピンクの'Audrey'やライラックパープルの'Isabella'もよい。4.5m。Z2。

S. sweginzowii
通が必ず選ぶ品種で、優雅なアーチ型の枝を持ち、淡いピンクの長い円錐花序からは甘い香りが滴たる。3.5m。Z6。

S. vulgaris （英名：common lilac、和名：ライラック／ムラサキハシドイ）
一重や八重の品種がたくさんあり、色も豊富なため、選ぶのが難しい。いくつか選抜すると——八重で濃い赤紫の'Charles Joly'、一重で澄んだライラックブルーの'Firmament'、八重でラベンダーパープルの'Katherine Havemeyer'、白い八重の'Madame Lemoine'、一重でワインレッドの'Andenken an Ludwig Späth'（'Souvenir de Louis Spaeth'）などがある。4.5m。Z4

THUJA ツヤ（クロベ）属
Cupressaceae ヒノキ科

葉から漂うフルーティな香りが素晴らしく、香りの庭には魅力的な針葉樹。さまざまな大きさの景木として、あるいは庭の背景、遮蔽物、生垣などに活用される。T. plicata（「高木」の章にも記載）は、最良の常緑性の生垣で、また最も香りのよい品種。

T. occidentalis （英名：American arborvitae／white cedar、和名：ニオイヒバ）
主には密生した円錐形だが、あらゆる形と大きさがある。最も人気がある'Danica'は、濃緑の球状の樹形をした矮性種で、冬にはブロンズ色になる。'Ericoides'は灰緑の円錐形を作る矮性種で、やはり冬にはブロンズ色になる。'Holmstrup'は素敵な濃緑色のピラミッド形をした愛嬌のある品種で、生長が遅いが、2-3m程度になる。'Rheingold'は1.2m程度の大きさで、円頂を持つ。金色の葉はその色合いを季節によって変える。'Smaragd'（'Emerald'）は若草色のピラミッド形をしており、3mの高さになる。綺麗な生垣を作る。'Sunkist'は金色のピラミッド形で、生長は遅い。1.2m。日向。Z3

T. plicata (英名：western red cedar、和名：ベイスギ／アメリカネズコ)
この香りは栄養系品種にも受け継がれる。なかでも以下の色合いのものは最も人気がある。'Rogersii'は球形をした金色の矮性種で、冬には綺麗なブロンズ色を帯びる。'Stoneham Gold'は明るい金色をした幅の広い円錐形で、生長が遅い。90cm程度。'Zebrina'は金色の斑の入った幅の広いピラミッド形で、高木の高さにまで生長する。日向。Z5

ULEX ウレクス（ハリエニシダ）属
Papillionaceae マメ亜科

U. europaeus （和名：ハリエニシダ）'Flore Pleno'
イギリス原産のハリエニシダの八重咲種。ハリエニシダの暖かいココナッツの香りには、アングルシー島での私の子供のころを思い出す。庭に粗野で野性的な植物を植えたくない時には、コンパクトで結実しないこの品種がよい。日向のボーダー花壇に植えると素晴らしい。元気のよい黄色い花が春に一斉に咲く。青花の球根植物を一緒に植えると特に素晴らしい。それ以降も散発的に花をつける。2m。日向。排水のよい土壌。Z7

ハシドイ属のチャボハシドイ（Syringa microphylla）'Superba'（左端）とS. × persica 'Alba'（左）

低木・灌木　115

左：ニオイヒバ（*Thuja occidentalis*）'Holmstrup'
下：ハリエニシダ（*Ulex europaeus*）

UMBELLULARIA　ウンベルラリア属
Lauraceae　クスノキ科

U. californica　（英名：California laurel）

香りのよい大きな常緑性低木または小高木。卵形の革のような葉をつぶすと、刺激的なフルーツの香りがする。長い間嗅いでいると頭痛がしたり、くしゃみが出て、意識を失うことさえあると言われる！

　春に小さな黄色い散形花序をつけ、続いて実をつけることもある。暖かい場所が必要。早霜から守ること。日向。排水のよい土壌。Z9

VIBURNUM　ヴィブルヌム／ビブルナム（ガマズミ）属
Adoxaceae　レンプクソウ科

この属の低木は、庭に最高に素晴らしい香りを与えてくれる。香りのよい品種は（決してすべてのビブルナムが香るわけではない）ふたつのグループに分けられる。晩秋から冬、春にかけて葉のない茎に花をつけるグループと、春に咲くグループである。どちらにせよ、鼻に近い場所に植える必要がある。落葉性高木の前にある低木のボーダー花壇に植えるとよい。日向または半日陰。ほとんどの土壌。

V. awabuki（*V. odaratissimum hort.*）

便宜上この章で述べるが、実際には温暖な地域でしかうまく育たない。大きな温室または、完全に日向となる壁面では興味深い植物である。革のような大きな葉を持った常緑樹で、冬に銅葉になることもある。純白の円錐花序が晩夏に咲く。しかし、私はマヨルカ島で何年も育てているが、未だに花をつけるのを見た事がない。3–7.5m。Z8

V. x bodnantense

冬に咲く素晴らしいビブルナムで、バラ色を帯びたピンクの花々の房をつける。霜にもまずまず強く、秋から春まで断続的に咲く。花には、蜂蜜のような甘さがアーモンドの香りで覆われたような香りがあり、暖かい日には空気中に漂う。'Charles Lamont' は形のよい品種。'Dawn' は大きなピンクの花と大きな葉を持つ非常に繁殖力の強い品種。'Deben' はピンクの蕾から白い花を咲かせる可愛いらしい品種だが、悪天候に弱い。これらは落葉樹で、直立した樹形となる。3m。Z7

V. x burkwoodii

素晴らしい光沢のある葉を持つ半常緑樹で、秋に鮮やかな色合いに紅葉するものもある。純白の花々は、主に春、丸い房状にぎっしりと咲き、クローブカーネーションのような甘い香りが遠くまで漂う。ボーダー花壇の主力となる可愛らしい植物で、素晴らしい品種や交配種がいくつかある。特に、薄いピンクの花をつける 'Anne Russell'。大きな白い花と独特の葉、優雅な習性を持つ 'Fulbrook'。大き

ビブルナム属のオオチョウジガマズミ (*Viburnum carlesii*) 'Diana' (**左端**) と *V.* × *juddii* (**左**)

な葉と大きな白い花を持つ豪華で繁殖力の強い 'Park Farm'。2.5m。Z5

V. × *carlcephalum* （フレグラントスノーボールビブルナム）

香りもよく人気がある。春咲きで、落葉性だが、*V. carlesii*（オオチョウジガマズミ）に比べるとやや粗野で、私はあまり好まない。葉は大きく、頭状花序は優雅さに欠けるがより大きく目が詰まっている。しかし香りは甘く力強い。2.5m。Z5

V. carlesii（和名：オオチョウジガマズミ）

春咲きの落葉性のビブルナムのなかで最もよい香り。甘いクローブのような香りは、遠くまで届く。鈍い灰緑の葉と白い花を持つ丸い低木。次の三つの栄養系品種は、親種よりもさらによい。'Aurora' は赤い蕾から薄いピンクの花を咲かせる。'Charis' は特に繁殖力が強く、やはり赤い蕾から白い花を咲かせる。'Diana' は赤い蕾から 'Aurora' よりもっと赤味の強い花を咲かせる。1.2–2.5m。Z5

V. farreri（*V. fragrans*）

イギリスのコテージガーデンでとても愛されている品種で、冬の間中葉のない枝に断続的に花をつける。花はピンクを帯びた白で蜂蜜とアーモンドの香りがする。晩年には、エレガントさに欠ける子種の *V.* × *bodnantense* より樹形が広がってしまうが、若いうちは同じくらい直立する。落葉性。3m。Z6

V. × *juddii*

傑出した春咲きの落葉性低木。*V. carlesii*（オオチョウジガマズミ）と似ているが、より葉が茂り、小奇麗でがっしりしている。白い頭状花序も少しだけ大きい。香りは甘く、クローブのようなスパイシーな香りが突出している。1.2m。Z5

V. tinus（英名：laurustinus）

一般的な常緑性低木で、私は好きな面と嫌いな面がある。小奇麗で、よく葉の茂った背景植物（またはラフな生垣）となり、深い日陰にも強く、冬に花を咲かせる点が魅力。欠点は、一年を通して感動を与える瞬間がないこと。勿論、蜂蜜の香りが風に乗って漂う瞬間をとらえれば別であるが、これは予期できない。香りの痕跡もなく、あってもほんのかすかであることが多い。これには葉を傷つけ花を根こそぎダメにするガマズミカブトムシ（Viburnum beetle）も苦しんでいる。秋から初春にかけてピンクの蕾から白い花が現われ、断続的に咲く。何年か経つと、青い実をつける。'Eve Price' は密生した小型のもので、明るいピンクの蕾からピンクを帯びた花を咲かせる。日陰。2–3.5m。Z8

WEIGELA　ヴァイゲラ／ウェイゲラ（タニウツギ）属
Caprifoliaceae　スイカズラ科

ウェイゲラ属のほとんどは香りがないか、ごくほのかに香るだけであるが、なかには蜂蜜の香りがして驚かせてくれるものもある。初夏に人気のある落葉性低木で、前年の花芽にまじってチューブ状の花をたくさんつける。花後の芽は強剪定すること。葉は色づいた時以外はあまり面白くないので、開花後はあまり人の目につかない場所を選ぶ必要がある。日向または半日陰。どんな土壌もよし。

W. 'Mont Blanc'

白のウェイゲラのなかで最良のもののひとつ。すくすく生長し、大きな花をつけ、香りもよい。しかし一般的にはあまり出

回っていない。2.3m。Z5

W. 'Praecox Variegata'

強い香りがする *W. praecox* の交配種で、クリーム色の斑が入る。ローズピンクの花をつける。2.3m。Z5

YUCCA　ユッカ（イトラン）属
Asparagaceae　キジカクシ科

多くの人は、ユッカをボーダー花壇向けの宿根草だと思っているが、厳密に言えば低木であるのでここに含めた。刀のように先端の尖った常緑の葉からは、熱帯の香りが漂う。クリーム色のベル形の花をぶら下げた背の高い茎は、黄色のクニフォフィア（英名 red-hot pokers）や、青いアガパンサスと組み合わせると素晴らしい。ボーダー花壇のコーナーに植える構築的な景木として、あるいは敷石の割れ目に植えるのにこれほど素晴らしいものはない。しかし、短剣のように尖った葉の先端が、子供や犬の眼の高さにあり、危険であることに留意すること。花は甘い香りがする。日向。水はけのよい土壌。

Y. filamentosa（英名：Adam's needle、和名：イトラン）

堅いまっすぐな灰緑の葉を持つ。葉の縁には糸のように細い巻き毛がついている。盛夏に幅広ゆるい円錐花序をつける。2mまで。Z5

Y. flaccida

幅が狭く、グレーを帯びた、しまりのない葉を持つ。葉は通常、真ん中あたりから下向きに折れている。花は短めの円錐花序につく。'Ivory' は惜しみなく花が咲き、素晴らしい。1-1.2m。Z5

Y. gloriosa（英名：Spanish dagger、和名：アツバキミガヨラン）

なかなか咲かないか、全く咲かないこともある。だが咲いた時はベル形の花をたくさんつけた立派な円錐花序となる。葉は硬く危険。2.5m まで。Z7

ZANTHOXYLUM　ザントクシルム（サンショウ）属
Rutaceae　ミカン科

Z. piperitum （英名：Japanese pepper、和名：サンショウ）

棘のある中程度の大きさの低木で、香り高い魅力的な羽状の葉を持つ。葉は秋に魅力的に黄葉する。初夏に咲く小さな黄色い花の後に、雌木の場合は赤い実をつける。なかに入っている黒い種は、日本では香辛料として使われる。2m。日向または部分的な日陰。Z6

ZENOBIA　ゼノビア属
Ericaceae　ツツジ科

Z. pulverulenta（和名：スズランノキ）

魅力的な小さな落葉性低木で、シャクナゲ類と一緒に植えるとよい。夏にベル形の白い花の房がつき、アニスの種の香りがする。卵形の葉は若葉のうちは白い粉に覆われたようだが、秋には美しく紅葉する。とても魅力的な植物。日向または日陰。湿った酸性土壌。1.2-2m。Z6

XANTHORHIZA　クサントリザ属
Ranunculaceae　キンポウゲ科

X. simplicissima （英名：yellowroot）

「黄色い根」とも呼ばれる珍しい品種。私は専門家を引きつけるのが楽しみで育てている。背の低いおだやかな株立ちの低木で、細く切れ込みの入った葉を持ち、春には垂れ下がった小枝に珍しいチョコレート色の星形の花々をつける。花は、間違えようがなく潮くさい海藻のにおいがする。茎の内側は明るい黄色で、葉は秋には見事な黄色と茶色に紅葉する。日向または日陰。90cm。Z3

クサントリザ属の Xanthorhiza simplicissima

宿根草・球根植物・一年草を植える

　それぞれの季節には、それに適した香りのよい宿根草や球根植物があり、暖かい季節には一年草の香りも楽しめる。宿根草や球根植物の香りは、真冬には室内で楽しむのが最良で、風や霜、雨にさらされると花は台無しになり、その香りは冷えた空気に失せてしまう。小さすぎて全く良さが伝わらないものもある。

　球根植物は鉢植えにして育てるのもよい。屋外に鉢植えのまま置いたり、冷床やプランジベッド（砂の花壇で、地中に鉢を縁まで植える）で育てて、花芽がついたら暖かい室内に入れるのもよい。秋になると私はいつもクロッカスやスイセン、アイリス属でスミレの香りのする *Iris reticulata*（この植物は必ずしも宿根草ではないと考えているが）、室咲きのヒアシンスなどをポットいっぱいに植えて、クリスマス以降の時期に室内に持ち込んで楽しんでいる。庭にあるテーブルの上にもポットいっぱいに球根を植えておくと、横を通るたびに香りを楽しめる。

　蕾がついたら切り花にもできる。ガランツス（*Galanthus*）属の 'S. Arnott' という特に大きなスノードロップを束ねて壺に入れると、その強い蜂蜜のような香りに驚くだろう。カンザキアヤメ（*I.unguicularis*）は洗練された甘い香水のような香りをほのかに漂わせ、淡いラベンダーブルーの 'Walter Butt' には特に素晴らしいプリムローズの香りがある。エドワード 7 世時代の植物栽培の達人で庭園を題材とする作家であった E・A・ボウルズ（E.A.Bowles）が著書 *My Garden in Spring*（1914）のなかでカンザキアヤメ（英名 Algerian Iris）の摘み取りに関する助言を詳細に記している。霜の降りるような寒い地域では、苞（ほう）の上についた蕾から花の色が見え始めたらすぐに切り、速やかに首まで水に漬けておく。こうすることで水落ちをするのを防ぐことができる。蕾が苞から出てきてはち切れるように花開いたら、装飾用の花瓶に移して楽しむ。

春の花壇に温かみのあるアニスの種の香りをもたらすウォールフラワー。

ウォールフラワー（ニオイアラセイトウ）

ウォールフラワーは欠かせない贅沢である。なぜ贅沢かと言うと、私は毎年秋になると買い求めているから。私の家の近くのガーデンセンターには良い苗があり、自分で育てて増やさなくてもよいのである。ウォールフラワーのスパイシーな香りは、その豊富な色彩と相俟って、魔法のように東洋的なイメージを醸しだす。ウォールフラワーをカーペットのように敷き詰められる場所があったらいいのだが、過密な私の花壇では、小さなグループに分けて植栽せざるを得ない。いくつかの色をミックスした箇所をあちこちに作り、単色の場合は青味を帯びたキャットミントの葉や、フェンネルの葉などと組み合わせて植えると、とりわけ良い。ウォールフラワーの香りにはアニスの種の香りがややはっきりと感じ取れる。緑やブロンズ色のフェンネルの葉にもアニスの種の香りがあり、これらは仲良く花壇に納まるのである。

2月中旬ごろには、マンサク（英名 witch hazel）、ジンチョウゲ属の *Daphne bholua* 'Gurkha'、ウメ（英名 Japanese apricot）、スパイシーな香りのセイヨウサンシュユ (*Cornus mas*)、甘く香るヤナギ、などの葉のない枝を持つ低木の足元に、スノードロップやレウコユム属の *Leucojum vernum*（英名 spring snowflake）が、クロッカス属の *Crocus tommasinianus*（コロニーを形成するためには最良のクロッカス）を色どりに添えながら、姿を現わすだろう。印象的なヘレボルス属の *Helleborus foetidus* も花を咲かせる。傷をつけなければ嫌なにおいを放たないし、傷つけたとしてもそれほど大したことはない。'Miss Jekyll's Form' などのいくつかの品種では、花にドイツスズラン（英名：lily-of-the-valley）のような香りがある。常緑性で掌状複葉をもつ *H.foetidus* は、スノードロップの理想的な引き立て役で、その間にこぼれ種で増える。日陰の斜面ではプリムローズとよく馴染む相棒となる。テリマ属の *Tellima grandiflora* Rubra Group の冬に紫を帯びる葉もまた、スノードロップやプリムローズと素晴らしく相性がよいが、甘く香るその花は初夏にならないと姿を見せない。

春が深まると低木は最盛期を迎え、球根植物や早咲きの宿根草がその足元をさまざまな色合いに彩る。香りのよい植物では、ニオイスミレ (*Viola odorata*、英名 sweet violets)、プリムローズ、ムスカリ (*Muscari*、英名 grape hyacinths)、スイセン (*Narcissus*) など、日陰を好んだり、日陰にある程度の耐性を持つ植物が候補となる。これらはマグノリア (*Magnolia*)、サクラ、またはトサミズキ (*Corylopsis*) やフォッサギラ (*Fothergilla*) などの酸性土壌を好む森の住民の足元にまとめて植えるとよい。より強い香りのスイセンであるキズイセン (*N. jonquilla*)、フサザキズイセン (*N. tazetta*) などは、日当たりがよく寒風にさらされない場所（または鉢植え）に手厚く植えるとよい。不吉な印象の球根植物クロバナイリス (*Hermodactylus tuberosus*、英名 snake's head) をこれらと共に植えるのも面白い。その黒いベルベットのような色や濃緑は、黄色やオレンジ、白のさまざまなニュアンスとよく調和し、繊細なクローブの香りがする。蜂蜜の香りのチューリップを周りに植えると、この植栽計画はさらに充実する。

夏の宿根草の香りとして最も素晴らしい、ベルガモットの香りのするモナルダ（手前）とスパイシーな香りを漂わせるフロックス。

ヒマラヤヤウバユリ（*Cardiocrinum giganteum*）はココナッツの香りを含み、庭で育てられる植物としては最も印象的。

　晩春になると、球根植物の季節から宿根草や二年草の季節となる。日陰の花壇、時には日向の花壇にも、スズランがその小さな白いベル形の花を現わす。ドイツスズランは、育つはずがないと思っている場所に咲いたり、ここなら大丈夫と思っている場所では育たなかったりする性質があるので、あちこちに少しずつ植えてみるとよい。その香りは屋外ではわかりづらいかもしれないので、何本かの茎を手折って家に持ち込むとよくわかる。

　草本類が優勢の日向の花壇では、おそらくこの季節には色彩が不足するので、ウォールフラワーやチューリップなどが活気づけてくれる。香りのよい他の植物には、アイリスの'Florentina'、ストック（*Matthiola*）、ルナリア属の *Lunaria rediviva*（英名 perennial honesty）、マイアンセマム属の *Maianthemum racemosum*（英名 false Solomon's seal、フォールスソロモンズシール）などがある。フォールスソロモンズシールのクリーム色の花房は人目を引き、薄緑色のユーフォルビア（*Euphorbia*）やチューリップの後ろに植えるとよく映える。重たいメドウスイート（和名セイヨウナツユキソウ）の香りを想像するが、実際は爽やかなレモンの香りである。

　盛夏の庭はパステルカラーで満たされる。まさに、ピオニー（シャクヤク・ボタン類）、アイリス、ルピナス、ナデシコなど、コテージガーデンの宿根草のための季節である。空気はバラやハニーサックル、フィラデルファスの香りで満たされる。ナデシコにはこれらの早咲きの宿根草のなかで最も強い香りがあり、十分石灰質を含んだ乾いた土壌であれば、これらを小径の縁に用いたり、レイズドベッドからこぼれるように植えたり、舗装の割れ目から突き出るように植える。温かみのあるクローブの香りが空気を満たす多年草に

もなるストック（*Matthiola incana*）'White Perennial' とともに植えるのもよい。ベアードアイリス（bearded irises）にはあらゆる種類のフルーツやバニラの香りを感じ取ることができるだろう。なかでも、ラベンダーブルーの *Iris pallida* subsp. *pallida* (var. *dalmatica*) は最高である。他に植える価値のあるアイリスは *I. graminea* である。バイオレットブルーやバラ色を帯びた紫のほっそりした花には、プラムをとろ火で似た時のような香りがある。

　ピオニーとバラは互いに似ている。丸みがあり、花びらが詰まった、同じような形をしており、ピンクを帯びている。私の庭ではミルラの香りのセイヨウカノコソウ（*Valeriana officinalis*）がシュラブローズの周りにこぼれ種で増えている。ルピナスはロケットのような対照的な形を楽しめ、ユリの香りのする黄色いマンシュウキスゲ（*Hemerocallis lilioasphodelus / H. flava*）などのキスゲ類が、さらに対照的な色彩や葉の質感をもたらす。

宵の香り

　暖かい初夏の宵に庭を散歩すると夜に香る植物に気づく。私はハナダイコン（*Hesperis matronalis*、英名 sweet rocket）の香りがとても好きである。こぼれ種で増えるこの丈の高い二年草の白や淡いライラック色の穂先は黄昏時の薄明かりのなかで輝き、その周辺何ヤードにも渡ってクローブの香りを漂わせる。私の庭ではメインのボーダー花壇を貫くように自然に増えるままにしている。

　リーガルリリー（*Lilium regale*）は夜になると力強く香る、最も素晴らしい盛夏のユリである。ボーダー花壇では白バラやアルテミシア（*Artemisia*）のシルバーの色彩計画と合わせるとよく、深紅や黄色のバラの下に植えると下向きのトランペット形の花に影が映る。土壌が強酸性でなければ、マドンナリリー（*L. candidum*）を試すとよい。*L.* 'African Queen' を根づかせるのにはコツがいるが、Pink Perfection Group はボーダー花壇のユリとしては最も頼りになる。球根植物はボーダー花壇に植えるだけでなく、鉢植えにするのもよい。私はいつもリーガルリリーの *L.* 'African Queen' 'Casa Blanca' を植えて、香りが継続するようすを楽しんでいる。

　夏の宵のフルーティな香りの計画は、蜂蜜の香りのする一年草のオシロイバナ（*Mirabilis Jalpa*）や二年草のオエノテラ（*Oenothera*）──特に淡い黄色でレモンの香りのするマツヨイグサ（*Oenothera stricta / O.odorata*）は私のお気に入り──、バニラの香りのペチュニア（*Petunia*）などと合わせてうまく編成することもできる。一年草のハナタバコ（*Nicotiana*、英名 tobacco flowers）は香りの庭には欠かせない。特に夜に力強く香る白い花はとても異国情緒があり、南国の気分を味わえる。*Nicotiana alata* 'Grandiflora' は最も香りが強いが、見た目の演出効果を重視するなら漏斗形の花が垂れ下がって咲く巨大な *N.sylvestris* を選ぶとよい。白いバーベナ（*Verbena*）の宵の香りをとても楽しめた年のことを覚えている。深紫で香りのよいヘリオトロープや、白い粉で覆われたような青い葉で包まれて一年中白いヒナギクのような香りのない花を散りばめている半耐寒性の宿根草であるマーガレット（*Argyrantheum frutescents*）と一緒に鉢植えにした。強くて甘いこのバーベナの香りに病みつきになり、その香りを嗅ぐためだけに裏口からひょこひょこ出かけたものである。夜に香るストックやアーモンドの香りのスキゾペタロン属の *Schizopetalon walkeri* も漂う香りに厚みをもたらすだろう。

　最も愉快な盛夏の宿根草はバーニングブッシュ（*Dictamnus albus*、英名 burning bush）である。芳香性のオイルが揮発する頭状花序にマッチで火をつけると、オレンジの炎が茎をチラチラと上り、レモンのような樹脂の香りを空気中に放つ。植物にはダメージはない。しかし、暑く乾燥した日の夕方以降、という条件にぴったり合わないと成功するかどうかは保証できない——観衆がいるとうまくいかないのが常である——。

　クランベ属の *Crambe cordifolia* も個性豊かな植物である。巨大なカスミソウ（*Gypsophila*）のように、クランベも蜂蜜の香りのする小さな白い花が集まった雲のような塊を高さ 2m の茎につける。バラや緋色のアメリカセンノウ（*Lychnis chalcedonica*）のような強烈な色彩の宿根草と合わせるとよいが、私は葉の茂ったコーナーに単独で、草地にもたれかかるように植えている。芝生からは古いヨーロッパブナの木陰を背にして光っているように見える。私の庭では、舗装されたコーナーに近縁種のハマナ（*Crambe martima*）もありやはり花が咲く。蜂蜜のような香りはおそらくさらに強いが、それを嗅ぐためにはかがまなければならない。

ヒマラヤウバユリ（Cardiocrinum giganteum、英名 giant lily、ジャイアントリリー）は林地の開かれた場所やシャクナゲに囲まれた場所を好む。これを見るとガートルート・ジーキル（Gertrude Jekyll）の Wood & Garden という写真を思い出さずにはいられない。頭巾をかぶった僧の頭上にこの植物が群れをなして高くそびえているのである。この僧は彼女のヘッドガーデナーが変装していたのだが、「巨大な白いトランペット形の花から香りが溢れ出るようで、圧倒的と言えるほどである」と書いている。「しかし空気に乗って運ばれると繊細な香りとなり、50 ヤード離れるとお香の香りがほのかに漂うような印象である」と。悲しいかな、私はこれを体験するほどの大きな群植をしたことがない。私はその香りのなかに、ほどよいココナッツのニュアンスを感じる。

　低木類に比べて宿根草のグループはあまり香りを授けられていない。そのため、たとえば夏の草本類のボーダー花壇や新しい流行であるオランダ風やドイツ風の自然主義的な宿根草の植栽計画（香りのない草たちがはびこっている！）など、宿根草だけで構成した区画では香りが不足しがちである。それでも香りを漂わせるものもある。早い時期に──5月末ごろに何本かを短く切れば花期を遅らせることもできるが──カンパニュラ属の Campanula lactiflora がバイオレットブルーの花を咲かせ、アリッサムのような蜂蜜の香りを漂わせる。その香りを吸い込むには鼻を近づけて嗅ぐ必要がある。私はこれを緋色のクロコスミア（Crocosmia）'Lucifer' と組み合わせて植えるのが好きである。

> 春のチューリップの鉢植えに香りを添えるヒアシンスとムスカリ。ムスカリの仲間で淡い青色の Muscari armeniacum 'Valerie Finnis' は特に香りが強く、スイーツのお店のような香りがする。小さな鉢で育てると、屋外のテーブルの上に置いたり、室内に持ち込むことができるので使いやすい。

　フロックス（Phlox）は香りが豊かである。花色も幅広く、トリカブト（英名 monkshoods）やシュウメイギク（英名 Japanese anemones）とともに、オニユリ（英名 tiger lilies）やフクシア（Fuchsia）などの派手な植物の背景にも使用される。香りは甘く、コショウのようなスパイスのニュアンスがあり、気温の低い宵には空気中にかなり強く漂う。つる性ではない草本類のクレマチス Clematis tubulosa（C. heracleifolia var. davidiana）などと共に植えると魅力的である。バイオレットブルーの花をつける 'Wyevale' は甘いよい香りがある最良の品種である。

リトルム（*Lythrum*、和名ミソハギ）やペルシカリアと共に育つアニスの種の香りがするアガスタケ。現代的な植栽である。

　ペルシカリア（*Persicaria*）には、白花でほっそりした *P. amplexicaulis* 'Alba' から遅咲きのがっしりした *P. wallichii* まで、蜂蜜の香りがするものがある。アガスタケ（*Agastache*）やモナルダ（*Monarda*）の花にはアニスの種の香りがあり、葉からはベルガモットの香りがする。ライラック色の穂先から咲き終わるまでの何か月もの間、軽やかな香りが漂うサンジャクバーベナ（*Verbena bonariensis*）も見逃してはならない。日当たりのよいオープンスペースではこぼれ種からあちこちに発芽し、ボーダー花壇や舗装の割れ目の予期しない場所からひょろりと痩せた姿を現わす。

　私は八重の白花のサポナリア（*Saponaria*、和名シャボンソウ）から漂うスイーツのお店のような香りがとても好きである。親種ほど侵入性がなく、青いアガパンサス（*Agapanthus*）の素敵な相棒となる。ガルトニア（*Galtonia*）も同様で、晩夏に咲き、香りのよい白いベル形の花はオレンジや黄色のクニフォフィア（*Kniphofia*）と合わせると完璧である。シーズンの後半にはアクタエア（*Actaea*）から宿根草としては最も素晴らしい香りが漂う。紫葉の品種からは美味しそうな風船ガムの香りがする。

宿根草・球根植物・一年草を植える　127

フローラルで香水のようなスイートピーの香りには、蜂蜜のような甘さがあり、夏には欠かせない。

切り花に向く香りのよい一年草

香りのよい一年草の長老はスイートピーであろう。ほどよく手をかける必要があるが、家を飾る切り花の材料をたくさん提供してくれるので、私のお気に入りである。最良の品種は、蜂蜜と洗練されたフローラルの両方の香りを併せ持っている。トレリスやウィグワムに垂直に仕立てるとデザイン的な特徴にもなり、菜園だけでなくボーダー花壇でも便利である。

　草本植物の植栽計画に香りのよい植物を補強するには、一年草や半耐寒性の宿根草を加えるのがよい。色とりどりのスイートサルタン（英名 sweet sultan）やキンギョソウ（*Antirrhinum*）の系統や、風変わりなリムナンテス属の *Limnanthes douglasii* なども庭にお祭りのように賑やかな雰囲気をもたらし、海辺で過ごす休日や敷き藁で賑やかに覆われた遊歩道の植栽を思い出させてくれる。キンギョソウやリムナンテスはスイートアリッサム（英名 sweet alyssum）と同様に、こぼれ種で簡単に増える。直線状に植えるだけでなく、青花のロベリア（*Lobelia*）と交互に植えても綺麗である。これらは気の向く場所に現われ、重厚な蜂蜜の香りで驚かせてくれる。

　半耐寒性の宿根草は、毎年買い求めるか、掘り上げたもの、挿し木したものを霜の降りない温室で越冬させると、夏のボーダー花壇の見ごろを延長できるので貴重である。チョコレートコスモス（*Cosmos atrosanguineus*）は、血のような黒色でチョコレートの香りがする花を咲かせる豪華な宿根草で、なくてはならないだろう。屋外では樹皮のマルチの下によく生長するが、場所を変えながら生長することを好むようである。私の庭では晩

秋には掘り上げて、冬の間は暖房を入れない温室のボーダー花壇に植える。サルビア類（Salvia）も私の好きな植物のひとつである。遅い季節に色どりを添えるのに役だち、葉には芳香がある。ミントソースのかかったラム肉の香りする S.confertiflora。葉が生い茂っていて、さびで染まったような見事な赤い穂状花序を持ち、クロスグリ（ブラックカラント）の香りのする S.microphylla。カワセミの青色を持ちミントの香りのする S.uliginosa。これらもまた寒風にさらされない場所であれば温暖な地域では越冬できるが、用心のために初秋に挿し木用に切り取っておくのが賢明である。その他のサルビアや、鉢植えや屋外に敷き藁を敷いて育てる植物については、「半耐寒性植物」の章に挙げた（280-301 頁参照）。

　一年をおさめるべく、香りのよいピンクや白の花を持つ球根植物が萌え出てくる。日向のボーダー花壇には巨大なトランペット形のクリヌム（Crinum）が咲き、少し遅れて、心地よい桃の香りがするピンクの星形をしたホンアマリリス（Amaryllis belladonna）が咲く。遅咲きのホスタ（Hosta）も見ものである。若葉色の葉の上に白い漏斗形の花をつけ、その甘い香りには防虫剤のようなニュアンスがかすかに含まれる。これらはピンクや白のコルチカム（Colchicum）との相性がよい。

秋から春に咲くシクラメン

日陰の落葉性高木の幹の周りに詰め込まれるように、シクラメン（Cyclamen）が咲いている。秋の庭にこのような区画を作るのはすべてのガーデナーの最終目標である。開花期が長いだけでなく、柄のある葉を冬から春にかけて目にすることができ、スノードロップの愛らしい引き立て役にもなる。より広い範囲でコロニーを形成させるには、早春に実生の苗を移植するとよい。私の知り合いのガーデナーはシードヘッドをストライマーでこすって種をばら播いているが、成功の確率は高いようである。C. hederifolium の芳香を受け継ぐ系統もあるが、より豊かな香りがあるのは C. purpurascens である。C. persicum も香り豊かだが、これは鉢植えにして、寒さが厳しい時には覆いの下に移すこと。

ツリールピン（Lupinus arboreus、英名 tree lupin）は日向のボーダー花壇向きの香りのよい魅力的な亜低木で、宿根草との相性もよい。

宿根草

ACORUS　アコルス（ショウブ）属
Acoraceae　ショウブ科

A. gramineus（和名：セキショウ）'Licorice'
背が低く、常緑の草のような葉で、傷をつけるとリコリス菓子のような強い香りがする。見栄えのする植物ではないが、面白いので庭の片隅に植えておくのもよい。日向または半日陰。30cm

ACTAEA（CIMICIFUGA）アクタエア（ルイヨウショウマ）属
Ranunculaceae　キンポウゲ科

ルイヨウショウマ類（英名 **bagbanes**）は貴重な遅咲きの宿根草のグループで、切れ込みの入ったシダ状の葉を持ち、針金のように細い茎に白かクリーム色のブラシ状の花を咲かせる。あまり香りのよくないものもあるが、以下の品種は風船ガムのような美味しそうな香りがする。

A. matsumurae 'Elstead Variety'
茶色を帯びた緑の葉で、秋には茶色の茎の上方に鮮やかな白い花を咲かせる。半日陰。湿った土壌。1.5m

A. simplex（Atropurpurea Group)
茶、紫または黒に近い葉を持つ種類で、'Brunette' がよく知られる。初秋には背の高い茎の上方に白い花を咲かせる。半日陰。湿った土壌。2m

ADENOPHORA　アデノフォラ（ツリガネニンジン）属
Campanulaceae　キキョウ科

A. liliifolia　（英名：ladybell）
カンパニュラ（*Campanula*）の近縁で、ボーダー花壇にはあまり使われない宿根草。盛夏に円錐のベル状の薄青い花を咲かせ、繊細な香りがする。太い根は移植を嫌うので、種から育てること。日向または半日陰。非常に乾いた土壌以外。46cm

AGASTACHE　アガスタケ属
Lamiaceae　シソ科

A. mexicana
耐寒性はないが、香りのよい葉を持つ面白い宿根草のひとつ。盛夏にローズピンクから深紅までバラエティに富んだ花色の、セージのような花を咲かせる。日向。60cm

A. rugosa（*A. foeniculum*）
葉をこすると強いアニスの種のような香りがする。紫がかった若葉は、特に初夏に咲く薄黄色の花などを美しく引き立てる。*A. rugosa* の花は、晩夏にスミレ色の穂状にかたまって咲く。スミレ色の 'Black Adder' や 'Blue Fortune' などのハイブリッド種は魅力的。日向。肥沃な土壌。90cm

アガスタケ属の *Agastache rugosa*

右：アンテミス属の Anthemis punctate subsp. cupaniana
右端：バーランディエラ属の Berlandiera lyrata

A. rugosa f. albiflora 'Liquorice White'
美しい白い花を咲かせるアガスタケで、葉はリコリスの香りがする。花色が青いものもある。日向。90cm

ANTHEMIS　アンテミス／アンセミス（ローマカミツレ）属
Asteraceae　キク科

A. punctate subsp. cupaniana
ボーダー花壇の手前側に植えると見事な銀色の絨毯のようになり、葉はカモミールのような香りがする。初夏には白いヒナギクのような花を咲かせる。若い株が一番よい状態なので、毎春株分けして植え替える。日向。水はけのよい土壌。30cm

ARTEMISIA　アルテミシア（ヨモギ）属
Asteraceae　キク科

アルテミシアは、レースのようにきらめく銀葉を持つが、花にはあまり価値はない。ピンクのシュラブローズの手前に植えたり、青いアイリスの近くや白い花の間に植えると特に美しい。葉をこするとツンとした香り（私にはあまりよい香りではない）がする。完全な日向。水はけのよい土壌。

ASPHODELINE　アスフォデリネ属
Asphodelaceae　ツルボラン亜科

A. lutea（英名：asphodel）
古来の庭園植物で、個性的な宿根草。初夏に直立する花穂に麦黄色の星形の花を咲かせる。花には繊細な香りがあり、青味を帯びた草のような葉が花を美しく引き立てる。完全な日向。水はけのよい土壌。90cm

ASTER　アスター（シオン）属
Asteraceae　キク科

A. sedifolius
ラベンダー色の星形の花で、蜂蜜のような香りがある。アスターのなかではおそらく最上級のものではないが、丈の低い'Nanus'（45cm）は香りの庭に植える価値がある。花は晩夏に咲く。半日陰。90cm

ASTILBE　アスチルベ（チダケサシ）属
Saxifragaceae　ユキノシタ科

A. rivularis
深い切れ込みの入ったブロンズ色の若葉が格好のよい、大型の宿根草。夏には緑を帯びた白い香りのある花を泡のように咲かせる。半日陰。湿った土壌。2m

BERLANDIERA　バーランディエラ属
Asteraceae　キク科

B. lyrata
イギリスではあまり見かけない植物だが、アメリカで栽培されており、小さな黄色いヒナギクのような花にはチョコレートの香りがある。花の裏側には赤い縞模様があり、中央にはえび茶色の雄しべが突起している。花は夏の夕方に、灰緑の葉の上方に咲く。日向。水はけのよい土壌。30cm

CALANTHE　カランテ（エビネ）属
Orchidaceae　ラン科

C. discolor（和名：エビネ）
極東地域原産の地生ランで、極寒地以外で寒風にさらされない場所であれば屋外でも寒さに強い。楕円形の大きな葉を持ち、背の高い茎には淡いピンクの縁取りを持つチョコレートブラウンの花を20ほどつける。花は初夏に咲き、甘い香りがある。酸性の苗床に浅く植え、根本を腐葉土で覆うこと。半日陰。

左：クレマチス属の *Clematis tubulosa* 'Wyevale'　中央：コリダリス属の *Corydalis flexuosa*　右：クランベ属の *Crambe cordifolia*

CAMPANULA　カンパニュラ（ホタルブクロ）属
Campanulaceae　キキョウ科

C. lactiflora
盛夏のころには最も価値のある宿根草のひとつで、淡いスミレ色のベル状の花群をつける。より深い色の 'Prichar's Variety' もある。5月下旬に切り戻して花期を遅らせると丈夫に育ち、長い期間楽しめる。花は上品な蜂蜜のような香りがする。日向または半日陰。どんな土壌でも可。1.5m

CHLORANTHUS　クロランサス（チャラン／ヒトリシズカ）属
Chloranthaceae　センリョウ科

C. oldhamii（和名：タイワンフタリシズカ）
林地の宿根草で、鋸歯状の葉を持ち、春には小さいながら強い香りのする白い花が穂状にぶら下がって咲く。温暖気候の地域が最もよい。半日陰。水はけのよい湿った土壌。30cm

CLAYTONIA　クレイトニア属
Portulacaceae　スベリヒユ科

C. sibirica（英名：Siberian purslane）
日陰のグラウンドカバーに使いやすい宿根草。モーブピンクの縞模様の入った星形の花が晩春に咲き、蜂蜜のような香りがする。命の短い植物だが、こぼれ種で増える。葉が細い *C. virginica* にも香りがある。日陰。水はけのよい湿った土壌。20cm

CLEMATIS　クレマチス（センニンソウ）属
Ranunculaceae　キンポウゲ科

C. x aromatica
丈の低い、つる性ではないクレマチスで、晩夏にかけて紫の星形の花を咲かせる。強いスパイシーな香りがある。鉢植えにするとよい。2m

C. recta 'Purpurea'
シュラブで育てるにはだらりと弱々しい草本のクレマチス。私の育てているものは、不格好なシュラブローズ 'Agnes' の葉のついてない根元の部分を覆っている。紫がかった葉が最大の魅力だが、実生の苗によって濃さが異なる。クリーム色の花は香りが強いことが多く、盛夏に花を咲かせた後、続けて銀色の種をつける。日向または半日陰。1.2m。Z7

C. stans（和名：クサボタン）
晩夏に *C. heracleifolia* のような反曲した花をつける。こちらは白とスミレ色を帯び、同じくらい洗練された芳香がある。90cm

C. tubulosa（*C. heracleifolia* var. *davidiana*）
草本のクレマチスで、淡いバイオレットブルーの花は美味しそうで上品に甘い香りがする。花はヒアシンスと似ており、花は晩夏に茎に輪生する。幅の広い、濃い色の葉はちょうどよい茂みを形成する。'Wyevale' は上質の品種で、より強い色と香りがある。交配種の 'Côte d'Azur' は素晴らしい真青。日向または半日陰。水はけのよい肥沃な土壌。1.2m。Z3

CORYDALIS　コリダリス（キケマン）属
Papaveraceae　ケシ科

C. flexuosa
春の日陰の庭には最も望ましい宿根草のひとつで、多くの場合鮮やかな青い管状の花を、真紫のシダ状の葉の上に咲かせる。花には上品な軽い香りがあり、ココナッツのようなニュアンスもある。'China Blue'は颯爽とした淡いリンドウ色。*C. elata*も香りがある。半日陰。湿り気のある酸性から中性の腐葉土。15cm

CRAMBE　クランベ（ハマナ）属
Brassicaceae　アブラナ科

C. cordifolia
初夏に大きなかすみ草のような細かい白い花の群をつくり、蜂蜜のような強い香りがする。大型の植物ではあるが、かさばっているのは下の方の大きなハート形の葉の部分だけで、上の方は白くふわふわとして透けて見える。ボーダー花壇の後背側でもよく育つが、香りを楽しむためには、低木の植え込みのコーナーなど、鼻の届くところに植えるとよい。日向。2m。どんな土壌でも可。

C. martima（英名：sea kale、和名：ハマナ）
白い粉で覆われた青いキャベツに似た幅の広い葉で、キッチンガーデンの外で育てる。葉はどんな色の花々もすばらしく引き立て、若葉の時はほのかに紫を帯びる。花芽の詰まった白い花序は蜂蜜のようなふくよかで強い香りがある。こまめに葉を摘まない限り、広くはびこる。根挿しで簡単に栽培できる。日向。60cm

CONVALLARIA　コンヴァラリア／コンバラリア（スズラン）属
Asparagaceae　クサスギカズラ科

C. majalis（英名：lily of the valley、和名：ドイツスズラン）香りの庭には不可欠な存在である。幅の広い葉の上に伸びた短い総状花序にぶら下がるように咲く小さく白いベル状の花は、晩春に、するどく甘い香りで空気を満たす。しかし、屋外ではその香りは分かりにくいことが多い。移植を嫌い、根づかせるのは難しい。ひとたび根づけば生垣の足元にも容易にコロニーを形成する。'Fortin's Giant'は洗練された大きな花がつく。葉の縁が黄色い'Hardwick Hall'は最も育てやすく繁殖力の強い品種で、'Variegata'は葉にクリーム色の縞模様がある。モーブピンクの変種 *rosea* はすべての種類のなかで最も甘い香りがあるとされる。日向または日陰。どんな土壌でも可。25cm。

ドイツスズラン（*Convallaria majalis*）

左：ヨウシュハクセン（*Dictamnus albus*）　ゲラニウム属の *Geranium x oxonianum*（中央）と *G. endressii* 'Wargrave Pink（右）

DELPHINIUM　デルフィニウム（オオヒエンソウ）属
Ranunculaceae　キンポウゲ科

D. brunonianum
小柄な丈に対して大きな花をつける。初夏に紫を帯びた淡青色の総状花序をつける。腎臓のような形をした、うぶ毛のある葉にはムスクの香りがする。一般的ではないが、ボーダー花壇の手前側やロックガーデンに植えてもよい。（*D.leroyi* と *D.wellbyi* も香りのある品種で、以前は栽培されていたが現在はとても希少になっている。）日向。46cm

DICTAMNUS　ディクタムヌス（ハクセン）属
Rutaceae　ミカン科

D. albus（英名：burning bush、和名：ヨウシュハクセン）
夏の静かな夕暮れ時にマッチで火を灯すことができる、興味深い宿根草。花の表面は、葉と同様にレモンの香りのする揮発性の油で覆われている。羽状の葉とか細い花はとても魅力的。この品種は白花だが、var. *purpureus* は紫。定着させるのが難しいことがあるので、調子がよいときはあまりいじらないようにすること。完全な日向。水はけがよい土壌か、乾いた土壌。60cm。Z3

DISPOROPSIS　ディスポロプシス属
Asparagaceae　クサスギカズラ科

D. pernyi
ゆるやかにコロニーを形成する林地の宿根草で、アマドコロ（英名 Solomon's seal）に似ているが、光沢のある常緑性の葉と白いベル形の花を持つ。軽いレモンのような香りがする。半日陰。湿った水はけのよい土壌。46cm

DISPORUM　ディスポルム（チゴユリ）属
Colchicaceae　イヌサフラン科

D. megalanthum
見た目がアマドコロ（英名 Solomon's seal）に似た林地の宿根草で、うねのある濃緑の葉の上に、香りのある白いベル形で房状の花を晩春に咲かせ、秋には赤い実をつける。半日陰。湿った水はけのよい土壌。30cm

D. nantouense
栗茶色を帯びたクリーム色のベル形の花で、より軽い香りがする。*D. megalanthum* より育てやすい。近縁種の *D. leucanthus* と *D. viridescens* も香りがある。半日陰。湿った水はけのよい土壌。60cm

DRYOPTERIS　ドリオプテリス（オシダ）属
Dryopteridaceae　オシダ科

D. aemula
イギリス原産の干し草の香りのするシダ（英名 fern）で、めったに生えていないが、葉が終わる時に発せられる心を揺さぶるような干し草の香りは、探して植える価値がある。魅力的な常緑性のシダ。半日陰。湿った水はけのよい土壌。60cm

宿根草　135

ECHINACEA　エキナセア（ムラサキバレンギク）属
Asteraceae　キク科

E. 'Art's Pride' は多種あるヒナギクのような花を咲かせるエキナセアのひとつで、濃い蜂蜜のような香りがする。紫の E.purpurea（ムラサキバレンギク）にはしばしばがっかりさせられるが、白花の 'Fragrant Angel' は香りのよい品種のひとつである。'Art's Pride' にはコーラルオレンジの細い放射状の模様がある。'Sundown' は濃銅色で、より幅の広い模様が入っている。夏の開花期間が長く、蜂や蝶を呼び寄せるが、植物としての寿命は短い。日向。肥沃な土壌。60cm

GERANIUM　ゲラニウム（フウロソウ）属
Geraniaceae　フウロソウ科

G. endressii
夏から秋にかけて元気のよいピンクの花で地面を覆い尽くす可愛らしいグラウンドカバー。葉はこするとはっきりとしたバラの香りがして、少量なら心地よいがたくさん植えるとくどくなる。ピンクの種類が多くあり、なかでもサーモンピンクの 'Wargrave Pink' がおそらく一番よい。G. x oxonianum は、より大きくよく育ち、ピンクの花も、香りのある葉もたくさんつける。これらのゲラニウムの品種は、シュラブローズの根元に植えるのによい。日向または日陰。どんな土壌でも可。46-76cm。Z3

G. macrorrhizum
縁取りやグラウンドカバーに使われる。可愛らしい植物で、乾燥や日当たりの悪さに

も強いため、ガーデナーたちには重宝される。花の時期は晩春のみだが、秋の燃え立つような紅葉も素晴らしい。この品種の花は基本的にマゼンタだが、淡いピンクの 'Ingwersen's Variety' はさらに美しく、'Album' は赤い萼によって白い花色が完璧に引き立てられる。葉をこすると濃厚なバラの香りがして、ゼラニウム精油の原料になる。日陰。30cm。Z3

HELLEBORUS　ヘレボルス（クリスマスローズ）属
Ranunculaceae　キンポウゲ科

H. foetidus
花の香りはスズランのようで分かりにくいが、背が高く珍しい 'Miss Jekyll's Form' が最もはっきりと香る。H. lividus の香りも、少しやわらかくなるが分かりやすい。H. foetidus は、エレガントで細長い葉や、常緑性の濃緑の葉と薄緑のベル状の花とのコントラストが美しい。日陰のボーダー花壇によく合う植物である。花は晩冬に咲き、栗茶色に縁取られている。こぼれ種で増える。スノードロップと相性がよい。日向または日陰。どんな土壌でも可。46cm。Z6

H. odorus
育てやすく、他のヘレボルスの交配種に先駆けて真冬に黄緑の花を咲かせる。花の香りは分かりにくいが、暖かい日には甘く香る。半日陰。よい土壌。46cm

HEMEROCALLIS　ヘメロカリス（ワスレグサ／キスゲ）属
Hemerocallidaceae　キスゲ亜科

多くの種類のワスレグサ（英名 daylilies）の花は香りがある。ユリの甘い香りは、底の方にある（私の好みに照らすと）嫌な臭いに強く縁取られている。特に室内ではすぐに不快に感じる。強い香りのものは、主に黄花のものと、いくつかの交配種に限られる。この種はその交配種ほど花期が長くなく、花も小さめだが、交配種にはないシンプルで落ち着いた魅力がある。早咲きのバラや紫のゼラニウムとの相性がとてもよい。日向または半日陰。どんな土でもよいが乾いた土壌。

H. citrina
夜咲きのワスレグサ。盛夏に濃い色の葉の上にシトロンイエローのほっそりしたトランペット状の花を咲かせる。90cm

右：ヘレボルス属の Helleborus foetidus
右端：マンシュウキスゲ（Hemerocallis lilioasphodelus）

左：マルバタマノカンザシ（*Hosta plantaginea*）　右：ベアードアイリスと白いライラック

H. dumortieri

早咲きのワスレグサ。初夏に茶色の蕾から豪華なアプリコットイエローの漏斗のような花を咲かせる。60cm

H. lilioasphodelus（*H. flava*）（和名：マンシュウキスゲ）

明るいレモンイエローの花を初夏に咲かせる、選り抜きの品種。60cm

H. middendorfii

初夏に茶色の蕾からオレンジイエローの花を咲かせる。60cm

H. minor（和名：ホソバキスゲ）

初夏に明るい黄色の花を咲かせる。外側は赤味を帯びた茶色。46cm

HOSTA　ホスタ（ギボウシ）属
Asparagaceae　クサスギカズラ科

ギボウシ類は、幅の広いぼってりとした葉が好まれる。特にフラワーアレンジメントをする人に愛されており、もちろんナメクジにも好かれる。葉の色や大きさ、形などの違う多くの種類があり、また長い期間に渡って人目を引くのでどのボーダー花壇に植えても魅力的である。花は忘れられがちだが、直立する茎に上品なトランペット形の花をつけ、品種によっては甘いユリの香りがする。日向または日陰。肥沃で保水力のある土壌。

H. 'Honeybells'

とてもよい香りのする交配種。晩夏に淡いライラック色の花を咲かせ、葉は若葉色。白花と淡緑の葉を持つ 'Royal Standard' もかすかに香る。最新の品種 'Summer Fragrance' はライラック色の花とクリーム色に縁取られた葉を持ち、'Sugar and Cream' は白花とクリーム色の縁取りの葉で、甘い香りがする。60cm。Z3

H. plantaginea（和名：マルバタマノカンザシ）

晩夏に花を咲かせる品種で、他のギボウシより日当たりのよい場所を好み、鉢植えにするとよい。レタスグリーンの美しい葉と純白の花を持つ。日本原産の *japonica*（*grandiflora*）も望ましい品種である。ナメクジから他の植物を守りたければ、これらを遅い時期のボーダー花壇に植えるとよい。60cm。Z3

IRIS　イリス／アイリス（アヤメ）属
Iridaceae　アヤメ科

I. 'Florentina'

甘い香りがあり、5月にグレーがかった白い花を咲かせる。乾燥させたスミレ色の地下茎にも香りがあり、オリスルートという香料の原料になっている。魅力的なアヤメで、灰緑の扇状の葉が花の美しさを引き立てる。日向。水はけのよい土壌。60cm

I. foetidissima（英名：gladwin iris／stinking iris、和名：ミナリアヤメ）

イギリス原産で、刀のような常緑性の葉を持ち、乾燥や日陰にも強いことからガーデナーに重宝される。気の抜けたような薄いライラック色の花はあまり人目を引かないが、秋に莢が開いて鮮やかなオレンジの種が見えたときはすばらしい。香りについては、葉に傷がつくとどことなくローストビーフを思わせる少し嫌な臭いがする。var. *citrina* はより魅力

アイリス属のドイツアヤメ（*Iris graminea*）（左）とカンザキアヤメ（*Iris unguicularis*）（中央）　右：ルナリア属の *Lunaria rediviva*

的な淡黄色の花で、どっしりと斑が入った葉を持つものもある。残念ながら、これらすべての種類はさび病に侵されやすい、私の庭ではもう育てることができない。日向または日陰。どんな土壌でも可。60cm。

I. germanica（英名：common purple bearded iris、和名：ドイツアヤメ）

はでやかな交配種がたくさん流入しているが、このアヤメは花に甘い香りがあり育てる価値がある。育てやすく、早く育ち、新しい品種の多くとは異なり支柱を必要としない。丈が高いものから低いものまで各種ある交配種の多くにフルーツやバニラのさまざまな香りがあり、リストにまとめるのは難しい。名前の付いた品種の去来は、ハイブリッド・ティー・ローズよりも速い。数年ごとに盛夏に株分けして植え替えるとよい。完全な日向。水はけのよい土壌。60-90cm。Z3

I. graminea（英名：plum-tart iris）

フルーティな花の香りからプラムタルト・アイリスと呼ばれる。初夏に小さな赤紫の花が咲く。美しいアイリスで、イネのような細い葉が特徴。私は長い間、*pseudocyperus* という幅の広い葉を持つ品種をこの植物だと思って育てていて、香りが分かりづらくほとんど感じないのでやきもきしていた。本当の *graminea* を手に入れて、ようやく香りも実感している。日向。46cm

I. hoogiana

とびぬけて凛々しい花にはバラのような芳香がある。ラベンダーブルーに黄色の差しが入った花を初夏に咲かせる。葉は青を帯びた緑。ボーダー花壇の手前側に植える、育てやすいアイリス。日向。水はけのよい土壌。60cm

I. pallida subsp. *pallida*（*I. p.* var. *dalmatica*）（英名：pastel beauty）

淡いラベンダーブルーの花と同じくらい、夏の間中きちんとした姿を保つグレーを帯びた葉にも価値がある。花は初夏に咲き、とても甘い香りがする。古くからある庭園植物の第一級品。日向。水はけのよい土壌。90cm

I. unguicularis（*I. stylosa*）（英名：Algerian iris、和名：カンザキアヤメ）

香りの庭に必須の植物。冬の間を通して晴れやかに花が咲き、花瓶に活けて室内で香りを楽しむこともできる。黄金色の差しの入った濃いスミレ色の花が、細長い常緑性の葉の間にたくさん顔を覗かせる。多くの花色があり、強烈なスミレ色が美しい 'Mary Barnard' と、淡いラベンダー色の 'Walter Butt' にはカウスリップのようなすばらしい香りがある。適度に群生し、焼けつくように暑い日向の乾燥した土に植えるとよく花が咲く。日当たりのよい壁の足元に植えるのが理想的である。移植を嫌う。完全な日向。やせた乾いた土壌。60cm

LUNARIA　ルナリア属
Brassicaceae　アブラナ科

L. rediviva（英名：perennial honesty / money plant）

春に白または淡いライラック色の花を咲かせ、ストックのような繊細な香りがする。一般的に知られる二年草のルナリア（こちらは少しかび臭い）のように、秋に

MORINA　モリナ属
Caprifoliaceae　スイカズラ科

M. longifolia
アザミに似た特徴的な常緑性の品種で、夏には丈夫な茎の上にローズピンクや白の管状の花を輪生させる。棘だらけの葉には、オレンジピールのような香りがある。ボーダー花壇に人目を引く輪郭を与え、花序はドライフラワーとして人気がある。日向。90cm。

モリナ属の *Morina longifolia*

は藁紙のような莢をつけ、春のボーダー花壇にも魅力的な植物である。日向または半日陰。どんな土壌でも可。60cm

LUPINUS　ルピナス（ハウチワマメ）属
Papilionaceae　マメ亜科

ルピナス（英名 lupins）は、コテージガーデンに欠かせない。背の高い、先のとがった穂状の花が、指のように細長い葉の間から直立する姿は、初夏の愉しみのひとつである。花色は色のスペクトルをほとんど網羅する。系統のよい種も手に入るが、専門のブリーダーから種を購入するのがよい。花の香りは重く、ペッパーのような、典型的なマメ科の植物のものである。花後に花がらを切り取ると、みすぼらしい姿に変貌するので、ルピナスより少し背の高いフロックス（*Phlox*）などを手前に植えるとよい。日向または半日陰。1.2m

MAIANTHEMUM　マイアンテムム／マイアンセマム（マイヅルソウ）属
Asparagaceae　クサスギカズラ科

M. formosanum
白く細かい星形の花の群れが赤い茎の先に咲き、花は濃厚な香りがする。半日陰。湿った水はけのよい土壌。90cm

M. henryi
林地の宿根草で、初夏に白または黄色い管状の花が楕円形の葉の上に伸びた茎にかたまりで咲く。花には強いスズランのような香りがある。花後に赤い実をつける。半日陰。湿った水はけのよい土壌。60cm

M. racemosum（*Smilacina racemosa*）（英名：false Solomon's seal）
アマドコロ（英名：Solomon's seal）

宿根草　139

とよく似た姿をしているが、ぶら下がったベル状の花ではなくクリーム色の羽毛状の花が泡のように咲く。春に咲く背の高い宿根草のひとつで、この時期には重宝する。花には驚くほど甘いレモンのような香りがあり、春に90cmほどの高さの茎の上に咲く。春先のオニゲシ（英名 oriental poppy）やチューリップとの相性がよい。私は丈が短く、群生する *M. stellatum* という品種を育てたが、ボーダー花壇には少し茂りすぎる。半日陰。肥沃で保水力がある酸性土壌。Z3

MEEHANIA　ミーハニア属
Lamiaceae　シソ科

M. urticifolia（和名：ラショウモンカズラ）
グラウンドカバーに群生する植物で、イラクサのような葉を持ち、大きなラベンダーブルーの穂状花序を晩春に咲かせる。花は美味しそうなフルーツの香りがする。私は低い壁に這わせるように植えている。日向または半日陰。湿った水はけのよい土壌。30cm

MELITTIS　メリティス属
Lamiaceae　シソ科

M. melissophyllum（英名：bastard balm）
日陰のボーダー花壇の手前側や、林地の庭に植えるオドリコソウ（英名 dead nettle）の近縁。うぶ毛のある葉は乾くと際立った甘い香りがする。管状の花は上部が白く下部がピンクがかっており、初夏に輪生する。肥沃で保水力のある土壌。45cm

MEUM　ミアム属
Apiaceae　セリ科

M. athamanticum（英名：baldmoney / spignel）
スパイシーな香りの葉を持ち、夏に白または紫の花を傘状に咲かせる。日当たりのよいボーダー花壇に植えると興味を引く。日向。45cm

MONARDA　モナルダ（ヤグルマハッカ）属
⇒「ハーブ」の章参照

NEPETA　ネペタ（イヌハッカ）属
Lamiaceae　シソ科

N. catarina 'Citriodora'
レモンの香りのする灰緑の葉を持つイヌハッカ（英名 catmint、キャットミント）。花は淡いピンクで夏に咲く。日向。水はけのよい土壌。90cm

N. x *faassenii*
縁取りに最も適した植物で、特にバラの下の小道や低い擁壁の足元沿いに植えるとよい。グレーを帯びた香りのある葉とラベンダーブルーの花は何週間も楽しめる。初夏に一番花が終わった後、強く切り戻すと秋まで楽しめる。春先の青い若葉は、スイセンを印象的に盛り立てる。'Six Hills Giant'（90cm）は、よく売られている品種で、大きく、強健で、特に寒くて水はけの悪い土壌には好ましいとされる。*N. racemosa* 'Walker's Low' は少し丈が低く、好ましい。日向。水はけのよい土壌。45cm。Z3

左：ピンクのルピナス　中央：マイヅルソウ属の *Maianthemum racemosum*　右：ネペタ属の *Nepeta* x *faassenii* 'Kit Cat'

N. sibirica 'Souvenir d'André Chaudron'

親種よりも丈が短く、花はより美しいが、葉の香りは腐ったフルーツのようで吐き気を催すほど臭い。45cm

PAEONIA　パエオニア（ボタン）属
Paeoniaceae　ボタン科

シャクヤク・ボタン類（英名 peonies、ピオニー）は、初夏のボーダー花壇で最も見栄えのする宿根草で、コテージガーデンには不可欠。ほとんどの人が *P. lactiflora*（シャクヤク）の中国の交配種を育てている。これはピンク、深紅、または白い花びらを持つ大きな花をつけ、ほとんどは甘い香りがするが、スパイシーでフルーティなバラの香りのようなものや、少し石鹸のような香りがするものもある。ピオニーの品種はナーセリー（種苗場）で見つけるのは難しいが、花と同様に葉も非常に美しく、1か月ほど早く咲く。なかには香りのあるものもある。*P. officinalis*（オランダシャクヤク、英名 common peony）は、どちらかというとあまり好ましくない香りがする。すべてのピオニーは移植を嫌う。深く、肥沃な土壌に。

P. emodi

なかなか手に入らないが、まさに宝石のよう。純白で香りのある一重の花は5月には金色の雄しべで満たされ、明るい緑の葉がつく。白花の交配種 'Late Windflower' は素晴らしく、香りもよい。半日陰。90cm

P. lactiflora（和名：シャクヤク）

素晴らしく美しいが滅多に栽培されていない。大きな白い一重の花は金色の雄しべで満たされており、香りもよく、赤味を帯びた葉が特に美しい。手に入りやすい交配種のなかからひとつを選ぶのは難しいが、八重咲きであれば、香りからすると、乳白色の 'Duchesse de Nemours'、赤味を帯びた白色の 'Baroness Schroeder'、淡いピンクの 'Sarah Bernhardt' と 'Claire Dubois'、極めて淡いレモン色の 'Laura Dessert'、深いえんじ色の 'Président Poincaré'、深紅の 'Philippe Rivoire' がお薦め。一重では、'White Wings' がよい。インペリアル・ピオニーや日本のピオニーのように、大きな一枚の皿のなかに小さい花びらがぎっしり詰まって咲くものも、独特の魅力がある。えんじ色と金色の 'Calypso'、ルビーレッドの 'Crimson Glory' はよい香りが

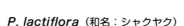

パエオニア属のシャクヤク（*Paeonia lactiflora*）'Sarah Bernhardt'（左端）と *P. emodi*（左）する。日向または日陰。90cm

PERSICARIA　ペルシカリア（サナエタデ）属
Polygonaceae　タデ科

P. alpina（*P. polymorpha*）

早い時期から背の高さを演出したい時に便利で、長い期間にわたって、クリーム色からピンクに徐々に熟していく羽毛のような花を楽しめる。残念ながら、馬のような強い臭いがする。2m

P. amplexicaulis 'Alba'

夏のボーダー花壇でよく見かける赤いタデの白色版で、針金のような茎にブラシ状にまっすぐに花が咲く。繊細な蜂蜜のような香りがあり、濃い色のダリアと相性がよい。日向または一部日陰。乾いた土壌以外。90cm

P. wallichii（*P. polystachya*）

ワイルドガーデンや池の周りに向く、背が高く繁殖力の強い宿根草。秋に咲くバニラの香りのする羽毛のような白い花もよいが、赤い葉脈と茎を持つ斑入りの葉も夏の間中魅力的である。グラウンドカバーによいが、生長しても気にならないところに限る。2m

PETASITES　ペタシテツ（フキ）属
Asteraceae　キク科

P. fragrans（英名：winter heliotrope、和名：ニオイカントウ）

勇敢で向こう見ずなガーデナーだけに薦める。並外れた繁殖力で群生するが、理想的には水辺のワイルドガーデンで、コンテナに入れて育てるのも楽しい。*P. japonicus*（フキ）よりは小さいが、よく似た大きく丸い葉を持ち、強く甘いバニラの香りのする白い頭状花序が、晩冬

宿根草 141

に葉が出始める直前に咲く。保水力のある土。30cm

PHLOX　フロックス属
Polemoniaceae　ハナシノブ科

P. maculata
一般的な P. paniculata（クサキョウチクトウ）より少し丈が低く、ピラミッド形と言うよりは円柱形の花序をつける。ライラックピンクの 'Alpha' やライラックの斑の入った白い 'Omega' という品種をよく見かけるが、これらはフロックスらしい甘く、ペッパーのようなニュアンスを含んだ香りがする。ほかのフロックスと差をつけることができ、とても可愛らしい。日向または半日陰。肥沃で保水力のある土壌。90cm

P. paniculata（和名：クサキョウチクトウ）
真夏のボーダー花壇の大黒柱で、ピンク、スミレ色、深紅を帯びた紫、サーモンピンク、白のカラーブロックを作ることができる。ペッパーのような甘い香りは、夕方によく香る。私はラベンダーブルーの普通の野生種が気に入っており、赤いペルシカリア（Persicaria）の隣に大きく群生させて育てている。'White Admiral' と 'Mount Fuji' は白、'Sandringham' と 'Balmoral' は見事なピンク。これらの淡い色の品種は、濃い花色のものより香りがよい傾向にある。線虫類やうどん粉病の害に遭いやすいので、定期的に株分けすること。日向または半日陰。肥沃で保水力のある土壌。1.2m まで。Z4

PINELLIA　ピネーリア（ハンゲ）属
Araceae　サトイモ科

P. cordata（和名：ニオイハンゲ）
興味深いサトイモ類で、葉脈が凛々しい矢じりのような形の葉と、緑を帯びたねずみのしっぽのような花を持ち、強いフルーティな香りがある。半日陰。湿った水はけのよい土壌。20cm

POLYGONATUM　ポリゴナツム（アマドコロ）属
Asparagaceae　クサスギカズラ科

P. × hybridum（英名：Solomon's seal、和名：アマドコロ）
私のお気に入りの春の宿根草なので取り上げるが、香りはかすかである。緑色の模様の入った白いベル状の花がアーチ状の茎から垂れ下がり、日陰のボーダー花壇やワイルドガーデンの個性的な素材となる。日陰。保水力のある土壌。90cm。Z4

PRIMULA　プリムラ（サクラソウ）属
Primulaceae　サクラソウ科

P. veris（英名：cowslip、和名：キバナクリンソウ）
野生の草むらにあるのが最も美しい。種から育てた苗を秋に芝の間に植え、それ以降は年に1度真夏に刈り込む。鮮やかな黄色いベル形の花には、独特の甘い香りがある。保水力のある、アルカリ性土壌。15cm。Z5

P. vialii
驚くべき小さなプリムラで、火かき棒のように直立する緋色の茎にスミレ色のベル形の花をつける。香りのよいものもある。葉は遅めの時期に現われ、発芽しやすいにもかかわらず、長命でも生育しやすくもない。しかし、花が咲けば必ず話題になる。半日陰。保水力のある土壌。30cm

左：フロックス属の Phlox maculate 'Alpha'　右：イチゲサクラソウ（Primula vulgaris）

P. vulgaris（英名：primrose、和名：イチゲサクラソウ）

日陰の土手の、できれば芝の中にブルーベルとともに植えると可愛らしい。説明の必要がないほどよく知られた植物だが、驚くほど多くの人がこの淡黄色の花の香りを嗅いだことがない。香りは多くの改良品種に受け継がれているが、ポリアンサスの香りが分かりやすい。コーニッシュガーデンで、濃いピンクの *Cyclamen repandum*（ツタバシクラメン）と共に群生している姿は素晴らしい。半日陰。保水力のある土壌。5cm。Z5

SALVIA　サルビア（アキギリ）属
Lamiaceae　シソ科

サルビア（英名 **sage**）は、香りを意識するガーデナーには魅力的な植物。葉に香りがあるが、その香りは品種によって驚くほど異なる。パイナップル、ブラックカラント、セージ、バラ、焼いたラム肉、古い靴下のようなにおいまである。ここではすべてを網羅しないが、セージは「ハーブ」の章に、寒さに弱い品種は「半耐寒性植物」の章に記載した。日向。水はけのよい土壌。

S. glutinosa（英名：Jupiter's distaff）
淡黄色の帽子形の花が晩夏にかけて咲く、寒さに強いサルビア。ハート形のきめの粗い葉は、フルーティだがじめじめしたにおいがする。華やかというよりは興味深い植物。90cm。

S. uliginosa
秋にとても目立つカワセミ色の花を分枝した穂状に咲かせる宿根草。葉はその香りの底にある嫌なにおいを十分隠すくらいにミントの香りが強い。寒い地域ではマルチングすれば屋外で育てられる。日向。保水力のある土壌。1.5m

SAPONARIA　サポナリア（シャボンソウ）属
Caryophyllaceae　ナデシコ科

S. officinalis（英名：soapwort、和名：シャボンソウ）'Alba Plena'
ピンクソープワートの八重の白花の品種で、繊細で美味しそうなスイーツのお店のような香りがある。晩夏のボーダー花壇の手前側に加えるとよく、特に紫のサルビア（*Salvia*）や青のアガパンサス（*Agapanthus*）と一緒に植えるとよい。親種のような強い繁殖力はない。モーブピンクの種類もある。日向。どんな土壌でも可。60cm

SILENE　シレネ（マンテマ）属
Caryophyllaceae　ナデシコ科

S. nutans（英名：Nottingham catchfly）
イギリス原産。夜咲きで夜香性の白い花が紫の縞の入った袋状の蕾から開く。一年草の *S. noctiflora* もよく香る。日向。水はけのよい土壌。60cm

SMILACINA　スミラキナ属
⇒ MAIANTHEMUM マイアンテムム／マイアンセマム（マイヅルソウ）属参照

TELLIMA　テリマ属
Saxifragaceae　ユキノシタ科

T. grandiflora Rubra Group
日陰のボーダー花壇の手前側に植える私のお気に入りの植物。ホタテ貝のような形の葉は整った茂みを形成し、冬には深紅に魅力的に紅葉する。スノードロップとの相性は理想的。初夏に緑を帯びた小さなベル形の花をか細い総状花序につけ、香りは鋭く甘い。私にとっては欠かせない植物である。日向または日陰。どんな土壌でも可。60cm

THALICTRUM　タリクトルム（カラマツソウ）属
Ranunculaceae　キンポウゲ科

T. actaeifolium 'Perfume Star'
美しいカラマツソウで、初夏にバラの香りのするラベンダー色の花をシダ状の葉の上に雲のようなかたまりで咲かせる。白花の *T. omeiense* とモーブ色の *T. punctatum* は変わった香りのする品種。半日陰。湿った水はけのよい土壌。90cm

シャボンソウ（*Saponaria officinalis*）

宿根草 143

左：テリマ属の Tellima grandiflora　右：ニオイスミレ（Viola odorata）

VALERIANA　ウァレリアナ／バレリアナ（カノコソウ）属
Caprifoliaceae　スイカズラ科

V. officinalis（英名：common valerian、和名：セイヨウカノコソウ）

初夏に淡いピンクの花をギザギザした葉の上に咲かせる。ミルラやカーマインローションのような香りがあり、人によっては少し重く、不快に感じる。私の庭では、シュラブローズの間に、控えめにこぼれ種で増えている。日向または半日陰。どんな土壌でも可。90cm

VERBENA　バーベナ（クマツヅラ）属
Verbenaceae　クマツヅラ科

V. bonariensis（和名：サンジャクバーベナ／ヤナギハナガサ）

夏のボーダー花壇で人気のある特徴的な宿根草。蝶が集まるモーブ色の平らな花にはフロックス（*Phlox*）のような軽い香りがある。細く分枝した茎がちょうど鼻の高さにくる。地面にこぼれ種で自由に増え、大きな群れに育つと見事な姿になる。日向。水はけのよい土壌。1.5m。Z10

VIOLA　ビオラ（スミレ）属
Violaceae　スミレ科

ほとんどのビオラの園芸品種に蜂蜜のような香りがあり、パンジーより少し小さく、より長く咲く。あらゆる花色があり、無地のものも、表情があるものもあり、何か月も咲く。黄色とクリーム色の 'Aspasia'、クリーム色の 'Little David'、スミレ色の 'Inverurie Beauty'、モーブ色で中心がクリーム色の 'Maggie Mott'、白色の 'Mrs Lancaster' などは、すばらしい香りに恵まれている。

V. cornuta（和名：ツノスミレ）

蜂蜜のような香りがあり、スミレ色や白を帯びた花色。可愛らしく花持ちのよいビオラで、生長期にはゆるやかに隣の植物の場所に潜入する。シュラブローズとの相性がよい。日向または半日陰。どんな土壌でも可。30cm

V. odorata（英名：sweet violet、和名：ニオイスミレ）

イギリス原産。簡単に根づき、こぼれ種で増える。紫やピンクから、黄色や白に至るまであらゆる花色があり、名前のついた種類もある。'Coeur d'Alsace' は通常、洗練された深いピンク。花は主に春に咲くが、多くが秋にも咲き、穏やかな天候が続けば冬まで持つ。スミレの香りは洗練されているが、分かりにくいこともある。日陰、または保水力のある土壌であれば日向も可。肥沃な土壌。15cm

Florist's sweet violets

V. odorata（ニオイスミレ）と北米の *V. obliqua* から派生した品種。寒さに強いが、八重の品種は湿気や霜によって花が痛みやすいので、冷床で栽培するとよい。冷床のガラス屋根を開けるときにたちのぼる洗練された香りは本当に楽しみである。地中海気候の場所だと、すばらしく育つ。肥沃な保水力のある土壌。15cm

YPSILANDRA　イプシランドラ属
Melanthiaceae　メランチウム科

Y. thibetica

イネのような細い葉を持つ常緑性の宿根草で、顕著に突き出した雄しべのある、白か淡いライラック色の星形の花が、春の初めに穂状に咲く。強いスズランのような香りがある。半日陰。湿った水はけのよい土壌。60cm

球根植物

AMARYLLIS　アマリリス属
Amaryllidaceae　ヒガンバナ科

A. belladoona（和名：ホンアマリリス）
開花が遅く、秋に咲くので使い勝手がよい。ローズピンクの星形の花にはフルーティなアプリコットの香りがあり、濃紫の茎に支えられている。葉は花の後に現われ、冬の間中枯れない。水はけのよい場所を好むが、乾きすぎないこと。ピンクと白の品種が手に入る。日向。60cm

ARISAEMA　アリサエマ（テンナンショウ）属
Araceae　サトイモ科

A. candidissimum
中国原産の風変わりな耐寒性植物で、育てる価値がある。花は仏炎苞（ぶつえんほう）で、純白の苞の内側にはピンク、外側には緑の縞模様が入り、肉穂花序は黄緑。初夏に咲く花にはほのかな香りがある。花の後に3つに浅裂した大きな葉が現われる。日向または半日陰。保水力のある酸性土壌。30cm

CARDIOCRINUM　カルディオクリヌム（ウバユリ）属
Liliaceae　ユリ科

C. giganteum（英名：giant Himalayan lily、和名：ヒマラヤウバユリ）
最も印象的な庭園植物。背の高い茎の上に純白のトランペット形の花が咲き、花の内側には深紅の飛沫模様がある。甘く涼しげな香りにはわずかにココナッツのニュアンスが含まれる。林地の庭によく合う植物で、雑木林のなかの開けた場所でシャクナゲの間に植えると素晴らしい。盛夏に花を咲かせた後に子球を残して朽ちるので、翌春に掘り上げて球根の先端がほんの少し隠れるくらいの深さに植え直すとよい。私は自然に更新させるべく植えっぱなしにしている。子球は花が咲くまでに4年かかり、種は発芽するのに12か月、花が咲くサイズに球根が育つまでに8年かかる。それでも待つ価値は十分ある。変種の *yunnanense* は、通常は丈が短く、茎がチョコレート色で、花はそれほど下を向かず、本種の *C. giganteum* よりもやや印象が薄い。半日陰。深く、肥沃で、保水力のある土壌。2.3–3m

CRINUM　クリヌム／クリナム（ハマオモト）属
Amaryllidaceae　ヒガンバナ科

C. × powellii
晩夏にしっかりとした茎の上にローズピンクのトランペット形の花を咲かせ、ユリのような香りが少しある。花はとても印象的だが、しばしば黄色くみすぼらしくなり、紐のような葉になった姿にがっかりする。球根の頭部が地面から突き出るように

右：テンナンショウ属の *Arisaema candidissimum*
右端：ヒマラヤウバユリの一種 *Cardiocrinum giganteum* var. *yunnanense*

左：クロッカス属の Crocus biflorus 'Blue Pearl'　右：シクラメン属の Cyclamen hederifolium

植えること。寒風を避ける必要があり、寒さの厳しい地域ではマルチが必要。白花の 'Album' もある。完全な日向。肥沃で乾きすぎない土壌。90cm

CROCUS　クロッカス（サフラン）属
Iridaceae　アヤメ科

クロッカスは秋から冬、早春までボーダー花壇に溢れるほどの色彩をもたらすが、香りを楽しむためには、土手に植えたり、鉢植えやレイズドベッドに植えるなど、鼻の高さまで持ち上げて育てること。冬のクロッカスはしばしば悪天候で朽ちてしまうことがあるので、用心のためにも花が咲くまではガラスを被せておく方が賢明。鉢植えにして冷床で育て、開花のころに室内に入れるのもよい。屋外では葉の時期にも充分な湿気を好む。日向。水はけのよい土壌。

C. biflorus 'Blue Pearl'
よい香りのするラベンダーブルーの花を晩冬に咲かせる。

C. chrysanthus
香りのよい品種では最も重要で、ラベンダー色、スミレ色、紫、黄色、白など花色も豊富で名前を持つものも多い。'Cream Beauty'、バター色の 'E. A. Bowles'、黄色に栗色の縞模様が入った *C. chrysanthus* var. *fusco-tinctus*、白い 'Snow Bunting' などは皆美しく、濃厚な蜂蜜の香りがふくよかである。

C. laevigatus
真冬に咲く羽飾りのついたようなライラック色の花には、力強く甘い香りがある。変種の *fontenayi* は、外側が黄褐色。

C. longiflorus
秋に青味を帯びたスミレ色の花──花の外側の色が薄い──を咲かせ、素敵な芳香がある。

C. speciosus
秋咲きのクロッカスのなかでは育てるのが最も容易。ボーダー花壇や木の下、薄い芝などに適応する。香りのある花には、ライラックブルーから白まであり、名前を持つものも多い。どの庭にもこれを植えるべきである。日向または半日陰。10cm

C. versicolor
紫の縞模様の入ったライラック色の花で、冬に咲く。白地に紫の縞の入った 'Picturatus' をはじめ、よい香りがある。

CYCLAMEN　シクラメン属
Primulaceae　サクラソウ科

寒さに強く香りがはっきりとわかるシクラメンには、*C. hederifolium*（の芳香性の系統）と *C. purpurascens* の2品種がある。*C. coum* とその近縁種は、晩冬の庭を洋紅色、ピンク、白に華やかに彩るが香りはしない。スズランや蜂蜜の香りのするシクラメンもあり、育てる価値はあるが、秋咲きの *C. cilicium* や春咲きの *C. balearicum* と *C. pseudibericum* を含め、冷床で栽培すること。*C. cyprium* と *C. persicum* は霜に弱いが少しでも暖かければ育つ。両方とも素晴らしい香りがする。「半耐寒性植物」の章に記載した後者（*C. persicum*）のうち、花屋で扱うような大きな花をつける系統はその香りは受け継いでいない。日陰、

水はけのよい土壌。

C. hederifolium (*C. neapolitanum*)
晩夏に葉が出る直前に花が咲き始める。ピンクと白のあらゆるニュアンスの花が手に入る。ムスクのような甘い香りはとてもほのかほとんど感じられないくらいだが、香りの強い系統も流通している。葉の形や銀色の墨を流したような模様は変化に富み、秋から春まで美しい状態を保つ。落葉性の木の周りの乾いた日陰のエリアを好んでコロニーを形成し、夏の間は腐葉土に覆われる。

C. purpurascens (*C. europaeum*)
アルカリ性土壌を好み、夏の間中と秋にかけて香りの強い花を咲かせる。葉は通常は常緑性で、模様が入っていて丸い。極寒地以外なら丈夫に育つ。水はけのよい土壌。

EUCOMIS　ユーコミス属
Asparagaceae　キジカクシ科

E. autumnalis
ココナッツの心地よい香りのする数あるユーコミスのひとつで、よく栽培される腐った肉のような臭いのする *E. bicolor* とは対照的。花はパイナップルのような見た目で、晩夏に咲く。花の長さは短く、緑がかった白。

E. zambesiaca 'White Dwarf'
E. autumnalis に似ているがより白く、ココナッツのよい香りがする。鉢植えにするとよい。日向。水はけのよい良質な土壌。30cm

GALANTHUS　ガランツス（マツユキソウ）属
Amaryllidaceae　ヒガンバナ科

多くのガランツス類（英名 snowdrop、スノードロップ）にははっきりとした香りがあり、室内に持ち込むと著しく香るのがわかる。*G. nivalis*（英名 common snowdrop、和名マツユキソウ）はあまり香りに恵まれないが、八重の品種はそれよりも香りがする。蜂蜜の強い香りがする最良の品種を選ぶとすれば、'S. Arnott' は繁殖力が強く花も完璧で美しい。遅咲きの 'Straffan' も花が大きくてよい。これらの品種は、他のスノードロップと同様に花が終わった直後か秋に、株分けで増やすことができる。半日陰。肥沃で保水力のある土壌。

GALTONIA　ガルトニア（ツリガネオモト）属
Asparagaceae　キジカクシ科

G. candicans（英名：Cape hyacinth）
南アフリカ原産。盛夏に先端が緑色をした白いベル形の花を垂れ下げた穂状花序をつけ、繊細な香りがある。とても貴重なボーダー花壇の植物で、アガパンサス（*Agapanthus*）やクニフォフィア（*Kniphofia*）との相性がとてもよい。日向。肥沃で水はけがよい土壌。乾燥を嫌う。90cm–1.2m

HERMODACTYLUS　ヘルモダクティルス（クロバナイリス）属
Iridaceae　アヤメ科

H. tuberosus (*Iris tuberosa*)（英名：snake's head、和名：クロバナイリス）
理想的な春の球根植物だが、やや不気味な独特の色彩を持つ。アイリスに似た花は緑がかった黄色い内花被片と黒いベルベットのような外花被片を持つ。花は春に咲き、繊細でスパイシーな甘い香りがする。風雨を避けること。日向。水はけのよいアルカリ性土壌。30cm

左：マツユキソウ 'S. Arnott'　中央：ヒアシンス（*Hyacinthus orientalis*）　右：アイリス属の *Iris reticulata*

HYACINTHUS　ヒアキンツス／ヒアシンス属
Asparagaceae　キジカクシ科

H.orientalis（英名：florist's hyacinth、和名：ヒアシンス）

屋外でも室内の水栽培でも楽しめる。クリスマスに咲かせるには、晩夏に球根を繊維土壌で包んで、花芽が5cmほどになるまで涼しい場所で管理し、その後暖かい場所に移すとよい。すべての花色が手に入る。残念ながら、新しい品種は花が大きくなった分、香りは弱くなってしまった。古い品種のローマンヒアシンスは背が高く優雅で、とても甘い香りがしたのだが、どこに行ってしまったのだろう？日向。水はけのよい土壌。10-20cm

IRIS　イリス／アイリス（アヤメ）属
Iridaceae　アヤメ科

I. reticulata

変種の*bakeriana*と同様に屋外でも丈夫に育つ。スミレのような香りを楽しむためにはレイズドベッドに植えること。開花の時期に室内に持ち込むために、いくつか余分に鉢植えで育てるとよい。花は濃いインペリアルパープルで、外花被片の中央にはぱっと目を引くオレンジを帯びた黄色い差しが入る。花は真冬に咲く。名前を持つさまざまな花色の品種があるが親種の香りが最も強いと思う。15cm

I. reticulata var. *bakeriana*

希少な品種で生長力に欠けるが、スミレのような香りと花色を持つ美しい矮性のアイリスで、外花被片には紫と白の差しが入っている。屋外ではレイズドベッドに植えるべきだが、鉢植えにして冷床に置いた方が満足に育つかもしれない。日向。水はけのよい土壌。15cm

HYACINTHOIDES　ヒアシンソイデス属
Asparagaceae　キジカクシ科

H. non-scripta（英名：English bluebell）

晩春に甘い蜂蜜のような樹脂性の香りで森中を満たす。庭では日陰の場所に、八重咲きのハリエニシダやレモン色のアザレアなどの黄色い花の植物と一緒に植えると、とりわけ素晴らしい。*H. hispanica*（英名：Spanish bluebell）はより丈夫で、同じくらい繁殖力があるが、香りは弱まる。私はブナの生垣の隣にある薄緑をしたスミルニウム属の*Smyrnium perfoliatum*の間に青と白の品種のコロニーを形成させている。20-40cm

ヒアシンソイデス属の *Hyacinthoides non-scripta*

左：レウコユム属の Leucojum vernum
下：マドンナリリー（Lilium candidum）

LEUCOJUM　レウコユム（スノーフレーク）属
Amaryllidaceae　ヒガンバナ科

L. vernum（英名：spring snowflake）
スノードロップとよく似ているが、緑の紐のような細長い葉を持ち、内側と外側の花びらが同じ形、同じ長さになっている。花の形はランプシェードを思わせる。この冬咲きの品種は、小さいがスミレの香りの花をつける。より大型で人目をひく **L. aestivum**（英名 summer snowflake、和名スノーフレーク）は、春に花が咲き、香りはない。日向または日陰。保水力がある土壌、またはじめじめした土壌。15cm

LILIUM　リリウム（ユリ）属
Liliaceae　ユリ科

L. aurantum（英名：golden-rayed lily of Japan、和名：ヤマユリ）
晩夏に大きく開いた花を咲かせる。蝋のように白い花には黄金色の縞模様と深紅の斑が入り、時にはひとつの茎に30もつく。香りはスパイシーで甘い。ウィルスに感染しやすく、栽培は容易ではないが、ユリのなかでは最も魅力的な品種のひとつ。寒風にさらされない場所で、鉢植えで育てるとよい。変種の **platyphyllum**（サクユリ）はよりずんぐりとしていて花も大きく、おそらくより育てやすい。まだらに陽が当たる場所。水はけのよい、酸性で腐植土の多い土壌。1.5-2.5m

L. candidum（英名：Madonna lily、和名：マドンナリリー）
何世紀にもわたって栽培されてきた。盛夏に、背の高い茎に、蜂蜜の香りのする純白でトランペット形の花をたくさんつける。コテージガーデンの伝統的な見もので、日向のボーダー花壇では宿根草の間に植えると、株元の葉を宿根草が隠してくれるのでよく育つ。晩夏に新しい葉が出るので、花が終わった直後に移植するのがよい。土がうっすらとかぶるくらい浅く植えること。根づかせるのは必ずしも簡単ではない。酸性の土壌を嫌う。日向。アルカリ性～中性の土壌。90cm

L. cernuum（和名：マツバユリ）
トルコ帽の形をした小さな花をつける華奢なユリで、花はバラ色を帯びたライラック色で斑が入る。甘い香りがする。育てるのが特に簡単なわけでも、長生きするわけでもないが、開けた場所に植えるには面白い植物である。盛夏に花が咲く。日向。水はけのよい、腐葉土の多い土壌。60-90cm

L. duchartrei（英名：Farrer's marble martagon）
この美しいユリは白い小さなトルコ帽の形をした花の散形花序をつけ、花にある紫の斑点は熟すにつれて赤紫に変化する。匍匐性で枝から直接根を張るので、理想的な環境であれば大きなコロニーを形成するのだが、私の庭のレイズドベッドではまだそうはなっていない。日陰。湿った、水はけのよい、中性～酸性の土壌。30-90cm

L. formosanum var. **pricei**
半耐寒性の **L. formosanum**（タカサゴユリ）の矮性種で寒さに強く、極寒地以外では安心して屋外で栽培できる。純白で甘い香りのする長いトランペット形の花を晩夏に咲かせる。矮性種の低木の茂みのなかによく植えられる。短命だが、種から簡単に栽培でき、最初の年から花を咲かせる。日向または半日陰。水はけ

右：タケシマユリ（L. hansonii）
右端：リーガルリリー（L. regale）'Album'

のよい腐葉土の多い土壌。30-60cm

L. hansonii（和名：タケシマユリ）
初夏に軽やかな香りのあるオレンジを帯びた黄色いトルコ帽の形をした花を咲かせる。最も栽培しやすいユリ。花には茶色の斑点があり、他のトルコ帽の形をした品種ほど花びらが反り返っていない。適切な環境下では、何年も生育できる。半日陰。深く、肥沃な土壌。1.2-1.5m

L. kelloggii
カリフォルニア州北西部原産の興味深い希少ユリ。盛夏にぶら下がるように咲く淡いモーブピンクのトルコ帽の形の花には栗色の斑点があり、蜂蜜のような香りがある。半日陰。保水力のある土壌。30cm-1.2m

L. leucanthum var. centifolium
トランペット形の花の内側は白く外側は緑とバラ色を帯びた紫が素晴らしく混ざり合う。甘くフルーティな香りがある。珍しいユリだが、花が開くとうっとりするほど魅力的なので探しだす価値がある。日向。水はけのよい土壌。2-2.7m

L. monadelphum
盛夏に下を向いたトランペット形の花を咲かせる。花は黄色っぽいクリーム色で紫を帯びており、紫の斑点を持つものもある。強く甘い香りがあり、近づくと少し臭い。順応性のある植物。半日陰。湿った土壌。90cm-1.5m

L. nepalense（和名：ウコンユリ）
最も異国情緒漂う外見を持つユリで、小さな球根から、反り返ったトランペット形の巨大な花が現われる。花は緑を帯び

たクリーム色で内側には赤味を帯びた栗色の差しが入る。爽やかなライムのような香りがある。地下に茎が広がるので、ある程度広い場所が必要。レイズドベッドに植えるのが最もよい。同様の品種で丈が高めの **L. majoense** にもよい香りがある。半日陰。湿った、水はけのよい酸性土壌。60-90cm

L. parryi
アメリカ西海岸原産のとても可愛らしいユリで、盛夏に少し反り返ったトランペット形の明るいレモンイエローの花が咲く。香りは力強く甘い。育てるのは容易ではないが、地表面は乾きつつ地中は湿った環境を好む。広々とした林地などであれば育つだろう。60cm-2m

L. pumilum（和名：イトハユリ）
短い茎にオレンジを帯びた緋色に塗られたような東洋的な雰囲気の小さなトルコ帽の形の花をつける私のお気に入り。美味しそうなチョコレートの香りがする。残念ながら私の庭ではあまり長生きしない。日向または半日陰。湿った、水はけのよい土壌。30-60cm

L. regale（和名：リーガルリリー）
L. candidum（マドンナリリー）とともに最もよく知られた庭園向きの香りのよいユリ。首が黄色いトランペット形の白い花は少し反り返っていて、外側はバラ色を帯びた紫のニュアンスを持つ。盛夏に咲き、ひとつの茎に 30 も花をつけることもある。美味しそうでフルーティな香りが空気中によく漂う。若芽は早霜に弱いので、背の低い低木の間に植えるのが好ましい。種からも育てやすく、2年目か3年目に花が咲く。美しい純白の'Album'もある。完全な日向。湿った土壌。90cm-2m

L. x testaceum（英名：Nankeen lily）
繊細なニュアンスのクリーム色を帯びたアプリコット色のトルコ帽の形をした、香りのよい花を盛夏に咲かせる。育てやすいユリだが、現在ではだんだん珍しくなっている。完全な日向。深く、肥沃な、酸性またはアルカリ性の土壌。1.2-2m

耐寒性の交配種のユリ
香りのあるユリの品種からは多くの交配種が作られている。オリエンタルハイブリッド（O）と呼ばれるものには **L. x parkmanii** の栄養系品種も含まれ、一般的には広々とした林地などの、酸性で砂

混じりの腐植質の土壌を好む。頭部は日向だが、根元は日陰になる場所に植える。トランペットといわゆるオーレリアンハイブリッド（T）は通常、完全な日向と乾燥気味の土壌を好む。多くは鉢植えにしてもよい。香りのあるオリエンタルハイブリッドには矮性種や八重のものもあり、giant Goliath lilies はオリエンタルとトランペットの交配種である。以下に最良の芳香性の品種を挙げる。

'African Queen'（T）　私のお気に入りで、庭向きの素晴らしい宿根草。蕾は緋色で差しが入り、柔らかいオレンジの花が開く。1.2-1.5m

'Black Dragon'（T）　盛夏に大きな白い反り返ったトランペット形の花をつける。強靭で繁殖力が強い。花の外側は赤茶色の差しが入る。1.2-2m

'Brasilia'（O）　ローズピンクの縁や斑点を持つ白い花を咲かせる。1.2m

'Casa Blanca'（O）　香りがよく素晴らしい。大きな純白の花を盛夏に咲かせる。1.2m

Golden Splendour Group（T）　蕾はオレンジを帯びた赤い差しが入り、濃黄色の花が開く。1.2-1.5m

'Green Dragon'（T）　'Black Dragon' に似ているが裏側が緑。どちらもとても好ましい。

Imperial Groups（O）　—Crimson は白く開いた花を持つ豪華絢爛なユリの系統。バラ色を帯びた赤い斑点で覆われている。Imperial Gold はキラキラと輝く白い開いた花で、黄金色の縞と深紅の斑点がある。Imperial Silver は Imperial Gold と似ているが鮮やかな縞模様はない。盛夏に咲く。1.2-1.5m

'Limelight'（T）　盛夏に黄緑の漏斗形の珍しい花をつける。ある程度の日陰にも強く、丈夫で印象的な品種。1.2-2m

Olympic Group（T）　クリーム色からピンク、黄色までさまざまな花色がある、素晴らしい香りのするトランペット形のユリ。1.2-1.5m

Pink Perfection Group（T）　明るいピンクのトランペット形のユリの系統。7月に咲く。1.5-2m

'Stargazer'（O）　緋色で白い縁取りのあるよく知られたユリで、力強い香りがある。90cm

MUSCARI　ムスカリ属
Asparagaceae　キジカクシ科

M. armeniacum

最も一般的なムスカリ。明るいアズールブルーの火掻き棒のような花が春に現われ、繊細な蜂蜜のような香りがする。繁殖力が強いので、ボーダー花壇の手前側にコロニーを形成させるとよい。イネのように細い葉は冬の間も緑を保つ。プリムローズと一緒に植えると可愛らしい。'Valerie Finnis' は淡青でスイーツのお店のような強い香りがある。日向または半日陰。湿った土壌。20cm

左：交配種のユリ、Pink Perfection Group　　右：ムスカリ属の *Muscari armeniacum* 'Valerie Finnis'

球根植物　151

M. botryoides（和名：ルリムスカリ）

M.armeniacum より繁殖力は弱いが丈夫で、ロックガーデンに植えても頼もしい。青磁色の花には素晴らしい蜂蜜の香りがある。白花の 'Album' は、より一般的で入手しやすい。日向。15cm

M. macrocarpum

明るい黄色の花をつけ、驚くほど強くうっとりするようなフルーティかつスパイシーな香りがある。気候が温暖な地域では屋外で育てられるが、鉢植えで育てることが多い。香りの点では最も好ましい鉢植えの球根植物。日向。水はけのよい土壌。20cm

M. muscarimi（*M. moschatum*）（和名：クロムスカリ）

年を経ると、花色が紫から黄緑へと変化する興味深い植物。*M. macrocarpum* とともに、最も香りがよいムスカリ。暖かい日には甘いムスクのような香りが空気中に漂う。日向。20cm

NARCISSUS　ナルキッスス（スイセン）属
Amaryllidaceae　ヒガンバナ科

この偉大な属は春の間中、色彩に貢献する。大きめのスイセンはボーダー花壇の後ろ側に植えると、他の植物が生長するに伴って朽ちた葉が隠れるので最適。芝地に植えるのもよく、そのままにしておいても風土に馴染む。花が終わってから6週間は葉を切らないこと。小さなスイセンはボーダー花壇の手前側やロックガーデン、レイズドベッドなどに植えるか、鉢植えにするとよい（*N. jonquilla* や *N. tazetta* のグループのものは特に鉢植えに向く）。芝地で育つものもある。心地よい程度にコケの香りがするものもあれば、不快なにおいのものもある。力強く甘い香りのものあるので、ここにはそれらを紹介する。

N. assoanus（*N. juncifolius*）

細い葉を持つ小さなキズイセンで、早春に濃黄色の小さな花を咲かせる。香りもよく、屋外の寒風にさらされない場所でも育てることができるが、鉢植えの球根植物として育てるのが最善だろう。日向。水はけのよい土壌。15cm

N. jonquilla（英名：Jonquil、和名：キズイセン）

すべてのスイセンのなかでおそらく最も甘い香りがある。細いイグサのような葉と、とても浅いカップ形の小さな明るい黄色の花をつける。'Flore Pleno' や 'Pencrebar' は八重咲きで傑出した香りがある。この品種や他のキズイセンを親種とする香りの強い一重のキズイセンはたくさんある。たとえば、黄色の矮性種 'Baby Moon'、黄色の花にオレンジのカップを持つ 'Bobbysoxer'、明るい黄色の花にオレンジのカップを持つ 'Lintie'、オレンジを帯びた濃黄色の 'Orange Queen'、白花にピンクを帯びたカップを持つ 'Sugarbush'、淡黄色の花にオレンジのカップを持つ 'Sundial'、明るい黄色の花に明るいオレンジのカップを持つ 'Suzy'、レモンイエローの 'Trevithian' など。屋外では雨風にさらされない場所で育てること。鉢植え用の球根植物としても素晴らしい。日向。30cm

左：ムスカリ属の *M. macrocarpum*　右：キズイセン（*Narcissus jonquilla*）

左：クチベニスイセン（*Narcissus poeticus*) var. recurvus　右：チューリップ属の *Tulipa tarda*

N. x *odorus*（英名：Campernelle jonquil、和名：キブサズイセン）

明るい黄色の花を咲かせる。見事な八重のものもある。30cm

N. poeticus（和名：クチベニスイセン）var. *recurvus*（英名：pheasant's eye）

芝地に馴染む愛嬌のある粗野なキズイセン。季節の最後に、縁がオレンジの黄色いカップを持つとても小さな白い花を咲かせる。'Actaea' は同様の変種だがより大きな花をつけ、形もよく、繁殖力も強い。'Cantabile' はショーに出品できるレベルの完璧な形の一重の花を咲かせる。これらすべてに、傑出した甘い香りがある。日向または半日陰。保水力のある土壌。40cm

N. rupicola

N. assoanus に似ているが、より大きな花をひとつだけつける。葉は粉で覆われたようにグレーを帯びる。より香りの強い植物と一緒に植えるとさらによい。日向。水はけのよい土壌。15cm

N. tazetta（和名：フサザキスイセン）

とても甘い香りのする、花をたくさんつけるスイセンで、屋外で満足がいくように育てるには、寒風にさらされない暖かく乾いた場所が必要。鉢植えにすると素晴らしい。近縁種の *N. canaliculatus* が一般的にはよく使用されるが、これは白花で黄金色のカップを持つ。素敵な名前を持つ *N. tazetta* の交配種には、白花の 'Avalanche'、レモンイエローの矮性種 'Minnow'、白花でオレンジのカップを持つ 'Cragford' や 'Geranium'、クリーム色を帯びた白色の 'Silver Chimes'、八重で白花の 'Cheerfulness'、八重の 'Yellow Cheerfulness' などがある。これらは日当たりのよい寒風にさらされない場所であれば屋外で育てても丈夫で、鉢植えの球根植物としても優れている。'Paper White' はクリスマスに人気の鉢植えだが、温暖な気候の地域以外では屋外ではうまく育たない。私には少し馬のような香りに感じる。45cm

NOTHOLIRION　ノトリリオン属
Liliaceae　ユリ科

N. thomsonianum

目利き好みの珍しい植物。淡いバラ色を帯びたライラック色の、ユリのように先端が反り返った漏斗形の花を咲かせる。春に背の高い茎の上に咲き、甘い香りがする。葉は細長い。寒風にさらされない場所が必要で、寒い地域では通常は無加温の温室で育てる。完全な日向。水はけのよい土壌。90cm

TULIPA　ツリパ（チューリップ）属
Liliaceae　ユリ科

チューリップには香りを期待しないかもしれないが、なかには温かみのある甘い香りのする品種や背の高い交配種がある。それらは皆、鉢植えにしても、ボーダー花壇に植えても見事である。

T. aucheriana

最も香りが強い。淡いピンクの矮性のチューリップで、黄緑の縞模様と濃い黄金色の基部を持つ。とても変異しやすい。鉢植えにしても素晴らしいが、屋外では短命である。日向。水はけのよい土壌。15cm

T. clusiana（英名：lady turip）

春に咲く白い花は、香りがよく、深紅を

SCILLA　シラー（ツルボ）属
Asparagaceae　キジカクシ科

S. autumnalis
初秋に香りのよいバイオレットブルーの総状花序をつける。鉢植えにしてもよい。日向または半日陰。水はけのよい土壌。5-10cm

S. mischtschenkoana
早春に、カップ形の淡い色の花と、紐のような葉をつける小型の植物。スイーツのお店のような素敵な香りがある。日向または半日陰。水はけのよい土壌。5-10cm

S. sibirica
一般的に育てられているシラー。濃青の星形の花をつける。軽やかだが悦ばしくなるような砂糖の香りがする。日向または半日陰。水はけのよい土壌。10cm

シラー属の *Scilla sibirica*

帯びたピンクの縞模様があり、目を引く。暑さを好む。寒風にさらされない場所で育てること。日向。水はけのよい土壌。30cm

T. saxatilis
ライラック色を帯びたピンクの花に、突起した黄色い中央部を持つ。美しい宿根草だが、暖かく日当たりのよい場所でのみ育つ。日向。水はけのよい土壌。30cm

T. sylvestris
栽培しやすく、芝地への馴染み具合にも満足できる数少ないチューリップのひとつ。けれども花が咲かないこともしばしばある。花は明るい黄色で先が尖っており、春の中ごろに咲く。日向または半日陰。湿った土壌。30cm

T. tarda
日当たりのよいロックガーデンやレイズドベッドに向く矮性のチューリップ。星形の白い花をたくさんつける。花の外側は黄緑を帯びており、内側は黄色。春の中ごろに咲き、はっきりと香る。簡単に育ち、丈夫である。日向。水はけのよい土壌。15cm

チューリップの交配種
チューリップにはどんな香りがあるのか、いつも確かめてみる価値がある。最もよく知られた芳香性の交配種は、明るい金色を帯びたオレンジの'General de Wet'（'De Wet'）、黄金色の 'Bellona'、明るいオレンジを帯びた赤い 'Prince of Austria' などである。'Prince of Austria' は丈の高い茎を持ち見事だが、入手出来なくなってしまったようである。甘い香りのする 'Lighting Sun' が新しく紹介された。'Apricot Beauty' やオレンジの 'Ballerina'、茶色い 'Brazil'、パロットチューリップ 'Orange Favourite'、などもスパイシーでフルーティな香りがある。日向。40cm

チューリップ属の *T. sylvestris*

RHS ガーデン　ハーロウ・カー（Harlow Carr）

❝ RHS ガーデン　ハーロウ・カーには何年も前から芳香植物の庭があるのだが、人気があったため地域の財政援助を受けて、2002 年以降は RHS によって一新された。生垣で囲まれた、舗装された小じんまりとした空間では、冬にはビブルナム、春にはヒアシンス、ハナダイコン（*Hesperis matronalis*）、セイヨウカノコソウ（*Valeriana officinalis*）、夏にはバラ、フィラデルファス、ハナタバコなどに取り囲まれて、季節ごとに香りが連続する。庭園の他の多くの場所でも香りはその特徴を作っている。特にアザレアやシャクナゲの Rhododendron Loderi が生育する森や、メドウスイートやレモンの香りのヒマラヤカウスリップ（*Primula florindae*）が自然に馴染んだ小川沿いなどでははっきりとわかる。ハーロウ・カーで展示されるコンテナには香りのよいユリやスイートピーが含まれるが、これらはプロダクティブガーデンでも育てられる。アルパインハウスでは、イヌサフラン（*Colchicum autumnale*）やシラー属の *Scilla autumnalis* のお蔭で、秋にも春と同じくらい強く香りがする。—*Scilla autumnalis* の場所には訪れる人に嗅いでみるよう促すサインが置かれている。❞

ポール・クック（Paul Cook）　RHS ガーデン　ハーロウ・カーのキュレーター

スイセン、チューリップ、ヒアシンスが植えられた春の香りの庭のボーダー花壇。RHS ガーデン　ハーロウ・カーにて。

一年草・二年草

ABRONIA　アブロニア（ハイビジョザクラ）属
Nyctaginaceae　オシロイバナ科

A. fragrans（英名：sand verbena）
半耐寒性で匍匐性の一年草または宿根草。盛夏から初秋にかけて白またはピンクの半球形の花の房をつける。午後の遅い時間帯から夕方にかけて甘い香りが惜しげもなく漂う。日向。水はけのよい土壌。15cmかそれ以上。

ANTIRRHINUM　アンティリヌム（キンギョソウ）属
Plantaginaceae　オオバコ科

A. majus（英名：snapdragon、和名：キンギョソウ）
ほのかな香りのあるものもある。半耐寒性の一年草で、一重も八重も、まるで万華鏡のように鮮やかな花色があり、丈もさまざま。しばしばこぼれ種で増える。さび病に罹りやすいが、抵抗力のある品種も手に入る。夏の花壇の人気者。日向。水はけのよい土壌。25-90cm。

ASPERULA　アスペルラ（クルマバソウ）属
Rubiaceae　アカネ科

A. orientalis（英名：blue woodruff、和名：タマクルマバソウ）
古風で可愛らしい耐寒性の一年草で、ボーダー花壇の手前側に植えるとよい。細長い葉が輪生し、もやのかかったような効果を生む。盛夏から秋にかけて、甘い香りのするバイオレットブルーの管状の花の房をつける。日向。30cm。

CALENDULA　カレンデュラ（キンセンカ）属
Asteraceae　キク科

C. officinalis（英名：pot marigold、和名：キンセンカ）
花と葉に独特なぴりっとした香りがある。薬用または料理に使われる植物で、ボーダー花壇と同じくらい家庭のハーブガーデンにもよく植えられる。花は明るいオレンジ。クリーム色や黄色の花、とても大きな花、八重のものなど、さまざまな園芸品種が手に入る。完璧な耐寒性があり、秋か春に種を播くと、それ以降はこぼれ種から発芽する。切り花にするのもよい。日向または半日陰。45cm。

CENTAUREA　ケンタウレア／セントーレア（ヤグルマギク）属
Asteraceae　キク科

C. moschata（英名：sweet sultan、スイートサルタン、和名：ニオイヤグルマ）
寒さに強い一年草で、最近ではGiantやImperialisの系統が一般的である。盛夏から初秋にかけて背の高い茎の上に大きくふわふわした花をつけ、切り花にしても素晴らしい。ローズピンク、白、紫、レモンイエローなど多くの花色があり、すべてにムスクのような甘く強い香りがある。コテージガーデンの人気者。日向。60cm。

下：キンセンカ（*Calendula officinalis*）

右：キンギョソウ（*Antirrhinum majus*）

一年草・二年草　157

右：ビジョナデシコ（*Dianthus barbatus*）
右端：エキザカム属の *Exacum affine*

DIANTHUS　ディアンツス／ダイアンサス（ナデシコ）属
Caryophyllaceae　ナデシコ科

D. barbatus（英名：sweet William、和名：ビジョナデシコ）
通常二年草として栽培される。種は春の中ごろから晩春にかけて、早いうちに温室で播くとよい。初夏に頭状花序をたくさんつけ、コテージガーデンの雰囲気を大いに盛り立てる。単色、多色のコレクションがあり、それぞれ一重、八重の花が手に入る。はっきりとした色斑が入る品種もあり、花色はライラック、モーブ、ローズ、マゼンタピンク、白、ベンガラ色などが網羅される。最盛期にはクローブのような素晴らしい香りがするが、ほとんどあるいは全く香りのない系統もわずかにある。切り花にも向く。'Magic Charms'の種類は一年草として栽培され、ピンク、赤、白の花があり、よい香りがする。日向。15-60cm

D. caryophyllus（英名：carnation、和名：カーネーション）
育てやすい半耐寒性の一年草で特に素晴らしい。Chabaud Giantは最もよい系統のひとつで、縁に細かい切れ込みの入った大きな八重の花は、通常は深紅、サーモンピンク、ローズピンクのものがある。F1ハイブリッド'Knight'の種類も花色が素晴らしく豊富で、黄色や白のほか、斑の入ったさまざまなものがあり、美しい花壇を作る。矮性種や花を垂れ下げたカーネーションもある。どれもクローブのような強い香りがする。日向。水はけのよい土壌。30-46cm

DRACOCEPHALUM　ドラコケファルム（ムシャリンドウ）属
Lamiaceae　シソ科

D. moldavica（英名：dragon's head、和名：タチムシャリンドウ）
蜜蜂が好む珍しい耐寒性の一年草。幅の広い唇のような形をした帽子状のバイオレットブルーの花を、夏の間中、輪生する。レモンバームのような香りが葉から漂う。直立した茂みを形成。日向または半日陰。45cm

ERYSIMUM　エリシムム／エリシマム（エゾスズシロ）属
Brassicaceae　アブラナ科

E. cheiri（*Cheiranthus cheiri*）（英名：wallflower、和名：ニオイアラセイトウ／ウォールフラワー）
ペルシア絨毯のようなさまざまな花色と、温かみのあるアニスの種のような香りは、晩春の庭には欠かせない要素で、伝統的にはチューリップとともに植える。二年草として扱われており、晩春に屋外に種を播く。幼苗は夏の間に間引きすると、秋には生長してしっかりした苗になる。ウォールフラワーの種は単色、あるいは混合色のものがある。日向。水はけのよい土壌。45cm

E. x *marchallii*（*E. allionii* hort.）
夏に鮮やかなオレンジの花を咲かせる一年草。カタログには他の品種も時々登場し、'アルペンウォールフラワー'として載っているものもある。すべて二年草としても扱うことができ、大半はクローブの香りを含む。日向。水はけのよい土壌。45cm

EXACUM　エキザカム（ベニヒメリンドウ）属
Gentianaceae　リンドウ科

E. affine（英名：Persian violet）
半耐寒性の一年草で、温室か室内で育てる。夏に咲かせるには早春に種を蒔く。最低気温を16℃以上に保てるなら、晩夏に種を播いて春に咲かせることもできる。ラベンダー色の花は強いエキゾチックな香りがする。コンパクトで魅力的な植物。15cm

GILIA　ギリア（ヒメハナシノブ）属
Polemoniaceae　ハナシノブ科

G. tricolor（英名：birds' eyes、和名：アメリカハナシノブ）
ラベンダー色や白の小さな花を咲かせる珍しい耐寒性の一年草で、育てやすい。花首に栗茶と黄の美しい斑が入っており、ほんのりとチョコレートを感じさせる蜂

左：ハナダイコン（*Hesperis matronalis*）　右：リムナンテス属の *Limnanthes douglasii*

蜜のような強い香りがする。日向。水はけのよい土壌。45cm

HELIOTROPIUM　ヘリオトロピウム（キダチルリソウ）属
Boraginaceae　ムラサキ科

H. arborescens (*H. peruvianum*)
（英名：cherry pie／heliotrope、ヘリオトロープ、和名：キダチルリソウ）

半耐寒性の一年草で、通常は濃い色の葉に深いスミレ色の大きな頭状花序をつける'Marine'という名の系統が出回っている。見た目は魅惑的だが、ヘリオトロープ独特のバニラのような香りは、感じられる程度で、「半耐寒性植物」の章に記載した挿し木で増やす宿根草の品種ほどは強くない。日向。45cm

HESPERIS　ヘスペリス（ハナダイコン）属
Brassicaceae　アブラナ科

H. matronalis（英名：sweet rocket、和名：ハナダイコン）
初夏のボーダー花壇に不可欠。白または

ライラック色の背の高い花序が夕方にくっきりと浮かび上がり、軽やかで甘い香りが空気を満たして本領を発揮する。宿根草だが、若い苗が好ましく、通常二年草として扱われる。こぼれ種で増える。八重の品種は挿し木か、もっと時間をかけて株分けで増やすしかなく、細菌にも弱いため、長い間貴重とされた。組織培養ができるようになったおかげで、待望の清潔な株が流通するようになった。日向または半日陰。1.2m

IBERIS　イベリス属
Brassicaceae　アブラナ科

I. amara（英名：rocket candytuft）
香りを意識するガーデナーには、*I. umbellata*（英名 common candytuft）よりも好まれる。丸い頭状花序をもつ矮性のものや、長く伸びた花序をつける Giant Hyacinth Flowered の系統がある。花は白かピンクで甘い香りがあり、寒さに強い一年草として扱われる。日向。15-40cm

IONOPSIDIUM　イオノプシディウム属
Brassicaceae　アブラナ科

I. acaule（英名：violet cress）
小さなライラック色の花を咲かせる。繊細な蜂蜜の香りを楽しむためには、レイズドベッドで育てるとよい。寒さに強く、敷地に種を直播きでき、湿気を好む。しばしばこぼれ種で増える。半日陰。10cm

IPOMOEA　イポメア（サツマイモ）属
Convolvulaceae　ヒルガオ科

I. alba (*Calonyction aculeatum*)
（英名：moonflower／fleur de lune、和名：ヨルガオ）

アサガオと近縁種の半耐寒性のつる植物。屋外の寒風にさらされない壁面か温室で、つるを這わせて一年草として栽培する。夕方か早朝に大きな白い円盤状の花を咲かせ、酔わせるようなエキゾチックな香りを漂わせる時が一番の見せ場。夏の間中花を咲かせる。日向。6m

LATHYRUS　ラティルス（レンリソウ）属
Papilionaceae　マメ亜科

L. odoratus （英名：sweet pea、和名：スイートピー）
ツンとした蜂蜜のような香りは、夏のコテージガーデンの典型的な香り。残念ながら現代になって作られた Spencer という種類はその完璧な姿と引き換えに香りをほとんど失ったが、まだ多くの香りのよい系統やセレクションが手に入り、十分鼻を楽しませてくれる。Old-fashioned や Grandiflora の交配種の他にも、ラベンダー色の 'Chatsworth'、'White Supreme'、'Painted Lady' などの単色のものや、最も古いスイートピーの変種、えんじと白の二色のもの、そして私のお気に入りの豪華な栗色とモーブ色の二色の 'Matucana（Cupani）' などが手に入る。これらはすべてとても強く甘く香る。よい苗を育てるには、晩冬に温室で 7.5cm の鉢に 1 粒ずつ種を播く。充分に育ったら早春に屋外に植える。苗が小さいうちは茂った小枝で支え、大きくなってきたら竹や紐で作ったウィグワムやトレリスの上に仕立てていく。肥料と水をよく与え、こまめに花がらを摘むこと。日向。深く肥沃な土壌。2-2.5m

LIMNANTHES　リムナンテス属
Limnanthaceae　リムナンテス科

L. douglasii （英名：poached egg flower / meadow foam）
人気のある耐寒性の一年草で、こぼれ種から発芽し、蜜蜂がよく訪れる。白い皿のような形をした中央が黄色い花には繊細な香りがあり、もやもやした葉の上に、イギリスでは夏の間中花を咲かせる。日向または半日陰。どんな土壌でも可。15cm

LOBULARIA　ロブラリア（ニワナズナ）属
Brassicaceae　アブラナ科

L. maritima (Alyssum martimum) （英名：sweet alyssum、スイートアリッサム、和名：ニワナズナ）
レースのような花から蜂蜜のような豊かな香りを漂わせる、最も人気のある耐寒性の一年草のひとつ。初夏から秋まで開花し、花色は白、ライラック色、ピンク、深紅、紫と幅広い。矮性で花壇のへりやロックガーデン、レイズドベッドに理想的。しばしばこぼれ種で増えるが、あまり密集しては育たず、花色は白に先祖返りする。日向または半日陰。水はけのよい土壌。10cm

LUPINUS　ルピナス（ハウチワマメ）属
Papilionaceae　マメ亜科

L. elegans
Fairy の系統は掌状複葉を茂らせ、その上にローズピンクを帯びた白い穂状花序を伸ばす。特に夕方に蜂蜜のような香りがする。日向または半日陰。60cm

L. luteus （英名：yellow lupin、和名：キバナルピナス）
香りを意識するガーデナーは土壌改良のためにも育てるべきである。背の高い、花芽の詰まった黄色の穂状花序は、甘い豆畑の香りがする。窒素を固定させ、シーズンの終わりには土にすき込むことができる。耐寒性の一年草として扱われる。日向または半日陰。60cm

MATTHIOLA　マッティオラ（アラセイトウ）属
Brassicaceae　アブラナ科

M. incana （和名：ストック／アラセイトウ）
一年草と二年草があり、これなしでは香りの庭を完成することはできないくらいに大事。クローブのような香りが日中も夜間も芳しく香る。半耐寒性の一年草ストックには Ten Week と Seven Week の系統があり、ややずんぐりとしていて、一重と八重のものがある。Giant Imperial、Excelsior、Beauty of Nice の系統は、直立した柱状の総状花序を持つ。花色は深紅、バラ色、ライラック色、白、アンズ色、黄色などを網羅している。日向。35-75cm 耐寒性の二年草ストックの品種には、

ストック（Matthiola incana）Brompton strain

MIRABILIS　ミラビリス（オシロイバナ）属
Nyctaginaceae　オシロイバナ科

M. jalapa　（英名：marvel of Peru、和名：オシロイバナ）
ビクトリア女王時代の人々に好まれた植物。夏の間中、ピンク、濃いバラ色、黄色、白などのトランペット形の花が咲き、複雑でフルーティーな蜂蜜のような豊かな香りがする。午後の遅い時間まで開花しないことから、'four o'clock（フォーオクロック）' という名でも一般的に知られている。通常は半耐寒性の一年草として栽培される。日向で暖かさを好む。水はけのよい土壌。60-90cm

オシロイバナ（*Mirabilis jalapa*）

East Lothian と Brompton の系統がある。East Lothian は盛夏に種を播くと、矮性の植物が翌年の春に温室で花を咲かせる（Beauty of Nice も盛夏に種を播けば冬は鉢植えでよく育つ）。遅咲きの一年草ストックとして扱うこともできる。Brompton は盛夏に種を播くと、翌年の春に屋外で花を咲かせる。どちらの品種も一年草ストックと同じくらいの花色があり、中程度の大きさの穂状花序をつける。日向。45cm

M. incana 'White Perennial'
１、２年するとみすぼらしくなる。強い芳香のある白い花が、こんもりと茂るグレーの葉と対照的。ライラック色の花も同じく望ましい。こぼれ種から発芽し、テラスや舗装のひび割れに植える時の私のお気に入り。日向。45cm

M. longipetala subsp. *bicornis*
（英名：night-scented stock、和名：ヨルザキアラセイトウ）
日中はほとんど見られないが、夕方になるとか細いライラック色の花が咲き、クローブのような香りが溢れだす。こんなちっぽけな花が、辺りの空気を甘い香りでいっぱいにするほどの力を持っているとは、にわかに信じがたい。香りを楽しむためには窓の下か小道のそばに種を播くとよい。日向。30cm

NEMESIA　ネメシア属
Scrophulariaceae　ゴマノハグサ科

N. caerulea（*N. fruticans* hort.）
ネメシアには、白、ライラック色、スミレ色、ピンクなどさまざまな花色の系統があり、'Fragrant Lady'（混合色）や 'Wisley Vanilla'（赤味を帯びた白）はバニラかチョコレートのような強い香りがする。夏のコンテナでは素晴らしく見栄がよく、半耐寒性の一年草として育てる。日向または半日陰。25cm

ニコチアナ属の Nicotiana mutabilis（左）と N. sylvestris（中央）　右：ネメシア属の Nemesia caerulea

N. cheiranthus
'Shooting Stars' や 'Masquerade' の系統は、風変わりな見た目の花で、黄色い唇状の花冠に紫の斑が入り、後方には長く伸びた王冠のような白い花びらがある。ココナッツのようなよい香りがする。半耐寒性の一年草として育て、春に明るく暖かい条件下で発芽する。日向。水はけのよい土壌。30cm

NICOTIANA　ニコチアナ（タバコ）属
Solanaceae　ナス科

N. alata（英名：tobacco flower、和名：ハナタバコ）
半耐寒性の一年草で、さまざまな色のハナタバコの系統の祖。カーマインピンクや赤、白、濃緑などの星形の花をつける人気の花壇用の草花。よい香りがするものも多く、より香りの強い 'Grandiflora'（以下に説明する）と比べると、一日中花が咲き続ける点が優れている。日向または半日陰。肥沃な土壌。25-90cm

N. alata 'Grandiflora'
馴染みのある白いハナタバコで、大きな星形の花は夕方の空気をエキゾチックな香りで満たす。日中はやや雑草のように見えるが、黄昏時にはこの世のものとも思えないほど美しく輝く。半耐寒性の一年草として扱う。日向または半日陰。肥沃な土壌。90cm

N. mutabilis
新しく紹介された魅力的な品種で、霞のように咲く小さな花は、咲き始めの白から濃いピンクへと変化する。日向または半日陰。肥沃な土壌。1.2m

N. x sanderae
この系統は 'Fragrant Cloud'（白）や 'Sensation Mixed'（白から濃いピンクまで）を含み、強健で花付きのよい素晴らしい草花である。日向または半日陰。肥沃な土壌。90cm

N. suaveolens
白い管状の花の外側が緑を帯びた紫のニュアンスをもつ珍しい一年草で、夜にとても強く香る。日向または半日陰。60cm

N. sylvestris
ハナタバコのなかでは最も印象的な外見の花で、一年草のなかでも最も構築的である。かさばってよく茂った淡緑の葉を持ち、太い茎の上にうつむいた管状の白い花々の円錐花序をつける。夕方になるとエキゾチックな香りを漂わせる。半耐寒性の一年草で、1本でも群植しても素晴らしい。日向または半日陰。1.5m

OENOTHERA　オエノテラ／エノテラ（マツヨイグサ）属
Onagraceae　アカバナ科

O. biennis（英名：common evening primrose、和名：メマツヨイグサ）
夕方、明るい黄色の皿形の花が開くと、甘いレモンの香りを漂わせる。人気のある一年草または二年草で、こぼれ種で増える。とても繁殖力が強いので、庭の中でも野趣のある所に制限した方がよいだろう。日向。水はけのよい土壌。90cm

O. caespitosa
とても愛らしい矮性種で、甘く素晴らしい香りがする。うぶ毛の生えた細長い葉と、とりわけ大きな白い花を持つ。花は朝にはピンクにしおれる。通常は耐寒性

162 一年草・二年草

左：メマツヨイグサ（Oenothera biennis）　中央：バーベナ（Verbena）　右：ファケリア属の Phacelia campanularia 'Blue Wonder'

の二年草として扱われるが、宿根草のこともあり、レイズドベッドで育てるのが理想的。日向。水はけのよい土壌。15cm

O. pallida subsp. trichocalyx

うっとりするようなマツヨイグサの仲間で、すっきりとしている。甘い香りのする大きな純白の花が、一日中開いている点が優れている。二年草または宿根草だが、しばしば一年草として扱われる。日向。水はけのよい土壌。45cm

O. stricta（O. odorata）（和名：マツヨイグサ）

'Sulphurea' は私の大のお気に入りで、私が育てているものは通常二年草のようで、舗装の裂け目にこぼれ種で増える。クリーム色がかった黄色い大きな皿形の花は夕方開き、レモンの香りを漂わせる。翌朝には桃色にしおれる。日向。水はけのよい土壌。60cm

PAPAVER　パパウェル（ケシ）属
Papaveraceae　ケシ科

P. nudicaule（英名：Iceland poppy）

シルクのような触感で、甘い香りのするケシ。花色は白からサンセットオレンジまで幅広い。'Party Fun'（'Meadow Pastels'）はよい系統で、早咲きにするために、二年草として育てることができる。日向。水はけのよい土壌。45cm

PETUNIA　ペチュニア属
Solanaceae　ナス科

ペチュニアは最も人気のある夏の花壇の植物で、多くの人は、その蜂蜜やバニラのような香りに気づくとびっくりする。夕方に特にはっきりと香る。しかし、生産者は香りよりも花色を追求しており、私がお薦めできるような香りのよい系統は特にない。ただし、白、青紫、紫のペチュニアは、他のものより香りがするようである。半耐寒性の一年草として扱われる。日向。水はけのよい土壌。25cm

PHACELIA　ファケリア（ハゼリソウ）属
Boraginaceae　ムラサキ科

P. campanularia

カリフォルニアの耐寒性の一年草であるファケリアの中で最もよく知られる品種。香りはたしかにあるのだが、一般的には夏の間中よく咲き鮮やかなリンドウブルーの花を目的として栽培される。蜜蜂にとても好まれる。近縁種でラベンダーブルーの花をつける P. ciliata も香りがある。日向。15cm

PROBOSCIDEA　プロボスキデア（ツノゴマ）属
Pedaliaceae　ゴマ科

P. louisianica（Martynia louisianica）（英名：unicorn plant、和名：ツノゴマ）

珍しい半耐寒性の一年草で、触るとくっつくようなうぶ毛で覆われたハート形の葉と、グロキシニア（英名 gloxinia）に似た大きな花を持つ。花色はクリーム色、バラ色、紫などがあり、黄色と紫の斑が入り、人によっては不快に感じるような強い香りがする。花後には曲がった角のような形の奇妙な実をつける。寒風にさらされない場所であれば屋外でも育つが、温室の方がより確実。日向。60-90cm

一年草・二年草　163

RESEDA　レセダ属
Resedaceae　モクセイソウ科

R. odorata（英名：mignonette、和名：モクセイソウ）

最もよく知られる香りのする耐寒性の一年草。悲しいかな、その香りはしばしばとらえづらいが、最盛期にはラズベリーのニュアンスを含んだ蜂蜜のような甘く鋭い香りが、昼も夜も力強く香る。緑を帯びた白い花はやや雑草のような姿だが、現代に作られた系統はよりよい花色と大きな花序をつける。室内で鉢植えにするとよく育つ。その場合、春に咲かせるためには晩夏に種を播いてもよい。屋外では、確実に開花させるために早春以降に種を播く。切り花にしても花持ちがよい。日向。30cm

SCABIOSA　スカビオサ（マツムシソウ）属
Caprifoliaceae　スイカズラ科

S. atropurpurea（英名：sweet scabious、和名：セイヨウマツムシソウ）

直立した姿の、葉のよく茂る品種で、長く伸びた茎の上に濃紫、ピンク、または白の、平らな針刺しのような花を咲かせ、とても美しい香りがする。新しい園芸品種は、大きく、完全な八重の花をつけ、花芯が持ち上がっている。'Ace of Spades' はよい系統。耐寒性の一年草として扱われ、晩夏から秋にかけて開花する。日向。45–90cm

SCHIZOPETALON　スキゾペタロン属
Brassicaceae　アブラナ科

S. walkeri

面白い半耐寒性の一年草で、縁に細かい切れ込みのある白い花は夕方になるとアーモンドのような香りを漂わせる。晩春に地植えするために小さな鉢に種を播いて苗を育てるか、早春に地面に直播きする。日向。30cm

TAGETES　タゲテス（センジュギク）属
Asteraceae　キク科

香りが好きだからという理由でフレンチマリーゴールド（和名コウオウソウ／クジャクソウ／マンジュギク）あるいはアフリカンマリーゴールド（和名センジュギク／サンショウギク）を育てる人がいるとしたら、私には信じられない。コナジラミでさえひと嗅ぎで温室から逃げだすようなにおいで、実際、マリーゴールドを育てる人の多くは害虫を追いやるために植えている。しかし、もしそのにおいをよい香りだと思うのであれば、種のカタログに日向を好む系統の魅力的な品揃えが提供されている。

TROPAEOLUM　トロパエオルム（ノウゼンハレン）属
Tropaeolaceae　ノウゼンハレン科

T. majus（英名：nasturtium、ナスタチウム、和名：ノウゼンハレン／キンレンカ）

花に蜂蜜のような香りがあり、'Gleam' ははっきりと香る。花は半八重で、花色は黄、オレンジ、深紅を帯びている。よく生い茂り、半匍匐性。丈夫な一年草で、庭のなおざりにされた場所を引き立てる時に役に立つ。砂利道や玄関への道に植えるとこぼれ種で増え、Cotoneaster horizontalis（ベニシタン）のような低木に巻きついて立ち上がると、特に見栄えがよい。花はサラダにもできる。日向または日陰。30cm

VERBENA　バーベナ（クマツヅラ）属
Verbenaceae　クマツヅラ科

V. x hybrid（英名：common garden Verbena、和名：ビジョザクラ／バーベナ）

多くの系統があり、半耐寒性の一年草として栽培される。花色が鮮やかな赤よりも白、ピンク、スミレ色を帯びたものの方が夕方に放たれる甘くエキゾチックな香りをはっきりと感じられる。花芽の詰まった花序を夏の間中咲かせる元気な植物で、鉢植えにもボーダー花壇にも適している。'Showtime' の系統は小型で明るい。モーブブルーの花をつける 'La France' は、半耐寒性の宿根草として栽培され、芳香がある。日向。25–30cm

ZALUZIANSKYA　ザルジアンスキア属
Scrophulariaceae　ゴマノハグサ科

Z. capensis

夜間に強く香る珍しい半耐寒性の一年草。白い星形の花は日中は閉じている。Z. villosa は白い花の中央がオレンジで、同じくらい強く香る。Z. ovata は半耐寒性の宿根草として栽培されるが、同様に素晴らしく香る。日向。水はけのよい土壌。30cm

モクセイソウ（Reseda odorata）

壁面や
垂直面への植栽

　熱心なガーデナーは皆、壁面を賞賛する。あらゆる種類のつる植物を支え、オープンスペースでは屋外で育てることができない多くの低木を保護する役割もある。香りを意識するガーデナーは、暖かく静かな微気候を作りだし、放たれた香りがその場所に豊かに留まることができるため、壁面に何よりも高い評価を与える。

　石やレンガで囲まれた庭を持つ人はほとんどいないが、多くの人の家屋の壁面は緑で覆われている。最大の意義は、日当たりがよく寒風よけとなること、そして異国情緒のある低木やつる植物が満開に咲いて意欲的なガーデナーのチャレンジが報われることである。

　テラスなどの座れる場所では、日当たりのよい壁面が背後にあると空気が穏やかに暖まり、座ると植物の香りが強く漂うという長所になる。日中香りを放つ植物に代わって夜に香る植物を植えるとよい。香りの庭の一部であるこの神聖な場所では、不快なにおいを一切排除したくなる。最も寒い季節には外で座ることはないだろうから、日向を好む香りのよいウォールシュラブやつる植物のうち、冬から早春にかけて香りを放つものは最有力候補から除かれる。この場所は夏に咲くものにとっておこう。とは言うものの、私は秋に咲くブッドレア属の *Buddleja auriculata* にこの場所を譲った。暖かさを必要とする植物で、私はレモンの香りのするこの花をクリスマスに摘んで飾るのが大好きだからである。

　ロウバイ（*Chimonanthus praecox*、英名 wintersweet）は真冬の楽しみのひとつで、暖かい室内に枝を切って持ち込むと、スパイシーなレモンの香りが空気を満たす。花の内側は紫を帯びているが、外側は残念ながら半透明なので、明るい黄色のオウバイ（英名 winter jasmine）と組み合わせたり、スミレ色のカンザキアヤメ（英名 winter irises）を足元に植えたりしたくなるだろう。オープンスペースでも育ち、花は霜にもまずまず強いが、木質部は夏の暖かさを好んで成熟する。そのため寒い地域では完全に日向となる壁面をお薦めする。

昼も夜も芳しく香るロニセラ属の *Lonicera x americana* が作る木陰の休憩所。

バラの香りのするウメの花、
'Omoi-no-mama'（オモイノママ）

ウメ

ウメ（*Prunus mume*）を探すのには時間がかかった。晩冬に葉のない枝に花をつけ、オープンスペースでも生育できるにもかかわらず、寒風にさらされない日当たりのよい壁面を好む。香りは素晴らしく洗練されていて、品種によって幅広く異なる香りがするようである。バラの香りの'Beni-chidori'（ベニチドリ）は鮮やかなローズピンクの私のお気に入りのウメだが、白塗りの壁を背景にすると素晴らしい。白花の'Omoi-no-mama'（オモイノママ）はレンガやグレーの石と相性がよい。残念ながら、多くの果樹と同様に、害虫や病気に罹りがちなので、夏の葉姿はそれほど魅力的ではない。

　寒い地域では壁面の近くにできる寒風にさらされない半日陰の隅にジンチョウゲ属の *Daphne bholua* を植えるのもよい。これは冬の間中花を咲かせるので可愛がる価値があるが、'Darjeeing' などの種類はあまり寒さに強くない。常緑性のフクリンジンチョウゲ（*D. odora* 'Aureomarginata'）を一緒に植えると、晩春に *D. bholua* の花が咲き終わる頃に続いて花を咲かせる。

　アザーラ属の *Azara microphylla* は晩冬に花をつける。バニラのような香りで、家のドアに向かって急いで帰る時にその香りを捉えると元気になる。他にも同じ時期に花を咲かせるバニラやアーモンドの香りの植物は多くあるので、それら用にコーナーを設けるのも面白いかもしれない。緑、ピンク、白と、何か月にもわたり花を楽しむことができるだろう。ビブルナム属の *Viburnum farreri* は秋に咲き、ウチワノキ（*Abeliophyllum distichum*）は真冬、クレマチス・アーマンディ（*Clematis armandii*）は晩冬、ショワジア属の *Choisya ternata* やクレマチス・モンタナ（*Clematis montana*）は春に咲く。クレマチス・アーマンディの大きな常緑性の葉はアザーラやウチワノキの貧弱な見た目を補い、*Choisya ternata* の艶のある葉の山は地面を覆う。

ケアノッスにも軽やかな香りがあるものがある。クレマチス属の Clematis orientalis 'Bill MacKenzie' との組み合わせ。

　日当たりのよい壁面は限られているのだが、多くの興味深い夏の植物からいくつかだけを選ぶのはとても難しい。私にとってはケアノッス（Ceanothus）が晩春の王者であり、低木では珍しい青い花が雲のように壁面やフェンスを吹き流れるようすは見事である。ケアノッスには蜂蜜の香りがするものもあるが、もっと魅力的な香りの植物があることも認めざるをえない。

　パイナップルの香りのするエニシダ属の Cytisus battandieri（英名 Moroccan broom、モロッカンブルーム）もそのひとつで、銀葉の上に濃黄の目立つ球果をつける。しかし背の高い壁が必要である。私の庭では 2.5m の高さの壁面に育っており、先端部が風にあおられてワイヤーの支柱から植物全体をはぎ取らないように、継続的に切り戻しを行なわなければならなかった。自立する景木として育てればもっとよかったのだろう。寒さが厳しい地域以外では、寒風にさらされない場所であればオープンスペースで、場所は取るが丈夫に生長する。蜂蜜の香りはパイナップルの香りとも相性がよく、これとオレアリア属の Olearia macrodonta やオゾタムナス属の Ozothamnus ledifolius と組み合わせるのもよい。色彩は黄色と白。アベリア属の Abelia triflora の白い花も甘く美味しそうな香りのする相棒となる。

　バラはいつもうっとりするほど魅力的である。その色、香り、ロマンチックな連想はあらゆる植栽計画を強調する。けれども、バラを育てるには必ずしも壁面が必要ではないため、最高の場所にある壁面のための私の植物リストの上位には入らない。私は自宅の居間の窓からぶら下がるフジ（Wisteria floribunda）が大好きなのだが、フジにも同じことが言える。壁面に値する低木やつる植物は他にもっとある。まず、カーペンテリア属の Carpenteria californica は洗練された常緑性低木で、白い皿形の花は繊細な香りがする。モロッカンブルームと同じ時期に咲き、高い壁面では素晴らしい相棒となる。次にミルツス（Myrtus、英名 myrtle、マートル）。この常緑樹は葉にも花にも芳香があり、スパイシーな香りが他

の2倍強く漂う。晩春に咲くものもあるが、多くの庭で最善の選択肢であるギンバイカ（*M. communus*）を含めて多くは晩夏に咲く。腰掛けの近くに植えれば花から空気中に漂う香りを楽しめ、葉をちぎったりもできる。蜂蜜の香りのイテア（*Itea*、和名ズイナ）は花の香りの点ではマートルのよい代替となる。

　セストラム属の *Cestrum parqui* もどこかにあるとよいが、あまり目立つ場所でない方がよい。夜遅くなると緑を帯びた小さな花々からスパイシーで甘い香りが強く漂うが、日中や夕方早い時間の香りは肉のようで不快である（ありがたいことに近づかなければ気づくほどではない）。目立つ場所に植えるものの候補としてはブッドレア属の *Buddleja crispa* があり、背後にそれよりも高く生長するトケイソウ（*Passiflora caerulea*）などを植えてもよい。晩夏から秋にかけてライラック色の花をつけ、甘い香りを漂わせる。その手前に紫のヘリオトロープを植えるのも魅力的である。高めの壁面には *Buddleja agathosma* を考えてもよい。寒さの厳しい冬にも強く、私の庭でも長年育てているが、その香りはラズベリーというよりも、ラズベリーリプルアイスクリームに一番近いと思う。

　夏に花を咲かせるつる植物のなかでは、トウテイカカズラ（*Trachelospermum jasminoides*、英名 star jasmine、スタージャスミン）が私のお気に入りのひとつである。異国情緒のある香りで、本物のジャスミンのような強い香り立ちはなく、オレンジの花のようなニュアンスがある。零下20度でも生育している庭を知っているが、一度根づけば一般に考えられているよりも寒さに強い。寒い地域でペルシアソケイ（*Jasmine officinale*）を育てる場合には温かい壁面が必要である。私は 'Clotted Cream' という種類を育てている。ロンドンや暖かい地域では、ハゴロモジャスミン（*J. polyanthum*) が屋外で丈夫に育つ。腰掛けの周辺にはハニーサックルが欠かせない。日当たりのよい貴重な壁面を使わなくても、フェンスやパーゴラが近くにない場合は支柱を立てて立ち木に仕立てることもできる。その香りは夕方の涼しい空気を満たす。通常はフルーティな香りだが──ニオイニンドウ（*Lonicera periclymenum*）の種類はすべて美味しそうな香りがする──、ロニセラの一種 *Lonicera x americana* とスイカズラ 'Halliana'（ハリアナ）にははっきりとクローブの香りがする。

　高くそびえる高木のタイサンボク（*Magnolia grandiflora*）はアメリカ東部の多くの庭の見どころだが、イギリスでは通常、太陽光をたくさん受けて成熟させるために日当たりのよい壁面の近くで育てる。クリーム色の巨大なゴブレット形の蕾が開くとレモンの香りのするスイレンのような形の花となり、その中に顔を埋めると洪水のように溢れる香りにどっぷりと浸ることができる。地表から手の届く高さにもいくつか花をつけることが多いが、2階の寝室から寝ぼけたまま手を伸ばすと届くところに花があり、香りを楽しめるように育てるのが最終目標である。タイサンボクや建物の横には、か細い木では不釣り合い

バニラの香りのクレマチス・モンタナとシナフジの春の組み合わせ。

> 暖かい地域の寒風にさらされない壁面には、「半耐寒性植物」の章（280-301頁参照）に挙げた多くの低木やつる植物も適している。アカシア（*Acacia*）、半耐寒性のブッドレア（*Buddleja*）、カリステモン（*Callistemon*）、コロニラ（*Coronilla*）、レモンバーベナ（*Aloysia citrodora*）、プロスタンテラ（*Prostanthera*）などである。半耐寒性と言われているこれらの植物の回復力や再生力にはいつも驚かされる。

なので、先端の尖った葉を持つユッカなどを植えるとよい。クリーム色の枝付燭台のような幹は、タイサンボクの艶のある葉を背景にして、端正に輝いて見える。もしくは、春にマグノリア類の花が咲く前からチョコレート色の小さな花々が蜂蜜のような香りを漂わせるクロバトベラ（*Pittosporum tenuifolium*）もよい。最近では形もよく小さくてコンパクトなマグノリアも入手できる。——最近はモクレン属に分類されるオガタマノキ（*Michelia*）もよいだろう。

　日陰の冷たい壁では冒険的な選択肢が少なくなるが、アイビーやピラカンサだけに頼ることもないだろう。多くのハニーサックルは元気に育つほか、ホルボエリア（*Holboellia*）、マツブサ（*Schisandra*）、シマユキカズラ（*Pileostegia*）、バニラの香りのクレマチス・モンタナなどのクレマチスの多くもよく育つ。白花の 'Madame Alfred Carrière' やピンクの 'New Dawn' などのつるバラの多くも日陰に強い。半常緑性であるスイカズラ 'Halliana' は際立って強いクチナシのような香りがあり、日陰でも丈夫に育つ。冬咲きの低木状のハニーサックル——*Lonicera fragrantissima*、*L. standishii*、*L. x purpusii* など——は日陰の壁面に仕立てると、オープンスペースで育てるよりもレモンの香りのするクリーム色の花をたくさんつけることがしばしばある。ジンチョウゲ属で背の低い常緑性の *Daphne laureola* や *D. pontica* と組み合わせるのもよく、春には緑を帯びた黄色い花が咲き、夕方遅い時間になると普段は捉えにくい香りでもよくわかる。蜂蜜の香りのするヒイラギメギ（*Mahonia aquifolium*）——垂直面へ仕立てるのに向き、驚くほど高いところまで登っていく——やベルベリスを育てるのもよいだろう。これらは花の色も鮮やかである。

　日陰の壁面に向く香りのよい低木のなかで私のお気に入りはオスマンツス属の *Osmanthus x burkwoodii* である。春に咲く白い花からはバニラのような甘い香りがし、遠くまでよく香る。濃い色の小さな常緑性の葉は他の植物をよく引き立て、全体の樹形もコンパクトでさまざまな形に刈り込むことができる。ピエリス（*Pieris*）、スキミア（*Skimmia*）、ビブルナム属の *Viburnum x buckwoodii* は同じ時期に香りのよい白い花を咲かせ、どれも日陰に強い常緑樹である。秋に花をつける種類のオスマンツスは、マホニア属の *Mahonia lomariifolia* や、より耐寒性の強い *M. japonica* Bealei Group と同様に、日陰の壁面を遅い時期に彩る植物である。表情豊かで力強い葉を持ち、直立した総状花序を咲かせる。

壁面や垂直面への植栽　171

支柱やワイヤーを使ってハニーサックルを立ち木のように鼻の高さに仕立てると、ボーダー花壇、特に空気に強く漂う香りが比較的少ない宿根草の花壇に、効果的に香りを加えることができる。

　耐寒性のつる植物を育てる場合は壁面がなくても大丈夫である。パーゴラに巻き付く、フェンスやトレリスに沿って生長する、離れ屋を覆う、支柱や高木をよじ登りロープやワイヤーを伝って伸びていく、などさまざまで、高木の足元や斜面、高木の切株の上などにグラウンドカバーとしても使用される。

　トンネルやアーチの下を歩いたり、座ることのできる東屋や木陰の休憩所を計画するなら、花を下から眺めても楽しめる植物を選ぶこと。多くは外向きに花をつけるため、樹冠の下では雨が滴るのを眺めるだけになってしまう。ライラックブルーや白のフジ、黄色のラブルヌムは下向きに垂れ下がって咲くため、そうした場所では最も楽しめる植物である。しなやかな枝を持つ M. wilsonii などのマグノリアも候補になる。アメリカでは長いパーゴラにアケビア（Akebia）を育てているのを見たことがある。バニラの香りがする花はぶら下がらないが、ソーセージの形をした果実がぶら下がる。フジの莢が垂れ下がるようすはイギリスより暖かい地域でのみ楽しめる贈り物である。

　バラ、ハニーサックル、ジャスミン、クレマチスなどはこれら以外の場所を覆う主な候補となる。クレマチス属でプリムローズの香りのクレマチス・レデリアナ（Clematis rehderiana）やメドウスイートの香りのクレマチス・フランムラ（C. flammula）は晩夏から秋まで楽しめ（アメリカではセンニンソウ C. terniflora も）、ニオイニンドウ（Lonicera periclymenum）'Serotina' やバラの多くも花期が長い。Clematis cirrhosa var. balearica は冬の間中楽しめる。

ウォールシュラブ

ABELIA　アベリア（ツクバネウツギ）属
Caprifoliaceae　スイカズラ科

アベリアは落葉性または常緑性の低木で、花期の長い遅咲きの花に価値がある。見かけは美しくないが、強い花色のものと一緒に植えると魅力的に引き立てる。温暖な地域以外では、この属の最も寒さに強い品種でも暖かい場所や寒風にさらされないような日当たりのよい壁の近くに植えたほうがよい。日向または半日陰。湿った、ローム質土壌。

A. chinensis（和名：タイワンツクバネウツギ）

夏から秋にかけてバラ色を帯びた蕾から白い筒状の花を咲かせる。その花房からは甘く上品なハニーサックルの香りが漂う。あまり一般的な品種ではないが、香りの点では最良のアベリアのひとつ。枝張りのある樹形の落葉性低木。1-1.5m。Z7

A. x grandiflora（和名：ハナツクバネウツギ）

最も人気のあるアベリアで、最も寒さに強いもののひとつ。実質的に常緑性で、香りはとても弱い。夏から秋にかけてピンクの蕾から白い筒状の花を咲かせ、花房を作る。先が尖った小さな葉はきれいな淡緑で、ゆるいアーチ状の植え込みをつくる。1-2m。Z6

右：アベリア属の *Abelia triflora*
右端：ウチワノキ（*Abeliophyllum distichum*）

A. trifloa

とてもよい甘い香りがあり、モクセイ属の *Osmanthus delavayi* の香りを思わせる。初夏にピンクの蕾から白い花を咲かせる。繁殖力が強い直立した落葉性低木。私は半日陰の場所でウォールシュラブとして育てているが、アイルランドでオープンスペースの小高木として植えられているのを見たことがある。3mまたはそれ以上。Z7

ABELIOPHYLLUM　アベリオフィルム（ウチワノキ）属
Oleceae　モクセイ科

A. distichum（和名：ウチワノキ／シロバナレンギョウ）

木質部をしっかり生長させるには、日当たりのよい壁面があるとよい。冬にバニラの香りがする白い花を葉のない枝に咲かせる。狭い場所で生長でき、花の少ない時期には貴重な存在なので、植える価値が大いにある。小さな白花のレンギョウのような印象。日向。1.2m。Z4

AZARA　アサーラ／アザーラ属
Salicaceae　ヤナギ科

アザーラはチリ原産の常緑性低木または小高木のなかでも極めて価値が高く、日当たりのよい壁面に育てるのもよい。完全な耐寒性はないが、考えられていたより寒さに強いものもある。日向。湿ったローム質の土壌。

A. lanceolata

鋸歯状のほっそりとした淡緑の葉を持ち、早春にふわっとした黄色くくすんだ花を

ウォールシュラブ 173

左端：アザーラ属の *Azara serrate*
左：カメリア（*Camellia*）'Quintessence'
下：ブッドレア属の *Buddleja crispa*

たくさんつける。涼しい場所、温暖湿潤気候の地域でよく育つ。奇妙で面白い半耐寒性の常緑樹。6m まで。Z9

A. microphylla
最も人気のあるアザーラで、極寒の地域以外では十分に屋外で育てられる。濃い色の小さな丸い葉を持つ。晩冬に小さな黄色い花を房状に咲かせると、周囲に濃いバニラエッセンスの香りが漂う。小さな庭に魅力的な直立した低木。6m。Z8

A. petiolaris
比較的大きなセイヨウヒイラギのような葉を持ち、春に薄黄の総状花序をつける。アザーラのなかで最も美しい花を咲かせ、強く甘い香りがする。暖かい壁面ではよく育つ。3.5m まで。Z8

A. serrata
光沢のある美しい常緑性の葉を持つ。晩春に咲くからし色のふわふわとした花からはフルーティな香りがする。3m。Z8

BUDDLEJA　ブッドレア（フジウツギ）属
Scrophulariaceae　ゴマノハグサ科

B. agathosma
珍しい魅力的な低木で、だらりとした樹形。春には葉のない枝にモーブ色でラズベリーの香りのする花を咲かせた後、グレーの大きな鋸葉をつける。何年も私の庭にあるが冬の寒さの影響を受けたことはない。日向。3.5m。Z8

B. auriculata
「半耐寒性植物」の章に記載。私の庭のものは最も寒い冬には弱ったがおおむね耐寒性があり、寒い冬を過ぎると基部から再生した。Z9

B. crispa
日向の壁面に最適。美しいパステル色で、うぶ毛で覆われたグレーの葉を持ち、夏から初霜のころまでの長い期間、短く丸いライラック色の円錐花序をつける。ブッドレアに特徴的な蜂蜜のような軽い香りがある。枝張りのあるよく茂った低木になり、古い木質化した枝は毎春強く剪定すると新しい花芽が育つ。日向。2-3.5m。Z8

CAMELLIA　カメリア（ツバキ）属
Theaceae　ツバキ科

ツバキ類の香りは通常は弱いが、温室で

育てると少しわかりやすくなる。屋外では、暖かい壁際で育てると香りを引きだしやすい。一重か半八重の花をつける品種には香りがあるものが多い。人気がある華やかなツバキ類のほとんどが、私が知る限りでは C. reticulata（トウツバキ）のすべての栽培品種を含めて、香りがない。しかし、C. japonica（ツバキ）の栽培品種には顕著な香りを持つものもある。赤味を帯びたピンクの 'Kramer's Supreme'、'Scented Red'、白花の 'Emmett Barnes'、ピンクと白の 'Nuccio's Jewel'、シルバーピンクの 'Scentsation' はよい例である。C. x williamsii の栽培品種のなかではピンクで一重の 'Mary Jobson' の香りが顕著。とても格好がいい 'Cornish Snow' と C. transnokoensis にも弱い香りがある。最もよく香る品種は、琉球諸島原産の C. lutchuensis（ヒメサザンカ）で、育苗家の間で香りを追及した品種改良に用いられてきた。'Fragrant Pink'、'Scentuous'（半八重で白、ローズピンクがある）、'Quintessence'（ローズピンク）、'High Fragrance'（半八重で薄紅色）など、香りのよい多くの交配種が手に入る。

C. sasanqua（和名：サザンカ）'Narumigata'（ナルミガタ）

最もよく知られた香りのよいツバキ類で、さわやかでバラのような香りがある。秋には杯形で端が少しピンクを帯びた一重の花を咲かせ、概して艶のある濃い色の葉を持つ。屋外では日当たりのよい壁面があるとよく育つが（サザンカは他のツバキ類より日当たりが必要）、温室では素晴らしい常緑性低木となり、夏だけ屋外に置くのもよい。春に剪定することもできる。ローズピンクの 'Rainbow'、白い一重の 'Fukuzutsumi'（フクヅツミ）、'Setsugekka'（セツゲッカ）もよい香りがする。日向または日陰。酸性または中性の土壌。3m。Z8

CEANOTHUS　ケアノツス／セアノサス属
Rhamnaceae　クロウメモドキ科

とても素晴らしい低木で、青い花を咲かせる樹のなかでは唯一、庭で育てられる大きさだが、通常は香りを愉しむことはない。しかし、かすかな蜂蜜の香りがして驚かせてくれるものもあれば、はっきりとした芳香のある葉を持つものもある。常緑性の 'Puget Blue'（Z8）は、晩春から初夏にかけて鮮やかな真青の花が咲き、蜂蜜のような香りも芳しい葉も兼ね備えている。日向。水はけのよい土壌。2.5m またはそれ以上。

C. arboreus 'Trewithen Blue'

常緑性で、蜂蜜の香りが多少ある。'Puget Blue' とは異なり、かなり長い円錐花序に真青の花をつける。より高く生長し、長命である（常緑性のケアノツスは通常繁殖力は強いが、短命）。Z9

CARPENTERIA　カーペンテリア属
Hydrangeaceae　アジサイ科

C. californica

細長い革のような葉を持つ、日当たりのよい壁際に向く常緑樹。盛夏に突起した金色の葯に照らされたような大きな一重の花をつけ、繊細な甘い香りを漂わせる。春に古くなった木質部を剪定すると、若々しい外見を保つことができる。'Ladham's Variety' はより大きな花を咲かせる。日向。水はけのよい土壌。1.5m。Z7

カーペンテリア属の Carpenteria californica

左：キチョウジ属の *Cestrum parqui*　右：ロウバイ（*Chimonanthus praecox*）'Luteus'　下：ショワジア属の *Choisya ternata*

CESTRUM　ケストルム／セストラム（キチョウジ）属
Solanaceae　ナス科

C. parqui
夕方遅くになると、緑を帯びた黄色い小さな管状の花から、スパイシーで甘い、エキゾチックな素晴らしい香りを辺りに溢れさせる。夏の間中、何週間も咲き続けるが、残念なことに日中の花の香りはむしろ嫌なにおいである。細長い葉を持つ低木で、通常は落葉性。日向。水はけのよい、肥沃な土壌。2.5mまたはそれ以上（継続的に強剪定しないと大きくなる）。Z8

CHAENOMELES　コエノメレス（ボケ）属
Rosaceae　バラ科

クサボケやボケは、美味しそうな強い香りを放つ果実も含めて称賛に値する。広々としたボーダー花壇でよく育つが、日向や半日陰の壁際にも人気がある。きちんとエスパリエして垣根状に仕立てた景木は、花が咲いていない時期でも大いに装飾的効果がある。花が終わったら前のシーズンに生長した部分を剪定する。春に、赤、ピンク、サーモンピンク、白、さらには黄色の杯形の花をつける。日向または日陰。品種によるが1-3m。Z5

CHIMONANTHUS　キモナンツス（ロウバイ）属
Calycanthaceae　ロウバイ科

C. praecox（英名：wintersweet、和名：ロウバイ）
我慢強いガーデナーに向いた植物で、花が咲くまでに5年もしくはそれ以上かかるが、待つ価値はある。半透明で蝋のような艶のあるベル形の黄花は、内側に紫の斑が入り、スパイシーでレモンのような、この季節では最も見事な香りがする。2、3本の枝を飾れば、部屋中に香りが満ちる。冬の後半期を通して、葉のない枝に花を咲かせる。夏はものさびしい姿になる。'Grandiflorus' と 'Luteus' は花がきれいだが、香りはそれほどよくない。花後、勢いのない芽をすぐに切り落とす以外は、ほとんど剪定の必要はない。日当たりのよい場所では、開いた樹形の独立した低木となる。日向。2.5m。Z6

CHOISYA　ショワジア属
Rutaceae　ミカン科

C. ternata（英名：Mexican orange blossom）
美しい常緑性低木で艶のある三出葉を持ち、春になると星形の白い花を咲かせる。

左：モロッカンブルーム（*Cytisus battandieri*）　中央：ドリミス属の *Drimys winteri*　右：ミツマタ（*Edgeworthia chrysantha*）'Red Dragon'

葉をつぶすと芳しい香りが漂い、花には強いアーモンドの香りがある。屋外でも十分育てられるが、寒風にさらされることを嫌うので、ウォールシュラブとして育てることも多い。小奇麗な半球型の景木となるが、若木の時が最もよい。数年に一度、全体を45cm程度まで切り戻すとよい。'Sundance' と呼ばれる黄金の葉を持つものも人気がある。*C. × dewitteana* 'Aztec Pearl' は細い緑の掌状複葉を持つ。日向または日陰。2m。Z8

CYTISUS　キティスス（エニシダ）属
Papilionaceae　マメ亜科

C. battandier（英名：Moroccan broom、モロッカンブルーム）
格好のいい落葉性低木。盛夏に咲く、直立した山吹色の総状花序からパイナップルの香りがする。葉は典型的なエニシダ類とは異なり、丸い三出葉でシルバーを帯びている。通常は日当たりのよい壁面に仕立てるが、大きくなるので、ちょうどよい壁がない場合は、寒風にさらされない場所に独立した景木として植えてもよい。日向。4.5m。Z8

DRIMYS　ドリミス属
Winteraceae　シキミモドキ科

D. winteri（英名：winter's bark）
背が高い常緑性低木で、温暖な地域以外では壁で寒風をよける必要がある。樹皮と灰緑の大きな葉が魅力的で、葉をつぶすとよい香りがする。しかし、指についた精油が偶然にも口や目に入ると焼けるように熱くなり、目に入ると一時的に失明することもあるので、気を付けること！ジャスミンのような白い花にはマグネシアミルクのようなよい香りがある。日向または半日陰。酸性土壌。4.5mまたはそれ以上。Z9

EDGEWORTHIA　エッジワーチア（ミツマタ）属
Thymelaeaceae　ジンチョウゲ科

E. chrysantha（英名：paper bush、和名：ミツマタ）
晩冬に山吹色の管状の花がしなやかな葉のない枝につくようすがとても印象的な落葉性低木。絹のような白い蕾から開く花から、フルーティでスパイシーな香りがする。葉はすらりと長い。霜にもかなり強いが、イギリスで育てるには寒風にさらされない温かい場所が必要。温暖な国以外では、家の壁際で育てるのが最適。温室で鉢植えにしてもよく育つ。'Red Dragon' というディープオレンジの種類もある。日向または半日陰。水はけのよい肥沃な土壌。2m。Z7

ESCALLONIA　エスカロニア属
Escalloniaceae　エスカロニア科

E. 'Iveyi'
寒さに弱いタイプのエスカロニアのひとつで、温暖な地域以外では、寒風にさらされない場所と日当たりのよい壁面からの熱が必要だが、最も美しい品種でもある。光沢のある濃緑の葉に、樹脂のようなエスカロニア特有のフルーティな香りがあるが、花にも甘い香りがある。晩夏から秋にかけて純白の円錐花序をつける。日向。水はけのよい土壌。3m。Z8

ウォールシュラブ　177

エスカロニア（*Escallonia*）'Iveyi'

EUPHORBIA　ユーフォルビア（トウダイグサ）属
Euphorbiaceae　トウダイグサ科

E. mellifera
華麗なユーフォルビアで、原産地のマデイラ諸島で豊かに茂っているのを見たことがある。イギリスの温暖地域の庭でも印象的な大きさに育てることができる。寒い地域では、暖かい壁際で育てること――私の庭では寒さの厳しい冬には地上部は枯れてしまうが、必ず再生する。早春にほぼ球形の茶褐色の花序をつける。そのようすはまるで黄金の蜂蜜のようで、触るとベトベトし、蜂蜜のような香りがする。アリが好む。葉は明るい草色で細長く、中心部に白い葉脈がある。印象的な姿の常緑樹。日向。水はけのよい土壌。2m。Z8

HOHERIA　ホヘリア属
Malvaceae　アオイ科

H. lyallii
珍しい落葉性低木で、日当たりのよい壁際に植えるとよい。ハート形の灰緑の葉は縁がギザギザでうぶ毛が生えている。

ERIOBOTRYA　エリオボトリア（ビワ）属
Rosaceae　バラ科

E. japonica（英名：loquat、和名：ビワ）
肌理（きめ）の粗いとても大きな深緑の葉を持つ。葉にはうねがあり、縁はギザギザしている。庭の設計者にとても人気のある美しい葉を持つ低木。乾いた土壌（ビワは乾燥にとても強い）では葉はあまり印象的にはならない。冬に咲く白い円錐花序には、強いアーモンドの香りがある。黄色い洋ナシ形の果実をつけるが、温暖な地域以外では熟すことはほとんどない。ロンドンの私のバルコニーでは熟している。鉢植えにしても素晴らしい。日向。9mまで。Z8

ビワ（*Eriobotrya japonica*）

盛夏に蜂蜜の香りがする皿形の白い花をたくさんつける。ホワイトガーデンによい。日向。水はけのよい土壌。4.5m。Z9

H. sexstylosa
常緑性のホヘリアで、幅が狭く直立した樹形。葉は細長く光沢がありギザギザしている。盛夏に咲く白い花は、*H. lyallii* のものより小さいが、同様に蜂蜜の香りがする。こちらもホワイトガーデンによい。'Stardust' がよい選択である。日向。4.5m。Z9

ITEA　イテア（ズイナ）属
Iteaceae　ズイナ科

I. ilicifolia
セイヨウヒイラギのような形の葉の目立たない低木だが、盛夏に滝のように花を咲かせて人々を驚かせる。緑がかった白い花々の総状花序は 30cm あり、垂れ下がるように咲くようすは粟の穂のようで、蜂蜜の香りがする。光沢のある濃い色の葉は、他の植物にとっても一年を通してよい背景となる。日当たりのよい壁面で最もよく育つ。*I. virginica*（Z5）はクリーム色で短かめの香りのよい総状花序

をつける。寒さにより強く、広々とした湿った土壌の場所にも適している。日向。3m。Z9

JASMINUM　ヤスミヌム／ジャスミナム（ソケイ）属
Oleaceae　モクセイ科

J. humile（英名：Italian yellow jasmine、和名：ヒマラヤソケイ）'Revolutum'
近縁種のつる性のもののような強く甘い香りはないが、いくらかの香りはある。夏の間、明るい黄色の花が軽やかな葉の間に房状に咲く。日当たりのよい壁面で育てると寒さにも十分強くほぼ常緑となる。極寒の地域以外では独立した低木として育てることもできる。日向。1.5m またはそれ以上。Z8

LAURELIA　ローレリア属
Atherospermataceae　アトロスペルマ科

L. sempervirens（英名：Chilean laurel）
格好のよい常緑樹で、葉をつぶした時のゲッケイジュに似たスパイシーな香りが

ホヘリア属の *Hoheria sexstylosa*

素晴らしく、探しだす価値がある。長い革のような淡緑の鋸歯状の葉を持ち、早春に黄緑の花房をつける。温暖な気候で最もよく育つ。寒さの厳しい地域でなければ、日当たりのよい壁面で育てることもできる。温暖地域では 15m 以上。Z9

左：ズイナ属の *Itea ilicifolia*　右：ヒマラヤソケイ（*Jasminum humile*）'Revolutum'

ルマ属の *Luma apiculata* の木肌（左）と花（中央）、右：タイサンボク（*Magnolia grandiflora*）

LOMATIA　ロマティア属
Proteaceae　ヤマモガシ科

L. myricoides
南半球の香りのある常緑樹のなかでは比較的寒さに強いもののひとつ。軽やかに枝を張る低木で、細長い葉がまばらに重なり合う。真夏にジャスミンのようなクリーム色の花房をつけ、甘く素晴らしい香りを漂わせる。寒風にさらされない場所が必要で、寒い地域には向かない。とても特徴的な植物で、革のような葉を持つ常緑樹とのコントラストは見事だが、ほとんど育てられていない。日向。酸性土壌。2mまたはそれ以上。Z9

L. tinctoria
株立ちの矮性種で羽状複葉を持ち、晩夏にヘリオトロープの香りがするクリーム色の花をつける。*L.myricoides* と似た環境を好み、ほぼ耐寒性がある。60–90cm。Z9

LUMA　ルマ属
Myrtaceae　フトモモ科

L. apiculata（*Myrtus luma*）
マートルの近縁で、剥皮したシナモン色とクリーム色の木肌が素晴らしい。温暖な地域で独立して育てるのが一番格好いいが、壁際に植えても美しい。晩夏から秋にかけて、長い期間花を咲かせる。一般的なマートルより寒さに弱い。2–6m。高木としては18m。Z9

MAGNOLIA　マグノリア（モクレン）属
Magnoliaceae　モクレン科

M. grandiflora（和名：タイサンボク）
ウォールシュラブの女王。光沢のある巨大な常緑の葉は、裏側が鉄さび色のフェルト状で、その佇まいに威厳をもたらしている。巨大な皿形の花はクリーム色を帯びた白で、スパイシーなレモンの香りを漂わせ、スイレンと同じくらいエキゾチックである。花はイギリスでは晩夏から秋にかけて断続的に咲く。日差しの多い地域では独立した低木として育てることもでき、アメリカ南東部では大きな高木となる。他の地域では、日当たりのよい壁からの熱がないとよく育たない。春に剪定してもよい。花が咲くまで少し時間がかかるので、早く育つ栄養系品種が好ましい。'Exmouth' は細めの葉を持ち最も寒さに強い。'Goliath' は最良だが寒さの厳しい庭には向かない。'Kay Parris' と 'Little Gem' はこじんまりとして素晴らしい。日向。肥沃な土壌。7.5mまたはそれ以上。Z7

M. 'Maryland'
M. grandiflora（タイサンボク）と *M. virginiana*（ヒメタイサンボク）の交配種で常緑性。晩夏にレモンの香りのするクリーム色の花を咲かせる。日向。9m。Z6

MYRTUS　ミルツス（ギンバイカ）属
Myrtaceae　フトモモ科

ミルツス類（英名 myrtles、マートル）は最近になって植物学者の間で熱心に研究され、6つの属に分類された——*Luma*（ルマ）と *Ugni*（ウグニ）も参照。わかりやすくするために、それ以外のものは

左：ギンバイカ（*Myrtus communis*）　中央：ウメ（*Prunus mume*）'Beni-chidori'（ベニチドリ）　右：シャリンバイ（*Rhaphiolepis umbellate*）

ここにまとめた。大半の品種は通常、日当たりのよい壁際で水はけのよいローム質の土壌でよく育ち、生長が遅い常緑樹として扱われるが、寒い地域では冬を越すとは限らない。葉にもよい香りがあり、白い花はスパイシーで甘い香りがする。温かい日には葉と花の香りが辺りに満ちる。日向。水はけのよい、ローム質の土壌。

M. communis（英名：common myrtle、和名：ギンバイカ）

晩夏に開花し、葉も花もその香りで私たちの鼻を喜ばせる。霜に負けて地面まで切り戻されることもあるが、壁面でよく育つ。亜種 *tarentina* などの斑入りや細葉のものは屋外ではやや育ちにくい。由緒ある興味深い植物。2-3m。Z8

M. lechleriana（*Amomyrtus luma*）

見事な銅葉をつけ、早春に花を咲かせる。寒さにはそれほど強くない。2-7.5m。Z9。*Myrteola nummularia* は真に耐寒性のある唯一のマートル。ロックガーデンの日当たりのよい場所に向く匍匐性の植物で、初夏に花をつける。2-7.5 m。Z9

PITTOSPORUM　ピットスポルム（トベラ）属
Pittospraceae　トベラ科

P. daphniphylloides

長い革のような常緑性の葉を持つ大型の低木。初夏に甘い香りがする薄黄の花房をつけ、その後、赤い実がなる。考えられているよりも寒さに強い。3m。日向または半日陰。湿った、水はけのよい土壌。Z8

P. tenuifolium（英名：kohuhu、和名：クロバトベラ）

イギリスでは最も一般的なピットスポルム。春に咲く濃紫の花は小さくて目立たないが、濃厚な蜂蜜の香りをふわりと漂わせる。香りは夜に最も強くなる。常緑性の葉はフラワーアレンジメントにも人気があり、縁が波打った艶のある若葉色の葉は、黒い小枝により美しく引き立てられる。花後に剪定することもできる。斑入り、葉色が紫、銀、黄金色のものなど、さまざまな種類がある。日向。水はけのよい土壌。12mまで。Z8

PRUNUS　プルヌス（サクラ）属
Rosaceae　バラ科

P. mume（英名：Japanese apricot、和名：ウメ）

バラのような強い香りを持ち、遠くまで漂う。花色は白やあらゆる種類のピンクがあり、一重も八重も、晩冬に葉のない枝に咲く。広々とした場所では大型の低木、または小高木になるが、壁面か壁際で育てると、香りが届きやすく、見た目もよい。一重で濃いピンクの 'Beni-chidori'（ベニチドリ）（私の台所の窓からその香りで元気づけてくれる）や半八重で白花の 'Omoi-no-mama'（オモイノママ）は見事だが、虫がついたり病気になりやすい。日向または半日陰。肥沃な、水はけのよい土壌。9cm

RHAPHIOLEPIS　ラフィオレピス（シャリンバイ）属
Rosaceae　バラ科

R. umbellata（和名：シャリンバイ）

日当たりのよい壁際に向く、生長が遅い常緑樹。厚い革のような卵形の葉を持つ、

ロムニーア属の *Romneya coulteri* 'White Cloud'

ROMNEYA　ロムニーア属
Papaveraceae　ケシ科

R. coulteri（英名：California tree poppy）
ポピー類にしては驚くほど甘い香りがする。株立ちの亜低木で、直立して育ち、冬に思うように育たなかったら、早春に地面まで切り戻すとよい。大きな皿形の白い花は、中央に黄金色の突き出た雄しべを持ち、盛夏から秋にかけて咲く。白い粉で覆われたような、深い切れ込みが入ったグレーの葉が、花を完璧に引き立てる。根づかせるのは難しいが、一度定着すると繁殖力が強くコロニーを形成するのが厄介である。'White Cloud' は、より大きな花をつける。日向。水はけのよい土壌。1.2−2.5m。Z8

UGNI　ウグニ属
Myrtaceae　フトモモ科

U. molinae（*Myrtus ugni*）（英名：Chilean guava）
マートルと近縁で、ピンクを帯びた白い花をつける直立した低木。春に開花し、寒さの厳しい地域以外では十分屋外で育てられるので、試す価値がある。赤い果実はイチゴのような味がすると思われているが、私は保証できない。ビクトリア女王が好んで食べたジャムは、この植物から作られたと言われている。1−2m。Z9

VITEX　ウィテクス／ヴィテックス（ハマゴウ）属
Lamiaceae　シソ科

V. agnus-castus（英名：chaste tree、和名：セイヨウニンジンボク）
イギリスではほとんど育てられていないが、貴重な秋咲きの低木で、日当たりのよい暖かい壁際でよく育つ。槍形の葉は、裏側がグレーで、刺激のある芳しい香りがある。直立した総状花序に咲くスミレ色の花は甘い香りである。枝張りのある樹形で、生長は遅い落葉樹。日向。水はけのよい土壌。2.5m。Z6

丸みを帯びた魅力的な低木。白い円錐花序からは夏の間中、甘い風船ガムのような香りが漂う。寒い地方ではコンサバトリーで育てるとよい。*R.indica* はピンクの花をつけ、香りもある。日向。水はけのよい土壌。3m。Z8

Salvia　サルビア（アキギリ）属
Lamiaceae　シソ科

S. microphylla（和名：チェリーセージ）
灌木状のサルビアで、フルーティな香りのする小さい葉と、唇形の小さな花をつける。深紅や赤から、黄色や桃色まで、幅広い花色がある。寒さが厳しい冬には弱いが、寒風にさらされない水はけのよい場所では十分な耐寒性がある。花は夏から秋にかけて咲き続ける。日向。水はけのよい土壌。60cm−2m。Z8

チェリーセージ（*Salvia microphylla*）

つる植物

ACTINIDIA　アクチニディア（マタタビ）属
Actinidiaceae　マタタビ科

A. deliciosa（*A. chinensis hort*）
（英名：Chinese gooseberry）
落葉性のつる植物で、主にキウイフルーツを目的として栽培される。甘い香りのする花は予想外の贈り物で、盛夏に花房をつける。花の咲き始めは白く、徐々にビスケット色にしおれていく。うぶ毛の生えた大きなハート形の葉は、その繁殖力の強さとともに印象的。実をつけるためには雌雄両方の木が必要。'Hayward' は一般的な雌木の栄養系品種で、'Tomuri' が雄木。広い土地が必要なので、育てるに値しないと思うかもしれない。日中の強い日差しを嫌うため、部分的に日陰のある壁面か、ときどき日の当たるパーゴラで育てるのが理想的。非常に乾燥した土壌以外であればどんな土壌でも可。9m。Z7

A. kolomikta（和名：ミヤママタタビ）
驚くべき落葉性植物で、葉には漆喰に少し浸したような白色が現われ、その後ラズベリージュースのような色に変化する。私には耐えられない光景だが、いたく感嘆する人もいる。初夏にほのかに香る白い花房をつける。他のマタタビ類に比べると繁殖力に劣り、葉の色が現われるまで数年かかるかもしれない。完全に日向となる壁面を好む。6m。Z4

A. polygama（和名：マタタビ）
A. kolomikta（ミヤママタタビ）に似て、葉の一部が漆喰に浸したように白くなるがピンクにはならない。香りはより強い。そのため、総合的には *A. kolomikta* よりも好ましい。日向。6m。Z4

AKEBIA　アケビア（アケビ）属
Lardizabalaceae　アケビ科

A. quinata（和名：アケビ）
雨風にさらされない日当たりのよい場所のパーゴラに、とても魅力的なつる植物。葉は5つの丸みを帯びた小葉が掌状についた上品な見た目で、暖かい冬には常緑となる。春になると、花弁に見える3つの萼片がついた、チョコレート色を帯びた紫の奇妙な花が現われ、暖かい日にはスパイシーな香りを放つ。さらに奇妙な紫のソーセージのような実がなることもある。繁殖力が強い。日陰の壁面を薦められることもあるが、私が見たなかで最良のものは完全な日向で育っていた。9m。Z4

BILLARDIERA　ビラルディエラ属
Pittosporaceae　トベラ科

B. longiflora
珍しい常緑性のつる植物で、暖かい地域の日当たりのよい壁面に向く。華奢な植物で細長い葉を持ち、緑がかった黄色の小さな漏斗形で香りのある花が真夏に咲く。秋に濃いバイオレットブルーの楕円形の実をつけた時が見ごろ。目新しい植物だが、拍手喝采を浴びるほどではない。

左端：ミヤママタタビ（*Actinidia kolomikta*）
左：アケビ（*Akebia quinata*）

クレマチス・フランムラ（Clematis flammula）(左)とクレマチス・アーマンディ（C. armandii）'Apple Blossom'(右)

コンサバトリーに置くと見栄えがする。日向。2m。Z9

CLEMATIS クレマチス（センニンソウ）属
Ranunculaceae キンポウゲ科

つる性のクレマチスの香りは、主に花が小さい品種にあり、大きな花を持つ交配種にはない。これらは鮮やかな色彩には欠けるが、自然な美しさがあり、多くのガーデナーが賞賛するようになってきた。壁面やパーゴラのほか、高木や低木にも上る。アルカリ性土壌でよく育ち、根元には涼しい日陰が必要。コンテナで育てる場合は根鉢を表土から5cmに深植えすること。ほとんどの品種は、ほぼあるいは全く剪定の必要がない。深く、肥沃で湿り気のある土壌。

C. afoliata
珍しいクレマチスで、暖かい地域で日当たりがよく、寒風にさらされない壁面に植えるとよい。葉の代わりに巻きひげを伸ばし、春に淡い黄緑の尖った花の房をつける。花にはジンチョウゲのような香りがあり、屋外ではわかりにくいが、コンサバトリーで育てるとはっきりと香る。2.5m。Z9

C. armandii（クレマチス・アーマンディ）
格好がよく繁殖力の強い常緑性植物で、葉は濃緑で細長い革のようである。時にはピンクを帯びることもあるクリーム色の花が春に咲き、アーモンドの香りを放つ。花の後に軽く剪定すること。純白の花を咲かせる'Snowdrift'は、銅葉とピンクの花が特徴の交配種'Apple Blossom'とともに最上級の品種。これらは人気があり好ましいが、寒風にさらされない、少し日当たりのある場所を必要とする。6m。Z8

C. cirrhosa var. balearica
シダのような細かい切れ込みの入った常緑性の葉を持ち、秋にはブロンズ色に紅葉する。通常は内側に深紅の斑点がある、クリーム色のベル形の花を冬の間中咲かせる。花の香りは屋外ではわかりにくいが、コンサバトリーで育てるとレモンの香りがはっきりと楽しめる。'Wisley Cream'もよい品種である。日向または半日陰。3m。Z8

C. 'Edward Prichard'
背の低いクレマチスで、ほっそりした星形の花を咲かせる。花は白だが先端はライラック色を帯びる。はっきりとした香りがある。コンテナに植えるとよい。1.2m

C. 'Fair Rosamond'
私が知る限りでは、大きな花をつける交配種のなかで唯一、はっきりとした香りのする品種。カウスリップ（キバナクリンソウ）とスミレをブレンドしたような香り、と表現される。花は白だがピンクを帯びており、紫の雄しべが突き出ている。初夏に咲き、コンテナでも育つ。日向または半日陰。2m

C. flammula（クレマチス・フランムラ）
C. vitalba（英名：traveller's joy / old man's beard）と似た落葉性の植物。庭園植物としてはこちらの方が総合的に優れている。繁殖力は強いが扱いやすく、光沢のある葉を持ち、晩夏から秋に咲く白い花にはメドウスイート（セイヨウナツユキソウ）のような力強い香りがある。

184 つる植物

クレマチス属のクレマチス・フォステリ（*C. forsteri*）(左) とクレマチス・レデリアナ（*C. rehderiana*）(中央)、*C. x triternata* 'Rubromarginata' (右)

空気中に漂う香りは楽しめるが、近くで嗅ぐと強すぎる。南ヨーロッパ原産なので、太陽を好み、寒風から保護する必要がある。建物の外壁や高木に這わせると素晴らしい。4.5mまで。Z6

C. forsteri（クレマチス・フォステリ）
ニュージーランド原産の常緑性の品種で、春に咲く黄緑の星形の花には心地よい強さのレモンの香りがある。近縁種の *C. petriei* は特によく香り、寒さにもより強く、繁殖力も強い。雄木の方が大きな花をつけるが、雌木はタンポポの綿毛のような種をつけるようすが魅力的。寒風にさらされない日当たりのよい場所が必要。寒い地域ではコンサバトリーで育てると見事。Z9

C. 'Lemon Dream'
新しく紹介された種類で、春咲きの八重のクレマチス。レモン色を帯びた白いベル形の花には美味しそうなグレープフルーツの香りがある。2m

C. montana（クレマチス・モンタナ）
春の庭の誉れ。開いて四角く見える4つの萼を持つ花を見事なほどたくさんつける。白花で強いバニラの香りがあるが、より大きな白い花を咲かせる 'Grandiflora' には香りはない。*C. montana* var. *ruben* は明るいモーブピンク、'Elizabeth' は大きな淡いピンクの花を咲かせるが、両方ともバニラの香りがする。遅咲きの *C. montana* var. *wilsonii* は、香りの強い白い花を咲かせる。*C. montana* の仲間は日向でも日陰でも丈夫に育ち、その繁殖力の強さから見苦しい建物を覆うために使われることも多い。落葉性。6m。Z5

C. rehderiana（クレマチス・レデリアナ）
盛夏から秋にかけて、プリムローズのような香りのある淡黄の小さなベル形の花を咲かせる。私はクレマチスのなかでもっとも魅力的だと思う。落葉性のつる植物で、壁面や高木に這い上がるようすも魅力的。日向または半日陰。7.5m。早春に強剪定してもよい。Z6

C. serratifolia（和名：オオクワノテ）
レモンの香りが素晴らしく、それを目当てに育てる価値がある。*C. tangutia* や *C. orientalis* と外見は似ているが、茶色の雄しべが詰まった淡い色の小さなベル形の花を咲かせる、珍しいクレマチス。晩夏にたくさん花をつける。落葉性。日向または半日陰。3m。Z5

C. terniflora（*C. paniculata* hort.）（和名：センニンソウ）
C. flammula の近縁種で、白い花からはともにセイヨウサンザシのような香りが漂う。アメリカで人気のクレマチスで、イギリスの気候よりも強い日差しを必要とする。繁殖力が強く、丈夫に育つ。秋咲き。9m。Z9

C. x triternata 'Rubromarginata'
C. flammula と *C. viticella* の珍しい交配種で繁殖力が強い。晩夏から秋にかけて紫の縁取りがある白い花をたくさんつける。*C. flammula* と同じ香りがある。日向または半日陰。3.5m。Z6

C. viticella 'Betty Corning'
viticella 種に属し、夏にラベンダーブルーのベル形の花を咲かせる使い勝手のよい、とても魅力的な品種。軽い香りがある。

つる植物　185

3m。Z5

DECUMARIA　デクマリア（セキヘキノキ）属
Hydrangeaceae　アジサイ科

D. barbara
半常緑性の登攀性植物。ツルアジサイやイワガラミと近縁で、似た特徴があるが、デクマリアは装飾花を持たない。夏に小さな花を直立した散房花序につけ、蜂蜜の香りがする。壁面または高木を這い上り生長する。日向または半日陰。湿った、水はけのよい土壌。7.5m 以上。Z7

D. sinensis
D. barbara と同じ環境で育つ常緑性の品種。初夏にクリーム色をしたピラミッド形の円錐花序をつけ、同様に蜂蜜の香りがあるが、その香りは D. barbara に比べるとかなり弱い。3m。Z6

ERCILLA　エルシラ属
Phytolaccaceae　ヤマゴボウ科

E. volubilis
常緑性の奇妙な登攀性植物で、春にはピンクの瓶ブラシのような芽の詰まった穂状花序をつける。メドウスイートの香りがする。日向または半日陰。3m。Z7

HOLBOELLIA　ホルボエリア属
Lardizabalaceae　アケビ科

H. coriacea
繁殖力が強く、格好のよい常緑性のつる植物。紫を帯びて緑がかった白いベル形の甘く香る花を春に咲かせる。花の後に紫の実がなる。日向。6m。Z7

H. latifolia
やや寒さに弱いが、魅力的に絡みつく常緑性のもうひとつの品種。早春にとても甘い香りのする緑がかった白や紫を帯びた花を咲かせる。紫のソーセージ形の実をつけることもある。葉は長く光沢があり、豊かに茂る。霜が降りる地方では寒風にさらされない壁面が必要。より珍しい H. brachyandra の花はメロンのような強い香りがある。日向。6m。Z9

JASMINUM　ヤスミヌム／ジャスミナム（ソケイ）属
Oleaceae　モクセイ科

宵の香りとしてはペルシアソケイが最も強く香る。甘く重たい異国情緒のある香りは、いつも気持ちよく空気中に漂うが、たくさん咲くと強すぎて不快になることもある。風に乗って香りが薄まるよう、家から離れたところに植えるのがよい。他の品種は家の窓やドアのすぐ横に植えてもよい。日向。肥沃な土壌。

J. beesianum（和名：ベニバナソケイ）
初夏にバラ色を帯びた深い赤色の小さな花を咲かせ、花の後には艶のある黒い実がなる。興味深い植物だが、抜群に優れたジャスミンというほどでもないだろう。温暖な気候の地域では常緑。3.5m。Z6

J. officinale　（英名：common jasmine、和名：ペルシアソケイ）
繁殖力が強く、通常は落葉性のつる植物。建物の外壁やパーゴラ、さらには高木の幹を這い上る姿が美しい。寒冷地域では寒風にさらされない場所で、日差しを完全に受けられる壁面が必要。夏の間

左：ホルボエリア属の Holboellia coriacea　右：ペルシアソケイ（Jasminum officinale）

左端：ジャスミナム属の *Jasminum x stephanense*
左：ロセニラ属の *Lonicera x americana*

中、ピンクを帯びた蕾から純白の花が咲く。剪定せずにおくのが最もよい。***J. affine***（英名 Spanish jasmine／royal jasmine）はやや大きめの花をつける優れた品種。'**Aureum**' は黄色い斑点のある葉を持つ。'**Clotted Cream**' はクリーム色の品種で鋭く甘い香りがする。6m 以上。Z7

J. x stephanense

前の2品種の交配種。甘く香る淡いピンクの花を夏に咲かせる。気候が温暖な地域では常緑性で、若葉にはクリーム色の斑が入ることがある。6m。Z7

LONICERA　ロニセラ（スイカズラ）属
Caprifoliaceae　スイカズラ科

スイカズラ類（英名 **honeysuckles**、ハニーサックル）は香りの庭の大黒柱。宵や早朝の涼しい時間に、フルーティな、あるいはスパイシーな甘い香りで空気を満たす。日中の暑い時間には鼻を近づけて嗅がないとわからない。壁面に垂直に固定されるよりも、フェンスやパーゴラ、高木を自由に這い上っている姿が最も美しい。その場合、剪定はほとんど必要ない。土壌には神経質ではないが、クレマチスのように根元は涼しい方がよく育つ。アブラムシがつきやすく定期的な防虫剤の散布が必要かもしれない。

L. x americana

落葉性のハニーサックル。優れた交配種で、強いクローブの香りがある。赤紫を帯びた黄色い花は、夏に印象的である。日向または部分的な日陰。6m。Z6

L. caprifolium（英名：early cream honeysuckle）

盛夏に咲く花は白と黄色がブレンドされて、赤はほとんどあるいは全く含まない。フルーティで典型的なハニーサックルの香りがする。素晴らしい植物。落葉性。日陰。6m。Z6

L. etrusca

珍しい半常緑性の美しいハニーサックルで、完全な日向となる壁面によく育つ。寒さには強くないが、コンサバトリーで育てると見事である。花の咲き始めはクリーム色で、やがて赤味を帯び、成熟すると濃黄色に変化する。晩夏に咲き続ける花にはフルーティな香りがある。3.5m。Z8

ニオイニンドウ（*L. periclymenum*）

L. × *heckrottii* 'Gold Flame' *hort.*

つる植物というより弱い幹を持つ低木で、壁面の支えが必要。赤紫を帯びた濃いオレンジイエローの花が晩夏に咲く。花にはスパイシーな甘い香りがある。生長は遅い。日陰。Z5

L. japonica（和名：スイカズラ）'Halliana'（ハリアナ）

日本のハニーサックルではもっとも素晴らしく、寒さの厳しい庭以外で好ましい品種。アメリカの一部を含む温帯地域では、繁殖力の強い雑草になる。ほぼ常緑性で、初夏から開き始める花は、咲き始めは白く、成熟すると黄色に変化し、クチナシを思わせるような強い南国の香りがする。繁殖力が強いため、春に強剪定する必要があるかもしれない。日向または半日陰。9m。Z5

L. periclymenum（英名：common honeysuckle、和名：ニオイニンドウ）

ヘッジロー（生垣）やコテージガーデンの植物として馴染みがあるが、ふたつの有名な園芸品種によって一新された。'Belgica'（英名 early Duch honeysuckle）は、主に盛夏に薄黄と赤紫の花をつける。'Serotina' はさらによい品種で、より濃い色の花を夏から秋にかけて長い間咲かせる。'Graham Thomas' の白と黄の花にはピンクは混ざらない。すべて落葉性で、豊かなフルーツの香りがある。6m。Z5

L. splendida

寒さの厳しい地域以外では試す価値のある常緑性の品種。美しい青緑の葉を持ち、内側が黄色で外側が赤味を帯びた香りのよい花を夏の間中咲かせる。寒風を避けること。完全な日向。Z9

PASSIFLORA　パッシフローラ（トケイソウ）属
Passifloraceae　トケイソウ科

P. caerulea（英名：passionflower、和名：トケイソウ）

庭園において最も複雑で興味をそそる花を咲かせる。花の中央にある柱状部にはずんぐりした形の雄ずい、柱頭、子房がついており、先端部をそれにつけるようにして紫、青、緑がかった白の花糸が円形の模様を描く。母なる大自然の造形というよりも、産業革命の産物のようである。花は夏の間中咲き、繊細な甘い香りがある。花の後には卵形をしたオレンジの実がなる。極寒の地域を除くすべての地域で日当たりのよい壁面に丈夫に育つが、初めの2、3年は冬の間の防寒が必要。常緑性で比較的虫がつきにくい。'Constance Elliott' は美しい白花の品種。4.5m。Z7

トケイソウ（*Passiflora caerulea*）

PILEOSTEGIA ピレオステギア（シマユキカズラ）属
Hydrangeaceae　アジサイ科

P. viburnoides（和名：シマユキカズラ）
晩夏から秋にかけて蜂蜜の香りがするクリーム色の円錐花序をつける。日陰の壁面ではツルアジサイやイワガラミに代わる魅力的な常緑性の登攀性植物。定着し始めるまでに時間がかかる。6m。Z8

SCHISANDRA スキサンドラ（マツブサ）属
Schisandraceae　マツブサ科

S. chinensis（和名：チョウセンゴミシ）
香りのある花と葉を持つ珍しい落葉性のつる植物。春にバラ色を帯びた薄いピンクの花を、長い花梗にぶら下がるようにつける。花の後、雌木には緋色の実がなる。壁面やパーゴラに植えると目新しい。日向または半日陰。6m。Z5

S. grandiflora
格好のよい品種で、よい香りのする象牙色の花を初夏に咲かせる。花後には、雌木に赤い実がなる。日向または半日陰。6m。Z8

S. rubriflora
より一般的な品種。春にベル形の濃赤の花を垂れ下げるようにつけ、実も魅力的。この品種も、花の香りがよく、葉にも香りがある。花も実も人目を引くので、壁面やパーゴラに向く。日陰。6m。Z8

SCHIZOPHARAGMA スキゾファラグマ（イワガラミ）属
Hydrangeaceae　アジサイ科

S. integrifolium
軽い香りがするツルアジサイ（*Hydrangea petiolaris*）のような装飾花の集まりを持つが、全体的に大きく、印象的。盛夏に咲く花はクリーム色で、*S. hydrangeoides*（イワガラミ）よりも強い蜂蜜の香りがある。登攀性があるが定着するまでは生長が遅い。暗い日陰の壁面ではない方が花もよく咲く。日向または日陰。9m。Z7

STAUNTONIA スタウントニア（ムベ）属
Lardizabalaceae　アケビ科

S. hexaphylla（和名：ムベ／トキワアケビ）
寒さの厳しい地域以外では、寒風にさらされない日当たりのよい壁面でよく育つ。革のような葉を持つ常緑樹で、春にスミレ色を帯びた白い花の小さな総状花序をつける。花には甘い香りがある。暑い夏の後には食用にできる紫の実がなる。葉の茂った姿が格好よく、屋外で育てるのが難しい場合はコンサバトリーに場所をとる価値がある。12m。Z8

TRACHELOSPERMUM トラケロスペルムム（テイカカズラ）属
Apocynaceae　キョウチクトウ科

T. asiaticum（和名：テイカカズラ）
寒さが厳しい地域以外では日当たりのよい壁面に丈夫に育つ。盛夏に咲く、クリーム色を帯びた黄色いジャスミンのような花には、抗いがたいほど魅力的な洗練

左：マツブサ属の *Schisandra rubriflora*　中央：ムベ（*Stauntonia hexaphylla*）　右：テイカカズラ（*Trachelospermum asiaticum*）

つる植物 189

左：トウテイカカズラ（*Trachelospermum jasminoides*）'Variegatum' 右：シナフジ（*Wisteria sinensis*）

されたヘリオトロープの香りがある。常緑性の小さい深緑の葉を持ち、ぎっしりと密生する。5.5m。Z8

T. jasminoides（英名：star jasmine / confederate jasmine、和名：トウテイカカズラ）

大きな花と葉を持ち、力強いオレンジブロッサムの香りがある。香りのよい植物としては、最初に考慮されるべきである。常緑性で、一度根づけば屋外の日当たりのよい壁面でも丈夫に育つが、*T. asiaticum*（テイカカズラ）よりもやや寒さに弱い。寒い地域ではコンサバトリーで育てる植物の筆頭である。ロンドンではよく育ち、純白の花が盛夏に咲く。テイカカズラ類は古木に花をつけるため、剪定はほとんど必要ない。よい土壌を好む。ピンクの斑が入った白花を咲かせる常緑性の'**Variegatum**'もあるが、私の好みではない。9m。Z9

WISTERIA ウィステリア（フジ）属
Papilionaceae　マメ亜科

初夏になると家の玄関先に長い紫のフジの房状花序がたくさん垂れ下がるが、「慣れすぎは侮りを生む」ことはない。パーゴラや橋などに誘引すると素晴らしいが、立ち木として育てることもできる。繁殖力の強い植物だが、花が咲くまでには2、3年かかるのが普通。根づいたら、花後に新しく側生した長い枝を15cm程度に剪定し、冬に再度2、3の蕾を残す程度まで剪定すること。落葉性。日向。深い土壌。

W. brachybotrys（和名：ヤマフジ）'Shiro-kapitan'（シロカピタン）（*W. venusta* 'Alba'）

最も美しい白フジで、絹のような若葉が芽吹くのと同時に房状花序が開いていく。花には蜂蜜のようなふくよかでフローラルな香りがあり、遠くまで香る。7.5m。Z5

W. floribunda（英名：Japanese wisteria、和名：フジ）

初夏に、若葉が広がった後、長い房状花序をつける。私の見解では、この品種が中国産の品種に特徴を持たせたのだと思う。花には繊細なマメ科の植物の香りがある。庭ではこの品種が、とても長い房状花序を持つ'**Multijuga**'（'**Macrobotrys**'）や、素晴らしい白花をつける'**Alba**'など、その変種に取って代わられている。7.5m。Z4

W. sinensis（英名：Chinese wisteria、和名：シナフジ）

W. floribunda（フジ）よりもだいぶ強いスイートピーのような花の香りがあり、空気中にもよく漂う。花は春に、まだ葉が出ていない枝に咲き、薄い色の壁を背景にすると際立って美しい。高木を這い上らせてみる価値もある。（高木の上のフジは剪定の必要がない。）'**Alba**'は素晴らしい白い品種で、'**Prolific**'はバイオレットブルーの花を豊富につける。剪定しなければ15m以上。Z5

RHS ガーデン　ハイド・ホールのパーゴラを覆うヤマフジ 'Shiro-Kapitan'（シロカピタン）

RHS ガーデン　ハイド・ホール（Hyde Hall）

「RHS ガーデン　ハイド・ホールでは、人々を魅了する香りの植物としてグミ（*Elaeagnus*）、ロニセラ（*Lonicera*）、サルココッカ（*Sarcococca*）などを庭の通路のなかで鍵となる場所や重要な合流地点などに植えている。ニュージーランド原産で蜂蜜の香りのするヒースのようなカッシニア属の低木 *Cassinia leptophylla* subsp. *fulvida* は、ここで耐寒性があることが証明され、園内で最も素晴らしい香りの植物でもある。また、夏咲きのクレマチス *Clematis* x *tritenata* 'Rubromarginata' や、オークでできたパーゴラを覆うように育ち、ヒルトップガーデンへと導くようにバニラや蜂蜜のような香りを4週間も漂わせてくれる白花のヤマフジ（*Wisteria brachybotrys*）'Shiro-Kapitan'（シロカピタン）も素晴らしい。

　ハイド・ホールは雨量が少なく、乾燥した気候で育つ植物にも適している。ラフで起伏のあるドライガーデンには、シスタス（*Cistus*）、ローズマリー、コットンラベンダー、ジュニパー、サルビア類などが集まり、温かみのある樹脂性の香りを漂わせている。この香りは隣接する幾何学的なハーブガーデンにも届く。現在計画中の地中海風ガーデンにも届くだろう。そこにはラベンダーを列植し、プロヴァンス地方で見られるようなラベンダー畑を作る予定である。夏にはイングリッシュローズのコレクションが、注目すべき香りの見どころになる。」

イアン・レグロス（Ian Legros）
RHS ガーデン　ハイド・ホールのキュレーター

高山植物、
トラフの植物、
水辺の植物

　バラに出会った時、まずは鼻を近づけてその香りを嗅ぐだろう。少なくとも私はそうする。花の咲いている大型の低木や高木についても同じようにするかもしれない。しかし丈の低い高山植物を見つけても香りを嗅ごうとする人はほとんどいない。実際、高山地域やロックガーデンでよく育てられる植物には香りのするものは多くはなく、オーブリエタ (*Aubrieta*)、カンパニュラ（*Campanula*）、ユキノシタ類（英名 saxifragas）、ベロニカ (*Veronica*)、セダム（*Sedum*）、ルイシア（*Lewisia*）、リンドウ類（英名 gentians）、ゲラニウム（*Geranium*、和名フウロソウ）、センペルウィウム（*Sempervivum*）などはどれも香りがしない。けれども高山植物にも注意を払うべき香りは多い。

　花の香りを楽しむには、鼻の近くになければならない。丈の低い植物であれば高いところに持ち上げてやる必要がある。ロックガーデンの芳香植物も嗅ぎやすい高さに植えるのがよい。トラフやレイズドベッドはこうした多くの植物にとって理想的で、ものによっては垂直の壁面に沿わせて鼻の高さ付近に仕立てることもできるだろう。

　年の始めはスミレの香りのするアイリス *Iris reticulata*（紫の花はビャクシン属の *Juniperus squamata* 'Blue Star' などの青い小さな針葉樹を背景にすると素晴らしい）や *Crocus versicolor* や *C. chrysanthus* のようなクロッカスなどの矮性の球根植物で新年を迎えることができる。クロッカスには多くの花色があり、それぞれに印象や強さの異なる蜂蜜の香りがする。私は以前クリスマスプレゼントに世界中の蜂蜜の詰め合わせをもらったことがあるが、それぞれの香りを、ちょうど温室で咲いていた鉢植えのクロッカスの香りと比較するというゲームをして盛り上がった。とても近いものもあったが、同じ品種の植物から採った蜂蜜でも味や香りには大きな幅があり、「蜂蜜の香り」と表現されるものには限りないニュアンスの幅がある、ということを学んだ。

ロックガーデンは必ずしも岩山のような構造物ではない。平均的な庭には大きな石はほとんど使わずになだらかに盛土した低い花壇と、選ばれた高山植物を植えた浅鉢（シンク）やトラフの方がふさわしい。写真の庭は、さまざまなダイアンサス（ナデシコ）を取り揃えて夏の香りに浸り、舗装の割れ目に育った匍匐性のタイムが足に触れて香り立つのを待っている。カンパニュラ（*Campanula*）、ディアスキア（*Diascia*）、白花のリクニス（*Lychnis*、和名センノウ）がさらに色どりを添える。

> 　四角い石敷きが古臭いロックガーデンのデザインに現代的な雰囲気をもたらしている。カモミールの香りが満ち、さまざまなタイムが芳しい葉の香りを漂わせる。足で踏むのは少し可哀想だが、ナデシコを植えて空気中に香りを漂わせてもよいだろう。

　シラー属の *Scilla mischtschenkoana* も高山植物の庭に素晴らしい球根植物である。早春から長い期間咲く淡い色の花にはとても甘い香りがあり、コロニーを形成する。フルーティな香りの小さな黄色い花をつけるスイセンの手前に植えると魅力的である。この場所には *Muscari armeniacum* 'Valerie Finnis' などのムスカリや矮性のチューリップを植えるのもよい。

　春の盛りには高山植物の庭には花が溢れるように咲き誇る。最も洗練された香りを放つのはダフネ（*Daphne*、和名ジンチョウゲ）で、匍匐性の *D. cneorum*（英名 garland flower）は地面を這う茎を根付かせることができれば広い面積に育つ。茎の上に石を置いてやると根付きやすくなる。岩の上にマウンドを作り壁面を伝って降りてくるようすは、花の時期には素晴らしい風景で、香りも楽しめる。なかでも 'Eximia' が最良で、私の候補植物リストの上位にいる。ジンチョウゲの他のものでは、香りも豊かで小綺麗、かつ環境にも順応しやすい *D. sericea* Collina Group や、トラフに適した小さい *D. tangutica* Retusa Group がある。どちらもコンサバトリーで鉢植えにするのがよい。最近では新しい交配種が活発に紹介されているが、その多くはイングランド、ハンプシャー州のロビン・ホワイト（Robin White）によるもので、なかでも *D. x transatlantica* 'Eternal Fragrance' はほぼ常に花を咲かせ続け、実に見事である。

　香りのよい高山植物ではダイアンサス（*Dianthus*、和名ナデシコ）も重要である。数ある品種や交配種には温かみのある香りがあり、穏やかな日には空気中に漂うので、地植えしたり花壇の縁に沿った小径や舗装の割れ目などに使用しても楽しい。私のお気に入りの交配種は栗色や濃紫、深紅などの入り組んだレース状の縁飾りを持つもので、Rosa mundi（*Rosa gallica* 'Versicolor'）や 'Ferdinand Pichard' といった縞模様や斑入りのバラと一緒に植えると特に素晴らしい。高山植物のフロックス（*Phlox*）の多くにも、強くはないが同じように立ちのよい香りがある。宿根草のウォールフラワー（*Erysimum*）では、さらにアニスの種の香りとブレンドされている。オノスマ属の *Onosma alborosea* にもアニスの種の香りが含まれる。オノスマはロックガーデンの岩の隙間や壁面に咲くと目を引く植物で、垂れ下がって咲く花房は周囲の風景と対照的で大きく存在感がある。プリムラ属の *Primula reidii* var. *williamsii* の香りも素晴らしく、欠かせない。また、花色の持ちもよく、香りも強い 'Mrs Lancaster' や 'Little David' などのビオラの品種も庭のどこかに植えるべきである。

　花の香りを補完するものとして、香りのよい葉を持つ植物を加えてもよい。オレガノやタイムはスパイスとして、イヌゴマ属の *Stachys citrina* はミントチョコレートの香りを楽しめる。ツツジの矮性種もスパイシーな香りを加えてくれる。

高山植物、トラフの植物、水辺の植物　195

　高山植物のなかでも特に高地に生育するものは、通常はあまり香りがしない。冬の間厚い雪に覆われて乾燥した環境にあるので、栽培する時には温室で雨を避けて育てること。けれども春から初夏にアルパインハウスに入るとすぐに例外に気づくだろう。ディオニシア属の *Dionysia aretioides* の花には豊かなカウスリップの香りがあり、アンドロサケ属の *Androsace cylindrica* の花は強いアーモンドの香りがする。玄人好みのペトロカリス属の *Petrocallis pyrenaica* やグンバイナズナ属の *Thlaspi cepaeifolium* subsp. *rotundifolium* にも美味しそうな香りがある。これらの香りはとても力強く空気中に漂うため、換気孔を通して運ばれ、屋外の庭にいても楽しめることもある。

196　高山植物、トラフの植物、水辺の植物

テーブル型の石のトラフに芳しい葉や香りのよい花をつける植物を植えた小さなロックガーデン。

　ほとんどの高山植物は日光と水はけのよさが必須である。標準的な生育環境は、壌土とピートモスまたはその代替土壌と粗砂利を均等に混ぜた土壌である。とは言え、高山植物の庭では必ず日陰の場所を作る。トラフのために、家の裏側に舗装された日陰の区画を作ることもある。

　こうした場所では、リンドウ、プリムラ、ユリなどの日陰を好む品種や、酸性土壌で育つ低木のために特別な花壇を作ることもできる。これらは水はけはよいものの適度に湿った、腐植土を多く含む土壌を好む。多くはアルカリ性土壌を嫌うので、中性か酸性土壌とし、周辺の岩場は花崗岩か砂岩とする必要がある。鉄道の枕木は代替品として素晴らしい。アルカリ性土壌では、花壇を地上から１ｍ程度の高さに作って周囲の土地から浸出を防ぎ、水やりには水道水ではなく雨水を使うこと。私の日陰の花壇では、アルカリ性土壌をベースとして、酸性堆肥、マツの樹皮を砕いたもの、石灰質を含まない粗い砂利、などを混合したものを使用している。日陰は壁や建物、高木などによって作られるが、雨の滴を垂らすような張りだした枝や軒天などがない場所であること。そうした花壇に向く香りのよい植物には、ジンチョウゲ属の *Daphne blagayana* やツルアリドオシ属の *Mitchella repens* などの低木、アリサエマ属の *Arisaema candidissimum*、ユリ属の *Lilium cernuum*、*L. duchartrei*、*L. nepalense* やスノードロップなどの球根植物、バイカイチゲ（*Anemone sylvestris*）、リンネソウ（*Linnaea borealis*）、オダマキ属の *Aquilegia viridiflora*、コリダリス属の *Corydalis flexuosa*、フロックス属の *Phlox divaricata*、トリ

アルパインハウス（高山植物の温室）

　アルパインハウスとは換気装置のある暖房のない温室のことである。香りの愛好者には早咲きの植物のさまざまな香りを楽しむ素晴らしい機会を提供してくれる。花たちはさまざまな要素から守られて完璧な姿を見せる。それほど寒さに強くない植物や湿った土壌を嫌う植物も幅広く収容でき、冬の間は乾燥した場所で生育する。寒さの厳しい時は屋外の環境と絶縁状態にして保護することもできる。ひとつめのグループは冬や春に咲くクロッカス、スイセン、アイリスやヒアシンスなどの球根植物である。小型のジンチョウゲを鉢植えにして育てると素晴らしい相棒となる。ふたつめのグループは地中海沿岸のラベンダーやローズマリーである。レモンの香りのするクレマチス・フォステリ（*Clematis forsteri*）やニュージーランドクレマチスなどを細長い屋根に這わせて仕立てることも考えられる。もし温室が十分広く設定気候も悪くなければ、*Camellia japonica* 'Scentsation' などの香りのよいツバキや 'Lady Alice Fitzwilliam' などのシャクナゲも育つかもしれない。これらは夏になったら屋外の日陰の場所に鉢のまま植え込む。アルパインハウスで育てられる植物のなかでは、プリムラ属のアツバサクラソウ（*Primula auricula*）が最もお薦めである。とても風変わりで、特に白とグレーで縁取りされた緑の葉を持つものは、その複雑な模様や、食事時に埃が積もったような蕾を開くようすには何年経っても驚かされるだろう。レモンのニュアンスのあるプリムローズの香りにチョコレートの要素を加えたようなこの花の鋭い香りも秀逸である。

リウム属の *Trillium luteum* などの宿根草が含まれる。私の庭では *R. trichostomum* や × *Ledodendron* 'Arctic Tern' などの背の低いツツジの仲間も育てている。

水辺の植物

　池は庭の最も素晴らしい見どころのひとつである。人々は水に惹きつけられ、その周辺の植物や動物たちの営みは一年を通して好奇心をそそる。私の庭の池はキッチンの窓の外にあり、バードウォッチングもできる。

池の周りを柔らかく水っぽい土壌にすると、池の周辺にも湿った土壌を好む宿根草が育つ。池の縁を超えて徐々に低くなるよう地面に傾斜をつければ、毛細管現象でその周辺に水分を運ぶことができる。池の中に棚を作ると浅瀬の土壌が池の底へとこぼれるのを防ぐ。浅瀬の棚には浸食を防ぐために沿岸部に生える湿生植物を分厚く植えること。幾何学的な形をした形式的な池が、舗装されたテラスやよく刈られた芝生の中央に配置されていることもある。もしくは自然風な池で、縁はイグサに覆われ、ヤナギが木陰を作っているかもしれない。

水辺の庭の香りのよい植物はあまり多くはない。けれども高山植物の庭と同じで、香りが全くないわけではない。まず、水面に浮かぶものには香りのよいスイレン（*Nymphaea*）がある。多くの交配種が入手可能で、ローズピンクから硫黄色など花色の幅も広く、フルーティな香りがする。シーズンの初期にはミズサンザシ（*Aponogeton distachyos*）が対照的なバニラの香りを漂わせ、その白い穂状花序とほっそりした葉は丸みを帯びたスイレンのふくよかな形を強調する。

あまり深くない場所に植える沿岸部の湿生植物には、紐のように細長い葉にシナモンの香りのあるショウブ（*Acorus calamus*）、コツラ属の *Cotula coronopifolia*（英名 brass buttons、ブラスボタン）、セイタカハマスゲ（*Cyperus longus*）など、葉によい香りのあるものもある。じめじめした水辺の土壌にも香りのよい花を咲かせる植物がある。ミズバショウ（*Lysichiton camtschatcensis*）は早春に巨大な仏炎苞をつけ春の到来を告げる。鼻を近づけられる場所であればその甘い香りをとらえることができる。自然風な池がある大きな庭では香りのよい花穂を持つ *Salix aegyptiaca*、*S. triandra* や、芳香のある葉を持つ *S. pentandra*（英名 bay willow、ベイウィロー）などのヤナギ類も適応できるだろう。

私のお気に入りの水辺の香りはプリムラの香りである。初夏になると *Primula alpicola*、*P. sikkimensis* や *P. prolifera*（以前の名前 *P. helodoxa* で知られる）などはレモンの香りを漂わせ、もし手の届く場所に *P. wilsonii* var. *anisodora* を育てるならばそのアニスの種の香りとの組み合わせは完璧である。最も豊かな香りは遅咲きの *P. florindae*（英名 giant Himalayan cowslip）にある。この硫黄色の美しい植物がこぼれ種で増えてコロニーを形成する姿は驚くほど美しく、その香りに夢中になる。

水辺で育つ低木では、アメリカリョウブ（*Clethra alnifolia*、英名 sweet pepper bush）がいつも私のリストの上位にある。盛夏に咲く白い穂状花序はビブルナム（*Viburnum*）と同じくらい甘く強く香る。香りのよい葉を持つものにはコンプトニア属の *Comptonia peregrina*（英名：sweet fern）やヤマモモ属の *Myrica gale*（英名 bog myrtle、ボグマートル）が欠かせない。*Rhododendron viscosum* や *R. atlanticum* などのツツジ類もフルーティな強い香りのする花を咲かせる。

悪臭を放つ黄色いアメリカミズバショウとは異なり、清潔感のある香りのミズバショウ。

高山植物・トラフの植物

ALYSSUM　アリッサム（ミヤマナズナ）属
Brassicaceae　アブラナ科

A. montanum（和名：ヤマナズナ）
地面に這うように生長するアリッサムで、初夏に淡黄のとても香りのよいゆるい総状花序をつける。グレーの小さな常緑性の葉を持つ宿根草。日向。水はけのよい土壌。15cmまで。

ANDROSACE　アンドロサケ（トチナイソウ）属
Primulaceae　サクラソウ科

A. ciliata
小さな半球形のロゼットをなし、初夏に強いアーモンドの香りがするローズピンクの花を咲かせる。アルパインハウスの砂利土で育てるとよい。

A. cylindrica
うぶ毛で覆われた灰緑の葉をロゼット状につけ、強いアーモンドの香りのする白い花を咲かせる。アルパインハウスの砂利土で育てる。

A. pubescens
グレーの小さな半球形のロゼットを形成。短い茎を持つ白い花は蜂蜜の香りがする。雨を嫌うので、冬の間中、板ガラスで保護する必要がある。石灰岩を使った栽培に向き、アルパインハウスでよく育つ。日向。砂利土。

A. villosa
A. pubescebs よりも育てやすく、うぶ毛の生えた灰緑の葉をマット状に形成。春には白やピンクの蜂蜜の香りのする花を先端につける。赤い斑入りの花もある。日向。砂利土。

ANEMONE　アネモネ（イチリンソウ）属
Ranunculaceae　キンポウゲ科

A. sylvestris（英名：snowdrop wind flower、和名：バイカイチゲ）
美しいアネモネで、春に垂れ下って咲く白い花をつける。金色の雄しべに照らされた花には繊細な香りがある。深い切れ込みが入った葉をもち、地下茎を伸ばす。涼しい花壇のコーナーや林地のボーダー花壇で繁茂する。半日蔭。腐植に富んだ土壌。30cm。

左端：バイカイチゲ（*Anemone sylvestris*）
左：トチナイソウ属の *Androsace villosa* var. *arachnoidea* 'Superba'

高山植物・トラフの植物　201

左：オダマキ属の *Aquilegia fragrans*　右：ジンチョウゲ属の *Daphne cneorum* 'Eximia'

AQUILEGIA　アクイレギア（オダマキ）属
Ranunculaceae　キンポウゲ科

A. fragrans
可愛らしい植物だが、この章のなかでは他のものよりも背が高い。特別な場所に植える価値がある。青緑の葉を持ち、長い距を持つ白い花にはリンゴのような香りがある。日向または半日陰。湿った水はけのよい土壌。60cm。

A. viridiflora
魅力的なオダマキで、華奢な葉と、緑やチョコレート色の小さな花をつけ、甘くフルーティな香りがする。ボーダー花壇では植える場所に困るが、私はレイズドベッドで育てている。日向または半日陰。湿った水はけのよい土壌。30cm。

CAMPANULA　カンパニュラ（ホタルブクロ）属
Campanulaceae　キキョウ科

C. thyrsoides
最も珍しく印象的なカンパニュラで、甘い香りの黄色い花々を30cmの穂状花序につける。細い葉は毛で覆われている。花が終わると枯れるが、種から簡単に育てられる。日向。水はけがよい土壌。

DAPHNE　ダフネ（ジンチョウゲ）属
Thymelaeceae　ジンチョウゲ科

背の低いジンチョウゲは、香りのロックガーデンや、レイズドベッド、トラフには欠かせない。クローブのニュアンスを持つ洗練された香りが素晴らしい。花後には、艶のある毒性の高い実をつけることもある。ジンチョウゲは木本植物で、背が高くなる品種は、「低木・灌木」の章に記載。

D. blagayana
常緑性で、だらだらと枝を伸ばすのでレイズドベッドにはあまり向かないが、幅の広い葉を持ち、春に香りのよいクリーム色の花を咲かせる。地下茎を涼しく保ち、湿らせておけば、育てるのは難しくない。腐葉土と繊維質の土壌を混ぜた土に植え、毎春、長く伸びた前年の枝を木釘で留め、石で固定すると、枝から根づき、徐々に広げることができる。半日陰または日陰。水はけのよい土壌。60cmまで。Z6

D. cneorum（英名：garland flower）
ロックガーデンにはおそらく最高のジンチョウゲ。晩春に赤い蕾から香り豊かなローズピンクの花を咲かせたようすは、格別に美しい。若い枝のうちに剪定すると、枝分かれして葉を重なるように茂らせ、生長すると枝から根づく。根は涼しく保ち、泥炭と腐葉土を与えること。'Eximia'は繁殖力の強い優れた品種。'Variegata'は縁がクリーム色の葉を持つより密生した樹形となる。日向または半日陰。水はけのよい土壌。30cm。Z5

D. x napolitana
小型の低木で、春から夏にローズピンクの花房をつける。'Bramdean'は矮性種で広がった樹形となる。日向または半日陰。水はけのよい、アルカリ性または中性の土壌。60cm。Z6

D. x rollsdorfii 'Wilhelm Schacht'
小型の低木で、初夏に濃いライラックピンクの花をたくさんつけ、夏の終わりに

ジンチョウゲ属の *Daphne tangutica*（左端）と *D.* x *transatlantica* 'Eternal Fragrance'（左）

も返り咲く。日向。水はけのよい土壌。46cm。Z6

D. sericea Collina Group (D. collina)

愛らしい矮性の常緑性低木で、春には香り高いバラ色の花房をつける。根は地下の涼しく泥炭を多く含む土壌まで伸ばしてやること。日向または半日陰。水はけのよい、酸性またはアルカリ性の土壌。60cm。Z7

D. x susannae 'Tichborne'

新しく登場したよい品種で、ライラックパープルの花を春にたくさん咲かせる。日向。水はけのよい土壌。25cm。Z6

D. tangutica

常緑性の低木で、晩春にバラ色を帯びた白い花をつける。特に夜に漂う香りが素晴らしい、素敵な植物である。日向または半日陰。腐植に富んだ、酸性またはアルカリ性の土壌。1.2-1.5m。Z7

D. tangutica Retusa Group (D. retusa)

*D.tangutica*の背の低い品種で、──苦痛に感じるほど生長が遅いが──育てや

すい。常緑性の葉を小奇麗に茂らせる。日向または半日陰。腐植に富んだ、酸性またはアルカリ性の土壌。60cm。Z7

D. x transatlantica 'Eternal Fragrance'

素晴らしい交配種で、春から秋にかけて少し赤味を帯びた白い花を咲かせる。ピンクの花や斑入りの葉のものもある。日向または半日陰。水はけのよい土壌。60cm。Z6

DIANTHUS　ディアンツス／ダイアンサス（ナデシコ）属
Caryophyllaceae　ナデシコ科

クローブの香りがするナデシコやカーネーションは、最も心を揺さぶる香りのひとつで、暖かな初夏の日や夕べには空気を満たす。高山植物のナデシコは、ロックガーデンの岩場に巣の中の雛のようにくつろいで咲き、大きめのナデシコやカーネーションは、コテージガーデンの小径やバラのボーダー花壇の全面に並べて植えるとよい。豆砂利のマルチングをする。日向。水はけのよい、アルカリ性の土壌。

D. arenarius

とても香りのよい、ロックガーデン向きのナデシコ。*D. squarrosus*によく似て、緑の葉をマット状に広げ、その上にギザギザの切れ込みが入った白い花を夏の間中咲かせる。45cm

D. gratianopolitanus（英名：Cheddar pink）

イギリス原産で、濃いバラ色から肉のようなピンク、さらには白までさまざまな花色がある。初夏に咲く、縁に細かい切れ込みが入った花には強い香りがある。細い青緑の葉のむしろを作り、岩の亀裂に繁茂する。10-20cm

D. hyssopifolius（D. monspessulanus subsp. sternbergii）

香りのよい珍しいナデシコで、縁に切れ込みの入った大きなバラのような赤い花を、マット状に広がった白い粉で覆われたような葉の上に咲かせる。30cm

ダイアンサス属の *Dianthus squarrosus*

D. petraeus
細い葉を持ち、とても甘い香りの小さな白い花をつける。八重咲きで白花のものや、白花の亜種 *noeanus* は、どちらも魅力的。25cm

D. squarrosus
育てやすい高山植物で、細い緑の葉を持ち、白い花を咲かせる。とても甘い香りがする。30cm

D. superbus（和名：カワラナデシコ）
幅の広い葉を持つだらりとした形の植物で、夏の間中、ライラックピンクの花が楽しめる。花の中心部は濃緑で、縁には深い切れ込みが入っており、とても芳しい香りがする。30-60cm

ナデシコの交配種
ナデシコの交配種には名前のついたものがとてもたくさんある。草丈、花の色、一重、八重、斑入り、縁に色がついたり細かい切れ込みが入っているもの、などさまざまある。ほとんどの品種は香り高い。どれも挿し木で簡単に増やせる。

小さいナデシコのお薦めは、ローズピンクの八重の花で中心部の色が濃い 'Little Jock' や、クリーム色を帯びた白で芽の詰まった 'Nyewood's Cream'、深紅の一重に白の斑が入った 'Waithman Beauty'。15cm またはそれ以下。

大きめのナデシコはふたつのグループに分けられる。縁に色のついた古風なナデシコは、通常真夏にだけ咲き、古い品種の素晴らしい特徴を持っている。私のお薦めは、中心部が深紅で縁に色がついた八重咲きの 'Bridal Veil'、深紅で濃い色の差しが入った 'Brmpton Red'、白い一重の花で中心部が緑の 'Musgrave's Pink'（'Charles Musgrave'）、白い半八重で縁に色が入り中心部が深紅の 'Dad's Favourite'、ピンクの花で縁がえび茶色をした 'Hope'、淡いピンクの 'Inchmery'、ローズピンクで深紅の縁取りがある 'Laced Romeo'、モーブ色の縁がついたピンクの花を持つ 'London Delight'、人気のある 'Mrs Sinkins' の改良品種で縁に細かい切れ込みの入った白い八重咲きの 'White Ladies'。25-30cm

夏の間中繰り返し咲く現代の交配種の私のお薦めは、えび色で八重咲きの 'Doris'、白花でモーブ色の縁がついた 'Gran's Favourite'、白い八重咲きの 'Haytor'。25-30cm

最新のナデシコ類では、'Mendlesham Minx' と 'Mystic Star' が特に気に入っている。どちらも白花に深紅の斑が入っている。

スパイシーな香りのするボーダーカーネーションやクローブカーネーションは、最近ではあまり手に入らない。これらは、他のナデシコが咲き終わり萎れ始める晩夏にちょうどよいサイズの花を咲かせるのに、残念である。'Old Crimson Clove' と 'Fenbow Nutmeg Clove' は、おそらくナーサリー（種苗場）に注文すれば入手できるだろう。

DIONYSIA　ディオニシア属
Primulaceae　サクラソウ科

D. aretioides
育てやすいディオニシアだが、アルパインハウスで育てること。アルカリ性土壌でよく育つ。うぶ毛の生えたロゼット状の葉が堅いクッションを形成し、春にはその上に茎がほとんどない黄色い花を散りばめたように咲かせる。花にはカウスリップの香り

ナデシコの交配種 'Doris'（左）と 'Brympton Red'（右）

LINNAEA　リナエア（リンネソウ）属
Caprifoliaceae　スイカズラ科

L. borealis（英名：twin-flower、和名：メオトバナ／リンネソウ）北半球の寒い地域で見つかった、魅力的な匍匐性の常緑性亜低木。初夏に紅潮した頬のような色をしたベル形の花がふたつずつペアになって咲き、アーモンドの香りを漂わせる。アメリカの亜種 *americana* は、深紅を帯びたピンクのより大きな花をつける。日陰。酸性土壌。

メオトバナの一種 *Linnaea borealis* subsp. *americana*

がある。水やりは控えめに、注意深く行なうこと。日向。水はけのよい土壌。

ERYSIMUM（CHEIRANTHUS）エリシムム／エリシマム（ケイランツス／チェイランサス）属
Brassicaceae　アブラナ科

E. cheiri 'Harpur Crewe'
ふさふさした宿根草のエリシマム（英名 wallflower、ウォールフラワー）で、強いアニスの種の香りがする山吹色の八重の花をつける。昔からロックガーデンで好まれ、初夏の庭に美しい色の飛沫を添える。赤と黄の八重のウォールフラワーで香りのある 'Bloody Warror' を一緒に植えると面白い景色となる。どちらも夏に挿し木をすると簡単に増やせる。2、3年ごとに更新するとよい。親株は突然枯れる傾向がある。日向。痩せた、水はけのよい土壌。30cm

E. helveticum（*E. pumilum*）
小さな半常緑性のウォールフラワーで、初夏に香りのよい山吹色の花を咲かせる。日向。水はけのよい土壌。10cm

E. 'Moonlight'
赤い蕾から淡黄の花が咲く、甘いクローブの香りの宿根草のウォールフラワー。葉は平らに茂り、春に花が咲く。他にも香りがするエリシマムの交配種がある。これらは、春と夏の端境期の植栽に元気づけるような色彩を添えるので、ロックガーデンだけでなくボーダー花壇の手前側に植えるのにも便利。日向。15–30cm

LEONTOPODIUM　レオントポディウム（ウスユキソウ）属
Asteraceae　キク科

L. haplophylloides（*L. aloysiodorum*）
イギリスでは珍しい植物。葉や花に強い

高山植物・トラフの植物　205

オリガヌム属の *Origanum dictamnus*（左）と *O. laevigatum* 'Herrenhausen'（右）

レモンの香りがある。ヒマラヤに生育するエーデルワイスと近縁で、うぶ毛で覆われた白い葉を持ち、初夏にグレーを帯びた白い頭状花序をつける。じめじめした冬の寒さを嫌う。日向。水はけのよい土壌。25cm

OLSYNIUM　オルシニウム属
Iridaceae　アヤメ科

O. filifolium（*Sisyrinchium filifolium*）
フォークランド諸島原産で、晩春に細長いニワゼキショウのような葉を茂らせ、その間から茎が伸びてベル形の花が垂れ下がるように咲く。花は白く赤紫の縞があり、甘い香りがする。日向。水はけのよい土壌。15cm

ONOSMA　オノスマ属
Boraginaceae　ムラサキ科

特徴的なとても望ましい高山植物で、うぶ毛の生えた細い葉を持ち、たくさん枝分かれする。夏に香りのよい筒形の花々を集散花序に垂れ下がるようにつける。冬の湿り気には弱いが、ロックガーデンの岩の裂け目や石壁ではよく育つ。日向。水はけのよい土壌。

O. alborasea
初夏に、アニスの種の香りがするほのかなピンクの花を咲かせる。15cm

O. taurica
夏に蜂蜜の香りがする山吹色の花を咲かせる。25cm

ORIGANUM　オリガヌム／オレガナム（ハナハッカ）属
Lamiaceae　シソ科

ロックガーデンに向くハナハッカ類（英名 marjoram、マジョラム）はたくさんあり、どれもマジョラム独特の香りがする葉を持つ。特に、盛夏に咲く花は花期が長いので貴重である。地中海地方原産のものが多く、暖かい場所や寒風にさらされない場所を好み、寒さが厳しい地域では冬を越すのが難しい。日向。水はけのよい土壌。

O. dictamnus（英名：dittany）
うぶ毛の生えた丸いグレーの葉を持ち、垂れ下がった緑の苞からピンクの花を咲かせる。アルパインハウスで育てると最も素晴らしい。25cm

O. laevigatum
肥沃な漂礫土で育てると見ものとなる。夏のボーダー花壇ではサンジャクバーベナ（*Verbena bonariensis*）の下草とすると完璧。青味を帯びた葉の筵の上に突き出た針金のような細い茎に、小さなモーブ色の花をかすみのように咲かせる。'Hopleys' はより多くの小花をつける特徴的な姿。'Herrenhausen' も人目を引く。25cm

O. rotundifolium
丸く青味を帯びた葉を持ち、うつむいた苞にピンクの花を咲かせる。'Kent Beauty' は美しい交配種で、半匍匐性の枝は白い粉で覆われたような葉をまとい、上部に丸い苞と紫を帯びた花をつける。25cm

左：タカネヒナゲシ（*Papaver alpinum*）　右：パラディセア属の *Paradisea liliastrum*

OXALIS　オクサリス（カタバミ）属
Oxalidaceae　カタバミ科

O. enneaphylla
小型の高山植物で、丸みを帯びた灰緑の葉を扇状に広げ、春に植物の大きさに対しては大きな白またはピンクの花を咲かせる。驚いたことに（カタバミには普通は香りがない）、これらにはアーモンドの香りがする。美しいピンクの変種 'Rosea' もあり、ロックガーデンの寒風にさらされないコーナーなどで丈夫に育つ。日陰。10cm 以下

PAPAVER　パパウェル（ケシ）属
Papaveraceaae　ケシ科

P. alpinum（英名：alpine poppy、和名：タカネヒナゲシ／ミヤマヒナゲシ）
ケシに香りがするものを見つけるといつも驚くが、これははっきりとしたムスクの香りがある。夏の間中開花する。オレンジ、黄、ピンク、白などがあり、簡単に自然交配する。ロックガーデンや敷石の割れ目のあちこちから現われるが、雑草化することはない。日向、水はけのよい痩せた土。10cm

PARADISEA　パラディセア属
Asparagaceae　キジカクシ科

P. liliatrum（*Anthercum liliastrum*）（英名：St Bruno's Liliy）
ヨーロッパの美しい高山植物。細長い葉を持ち、半透明の白いユリのような、香りのある花を初夏に咲かせる。日向。50cm

PATRINIA　パトリニア（オミナエシ）属
Caprifoliaceae　スイカズラ科

P. triloba var. *palmata*（和名：キンレイカ）
背が低く直立した宿根草で、寒さに強く育てやすい。香りのよい山吹色の集散花序を盛夏の少し遅い時期に咲かせる。深い切れ込みの入った葉と赤みを帯びた茎を持つ。日向。水はけのよい肥沃な土壌。20cm

PETROCALLIS　ペトロカリス属
Brassicaceae　アブラナ科

P. pyrenaica
美しいマットを形成する高山植物で、春にライラック色を帯びた白い花をたくさん咲かせる。花にはバニラと蜂蜜の美味しそうな香りがある。アルパインハウスやスクリー（がれ場）で育てるとよい。日向。砂利土。

PHLOX　フロックス属
Polemoniaceae　ハナシノブ科

P. caespitosa
香りのある魅力的な高山性のフロックス。細く尖った葉が平らに重なり、春から夏にかけて、白や淡いライラック色の花を一面に散りばめたように咲かせる。立ちのよい甘い香りがする。育てやすいが、暑くて乾いた環境を嫌う。日向または半日陰。水はけがよく、肥沃な土壌。

P. 'Charles Ricardo'
多くある *P. divaricata* の近縁種のフロックスで、極めて香りがよい。中心部分が紫のラベンダーブルーの花をつける。半日陰。湿った、水はけがよい土壌。20cm

P. divaricata 'Clouds of Perfume'
晩春に、すらりとした軽やかな葉の上にラベンダー色の優雅な花をつける。少し

蜂蜜のようなニュアンスのある清潔感のある香りがする。'May Breeze' は白花の愛らしい種類で、控えめな花を咲かせる。半日陰。湿った、水はけのよい土壌。30cm

P. hoodii

匍匐性があり、葉がマット状に茂る。ほとんど花梗のない、香りのある白やライラック色の花を夏に咲かせる。日向。水はけのよい、肥沃な土壌。

POLYGONATUM　ポリゴナツム（アマドコロ）属
Asparagaceae　キジカクシ科

P. hookeri

アマドコロ（英名 Solomon's seal、ソロモンズシール）の仲間の小型種で、甘い香りのするピンクの花を初夏に咲かせる。茎はほとんどない。日陰。湿った、水はけのよい土壌。

P. odoratum

いわゆる白い普通のソロモンズシールである *P. x hybridum* の丈の低い種類。'Variegatum' は珠玉の種類で、葉の縁が幅広く白い。花には軽い香りがある。日陰。湿った、水はけのよい土壌。60cm

PRIMULA　プリムラ（サクラソウ）属
Primulaceae　サクラソウ科

P. auricula（和名：アツバサクラソウ）

庭やアルパインハウスに向くとても多くの種類がある。すべて寒さに強く、多肉質の葉がロゼット状につく。春には先端に筒形の花を咲かせ、しばしば風変わりで豪華な色の組み合わせを作る。香りは甘く、よくハニーサックルにたとえられるが、私にはレモンとチョコレートがブレンドされたような美味しそうな香りに感じる。栽培については、3つのグループに分けられる。

第1のグループは、高山性のもの。他のグループと異なり、葉や花を覆う粉をふりかけたような感じがなく、屋外で育てることもできる。なかでも 'Argus' が最も素晴らしい。中心部が白い暗紫色の花を咲かせる。'Bookham Firefly' の花は深紅で中心部が金色。'Joy' はベルベットのような深紅で中心部が白い。'Mrs. L. Hearn' は、中心部がクリーム色をした青紫の花をつける。日中の日差しを避けた場所。水はけのよい、肥沃な土壌。

第2のグループはボーダー花壇に向くもの。これらは栽培者や花屋が標準的に扱う高山植物や、ショーで展示される植物ではないが、中世以前から受け継がれる素晴らしいものが多い。たいていは粉で覆われたような葉や花を持つ。寒さに強く、繁殖力も強いので、屋外で栽培されてきた。変種のうち、最良のものは花の中心部が白く青味を帯びた紫の花を咲かせる 'Blue Velvet'、中心部が白く縁がひだ状になった濃いバイオレットブルーの花を咲かせる 'Old Irish Blue'、粉で覆われたような濃赤の 'Old Red Dusty Miller'、粉で覆われた山吹色の 'Old Yellow Dusty Miller' など。真昼の日差しを避けた日陰。水はけのよい肥沃な土壌。

第3のグループはよくショーで展示されるもの。これらは植物界の奇跡。花の形は完璧で、驚くべき色を持つものも多く、一面粉で覆われたよう。涼しく換気のよい温室で素焼の鉢（ロングトムと呼ばれるものが好まれる）で育てる。強い日差しを

左：アマドコロ属の *Polygonatum hookeri*、アツバサクラソウ（*Primula auricula*）'Argus'（中央）と 'Mrs L. Hearn'（右）

左：プリムラ属の *Primula x pubescens* と小花の *P. marginata*　右：セダム属の *Sedum populifolium*

よけること。最も人気があるものは、縁が白い 'C. G. Haysom'、縁が緑の 'Chloe'、黄色い 'Chorister'、深紅の 'Fanny Meerbeck'、縁がグレーの 'Lovebird'、深い濃赤の 'Neat and Tidy'、縁が緑で明るい緋色の珍種 'Rajah'、など。温室の中には、うっとりするような香りが漂う。真昼の日差しを避けた日陰。

P. latifolia（P. viscosa）

長く、しばしば粘着性のある葉を持つ。晩春に、短い茎の先に花をつける。通常は、バラ色がかった紫を帯びており、甘い香りがする。クリーム色と深紅のものもある。水はけのよい、腐植質の土壌。15cm

P. palinuri

ロックガーデンやアルパインハウスの寒風にさらされない場所での栽培に向く、格好のよい植物。鋸歯状の幅広い緑の葉と粉がついたような茎を持ち、早春には茎の先端に真黄色のベル形の花を咲かせる。花にはカウスリップのような香りがある。日向。水はけのよい肥沃な土壌。20cm

P. x pubescens

P. pubescens から作られた交配種を表わす名前で、多くは甘い香りがする。ロックガーデンの岩の割れ目などに育つ。初期のもので最も育てやすいのは、中心部が白いライラック色の花をつける 'Mrs. J. H. Wilson'、深紅の 'Faldonside'、濃紫の 'Freedom'、赤褐色にきつね色の丸い斑が入った 'Rufus'、オレンジを帯びた赤でベルベットのような質感の 'The General' など。日向。10-15cm

P. reidii var. williamsii

美しいヒマラヤのプリムラで、ギザギザした緑の葉を持ち、素晴らしい香りのする青か白のベル形の花を垂れ飾りのように咲かせる。親種よりも丈夫。日陰のトラフやアルパインハウスで鉢植えにするとよく育つ。短命だが種から育てやすい。半日陰。湿った土壌。15cm

RHODODENDRON　ロドデンドロン（ツツジ）属

Ericaceae　ツツジ科

矮性のツツジ類はアルカリ性土壌には適さない。ロックガーデンやレイズドベッドで育つ早咲きの低木のなかでは最も見事。大型のツツジ類よりも太陽光に強いが、暑く乾燥した環境を嫌う。香りは花よりもむしろ葉から漂う。*R. kongboense* は樹脂のような香り、Myrtilloides Group の *R. campylogyum* はココナッツの香り、*R. primuliflorum* 'Doker-La' は淡いピンク。これらのリストは読者の興味を刺激するためのほんのさわりで、私はこれからも香りのよい種類を探し続けるつもりである。半日陰。水はけのよい、中性または酸性の土壌。

R. cephalanthum

香りのよい艶のある葉を持つよく茂った常緑樹で、通常は背が低い。春に白かピンクの差しが入った花が咲くと魅力的。30cm-1.2m。Z7

R. flavidum

矮性のツツジで密生して直立した樹形の低木。香りのよい常緑性の葉を持ち、春に薄黄の花房をつける。'Album' は背が高く、大きめの葉を持ち白い花が咲く。90cm。Z6

R. sargentianum

芳しい常緑性の葉を持ち、春には薄黄またはクリーム色の花房をつける。魅力的で密生した低木だが、花をつけ難いこともある。60cm。Z8

SEDUM　セダム（マンネングサ）属
Crassulaceae　ベンケイソウ科

S. populifolium

直立して木質化するセダムで、やや多肉質でポプラのような形をした葉を持つ。面白い植物で、晩夏に咲く緑を帯びたピンクの花から漂う香りは、サンザシ類の香りを思い起こさせる（セイヨウサンザシにある魚臭さは感じない）。日向。水はけのよい土壌。45cm

STACHYS　スタキス（イヌゴマ）属
Lamiaceae　シソ科

S. citrina

S. byzantina（英名 lamb's ears、ラムズイヤー）の小型の近縁種。フェルトのような灰緑の葉は、こするとミントチョコレートのような香りがする。初夏に薄黄の花が咲く。日向。水はけのよい土壌。15cm

THLASPI　タラスピ（グンバイナズナ）属
Brassicaceae　アブラナ科

T. cepaeifolium subsp. *rotundifolium*

通好みの高山植物で、バラ色を帯びたライラック色、時には白い、香り高い小花をたくさんつける。よく肥えた根茎から茎が地下に伸び、そこで濃い色の丸いロゼット状の葉を新しく形成する。アルパインハウスや崖錐に適する。日向。砂利土。5-10cm

TRILLIUM　トリリウム（エンレイソウ）属
Melanthiaceae　メランチウム科

T. luteum

レモン色の香りのよい花を咲かせる。一般的な *T. erectum* がむしろ悪臭を放つのとは異なる。春になると、魅力的な緑と茶の模様のある特徴的な大きな三つ葉の上に、真っ直ぐに上を向いた花をつける。育てやすく、日陰のレイズドベッドに植えると目につきやすい。腐植質で保水力の高い、涼しい土壌。日陰。30cm

トリリウム属の *Trillium luteum*

RHODIOLA　ロディオラ（イワベンケイ）属
Crassulaceae　ベンケイソウ科

R. rosea（*Sedum rosea, S. rhodiola*）（和名：イワベンケイ）

好奇心をそそるとても奇妙な植物。下部は木質化した株となり、年初にピンクの蕾をたくさんちりばめる。白い粉で覆われたような青い葉をつけた茎をゆっくりと太らせて伸ばし、初夏に黄色い星形の花を先端につける。興味深いのは、香りは根にあることで、根を傷つけるとバラのような香りがする。ロックガーデンだけでなく、ボーダー花壇の手前側に植えても可愛らしい。日向。水はけのよい土壌。30cm

イワベンケイ（*Rhodiola rosea*）

水辺の植物

ACORUS アコルス（ショウブ）属
Acoraceae　ショウブ科

A. calamus（英名：sweet flag、和名：ショウブ）
中世には床にまいて使われた。革紐のような葉はつぶすとシナモンのような香りがする。根はさらに香りが強い。夏に円錐状の地味な黄緑の花をつける。特に装飾的な植物ではないが、クリーム色のストライプ柄をした '**Argenteostriatus**' という品種は観賞にもよい。浅い水辺やじめじめした土地。90cm

COTULA コツラ属
Asteraceae　キク科

C. coronopifolia（英名：brass buttons、ブラスボタン）
池の畔や浅瀬に咲く背の低い一年草で、こぼれ種から発芽する。小さなブラスボタンのような花を目当てに育てられることが多いが、葉をつぶすとレモンのような芳しい香りがする。'Cream Buttons' はクリーム色の花をつける。15–30cm

CYPERUS キペルス（カヤツリグサ）属
Cyperaceae　カヤツリグサ科

C. longus（英名：galingale、和名：セイタカハマスゲ）
池の縁で育つイギリス原産のカヤツリグサの一種で、魅力的だが繁殖力が強い。よく枝分かれしており、光沢のあるイネ科の植物のような緑の葉を持ち、栗色の花序を夏につける。茎は折れると甘い苔のような香りがする。根にも香りがある。60cm–1.2m

APONOGETON アポノゲトン（レースソウ）属
Aponogetonaceae　レースソウ科

A. distachyos（英名：water hawthorn、和名：ミズサンザシ）
日陰に強い水生植物で、塊根が泥の中で生長し、葉を水面に浮かべる。晩春から白い花穂をつけ、夜になるとバニラの香りを漂わせる。庭園の池の丈夫な植物で、時に繁殖しすぎることがある。

右：ミズサンザシ（*Aponogeton distachyos*）
右端：セイヨウナツユキソウ（*Filipendula ulmaria*）

水辺の植物　211

左端：ドクダミ（*Houttuynia cordata*）
左：ミズバショウ（*Lysichiton camtschatcensis*）
下：メンタ属の *Mentha aquatica*

カミズバショウ）の白花の相棒。こちらはすべてにおいて小さめだが、それでも十分大きく、意匠的な植物。初夏に真っ白な仏炎苞をつけるが、アメリカミズバショウの腐ったようなにおいは全くなく、清潔感のある甘い香りがする。そのすぐ後に、巨大なバナナのような葉が現われる。日向または半日陰。じめじめした土壌または水路の溝。90cm

FILIPENDULA　フィリペンドゥラ（シモツケソウ）属
Rosaceae　バラ科

F. ulmaria（英名：meadowsweet、和名：セイヨウナツユキソウ）
ヨーロッパの川沿いによく見られ、素晴らしい庭園用植物にもなる。金色の葉を持つ種類のなかで最も観賞価値が高く、これよりも少し劣るが金色の斑入りの 'Aurea' や 'Variegata' もよい。夏にはクリーム色を帯びた白い羽毛のような花を咲かせる。花の香りはとても強く、サンザシ類を思わせるが、底にある魚臭さは感じない。半日陰。湿った土壌。60cm

HOTTONIA　ホットニア属
Primulaceae　サクラソウ科

H. palustris（英名：water violet）
ヨーロッパの水生植物で、初夏に水面より25cmの高さに香りがよいライラック色の花を輪生させる。水中で育ち、よい酸素供給源となる。

HOUTTUYNIA　ハウツイニア（ドクダミ）属
Saururaceae　ドクダミ科

H. cordata（和名：ドクダミ）
斑入りの 'Chameleon' により人気を得た。ハート形をした葉には、緑や黄、赤などの斑が入っている。この品種自身はメタリックな濃緑の葉を持ち、秋には綺麗に紅葉する。両方とも葉をつぶすと鋭い香りがするのだが、イギリスのガーデナーはオレンジピールの香りと言い、アメリカのガーデナーは腐った魚のにおいと言う！　白い花を夏につける。特に、八重咲きで緑の葉を持つ 'Flore Pleno' は観賞用に素晴らしい。繁殖力が強いので、桶に入れて浅瀬で育てると広がりを制御しやすい。日向または日陰。じめじめした土壌または浅瀬。15-45cm

LYSICHITON　リシキトン（ミズバショウ）属
Araceae　サトイモ科

L. camtschatcensis（和名：ミズバショウ）
悪臭を放つよく知られた *L. americanus*（英名 yellow bog arum、和名アメリ

MENTHA　メンタ（ハッカ）属
Lamiaceae　シソ科

ハッカ類（英名 mint、ミント）は繁殖力が強く、注意深く取り扱う必要がある。リフレッシュさせる香りが素晴らしく、つい使いたくなるが、コンテナやきちんと対処できる花壇に植えるのがふさわしい。多くのガーデナーはバケツなどに植えたものをボーダー花壇に配置している。バケツの底に排水用の穴を開けること。

左：メグサハッカ（*Mentha pulegium*）　スイレン属の *Nymphaea odorata* var. *minor*（中央）と *N*. 'Laydekeri Lilacea'（右）

M. aquatica（英名：water mint）

イギリス原産で、モーブ色の花を輪生させ、卵形で鋸歯状の葉を持つ。湿った土壌では極めて繁殖力が強い。1.2mまで

M. longifolia（英名：horse mint、ホースミント、和名：ナガバハッカ）

うぶ毛で覆われたグレーの葉を持ち、ラベンダーブルーの花序をつける。ボグガーデンでは卓越した存在。1.2mまで

M. pulegium（英名：pennyroyal、和名：メグサハッカ）

匍匐性で、光沢のある小さな緑の葉で魅力的なマットを形成する。じめじめした土壌でよく育つ。晩夏に咲く花は霞みがかったモーブ色で、刺激的なミントの香りがする。15cm

NYMPHAEA　ニンファエア（スイレン）属
Nyphaeaceae　スイレン科

スイレンは魅力的な丸い葉を水面にいかだのように浮かべる。夏の間中、蕾が水面に現われ、先の尖った花びらを開いていくようすが魅惑的。*N. odorata* やその変種 *minor* など、多くは異国情緒のある甘い香りがする。春に池底に直接植えるか、腐葉土を入れた籠に植える。籠に植えた場合は、2、3年に一度は水から上げ、株分けして植え直す必要がある。浅瀬でも深い場所でも繁殖するが、静かな水中を好む。大体は、水面から30-45cmくらいの深さを好む。

最も香りがよい交配種は、深いピンクの 'Fire Crest'、穏やかなライラックローズの 'Laydekeri Lilacea'、大きな池に適した素晴らしい白花の 'Marliacea Albida'、素敵な甘い香りのする濃いバラ色の 'Masaniello'、大きな硫黄色の花をつける 'Odorata Sulphurea Grandiflora'、薄いピンクの 'W. B. Shaw' と明るいローズピンクの 'Rose Arey' など。

PRIMULA　プリムラ（サクラソウ）属
Primulaceae　サクラソウ科

P. alpicola

白、黄、スミレ色、紫の花色があり、カウスリップの香りがする。香りは特に夜に強くなる。それぞれの品種の色は安定しており、種を選べば単色のコーナーを作ることができる。春から初夏にかけて咲き、通常は1本の茎にひとつの散形花序をつける。半日陰。湿った土壌。45cm

P. chionantha

可愛らしく育てやすいプリムラで、甘く香る、中心部が黄色の白い花が晩春に輪生する。日向または日陰。湿った土壌。60cmまたはそれ以上

P. florindae（英名：giant Himalayan cowslip）

素晴らしく頑健なプリムラで、じめじめしたボーダー花壇や池の畔に理想的。盛夏に向けてやや遅く咲き、粉で覆われたような大きな硫黄色の花序をつける。レモンのような強い香りが夕方の空気を満たす。オレンジや赤もあるが、私は黄色が最高だと思う。葉は艶のある緑で丸みを帯びている。アルカリ性土壌を好む。日向または半日陰。90cm

P. ioessa

茎につく花は多くはないが、十分な大き

水辺の植物 213

プリムラ属の Primula alpicola var. violacea (左端)と P. florindae (左)

でよく育つ。半日陰。90cm

P. sikkimensis
さまざまな黄色を帯びた花で、レモンの香りがする。初夏に茎の先端に散形花序をひとつかふたつつける。最高のプリムラではないが魅力的。半日陰。湿った土壌。45cm

P. wilsonii var. anisodora（P. anisodora）
宿根草で、葉と根には強いアニスの種の香りがある。枝付き燭台のような形をしたプリムラで、すらりと背の高い茎に、初夏には中心部が緑で濃い深紅の漏斗状の花々の散形花序をつける。半日陰。湿った土壌。45cm

さで、とても香り高い。モーブピンクから濃いスミレ色まで幅広い花色がある。半日陰。じめじめした土壌。10-30cm

P. munroi
初夏に香りのある花を咲かせる。花色は白やラベンダー色などさまざまある。日向。湿った土壌。30cm

P. prolifera（P. helodoxa）
枝付き燭台のような形をした愛らしいプリムラで、レモンの香りがする大きな山吹色の花が輪生する。育てるのは簡単だが、短命なことも多い。アルカリ性土壌

SAURURUS　サウルルス（ハンゲショウ）属
Saururaceae　ドクダミ科

S. cernuua（英名：American swamp lily/lizard's tail、和名：アメリカハンゲショウ）
水生植物で、ハート形の葉が青々と生い茂る。夏にはよい香りのする白い花々が密集した穂状花序をつけ、項垂れるように咲く。浅瀬または池の淵。60cm

アメリカハンゲショウ（Saururus cernuus）

ローズガーデン

　バラは文句なしに香りの庭の王者である。その香りは洗練されていて多彩。時には繊細で、時には強く香り立つ。たくさん花をつけ、華麗な色の飛沫を作り、何週間も咲き続けることもある。性質や大きさ、生長の習性などが幅広くさまざまに異なり、多様な土壌や気候にも耐性がある。バラにはとても多くの種類があるので、ガーデナーたちは、どれを選んだらよいのか、取捨選択の判断が難しいこともしばしばある。

　私は、バラを植える場所の環境と、そこにどんな効果を作りだしたいのかを考えることから始めるのが最もよいと思う。異なる種類のバラは、それぞれ扱い方が異なり、醸しだす雰囲気も異なる。共通するのは太陽を好むことで、最初に心に留めておくべきことである。アルバ・ローズや、'Madame Alfred Carrière'、'Zéphirine Drouhin'、'Albéric Barbier'などのつるバラなど、やや日陰でも育つものもある。けれども多くのバラは、毎日少なくとも数時間、完全に日向にならないとうまく育たない。さらに、寒風や吹きさらしの場所、吹き抜けの場所を嫌う。生垣や壁で囲われている場所が理想的で、そうした場所には香りも溜まるだろう。

　幾何学的にデザインされた場所では、生長が一律で花の形も完璧なハイブリッド・ティー・ローズが理想的な候補だろう。私は一色だけを群植するのがよいと思う――エメラルド色の草に緋色の花や、温かいオレンジのレンガにクリーム色の花など――が、面白みのない都会の街路や小さな前庭ではいくつかの品種を混ぜ合わせると生き生きと見える。ハイブリッド・ティー・ローズには香りのないものやほんのわずかにティー・ローズの香りがするだけのものもある。しかし、豊かな「バラの香り」がティー・ローズの香りに重なると、'Alec's Red'、'Fragrant Cloud'、'Prima Ballerina'、'Whisky Mac' や古いハイブリッド・ティー・ローズ、'Ophelia'、'Lady Sylvia'、'Madame Butterfly' などのように、本当に贅沢な香りとなる。

R. 'Charles de Mills' とともに咲く、縞模様の Rosa mundi (*Rosa gallica* 'Versicolor')。束の間の美しさだが芸術的な小品。

> レイズドベッドで、ルゴサ・ローズ 'Roseraie de l'Hay'、'Blanche Double de Coubert' とともに植えられたハイブリッド・ムスク・ローズ 'Felicia'。3種のバラはともに繰り返し咲き、芳しい香りを空気に注入している。——'Felicia' は贅沢に香るルゴサ・ローズよりもフルーティなニュアンスが強い。まわりの植栽にはバレリアナ（*Valeriana*）とゲラニウムが見える。

　花壇にはフロリバンダ・ローズがより向いている。香りの点からは全く無名で、失望しがちである。私は以前、ナーセリー（種苗場）を散歩したことがあるが、私が嗅いだバラの半分以上は香りがないか、ひどい時には率直に言って不快な香りであった。黄色いバラは嫌な気分にさせるものが多い。けれども香り豊かな品種も多く、バラの育種家たちはさらに追求を進めている。'Arthur Bell'、'Chinatown'、'Margaret Merril'（花壇向きの白バラで最も香りがよいもののひとつ）などが傑出している。これらは気前よくたくさん花を咲かせるため、小さな花をつけるポリアンサ・ローズやミニチュア・ローズ、パティオ・ローズ、'Cécile Brünner' のようにポンポン咲きの花をつけるシュラブローズ、ミルラの香りのある 'Little White Pet'（立ち木で育てても素晴らしい）などと組み合わせて、舗装された庭に植えると特に見栄えがよい。これらはハイブリッド・ティー・ローズのように夏と秋の間中、早咲きのバラが枯れてしまうころにも咲き続ける。

　花壇向きのバラを墓のように盛り土をした裸地に孤立させて植えるというアイデアは、幸い今では落ち目になっている。見た目が醜いだけでなく、これではせっかくのよい土壌が無駄になっている。春には足元にヒアシンス、蜂蜜の香りのするムスカリ、そしてもしその枯葉の汚さに目をつぶることができるなら甘く香るラッパズイセンなどが楽しめるだろうに。夏にはキンギョソウや、もっとよいものとしては懐かしい香りのするヘリオトロープなども楽しめる。カモミール、キャットミント、タイム、タツタナデシコ類、ゲラニウム属の *Geranium macrorrhizum* などで常設の花壇の縁どりを作ることもできるだろう。

　田舎風の庭やコテージガーデンのようなゆったりした環境や、多くの人が所有するさまざまな形の郊外のラフな庭では、形式ばって硬く直立するバラはすぐに場違いに見える。そこではバラは入り乱れたボーダー花壇に植えられ、他の低木やか細い宿根草と地面を分かち合わなければならない。ラフな芝生や小川に囲まれるかもしれず、野原や高木が背景になるかもしれない。フロリバンダ・ローズとポリアンサ・ローズのグループは、そうした環境によく適応することもあるが、最も伸び伸びと育つのはシュラブローズである。

　シュラブローズは単純に、花を咲かせる低木である。毎年基部まで切り戻す必要はないが、品種にもよるが高さ1-3mで枝の張った自然な樹形を作るためには、可能な時に適宜剪定するとよい。最も早咲きのシュラブローズは春に咲き始め、一重の花と小さな葉を持つさまざまな品種や交配種がある。これらは庭のなかの野趣あふれる場所や林地のオープンスペースに植えたり、ボーダー花壇や草地で自然風の植栽にするととてもよく合う。そのなかでは'Cerise Bouquet'が目を見張るくらい素晴らしい。多くは一度しか咲かないが——ピンクの八重の花をつける小さな宝石のような'Stanwell Perpetual'は例外——、その後も咲くこともある。*Rosa rubiginosa*（*R.eglanteria*）や*R.primula*のように葉から芳香を漂わせるものもあれば、バラの実を豊富につけるものもある。さらに目を引く一重の品種や早咲きの八重のもの（主に*R.rugosa*、*R.spinosissima*（*R.pimpinellifolia*）、*R.foetida*、*R.rubiginosa*の種類やその子孫）は、最も華麗な夏のボーダー花壇の相棒たちを背景に、その美しさを守り通している。たとえばスパイシーな香りのする大きな皿状の花をつける'Frühlingsgold'や'Nevada'は、燃え立つようなオニゲシと組み合わせると素晴らしい。

ルゴサ・ローズの'Alba'

ルゴサ・ローズ

香りの庭にはルゴサ・ローズを植えるべきである。その力強い香りには程よいクローブのニュアンスがあり、周りの空気を満たしていく。一重で白い花をつける *R.rugosa* 'Alba' と八重で白花の 'Blanche Double de Coubert' はおそらくすべてのバラのなかで最も芳しい香りがあり、硫黄のように黄色い 'Agnes' には独特のレモンの香りがある。その香りはとても強く、以前私が結婚式で上着の襟元のボタン穴に差していたところ、教会の2列前に座っていた人がこの香りの源を探して振り返ったほどである。八重のルゴサ・ローズほど花期が長いバラは他になく、ルゴサ・ローズほど印象的な実をつけるバラもほとんどない。何よりもその葉がよく茂り、害虫や病気に強く、秋には一気に山吹色に紅葉して落葉する。

　盛夏には、その多くが19世紀のフランスのナーセリー（種苗場）で作られたオールドシュラブローズが届く。香りを意識するガーデナーたちには（少なくとも私にとっては）、赤味を帯びたその古風な美しさは年間ランキングの上位に位置づけられる。花びらが詰まった花は、想像できうる限りの白、ピンク、赤紫、深紅のニュアンスを持ち、それらを組み合わせた花からは、うっとりするような甘い香りが庭中にほぼひと月近くの間漂う。オールドローズ特有の豊かで複雑な濃厚な香りがこれらのバラに標準的な香りだが、香りの構成やニュアンスは幅広く異なっている。オールドシュラブローズはいくつかの種類に分類される。ガリカ・ローズは背が低く葉が生い茂り、洗練された香りに満ち溢れ、強い色の花と濃い色の葉を持ち、適度に棘がある。吸枝により生長するので、背の低い生垣を作るのによいが、日当たりのよい花壇の手前近くでも簡単に育つ。砂利敷の庭や地中海風のボーダー花壇など、乾燥した環境でよく育つ。地中海風の花壇では、その香りは樹脂のようなシスタス（*Cistus*）の香り、ラベンダーやローズマリーの香りとブレンドされて漂う。'Charles de Mills'、'Président de Sèze'、Rosa mundi（*R.gallica* 'Versicolor'）などが得に優れた品種で、空気中にその香りをふわりと漂わせる。

'Belle Etoile' などのフィラデルファス (*Philadelphus*) には強い香りがあり、空気中を漂ってローズガーデンの背景の香りを豊かに彩る。

　より柔らかい色合いの花と灰緑の葉を持つダマスク・ローズやアルバ・ローズは、どちらかというと粗野なプロヴァンス・ローズ（センチフォリア・ローズ）、モス・ローズと同様に背が高い。なかには、特にアルバ・ローズには、立ち木としても魅力的な低木に生長するものもあるが、多くは長く伸びた枝を金属製の枠や木製の支柱に絡めて育てるのがよい。

　ダマスク・ローズはスパイシーな香りがあり、他のどのオールドシュラブローズよりも花期が長い 'Ispahan' という品種も上位にランクする。'Celsiana'、'La Ville de Bruxelles'、そして比類なき 'Madame Hardy' も一級品である。繊細な香りのあるアルバ・ローズのなかからひとつ選ぶとしたら、私はアルバ・セミプレナ（*R. x alba* 'Alba Semiplena'）を挙げるだろう。輝かしい芳香のある白い花が見もので、その後にオレンジの実をつける。'Madame Legras de Saint Germain'、'Céleste'、'Great Maiden's Blush' なども抗いがたい魅力がある。

　プロヴァンス・ローズ（センチフォリア・ローズ）、モス・ローズの香りは、通常は立ちの強い香りで、遠くまで運ばれる。前者のなかでは私は 'Fantin-Latour' と 'Petite de Hollande'（ボーダー花壇の手前側に向く背の低いバラ）を高く評価している。後者のなかでは 'William Lobb' と 'Nuits de Young' である。

　これらの背の高いバラには唯一の欠点がある。盛夏に贅沢な花を誇示した後、つまらない引退生活に入ってしまうのである。少数を育てているのであれば知らん顔もできるが、集合となると問題である。熱心な人にはふたつの解決策がある。ひとつは、休眠しても目障りにならないような、それだけを囲い込んだ場所で育てる方法。もうひとつは、遅咲きの宿根草やブッドレア（*Buddleja*）やヘーベ（*Hebe*）などの低木と組み合わせて植え、クレマチス（*Clematis*）を絡めていく方法である。

繰り返し咲くバラを好む場合もある。このカテゴリーにはハイブリッド・パーペチュアル・ローズと、驚くほど芳しい香りのあるブルボン・ローズ、古風な花をつけるが盛夏を過ぎても断続的に花を咲かせ続けるバラ（通常は枝が硬く、モダンシュラブローズ特有の大きな葉を持ち、粗野な印象）などがある。多くはフルーティな強い香りがあり、ラズベリーの香りが支配的なニュアンスを持つことが多い。ハイブリッド・パーペチュアル・ローズの 'Ferdinand Pichard' と同様にブルボン・ローズの 'Honorine de Brabant' や 'Adam Messerich' にもそうした香りがある。香りの強さの点では、ブルボン・ローズ 'Madame Isaac Pereire' と競えるバラはほとんどない。

これらのバラは、その最近の作柄であるチャイナ・ローズほど丈夫で人目を引くことはあまりない。チャイナ・ローズはボーダー花壇の手前側に植えるとよく馴染み、桶鉢でもうまく育つ——*R. x odorata* 'Pallida' はマンスリーローズと呼ばれるほど花期が長い。他にはポートランド・ローズや、小さなダマスク・ローズに似ているがより濃い色の花をつけるダマスク・パーペチュアル・ローズなどもよい。'Madame Knorr' や 'Marchesa Boccella' も素晴らしい品種である。深紅の 'De Resht' はすべてのバラのなかでも私のお気に入りである。花期を長くさせるにはハイブリッド・ムスク・ローズにも注意を払うとよい。このバラにもルゴサ・ローズのように強い香りがあり、遠くまで運ばれる。香りはフルーティでスパイシーな独特のニュアンスを持っている。外見も独特で、トラスに咲くフロリバンダ・ローズのような花は、クリーム色や黄色、サーモンピンクなどのさまざまなニュアンスを帯び、オールドシュラブローズには見られないような花色がある。これも私のお気に入りで、立ち木の低木や、つるバラ、生垣にも使用できる。

返り咲きするシュラブローズの他の品種も、ここ二、三十年の間に台頭してきている。イギリス、ウォールバーハントンのオルブライトンにあるデビッド・オースチン・ロージズ社で開発されたイングリッシュ・ローズ（'English Roses'）は、オールドシュラブローズの持つ色、形、香りを、夏の間中断続的に花を咲かせる能力と掛け合わせたものである。ブルボン・ローズやハイブリッド・パーペチュアル・ローズと同じように、イングリッシュ・ローズにもチャイナ・ローズの硬さや大きな葉をつけて粗野に生長する特徴が受け継がれることもあるが、これらは一級品で、通常は驚くほど香りがよく、世界中できわめて高い人気を誇る。多くの庭で、オールドシュラブローズを置き換えるものとして育てられている。暑い気候でもとてもよく育つ。返り咲きするモダンシュラブローズには他に、'Golden Wings'、'Nymphenburg'、'Cerise Bouquet' などがあり、これらはオールドローズ特有の花はつけない。

バラの生垣についてもたびたび述べてきたが、花を咲かせるラフな生垣は庭の素晴らしい見どころにもなる。特に緑色に支配されているような環境では素晴らしい。一般的には繁殖力が強く、よく茂り、花をたくさんつけ、病気に強い、ルゴサ・ローズが使用される。なかでも 'Scabrosa'、'Sarah van Fleet'、'Fru Dagmar Hastrup' などが特によい。ハイブリッド・ムスク、特にシルバーピンクの 'Felicia' も生垣によく似合う。背の低い生垣には、直立する 'Chinatown' のようなフロリバンダ・ローズ、'De Resht' のようなポー

香り高い花を砂利敷の小径近くに咲かせる *Rosa* 'Königin von Dänemark'。不格好な基部はツゲの生垣に隠れている。

トランド・ローズ、ドワーフ・ポリアンサ・ローズや R. x odorata 'Pallida'、吸枝により増えるガリカ・ローズ（イギリス、グロスターシャー州にあるキフツゲート・コート・ガーデン（Kiftsgate Court Garden）には縞模様の Rosa mundi（R. gallica 'Versicolor'）を使用した素晴らしい二重の生垣がある）などがふさわしい。自然風の環境では、リンゴの香りの葉を持つ R.rubiginosa や、それと Penzance との交配種を使ったり、R.canina を植えてハニーサックルと混植するとよい。

　シュラブローズは気前よくさまざまな種類の香りを漂わせるので、他に香りのよい相棒を植えて香りのニュアンスを強調する必要はないと思うかもしれない。けれども私は盛夏のバラの香りを補完するものとして、フルーティな香りのフィラデルファス、ピオニー、アイリス、ディクタムヌス（Dictamnus）、リーガルリリー（Lilium regale）、スパイシーな香りのタツタナデシコ類（cottage pinks）などを紹介しないわけにはいかない。遅咲きのバラを補完するものには、ブッドレア、エスカロニア（Escallonia）、ユリの交配種、サルビア（Salvia）、草本類のクレマチス（Clematis）、ラベンダー、ベルガモットなどが挙げられる。

ローズガーデン　223

格好のよいローズガーデンに植えられた古風なバラ。見ごろを延長するために、宿根草や繰り返し咲くモダンローズと組み合わせて植えられている。

　育てたいバラをすべて育てるには土地が足りるはずもないが、幸いにもこの種属は垂直に育てることもできる。香りのよいつるバラは、日当たりのよい壁面やパーゴラ、フェンス、あるいはボーダー花壇の後ろ側に直立した木の三脚などに仕立てることができる。壁面では、フジ（*Wisteria*）やケアノツス（*Ceanothus*）、ミルツス（*Myrtus*、英名 myrtle、マートル）、パッションフラワー（英名 passionflower、和名トケイソウ）、ブッドレア属の *Buddleja crispa* やカーペンテリア（*Carpenteria*）などと共に育てることができ、パーゴラにはアケビ、ジャスミン、ハニーサックルなどと共に育てるのもよい。香り豊かなブッシュローズやシュラブローズの多くの品種にはつる性の相棒がおり（'Ena Harkness'、'Etoile de Hollande'、'Souvenir de la Malmaison' など）、多くは上向きに仕立てるだけで簡単につるバラになる（'Aloha'、'Madame Isaac Pereire'、'Madame Plantier' など）。つるバラには実にさまざまな個性がある。'Aimée Vibert' や 'Noisette Carnée' のように、八重か半八重の小さなボタンのような花を房状につけるものもあれば、'Guinée' や 'Paul's Lemon Pillar' のように美しいティー・ローズ特有の花をつけるものもある。他にも 'Lawrence Johnston' や 'Cupid' のように一重か半八重の大きな開いた花をつけるものもあれば、'Gloire de Dijon' や 'Madame Alfred Carrière' のように花びらが密集した大きな花をつけるものもある。夏の間中咲き続けるものもあれば、一度だけ見事に咲き、おそらくは秋にもう一度返り咲くものもある。

　香りの種類も素晴らしく多彩である。つる性のノアゼット・ローズは、小さな花を房状につけ、フルーツやスパイスのニュアンスのある香りが広く拡散する。'Lady Hillingdon' には 'Gloire de Dijon' と同様にティー・ローズの香りがあるが、少し甘いニュアンスも混ざっている。'Constance Spry' には、「ミルラ」の香りと言われるコールドクリームやカーマインローションのような香りがある。ランブラーローズ 'Félicité Perpétue' の香りもそれに似ている。ほかにも極めて豊かな香りのあるバラは多い。たとえば 'Madame Abel Chatenay'、'Etoile de Hollande'、'Crimson Glory'、'Madame Butterfly'、'Madame Grégoire Staechelin' などである。

　一度しか咲かないランブラーローズも同じように使うことができるが、通常は壁面に誘引されるのを嫌う。リンゴの香りのある *R.wichurana* とその交配種のような、より小型の品種はパーゴラやロープ、針金で作ったメッシュフェンスに仕立てたり、果樹の間をさまようようにすると伸び伸びと育つ。この点では 'Rambling Rector' が傑出している。'Bobbie James'、'Seagull' などの大きなランブラーローズや巨大な 'Kiftsgate' は、お香のニュアンスを持ったフルーティな香りを広く拡散させるが、とても大きな高木や、しっかりと支えられた広々とした片流れの屋根が必要である。私の友人は以前、小さな東屋の四隅に 'Kiftsgate' が植えられているのを見た時に、建物が壊れるまであとどのくらい持つだろうかと心配していたが、'Kiftsgate' は高さ 15 m 以上、幅 24 m になる。

ローズ

GALLICA ROSES　ガリカ・ローズ

ガリカ・ローズの系統は、庭園用の最も古いバラである。盛夏に一度しか咲かないが、深紅、赤紫、明るいピンクなど豪華に咲き誇る。香りは例外なく豊かな本物のオールドローズの芳香である。背が低くコンパクトに生い茂った低木で、吸枝を延ばす傾向があり、背の低い生垣として役に立つ。他のバラよりは痩せて乾いた土壌にも強く、グレーの葉を持つ低木とともに、あるいは宿根草のボーダー花壇に植えると素晴らしい。剪定の必要はほとんど無いが、花が終わった後に新芽を間引いたり、弱い木質化した枝を除去するとよく生長する。Z6

'Assemblage des Beautés'
強烈な赤紫を帯びた深紅の花は、ぎっしりと花びらが詰まった八重で、日が経つにつれて紫に変わる。1.2m

'Belle de Crécy'
豊かな芳香を持つ八重の花は、咲き始めは鮮紅だが、すぐにグレーやモーブ色を帯びてくる。アーチ型の低木となり、葉は灰緑。1.2m

'Belle Isis'
'Constance Spry'の親種で、これにもミルラ（没薬）やカーマインローションのような香りがある。八重の花は紅潮した頬のようなピンクで、灰緑の葉がよく引き立てる。1.2m

'Camayeux'
縞模様のある珍しいバラのひとつで、白い八重の花は、咲き始めは深紅を帯びたピンクの斑があるが、時間が経つにつれて紫とグレーの斑へと変化する。1.2m

'Cardinal de Richelieu'
ほとんど完璧な球形の、深紅を帯びた濃紫の八重の花をつけ、芳しい香りがある。葉は深緑。1.2m

'Charles de Mills'
ガリカ・ローズのなかでも最良のもののひとつ。深紅を帯びた明るいピンクの花は、半開の時は極めて平坦だが、だんだんと花開くにつれ、美しく四分された八重の花が現われ、スミレ色や紫へ変化する。香りは力強い。繁殖力が強く、花を豊富につけるバラ。1.5m

'Duc de Guiche'
'Assemblage des Beautés'と似た、赤紫を帯びた鮮やかな深紅の完璧なコップ形の花を咲かせる。花の中心は緑で、日が経つと花びらが反り返り、ほとんど球形になる。他のガリカ・ローズと比べると、あまりコンパクトではない。豪華な素晴らしい香りがある。1.2m

'Duchesse de Montebello'
素晴らしいガリカ・ローズで、頬を赤らめたようなピンクの八重の花をつける。明るい緑の葉をまとったような、アーチ型の低木となる。1.2m

ガリカ・ローズの'Charles de Mills'（右）と'Cardinal de Richelieu'（右端）

ガリカ・ローズの'Versicolor'(左)と'Tuscany Superb'(中央)、アルバ・ローズの'Céleste'(右)

R. gallica var. officinalis(英名：apothecary's rose、アポテカリーズローズ)
よく茂った見事なバラで、香り高い半八重の明るい深紅の花をつける。花は鮮やかな黄色い雄しべに照らされたよう。古代のバラだが、今でも最良のもののひとつ。1.2m

R. gallica 'Versicolor'(Rosa mundi)
縞模様を持つもののなかでは最も人気のあるバラ。アポテカリーズローズと似ているが、突然変種で、こちらは花に白い強烈な縞模様がある。親種と同じく、傑出したガリカ・ローズ。1.2m

'Président de Sèze'
こちらも傑出したガリカ・ローズで、深紅、赤紫、ライラック色を混ぜたような美しい形の八重の花をつける。力強く芳しい香りがある。小奇麗な低木で、灰緑の葉を持つ。1.2m

'Tricolore de Flandre'
よい香りを持つ半八重のもので、紅潮した頬のような赤味を帯びた白い花には赤紫のくっきりとした縞が入っている。典型的なガリカ・ローズとは異なり、あまり棘がない。90cm

'Tuscany Superb'
私の好きなガリカ・ローズのひとつで、山吹色の雄しべの周りにぎっしりと束ねたように、深みのある栗色を帯びた深紅の豪華な花をつける。香りは他のバラほど豊かでなく、それほど強くもない。1.2m

ALBA ROSES　アルバ・ローズ

アルバ・ローズはロマンチックなシュラブローズで、灰緑の葉を持ち、盛夏に白またはピンクの花がたくさん咲く。香りは軽やかで洗練されている。かなり大きな直立した樹形となり、ボーダー花壇の後ろ側に植えるとよい。他のバラの生長が期待できないような日陰に植えるのにも役立つ。花後に定期的に間引くだけでよいが、冬に長く伸びた枝を90cm程度思い切り剪定すると、より生長が期待できる。

'Alba Maxima'(英名：Great Double White, Jacobite Rose)
丈夫なオールドローズで、素晴らしく優雅というわけではないが、とても豊かな香りがある。クリーム色を帯びた白の、まとまりのない八重の花をつける。2m

'Alba Semiplena'(アルバ・セミプレナ)(英名：White Rose of York)
蒸留してバラ精油を採るために育てられるバラのひとつ。金色の雄しべに照らされたような純白の半八重の花には力強い香りがあり、秋に赤いバラの実を房状につけたようすは人目を引く。2m

'Céleste'
美しいアルバ・ローズで、貝殻のようなピンクの半八重の花は、グレーの葉を背景にして特に美しい。香りは豊かで甘く、丈夫に直立して生長する。2m

'Félicité Parmentier'
背の低いアルバ・ローズで、紅潮した頬のようなピンクの花びらがぎっしり詰まった平坦な花は、日が経つと反り返り、ほとんど球形になる。1.2m

ダマスク・ローズの 'Madame Hardy'

'Great Maiden's Blush'（'Cuisse de Nymphe'）（和名：メイデンス・ブラッシュ）
私のお気に入りのアルバ・ローズで、最も素敵なオールドシュラブローズのひとつ。枝を張る見事な低木で、顔を赤く染めたようなピンクの八重の花は、芳しい香りがする。1.5m

'Königin von Dänemark'（英名：'Queen of Denmark'）
濃いピンクの八重咲きのバラで、とても香り高い美しい花をつける。柱を登らせて仕立てても、リンゴの木に絡めても素晴らしい。2m

'Madame Legras de Saint Germain'
八重で珍しく黄色味を帯びた白い花と、立派なグレーの葉を持つ。アルバ・ローズのなかでは最良のもののひとつで、棘がほとんど無いという利点もある。2m

'Madame Plantier'
クリーム色の花びらがぎっしりと詰まった花を大きな房状につける背の高いバラで、柱を登らせて仕立てても、リンゴの木に絡めても素晴らしい。3.5m

DAMASK ROSES　ダマスク・ローズ

ダマスク・ローズは盛夏に咲くバラで、グレーを帯びた葉を持ち、見事な香りがある。たくさんの花を房状につけ、花後に弱った芽や密集し過ぎた芽を軽く間引くだけでよい。Z5

'Celsiana'
とても感じのよい灰緑の低木。きれいなピンクの半八重の花びらが、金色の目立つ葯の周りに折りたたまれるようについている。香りは豊かで強い。1.5m

'Ispahan'
花期が長く、その名が思わせる通り長命。贅沢な香りがあり、八重の花はロマンチックなピンク。

'La Ville de Bruxelles'
繁殖力の強い素晴らしいダマスク・ローズで、葉が繁り、大きな花を房状につける。花はきれいなピンクで、花びらはボタンのように中心の周りにぎっしりと詰まっている。素晴らしい香りがある。1.5m

'Madame Hardy'
私が初めて育てたシュラブローズで、いまでも確固として私のお気に入り。八重で純白の平らな花びらは、緑の中心を囲むように内側にカーブしていて、若葉色の葉が完璧に引き立てる。美味しそうなフルーティな香り。1.5m

PORTLAND AND DAMASK PERPETUAL ROSES　ポートランド／ダマスク・パーペチュアル・ローズ

これらのバラは、ダマスク・ローズの近縁種だが、少し小さく、夏から秋の間中花を咲かせる。ボーダー花壇の手前側や小さな庭に向く。残念ながら入手できる品種がほとんど無いが、次に挙げるものは、特に傑出したものである。

'De Resht'
赤紫を帯びたピンクの、至極香りのよい小さな花が長い間咲き続ける。緑の葉をまとった小型でコンパクトな低木。私は、最良のシュラブローズのひとつと思う。生垣にしてもよい。90cm

'Madame Knorr'（'Comte de Chambord'）（コンテ・ド・シャンボール）
最高のシュラブローズのひとつ。大きな花は明るいピンクで、強い芳香があり、何か月もの間次々に咲き続ける。葉の茂った直立した低木。1.2m

'Marchesa Boccella'（'Jacques Cartier'）（ジャック・カルティエ）
コンテ・ド・シャンボールと似ているが、ピンクの花はそれほどコップ形をしていない。やはり繰り返し花を咲かせる。1.2m

PROVENCE ROSES　プロヴァンス・ローズ

プロヴァンス・ローズまたはセンチフォリア・ローズ（Centifolia roses）は、やや棘が多く、葉は硬く、だらりとした姿に生長するが、花は大きく、盛夏に花が大量に咲いて揺れそよぐ姿は素敵な風景である。香りも強く、遠くまで漂う。アルバ・ローズと同じ方法で剪定するとよく、冬に長く延びた茎を減らすとよく生長する。Z6

R. × centifolia（英名：cabbage rose）
オランダの絵画によく描かれてきたバラ。八重でピンクの花は力強く香り、灰緑の葉を背景に、房となって揺れる。だらりとした形に生長するが、魅力的な低木である。1.5m

R. × centifolia 'De Meaux'
小型のセンチフォリア・ローズで、完璧な八重のピンクの花を大量につける。60cm

'Fantin-Latour'
すべてのピンクのシュラブローズのなかで最も愛らしいもののひとつ。花びらがぎっしり詰まったコップ形の花は澄んだ優しい色合いで、素晴らしく優雅な香りがある。葉は深緑で滑らか。1.5m

'Petite de Hollande'
コンパクトで小型の見事なセンチフォリア・ローズで、ボーダー花壇の手前側に植えるとよい。小さな八重の花は明るいピンクで、香りも実に見事。1.2m

'Robert le Diable'
ピンクや赤の斑が入った、グレーや紫をたっぷりと帯びた珍しい色合いの花をつける。葉が生い茂った小型の低木で、だらりとした姿に生長する。日当たりのよい擁壁からこぼれ落ちるように植えると上手く育つ。90cm

'Tour de Malakoff'
ひょろ長い大きな植物で、木製の支柱の周りや壁面に仕立てるのが最良。花が咲くと思わず立ち止まるほど目を引く。花は大きく、だらしない感じに咲き、咲き始めは眩しいような赤紫だが、やがてスミレ色やグレーを帯びていく。香りは失望させない。2.3m

MOSS ROSES　モス・ローズ

モス・ローズは、センチフォリア・ローズやダマスク・ローズの直接的な突然変異か、あるいはそれらの突然変異から改良されたもののどちらかである。花茎や蕾の周りに剛毛のひげや、柔らかい苔のようなものがあるのが特徴。'William Lobb' のような特筆すべきものは例外として、これらは傑出したバラではなく、その珍しさに主な価値がある。生長すると粗野な感じになり、うどんこ病になりやすい。しかし、花にはセンチフォリア・ローズと同じくらいに洗練された爽やかな香りがある。苔のような部分にも、樹脂のような強い独特の香りがある。センチフォリア・ローズと同様の方法で剪定する。

'Capitaine John Ingram'
濃い深紅のベルベットのような色をした完璧な八重のバラで、特に強い香りがある。花色は気候や、何年目の花かで変わるが、魅惑的な紫を帯びている。蕾は赤味がかった色をした苔のようなものに軽

プロヴァンス・ローズの *Rosa × centifolia* 'Cristata'（左）と 'Fantin-Latour'（中央）、モス・ローズの 'William Lobb'（右）

モス・ローズの *Rosa x centifolia* 'Muscosa'（**左**）、ブルボン・ローズの 'Boule de Neige'（**中央**）と 'Madame Isaac Pereire'（**右**）

く覆われている。密生した低木。1.5m

R. x centifolia 'Muscosa'（英名：Old Pink Moss, Common Moss）

モス・ローズの原型。とても香りのよいきれいなピンクの八重の花をつけ、緑の苔のようなものもたくさんつける。1.2m

R. x centifolia 'Shailer's White Moss'（'White Bath'）

白い八重の花はとても豊かな香りを放ち、綺麗な濃い色の葉と緑の苔のようなものをたくさんつける。1.2m

'Comtesse de Murinais'（英名：ホワイト・モス）

赤味のある白い素晴らしい八重の花をつけ、淡緑の苔のようなものが放つ香りは注目に値する。背の高い繁殖力の強いバラで、ある程度の支柱が必要。2 m

'Général Kléber'

光沢のあるサテンのような明るいピンクの八重の花をつけ、開花すると平らになる。葉が茂り、みずみずしい葉と緑の苔のようなものをつける。1.2m

'Gloire des Mousseuses'

明るいピンクで香りのよい、特別に大きな八重の花を咲かせる。緑の苔のようなものをたくさんつける。1.2m

'Maréchal Davoust'

えんじと紫を混ぜたような色の八重の花をつける。灰緑の葉と濃い色の苔のようなものを持つ小奇麗な低木。1.2m

'Mousseline'

コンパクトで健康的な素晴らしいシュラブローズで、夏から秋にかけて絶え間なく咲く。花はほんのり赤味を帯びたピンクの半八重で、よい香りがある。1.2 m

'Nuits de Young'

特に濃い色のバラで、金色の雄しべに照らされたような栗色を帯びた紫の八重の花をつける。コンパクトだが葉の乏しい低木で、苔のようなものもほとんど無い。花の盛りには大評判となる。1.2m

'William Lobb'（Old Velvet Moss）

大きく豪華な半八重の花をつけ、花は濃い深紅から赤紫、スミレ色、グレーへと色褪せて行く。素晴らしい香りがある。背が高く繁殖力の強い、苔のようなものをたくさんつけたバラで、支柱が必要だが、すべてのシュラブローズのなかでも私のお気に入りのひとつ。2.5m

BOURBON ROSES　ブルボン・ローズ

ブルボン・ローズは、オールドローズとモダンローズとの境界線を跨ぐ位置にある。花びらのぎっしり詰まった古風なバラの花と、盛夏を過ぎてからも再び咲き誇る能力を併せ持つ。香りはフルーティでとても強く香ることも多い。繁殖力の強いバラで、時には青々と茂った濃い色のモダンローズのような葉を持ち、定期的な剪定が必要。盛夏に最初の花盛りを終えた後に花芽を軽く剪定し、冬の終わりに長く延びた茎を三分の一かそれ以上取り除いてやるとよい。Z6-8

'Adam Messerich'

半八重で濃いピンクの花は、ラズベリーのような力強い香りがする。葉の茂った

ブルボン・ローズの 'Souvenir de la Malmaison'（左）と 'Variegata di Bologna'（右）

直立する低木で、シーズン全般に渡って開花する。1.5m

'Boule de Neige'
夏から秋の間中、球形の純白な花を小さな房状につける。香り豊かで濃い色の葉を背景によく目立つ。ほっそりと直立する低木。1.2m

'Commandant Beaurepaire'
盛夏にだけ咲き、大きな八重のピンクの花が豪華な見どころとなる。花には深紅、紫、緋色の縞や斑点があり、よい香りがする。色の薄い尖った葉が密集した低木。1.5m

'Louise Odier'
ブルボン・ローズのなかで最良のもののひとつ。明るいライラックピンクの花は、丸い形がツバキに似ていてとても強い香りがあり、シーズンの間中咲く。若葉色の葉に包まれた魅力的な低木。1.5m

'Madame Isaac Pereire'
バラの偉大な栽培者であるグラハム・スチュアート・トーマス（Graham Stuart Thomas）は、「おそらくすべてのバラのなかで、最も力強い香りだろう」と述べている。赤紫を帯びたピンクの花は巨大で、むしろだらしなく、少し下品な感じさえするが、その香りは如何なる欠点も埋め合わせるくらいに素晴らしい。繁殖力が強く、葉の茂った低木となり、シーズンを通してぱっと花開く。2.3m

'Madame Lauriol de Barny'
とても素晴らしいフルーティな香りを放つ。季節を通して大きな八重のシルバーピンクの花を繰り返し咲かせるが、主たる開花期は真夏である。支柱に絡めて仕立てると魅力的。2m

'Madame Pierre Oger'
クリーム色を帯びた透けるようなピンクで、バラ色のニュアンスを持った球形の花には甘く強い香りがある。シーズンを通して咲き続ける。1.5m

'Reine Victoria'
美しいカップ形でライラックピンクの絹のような光沢のある花をつけ、特に豊かに香る。シーズンを通して咲き続ける。2m

'Souvenir de la Malmaison'
ロンドンで開催されるチェルシーフラワーショーでは、いつも最も魅惑的なバラで、その美しく四分された薄いピンクの花には、生来のよい香りがある。途切れることなく咲き、秋の見ものとしてとりわけ素晴らしい。60cm – 2m

'Variegata di Bologna'
深紅の縞の入った赤味を帯びた白い花をつける。縞の入った淡い色のバラとしては最も印象的で、花は美しいカップ形をした完璧な八重。盛夏の見ごろに続いて、シーズンの終わりごろには散発的に花を咲かせる。1.5m

HYBRID PERPETUAL ROSES
ハイブリッド・パーペチュアル・ローズ

ハイブリッド・パーペチュアル・ローズは、ブルボン・ローズによく似ており、同じグループとされることもある。古風なバラの花が盛夏に咲き始めると、その後はどんどん咲き続ける。ブルボン・ローズ

ハイブリッド・パーペチュアル・ローズの 'Mrs John Laing'（左）、ハイブリッド・ムスク・ローズの 'Buff Beauty'（中央）と 'Cornelia'（右）

と同様の剪定をすること。Z6－8

'Baron Girod de l'Ain'
花弁の縁に白い線を引いたような明るい深紅の八重の花をつける。素晴らしい香りがあり、夏の間中咲く。1.5m

'Empereur du Maroc'
栗色を帯びた深みのある深紅で、とても香り豊か。どちらかと言うと弱々しく病気に罹りやすいが、花の見ごろは荘厳である。1.2m

'Ferdinand Pichard'
縞のある私のお気に入りのバラ。ラズベリーの強い香りがあり、ピンクの八重の花には、深紅と紫の筋が力強く入る。葉の生い茂った魅力的な植物で、花は繰り返し咲く。1.5m

'Gloire de Ducher'
巨大な赤紫の花をつけ、贅沢な秋の装いは特別に注目に値する。とても香りがよい。背の高いアーチ型の枝を張るので、支柱が必要。2.3m

'Mrs John Laing'
ハイブリッド・パーペチュアル・ローズのなかで最高のもののひとつ。繰り返し咲き、素晴らしい香りがある。カップ形をしたライラックピンクの花は、灰緑の葉を背景にして見栄えがよい。1.2m

'Reine des Violettes'
これも最高級のハイブリッド・パーペチュアル・ローズ。花の咲き始めは紫で、柔らかいスミレ色に褪せていく。美しく四分されていて、香りがよい。棘はほとんどなく、グレーを帯びた葉を持つ最も魅力的な低木。2m

'Souvenir d'Alphonse Lavallée'
一般的には出回っていないが、探す価値のあるバラ。八重の花は栗色を帯びた豪華で暗い深紅で、すべての人を魅了する。適度にふくよかな香りがある。背が高く枝が張る低木なので、杭で止めたり支柱に仕立てるのが最もよい。2.3m

'Souvenir du Docteur Jamain'
私のお気に入りの濃い色のバラ。花は濃い暗紫で芳しい香りがある。主な見ごろは盛夏だが、秋にも返り咲く。真昼の強い日差しにさらされない場所に植えること。2m

HYBRID MUSKS　ハイブリッド・ムスク・ローズ

このバラはそのほとんどが、今世紀の初めにイギリス、エセックス州に住むレブド・ジョセフ・パームバートン（Revd Joseph Permberton）が交配させたもので、力強く香り、惜しげなく咲く、繁殖力の強い低木であり、すべての香りの庭に植える価値がある。ムスク調というよりもフルーティな香りがある。主な見ごろは、ちょうどオールドシュラブローズが咲き疲れてきたころの盛夏で、夏の間中断続的に咲き続けて、秋には意気揚々と最後の花を一気に咲かせる。フロリバンダ・ローズと同じ方法で、トラスに仕立てて咲かせると、通常は豊かな香りが広く浸透するように香る。早春に三分の一かそれ以上まで剪定するとよい。

'Buff Beauty'
ハイブリッド・ムスク・ローズのなかで

最も美しいもののひとつ。アンズ色を帯びた黄色い完璧な八重の花をつけ、花には豊かなティー・ローズの香りがある。葉は素晴らしく、若いうちはブロンズ色で生長すると深緑になる。1.5m

'Cornelia'
アンズ色、クリーム色、ピンクを混ぜたようなロゼット形の小さな花が集まった、大きな花房をつける。秋の見ごろは特に素晴らしい。力強い香りがある。1.5m

'Felicia'
生い茂った見事な低木で、盛夏には八重のシルバーピンクの花で覆われる。夏から秋にかけて素晴らしい見どころであり続け、豊かな香りがある。1.5m

'Francesca'
咲き始めはアプリコット色で、暖かい黄色に色褪せていく半八重の花をつける。香りは強く、ティー・ローズのニュアンスを持つ。美しく輝く葉を持つ優雅な低木。2m

'Moonlight'
クリーム色を帯びたほぼ一重の白い花を束にしてつけるようすは、濃い色の葉と赤茶色の茎を背景にして素晴らしい。強い香りがある。2m

'Penelope'
人気のあるハイブリッド・ムスク・ローズで、サーモンピンクの蕾から、強い香りのする、クリーム色を帯びたピンクで半八重の花を咲かせる。美しい秋の見もので、珊瑚のようなピンクの実をつけて一年を終わる。2m

'Vanity'
夏と秋を通して途絶えることなく、濃いピンクのほぼ一重の大きな花をつける。香りは強く甘い。2m

CHINA ROSES　チャイナ・ローズ

小さく華奢なバラで、繰り返し咲き、ボーダー花壇の手前側に植えると理想的である。寒さにもやや強いが、寒風にさらされない場所や壁面などの暖かい場所で育てると最もよく育つ。枯れ枝や、弱った枝を取り除く以外は、定期的な剪定は必要ない。日向。Z7-8

'Comtesse du Cayla'
サーモン、オレンジ、ピンクを混ぜたような明るい色の、ほぼ一重の花をつける。ティー・ローズの香りが特に豊かである。90cm

R. x odorata 'Pallida' (Old Blush China) (英名：monthly rose)
花が咲き続けるところに価値がある。シルバーピンクの花には素晴らしく甘い香りがある。ほとんど棘がないほっそりと直立した小枝の多い低木。1-2m

チャイナ・ローズの *Rosa x odorata* 'Pallida'

RUGOSA ROSES　ルゴサ・ローズ

ルゴサ・ローズまたはジャパニーズ・ローズとその交配種は、すべての庭園用の低木のなかで最も力強く香り、風がなく湿度の高い日にはスパイシーで甘い香りが空気を満たす。一重の品種は丸々としたトマト形の赤いバラの実をつけるが、八重の品種は、通常は初夏から秋までたくさん咲き続ける。ざらざらした手触りの葉は独特で、時には豪華でもあり、秋には綺麗に黄葉する。害虫や病気にはかなり抵抗力がある。花の咲く素晴らしい生垣となり、早春に全体を軽く剪定してもよい。Z2

'Agnes'
R. rugosa と *R. foetida* 'Persiana' の交配種で、私のお気に入りのバラのひとつ。八重の花は珍しい琥珀色を帯びた黄色で、レモンとスパイスを混ぜたような力強い香りがある。花は初夏に一度目にたくさん咲いた後は、多くはつかない。2m

'Blanche Double de Coubert'
議論もあるが、最も芳しいバラとされる。眩しいくらいに白い花は半八重で、濃緑の葉を背景に輝いて見える。夏と秋を通して次々に花をつける。1.5m

'Conrad Ferdinand Meyer'
繁殖力の強いルゴサ・ローズの交配種で、長い茎は早春のうちにしっかりと減らしておくとよい。八重でシルバーピンクの花は特に豊かに香る。比較的さび病にかかりやすい。2.5m

'Fru Dagmar Hastrup'
明るいピンクで香りのよい一重の花を咲かせ、その後に深紅のバラの実をつける。葉が茂りコンパクトに生長するので、花の咲く素晴らしい生垣となる。1.2m

'Mrs Anthony Waterer'
初夏に豊かに香る深紅の八重の花をたくさんつけるが、その後はほとんど咲かない。直立というより、枝を横に張って生長する。1.2m

'Roseraie de l'Hay'
深紅を帯びた紫の半八重の花をつける、繁殖力が強い人気のあるルゴサ・ローズで、豊かな香りがある。特に青々とした若葉色の葉を持つ。1.2 - 1.5m

R. rugosa（和名：ハマナシ）
ピンクからえんじ色を帯びた紫までさまざまな花色の一重の花をつけ、よい香りがする。バラの実の明るい赤とのぶつかり具合には驚かされる。2.3m

R. rugosa 'Alba'（和名：シロバナハマナシ）
どの庭にも植える価値がある。香りがよく広がる純白の花を長い間つけ、秋にはオレンジの大きなバラの実もつける。2.3m

'Sarah van Fleet'
よい香りのする明るいピンクの半八重の花を次々につける。繁殖力の強い、直立した葉の茂った低木で、生垣にしてもよい。2.5m

'Scabrosa'
豪華なルゴサ・ローズで葉が青々と茂り、深紅を帯びた紫の大きな一重の花とオレンジのバラの実を豊富につける。香りは甘く豊かである。生垣にしてもよい。1.2m

ルゴサ・ローズの 'Roseraie de l'Hay'（上）と 'Fru Dagmar Hastrup'（左）
ハイブリッド・ムスク・ローズの 'Vanity'（左端）

原種および原種系のシュラブローズ 'Dupontii'（左端）と Rosa primula（左）

SPECIES AND NEAR-SPECIES SHRUB ROSES　原種および原種系のシュラブローズ

'Dupontii'
美味しそうなバナナの香りの白い一重の花をつける。美しいバラで、突起した金色の雄しべのある清々しい純白の花は、灰緑の葉を覆うほどたくさん咲く。盛夏を過ぎたころに開花して素晴らしい見どころとなるが、その後にオレンジのバラの実をつける。2.3m。Z6

'Headleyensis'
金色のチャイナ・ローズ R. hugonis の交配種で、親種と同じく初夏に花をつける。クリーム色を帯びた黄色い一重の花はとても香りがよく、シダ状の葉に包まれた茶色のアーチ型の枝に咲く。2.3m。Z6

R. primula
香りの庭に欠かせない素材。シダ状の葉はお香のような香りがあるが、特に湿度の高い日やにわか雨の後に強く香る。シーズンの初めの、まだ若葉の時によく香る。初夏に咲く、甘く香る小さな一重のプリムローズイエローの花は、赤褐色の茎を背景にすると特に目を引く。1.5m。Z7

R. pulverulenta（R. glutinosa）
一般的には出回っていないが、香りの愛好者にとっては、オレンジとパイナップルを混ぜたような葉の香りが興味をそそる。小さなピンクの花をつけ、その後に大きな球形の赤いバラの実をつける。背の低い棘だらけのシュラブローズで、乾燥した日当たりのよいボーダー花壇に適している。90cm

R. rubiginosa（R. eglanteria）（英名：sweet briar / eglantine）
これも不可欠な品種で、葉から放たれる青リンゴの香りを目的に大事にされる。新芽の先端が最も強く香る。生垣の植物として素晴らしい。晩冬に刈り込むこと。初夏に咲くピンクの一重の花には甘い香りがあり、続いて印象的な赤いバラの実が見どころとなる。強く香る葉は、この品種の他のものや交配種に受け継がれており、なかでも、香りはそれほど主張しないが銅色を帯びたピンクの一重の花をつける 'Lady Penzance'、甘く香るピンクを帯びた黄褐色の一重の花をつける 'Lord Penzance'（両方とも後にバラの実が見どころとなる）、赤味がかった白い八重の花をつける香りのよいコンパクトなシュラブローズの 'Manning's Blush' などが傑出している。2m またはそれ以上。Z6

R. spinosissima（R. pimpinellifolia）（英名：burnet rose / Scottish rose、和名：スコッチローズ）
'Double White' や 'Double Pink' を含む、香り高く魅力的なバラを提供する。これらは共に甘く芳しい香りのある球形の花をつける。黄色い八重の R. x harisoni 'Harison's Yelloew' は、バターのような美しい色合いだが、香りはそれほど魅力的ではない。しかし、心地よい香りのする黄色い八重咲きのスコッチローズもある。私も育てているが、名もない木に挿し木して私の所にきた。'Stanwell Perpetual' は特に素晴らしい交配種で、他のものとは異なり、盛夏に最盛期を迎えた後も一年中咲き続ける。赤味を帯びたピンクの八重の花は、とても香りがよく、葉は灰緑。これらのバラにはすべて棘があり、小さな葉をたくさんつける。1.5m。Z5

MODERN SHRUB ROSES　モダンシュラブローズ

この項目には、幅広い系統と性質を持つさまざまなバラが含まれるが、オールドシュラブローズとは大きく異なる個性を持っていたり、より最近のものから作られたものもしばしばある。これにはデイヴィッド・オースティン（David Austin）が交配させたイングリッシュ・ローズも多数含まれるが、その多くには傑出した素晴らしい香りがある。ここでは最良のものの中から選りすぐりをほんの少し紹介する。多くの場合、枯れ枝や弱った枝を取り除く以外には剪定の必要はないが、定期的に一番古い茎を数本、地面の高さまで切り戻すとよく生長する。

モダンシュラブローズの 'Fritz Nobis'（左）、'Golden Wings'（中央）、'Frühlingsgold'（右）

'Cerise Bouquet'
優雅なバラで小さなグレーの葉を持ち、夏の間中サクランボ色のロゼット形の花を房状につける。鮮やかなサクランボ色の花にはラズベリーの強い香りがある。つるバラとして育てることもできる。2.7m

'Claire Austin'
レモン色を帯びた白いロゼット形の八重の花をつけるイングリッシュ・ローズで、バニラとミルラの素晴らしい香りがある。病気に強く、つる植物としてもよく育つ。90cm–2.7m

'Fritz Nobis'
初夏に一度しか咲かないが、素晴らしい見どころとなる。明るいピンクのハイブリッド・ティー・ローズの花にはクローブのよい香りがある。花の後には赤っぽいバラの実を豊富につける。2m

'Frühlingsgold'
初夏に咲く豪華なバラで、長いアーチ型の枝を持ち、力強い香りのある淡黄色の大きな一重の花をつける。オニゲシとともに植えると華麗。2.3m

'Frühlingsmorgen'
中心が淡黄色の、ローズピンクの大きな一重の花をつける。豊かで甘い香りがある。時折遅咲きの花をつけることもあるが、主な開花期は初夏。2m

'Gertrude Jekyll'
健康的で素晴らしいイングリッシュ・ローズ。濃いピンクで大きなロゼット形の八重の花には、力強いオールドローズの香りがある。1.2m

'Golden Wings'
コンパクトで見事なバラ。温かい黄色の大きな一重の花を絶え間なく咲かせる。豊かで甘い香りがある。2m

'Graham Thomas'
デイヴィッド・オースティンによる華麗なイングリッシュ・ローズで、アンズ色を帯びた黄色の古風な花を夏の間中断続的につける。黄色はオールドシュラブローズの花色にはないため、とても価値のあるバラが紹介された。ティー・ローズの強い香りがする。繁殖力の強い直立したバラで、冬に強剪定しなければ力強く生長する。2mまたはそれ以上。

'Munstead Wood'
私のお気に入りのイングリッシュ・ローズのひとつ。深みのあるベルベットのような深紅の豪華で大きなロゼット形の花をつける。花には豊かでフルーティな香りがある。90cm

'Nymphenburg'
サーモンピンク、オレンジ、黄色の混ざったような大きな八重の花から、力強いリンゴの香りを放つ。夏を通して次々と咲き続ける大きなアーチ型のシュラブローズ。2.5m

'Pretty Jessica'
小さなイングリッシュ・ローズで、オールドシュラブローズらしい濃いピンクの花と、力強いオールドローズの香りを持つ。繰り返しよく咲く。90cm

'Scepter'd Isle'
柔らかいピンクのイングリッシュ・ローズで、ミルラの強い香りがある。1.2m

'The Countryman'
オールドローズらしい濃いピンクの大きな花を持ち、力強い「バラの香り」がある。綺麗なアーチ型になり、ポートランド・ローズの葉を持つ。少なくとも2度、一気に花が咲く。90cm

'The Generous Gardener'
大きなカップ形で淡いピンクの八重の花を咲かせるイングリッシュ・ローズ。オールドローズの力強い香りがあり、つる植物としてもよく育つ。2 - 3m

'Wild Edric'
ルゴサ・ローズの系統のイングリッシュ・ローズで、豊かな香りのある紫がかったピンクの半八重の花をつける。生垣にしてよい。1.2m

HYBRID TEAS　ハイブリッド・ティー・ローズ

ハイブリッド・ティー・ローズは、バラの花に先の尖ったバランスの取れた完璧な高芯剣弁咲きの花びらをもたらした。枝が直線的で硬く、低木としては例外なく粗野で不格好であり、ボーダー花壇に植えると硬く自意識過剰な印象である。冬には棘だらけの木質の幹だけになり、全く魅力がない。幾何学的なデザインの場所か、冬には人目を避けられるようなあまり目立たない場所に植えるとよい。花瓶や正装の上着の襟のボタン穴に刺して飾ると最良である。展示会に出すような理想的な花を追い求める育種家たちは香りを見捨ててきたが、芳香のある品種がまだ豊富にある。最近では育種家の間でも、目を楽しませると同様に鼻を悦ばせることの重要性が増している。ハイブリッド・ティー・ローズは、早春に地面から15-25cmまで切り戻すこと。冬の寒風で折れてしまうのを避けるために、晩秋に軽く刈り込むとよい。定期的に殺虫剤や殺菌剤を散布すると綺麗に生長するが、モダンローズにはより抵抗力の強いものもある。

'Alec's Red'
素晴らしく洗練された芳香のある、優れたハイブリッド・ティー・ローズ。サクランボのような赤い花が夏の間中惜しげもなく咲き、光沢のある濃い色の葉を背景に綺麗である。90cm

'Apricot Silk'
よい香りのする、赤味を帯びたアンズ色の大きな花をつける。90cm

'Blessing'
夏の間中、香りのよいサーモンピンクの花をつける。90cm

'Blue Moon'
ライラックシルバーの人気のあるハイブリッド・ティー・ローズで、おそらく最も美しい「青いバラ」である。クリーム色を帯びた茶色のニュアンスを持つ花の退廃的な美しさは、賞をあげたくなるほど。強いフルーティな香りがする。90cm

'Buxom Beauty'
病気に強い新しい種類で、素晴らしい香りのする赤紫を帯びたピンクの大きな花をつける。90cm

'Crimson Glory'
香りの強い古いタイプのハイブリッド・ティー・ローズで、ベルベットのような大きな深紅の花をつける。首部が弱いが可愛らしいバラ。人目を引くつる性のものもある。60cm、つる性のものは4.5 m

'Dainty Bess'
'White Wings'の親種で、シルバーピンクの一重の大きな花をつけるハイブリッド・ティー・ローズ。美しい見どころとなり、甘くよい香りがする。90cm

'Dutch Gold'
見事な香りのする明るい山吹色のハイブリッド・ティー・ローズ。夏の間中惜しげもなく花をつける。90cm

'Eden Rose'
強健なバラで、濃いピンクの香りのよい

ハイブリッド・ティー・ローズの'Blessings'**(右)**と'Blue Moon'**(右端)**

大きな花をつける。90cm

'Ernest H. Morse'
丈夫で人気のあるハイブリッド・ティー・ローズ。格好のよい蕾からとても明るい深紅の花をつける。90cm

'Especially for You'
病気に強い素晴らしい品種で、香りのよい黄色い花を房状につける。90cm

'Fragrant Cloud'
とても愛されている、並はずれて香り豊かなバラ。繁殖力の強い低木で、シーズンを通して珊瑚色を帯びた赤い花を豊富につける。花は濃い色の葉を背景にして輝きを放つ。つる性のものもある。90cm

'Ice Cream'
病気に強い品種で、ブロンズ色の葉と香り豊かな白い花をつける。90cm

'Indian Summer'
力強く香る、クリーム色を帯びたアンズ色の花をつけ、光沢のある濃い色の綺麗な葉を持つ。葉は病気にも強い。90cm

'Josephine Bruce'
濃い深紅のベルベットのような贅沢なバラのひとつで、私はいつもその魅力にひれ伏してしまう。香りもとても素晴らしく 'Papa Meiland' よりも丈夫。90cm

'Just Joey'
ピンクと銅色を帯びたオレンジを混ぜたような、香りのよい大きな花をつける。60cm

'La France'
1867年〔原著では1865年だが、通常は1867年とされる〕に作られた、おそらく最初のハイブリッド・ティー・ローズとして興味深い。淡いピンクの花には、オールドローズの性質と強い香りがある。1.2m

'Mama Mia!'
新しい品種で、香りのよい珊瑚色を帯びたオレンジの花をつける。90cm

'Mister Lincoln'
濃赤で香りもよく、人気がある。90cm

'Mullard Jubilee'
繁殖力が強い丈夫なハイブリッド・ティー・ローズ。ローズピンクの大きな花をつけ、香りもよい。60cm

'Ophelia'
とても愛されている古いバラ。赤味がかったピンクの花には力強い香りがあり、繁殖力が強く、直立して生長する。つる性のものと、淡いピンクの花をつける 'Lady Sylvia'、柔らかいピンクの花をつける 'Madame Butterfly' のふたつの突然変種がある。90cm

'Papa Meilland'
私のお気に入りのハイブリッド・ティー・ローズのひとつ。花は、暗紫を帯びた最も濃い赤で、香りは強く洗練されている。残念ながら戸外では弱くうまく育たない。寒風にさらされない暖かい場所が必要。温室では素晴らしく美しい。60cm

'Paul Shirville'
力強く香るサーモンピンクのバラ。繁殖力の強い交配種でとても人気が出てきている。90cm

ハイブリッド・ティー・ローズの 'Eden Rose'（左）、'Fragrant Cloud'（中央）、'Just Joey'（右）

ローズ　237

'Prima Ballerina'
ローズピンクの花をつける丈夫なハイブリッド・ティー・ローズで、豊かな香りがある。90cm

'Silver Jubilee'
高名なイギリスのバラ栽培家ピーター・ビールズ（Peter Beales）曰く、「かつて育てたなかで最良のバラのひとつである」。アンズ色とクリーム色で覆われたシルバーピンクの花を、房状に惜しげもなく咲かせる。特に密生した艶のある葉を持つ。90cm

'Simply the Best'
新しい種類で、強い香りがするオレンジを帯びた黄色い花をつけ、病気にも強い。90cm

'Wendy Cussons'
とても人気のあるバラで、濃いサクランボ色の花には豊かな香りがある。60cm

'Whisky Mac'
たくさん育てられている交配種で、力強く香る琥珀色を帯びた黄色い花をつける。良質な土壌が必要で、厳しい冬には痛手を被る。90cm

'White Wings'
とても美しい一重のバラ。花びらは突起した深紅の雄しべの周りにつく。背が高く直立して生長する。1.2m

FLORIBUNDA ROSES　フロリバンダ・ローズ

ハイブリッド・ティー・ローズと同様に、フロリバンダ・ローズは夏に絶えず咲き続けるため重用される。どちらかと言うと硬く、シュラブローズほどふんわりとした樹形ではないが、'Margaret Merril'のように、ミックス花壇によく合うものもいくつかある。花の形は完璧というわけではないが、大きな房状に咲き、色彩豊かな見どころとなる。定期的に殺菌剤と殺虫剤を噴霧するとよいが、モダンローズはより健康的である。晩冬に最も強い茎を半分に減らし、弱い茎はすべて取り除くように剪定する。フロリバンダ・ローズは、一般的にはハイブリッド・ティー・ローズほど香りに恵まれていないが、以下に挙げるものはとてもよい。

'Amber Queen'
人気のある新しいバラ。完璧な八重で香りのよい琥珀色の花をつける。60cm

'Apricot Nectar'
アンズ色がかった黄色い花をつけ、素晴らしい香りがある。60cm

'Arthur Bell'
人気があり、優れた香りがある。花は半八重で、咲き始めは濃黄色で、クリーム色を帯びたレモン色に褪せていく。60cm

'Blue for You'
新しい品種で、香り豊かな青紫の半八重の花をつける。病気に強い。90cm

'Chinatown'
繁殖力の強い大きな低木で、明るい黄色の大きな八重の花をつける。シュラブローズやバラの生垣としても見事で、香りは傑出して素晴らしい。1.5m

'Dearest'
とても人気のあるフロリバンダ・ローズ。濃いサーモンピンクの半八重の花を印象的な房状につけ、強い香りがする。花は湿った気候に弱い。60cm

'Dusky Maiden'
贅沢な品種で、ベルベットのような深紅の一重の花をつける。花は金色の葯に照らされたようである。60cm

'Elizabeth of Glamis'
寒さの厳しい冬には弱く、病気に罹りやすいが、人気のあるバラ。サーモンピンクの花は美しく、香りもよい。60cm

'English Miss'
格好がよく、香りのよい淡いピンクの花をつける。60cm

ハイブリッド・ティー・ローズの 'Paul Shirville'（左端）と 'Silver Jubilee'（左）

MINIATURE AND PATIO ROSES
ミニチュア・ローズとパティオ・ローズ

ミニチュア・ローズとパティオ・ローズは、花が小さく、鉢植えや窓の下に置く植木箱などに向いている。ボーダー花壇では場違いに見えるが、その香りを楽しむためにどうにかして育てるとよいだろう。コメントするほどの香りを有する種類は多くはないが、以下に挙げるものは優れている。

'Flower Power'
サーモンピンクの花を、長い期間次々と咲かせる。30cm

'Regensberg'
縁が白い明るいピンクや、縁が明るいピンクで白い八重の花をつける。香りが素晴らしい。30cm

'Sweet Dream'
アンズ色を帯びたピンクの八重の花をつける。45cm

'Sweet Dream'

'Fragrant Delight'
強い香りのある、赤褐色を帯びたサーモン色の八重の花をつける。90cm

'Hot Chocolate'
赤褐色を帯びた茶色の珍しい花をつけ、よい香りのする新しい種類。90cm

'Korresia'
とても人気のあるフロリバンダ・ローズで、明るい黄色の大きな花をつける。豊かな香りのある素晴らしいバラ。60cm

'L' Aimant'
飛び抜けて香りのよい、珊瑚色を帯びたピンクの花をつける。90cm

'Margaret Merril'
最高のフロリバンダ・ローズのひとつ。赤味がかった白い花が小さな房状につき、傑出した素晴らしい香りがする。60cm

'Princess of Wales'
赤味がかったピンクと白の美しいバラで、軽やかな可愛らしい香りがする。90cm

'Sheila's Perfume'
黄色と赤の2色に彩られた、格好のよい花をつける。90cm

POLYANTHA-POMPON ROSES
ポンポン咲きのポリアンサ・ローズ

ボーダー花壇の手前側に植えると素晴らしい。葉が生い茂ったコンパクトな植物で、夏の間中小さな花を房状につける。かつては花壇向きのバラとして人気があったが、今は流通する種類も少なく、香りのよいものはさらに少ない。

'Cécile Brünner'（英名：sweetheart rose）
ミニチュアの低木で、小さな淡いピンクのハイブリッド・ティー・ローズの花を

フロリバンダ・ローズの'Margaret Merril'（**左**）と'Princess of Wales'（**中央**）、ポンポン咲きローズのポリアンサ・ローズの'Cécile Brünner'（**右**）

つける。花が咲き続け、繊細な甘い香りがする。つる性のものもあるが、親種と異なり繁殖力が強く、葉が生い繁る。低木は90cm。つる性のものは7.5m。

'Katharina Zeimet'
白い八重の花を房状につける。60cm

'Little White Pet'
ランブラーローズ'Félicité Perpétue'の矮性の突然変種で、やはりコールドクリームのような香りがある。夏と秋に、ピンクの斑の入った蕾からクリーム色を帯びた白いロゼット状の花をつける愛らしいバラ。60cm

'Mervrouw Nathalie Nypels'
ピンクの半八重の花をつける。60cm

'Perle d'Or'
黄色い'Cécile Brünner'のよう。繊細な甘い香りがあり、咲き始めは薄黄で、ピンクを帯びたクリーム色に褪せていく。1-2m

'Yesterday'
ライラックピンクの花をつける。90cm

'Yvonne Rabier'
白い半八重の花をつける。60cm

GROUND-COVER ROSES グラウンドカバーに向くローズ

これらのバラは、支柱の足元付近や土手、背の低い壁などにだらりと伸ばして育てるのに向いている。あらゆる種類のバラにみられ、それぞれ異なる性質がある。

'Cardinal Hume'
枝を張る背の低いバラで、芳しい香りのするプラムのような紫の八重のオールドローズの花をつける。花に続いてバラの実がつく。90cm

'Daisy Hill'
大きなピンクの一重の花をつけ、続いてバラの実をつけるようすも見もの。1.5m

R. × jacksonii 'Max Graf'
ルゴサ・ローズの交配種で、リンゴの香りのあるシルバーピンクの一重の花をつけ、艶のある見事な葉を持つ。60cm

'Scintillation'
長い期間に渡り、赤味を帯びたピンクの半八重の花を大きな房状につける。素晴らしい香りがある。1.2m

CLIMBING ROSES つるバラ

つるバラは、鼻の高さに咲いてさまざまな香りを楽しませてくれる。ティー・ローズ、ハイブリッド・ティー・ローズ、フロリバンダ・ローズ、ブルボン・ローズや、チャイナ・ローズの個性を持ったもの、ノアゼット・ローズなどがある。一般的にティー・ローズやチャイナ・ローズ、ノアゼット・ローズは暖かさを好み、日当たりのよい壁面など寒風にさらされない場所でよく育つ。一方、他のものはオープンスペースで、支柱やパーゴラ、フェンス、またはあまり好ましくない環境の壁面などに育ててもよい。これらのバラのほとんどは、繰り返し花を咲かせる。冬の剪定では、強く長いつるを水平にした針金に沿うように曲げて結び（つるが

つるバラの'Aloha'

大きく育ち過ぎた場合にのみ、その先端を切ること)、茎から出た側生芽を三分の二程度の長さまで切り戻す。

'Aimée Vibert'（ノアゼット・ローズ）
黄色い雄しべのある小さな白い八重の花が、夏に束になって咲く。花は通常は繰り返し咲く。見事な輝く葉を持ち、棘はほとんどない。4.5m

'Alister Stella Gray'（ノアゼット・ローズ）
夏と秋の間中、美味しそうに甘く香る花をつける。蕾は卵黄のような黄色で、花開くと四分された象牙色を帯びた大きな白い花となる。4.5m

'Aloha'（フロリバンダ・ローズ）
第一級のつるバラで、力強いティー・ローズの香りがある。四分されたローズピンクの花が、絶えることなく咲く。3m

'Belle Portugaise'（ティー・ローズ）
美しい淡いピンクの、よい香りのするつるバラで、温室や温暖な気候の場所でよく育つ。早い時期に一度にどっと花開く。4.5m

'Céline Forestier'（ノアゼット・ローズ）
オールドローズの性質を持つ見事なつるバラで、ティー・ローズの力強い香りがある。クリーム色を帯びた黄色の大きく平たい八重の花は、四分されていて、絶え間なく花開く。2.5m

'Climbing Cécile Brünner'（ポリアンサ・ローズ）
'Cécile Brünner'のつる性の突然変異。小さなピンクの花は、穏やかな甘い香りがする。初夏に一度だけ花をつける、繁殖力が強く寒さにも強いバラ。7.5m

'Climbing Château de Clos-Vougeot'（ハイブリッド・ティー・ローズ）
豪華で深みのある栗色を帯びた赤い花をつけ、豊かな香りがする。夏の主な開花期の後にも、遅咲きの花をいくらか咲かせる。4.5m

'Climbing Columbia'（ハイブリッド・ティー・ローズ）
香りのよい素晴らしいバラで、優雅なピンクのティー・ローズ特有の花を途切れることなく咲かせる。温室や温暖な気候の場所で育てるのが理想的。4.5m

'Climbing Devoniensis'（ティー・ローズ）
クリーム色を帯びたアンズ色のバラで、ティー・ローズの強い香りがある。温かい壁面や温室に向く。3.5m

'Climbing Ena Harkness'（ハイブリッド・ティー・ローズ）
花首が弱く、下向きに咲くようすも魅力的。ベルベットのような濃い深紅の花には力強い香りがある。主な開花期は夏で、一気に咲くが、遅咲きの花もいくらかある。4.5m

'Climbing Etoile de Hollande'（ハイブリッド・ティー・ローズ）
とても人気のある素晴らしいつるバラで、力強い香りのする深紅の花をつける。4.5m

'Climbing Lady Hillingdon'（ティー・ローズ）
傑出したバラで、アンズ色を帯びた黄色いティー・ローズ特有の花は、紫に覆われた茎や葉と効果的な色彩のコントラストを成す。温かい壁面では丈夫に育ち、繰り返し花を咲かせ、ティー・ローズの香りがする。私のお気に入りのつるバラのひとつ。4.5m

'Climbing Lady Sylvia'（ハイブリッド・ティー・ローズ）
見事なピンクのバラで、完璧な蕾を持ち、強い香りがある。繰り返し咲く。'Climbing Ophelia'も似ているが、そちらはより薄いピンク。3.5m

'Climbing Madame Abel Chatenay'（ハイブリッド・ティー・ローズ）

古いハイブリッド・ティー・ローズで、イギリスでは低木やつる植物として人気がある。花は柔らかいピンクで強い芳香があり、繰り返し咲く。3m

'Climbing Mrs Herbert Stevens'（ティー・ローズ）

古い見事な種類で、格好のよいクリーム色の花をつけ、強いティー・ローズの香りがある。繁殖力が強く、寒さに強く、繰り返し花をつける。6m

'Constance Spry'（モダンシュラブローズ）

並はずれて大きな明るいピンクの花びらがぎっしり詰まった花をつける。花が咲くと素晴らしく豪華である。ミルラの香り（コールドクリームやカーマインローションのよう）が強く香るが、それほど甘くはない。とても美しいバラ。6m

'Desprez à Fleur Jaune'（ノアゼット・ローズ）

とても可愛らしいつるバラで、ピンクと黄色を帯びたクリーム色の四分された花を房状につける。花はシーズンの間中絶え間なく咲き、力強くフルーティな香りがする。温かい壁面を好み、温室で育てるのもよい。5.5m

'Gloire de Dijon'（ティー・ローズ）

私のお気に入りのつるバラのひとつ。花びらがぎっしり詰まった黄褐色を帯びたアンズ色の古風な花は、オレンジを帯びた赤い煉瓦造りの壁を背にしても見事である。寒さに強く、花は繰り返して咲き、豊かなティー・ローズの香りがある。4.5m

'Guinée'（ハイブリッド・ティー・ローズ）

豪華な濃い栗色を帯びた深紅の花がとても魅力的なバラで、強い芳香がある。主たる花期は夏だが、その後も散発的に咲く。私はこれなしではいられない。4.5m

'Kathleen Harrop'（ブルボン・ローズ）

棘は全くなく、シーズンの間中、強い芳香のある明るいピンクの花をつける。私には、親種である'Zéphirine Drouhin'よりも可愛らしく見える。3m

'La Follette'（*Rosa gigantea* との交配種）

気候温暖な地域に向く繁殖力の強いバラで、花弁がゆるく詰まったサーモンピンクのだらりとした花をつける。初夏に満開の花をつけると壮観である。6m

つるバラの'Constance Spry'（上）、'Guinée'（左）、'Kathleen Harrop'（右）

つるバラの 'Maigold'（左端）と 'New Dawn'（左）

'Lawrence Johnston'（R. foetida 'Persian' との交配種）
グロスターシャー州のヒドコートガーデンの作庭家の名にちなんで付けられた名前で、人気のある繁殖力の強いつるバラ。香りのよい半八重の明るい黄色の花をつける。早咲きだが、その後もシーズンの間中、時折一度に花開く。7.5m

'Leverkusen'（Kordes の交配種）
半八重のレモンイエローで、甘いレモンの香りの花をつける。夏の主たる開花の後も繰り返し花をつける。立ち木として育てることもできる。3m

'Madame Alfred Carrière'（ノアゼット・ローズ）
最高のつるバラのひとつで、日陰の壁でさえ上手く育つ。低木として育てることもできる。ピンクを帯びた白い大きな花がシーズンの間中咲き、力強く香る。6m

'Madame Grégoire Staechelin'（ハイブリッド・ティー・ローズ）
初夏に一度だけしか咲かないが、素晴らしい見どころとなる。大きな半八重の花は、赤味を帯びたピンクで、深い折り返しがあり、花の後には綺麗なオレンジのバラの実をつける。6m

'Maigold'（R. spinosissima の交配種）
初夏に一度開花するようすは印象的。半八重の花は濃い黄褐色で力強い香りがある。ゆるい感じの低木として育てることもできる。寒さの厳しい地域では屋外では育たない。3.5m

'Maréchal Niel'（ノアゼット・ローズ）
温室および気候温暖な地域では有名なバラ。淡黄のティー・ローズタイプの下向きの花は、かなり早咲きで、一度にどっと咲き、その後も散発的に花をつける。4.5m

'New Dawn'
'Dr W. Van Fleet' の突然変種のシュラブローズで、R. wichurana の交配種。最も美しいピンクのつるバラのひとつで（柔らかく明るいピンク）、すべてのバラのなかでも抜群である。葉は健康的で艶がある。格好のよい半八重の花にはフルーティな香りがあり、絶え間なく咲く。病気に罹らず、寒さにもとても強い。3m

'Noisette Carnée'（'Blush Noisette'）
全く惜しげもなくたくさん咲くバラで、半八重のライラックピンクの花を房状につける。豊かなクローブの香りがあり、オープンスペースでは立ち木の低木としてもよく育つ。4.5m

'Paul's Lemon Pillar'（ハイブリッド・ティー・ローズ）
私のお気に入り。完璧な蕾を持ち、花はクリーム色を帯びたレモン色でとても大きく、芳しい香りがする。6m

'Sombreuil, Climbing'（ティー・ローズ）
温かい壁面や温室に向く、素晴らしい白バラ。花は平たく、完璧な八重で、ティー・ローズの香りがある。繰り返し花をつける。2.5m

'Souvenir de Claudius Denoyel'（ハイブリッド・ティー・ローズ）
明るい深紅の古風な花には、芳しい香りがあり、初夏の主たる開花期の後も、散発的に花をつける。5.5m

'Zéphirine Drouhin'（ブルボン・ローズ）
とても人気のある棘のないつるバラで、日陰の壁面でもうまく育つ。半八重の花は、サクランボのような明るいピンクで（必ずしも誰もが好む色ではないが）、よい香りがあり、シーズンの間中絶えることなく花をつける。低木として育てることもできる。3.5m

RAMBLER ROSES ランブラーローズ

つる性の品種およびつるバラと園芸用のバラとの交配種に対する呼び名。開花は

ランブラーローズの 'Bobbie James'（右）と 'Albertine'（下）

一度だけ、通常はシュラブローズの主な見ごろの直後だが、その素晴らしさは見ものである。花は概して小さいが、大きな房のように咲く。多くは、花の後に実をつける。香りはとてもフルーティであることが多い。R. wichurana は、青リンゴの香りをその多くの交配種に伝えている。ランブラーローズは、壁面で育てるとうどんこ病にやられることがあり、一般的にはオープンスペースの方がうまく育つ。樹に這い登らせたり、建物を覆うように仕立てたり、フェンスに添わせるのが最もよい。この種類は剪定はほとんど必要ないが、交配種はつるバラと同様に、古い茎を取り除いたり、側生芽を短くしてやるとよく育つ。一度咲きのランブラーローズは、咲き終わったら直ちに剪定すると、冬の剪定が楽になる。

'Albéric Barbier'（*R.wichurana* の交配種）

艶のあるほぼ常緑性の葉と、クリーム色を帯びた黄色い八重の花を持ち、花は四

分されていて、美味しそうなリンゴの香りがする。美しいランブラーローズ。盛夏に咲くが、遅咲きの花もたくさんつける。6m

'Albertine'（*R. wichurana* の交配種）

人気のあるランブラーローズで、銅色を帯びたピンクの独特な花をつける。盛夏の印象的な見ものとなり、フルーティな香りが遠くまで運ばれる。4.5m

'Alexandre Girault'（*R. wichurana* の交配種）

銅色を帯びたピンクの大きな完璧な八重の花を房状につける。素晴らしいバラで、リンゴのような強い香りがある。4.5m

R. banksiae var, *banksiae*（英名：double white Banksian rose）

八重で黄色の近縁種よりずっと香りに恵まれている。日当たりのよい壁面の暖かさを必要とし、地中海性気候の場所ではよく育つ。花は小さく完璧な八重で、夏に咲く。二年または三年経った木に咲く花が最も美しいため、剪定には注意が必要。とても古くなった木質部のみを取り除くようにすること。4.5m。Z8

'Bobbie James'（*R. mutiflora* の交配種）

樹を這い登らせるには最良のランブラーローズのひとつ。艶のある見事な葉を持ち、黄色い雄しべに満たされた白い花は半八重で、大きな房状に咲く。力強くフルーティな香りがある。9m

R. bracteata（英名：Macartney rose）

暖かい気候の所で最も綺麗に咲くが、その子孫 'Mermaid' のように日陰の壁面でもうまく育つものもある。突起した金色の雄しべを持つ一重の白い花には、素晴らしいレモンの香りがあり、夏と秋の間中断続的に花をつける。濃い色に輝く魅力的な常緑性の葉を持ち、つる植物と言うよりもウォールシュラブのように振る舞う。4.5m。Z7

R. brunonii 'La Mortola'

野生のバラの簡素な魅力を持ち、綿毛のある灰緑の葉をまとう。一重の白い花は黄色の薬に満たされ、豊かな香りがある。盛夏を過ぎると房のように咲く。寒さの厳しい場所には向かない。6m。Z8

'Easlea's Golden Rambler'（ハイブリッド・ティー・ローズ）
ハイブリッド・ティー・ローズ特有の、バターのように黄色い大きな八重の花をつけるが、一度しか咲かない。葉には艶があり独特。強い香りのあるとても美しいランブラーローズ。4.5m

'Emily Gray'（R. wichurana の子孫）
香りのよい黄褐色の半八重の花と、艶のある見事な葉を持つ。3.5m

'Félicité Perpétue'（R. sempervirens の子孫）
盛夏を過ぎると、ピンクを帯びた白い小さなロゼット形の花をたくさんつける、最も愛らしいランブラーローズのひとつ。独特のカーマインローションまたはコールドクリームのような香りがある。6m。Z7 まで耐寒性あり。

R. filipes 'Kiftsgate'
バラの怪物。盛夏のすぐ後に、黄色い葯で満たされたクリーム色の小さな一重の花を房状につけ、豊かな香りを漂わせる。花に続いてオレンジのバラの実をたくさんつける。12m またはそれ以上。

'Francis E. Lester'（ハイブリッド・ムスク・ローズの系統）
盛夏に、ピンクを帯びた白い一重の花を大きな束状につけ、芳しいフルーティな香りを漂わせる。その後にオレンジのバラの実がつく。低木として育てることもできる。4.5m

'François Juranville'（R. wichurana の子孫）
ローズピンクで八重の、四分された花にはリンゴの香りがある。夏に咲き誇ると素晴らしい風景となる。7.5m

'Goldfinch'（R. multiflora の子孫）
一重の黄色い花をつける小さなランブラーローズで、陽に当たると白く褪せていく（北西に向かって配置するのがお薦め）。フルーティで豊かな香りがする。3m

R. helenae
クリーム色を帯びた白い一重の花が盛夏に見ごろを迎えた後、続いて小さな赤いバラの実を豊富につける。花は密集して丸い房状につき、強い芳香がある。6m

'Kew Rambler'（R. soulieana の交配種）
グレーを帯びた葉を持ち、盛夏を過ぎたころに中心が白い淡いピンクの一重の花を房状につける。香りは力強くフルーティ。5.5m

R. laevigata
中国の品種だが、アメリカの一部では帰化して Cherokee rose として知られており、ジョージア州の州花にもなっている。白い一重の大きな花には、金色の雄しべが満ち、力強くスパイシーな香りがする。寒い地方では屋外では育たない。イギリスではこの交配種 'Cooperi'（Cooper's Burma Rose）を見かけることの方が多く、初夏に温かい壁面を背にして咲くようすは見ものである。6m。Z7

R. moschata（英名：true Musk rose）
1963 年にイギリス、ミドルセックス州エンフィールドにある E・A・ボウルズ（E. A. Bowles）の庭園のバラの栽培者グラハム・スチュアート・トーマス（Graham Stuart Thomas）によって再発見されたもので、再び人気の出ているランブラーローズ。盛夏から初秋にかけて咲く遅咲きの品種であることと、白い一重の花の大きな房から漂ってくる芳しく甘いムスクの香りが、その誉れである。花びらというより花糸にその香りがある。壁面で育てると最も見事。3m。Z7

R. mulliganii（R. longicuspis）
クリーム色で一重の花が集まった大きな頭状花序からは、バナナの香りが漂う。繁殖力の強いバラ。Z9

R. multiflora
モダンローズの発展に重要な役割を担ってきた品種。小型のランブラーローズあ

ランブラーローズの 'Félicité Perpétue'（左端）と Rosa filipes 'Kiftsgate'（左）

ランブラーローズの 'Paul Transon'（左）、'The Garland'（中央）、'Wedding Day'（右）

るいはアーチ型の低木で、盛夏を過ぎるとすぐに、クリーム色を帯びた白い一重の花を大きな房状につける。遠くまで浸透するようなフルーティな香りがある。4.5m。Z5

'Paul's Himalayan Musk'（系統は不明）

大きな樹に這わせるのによい大型のバラ。ロゼット形の小さな八重の花は、淡いライラックピンクで、盛夏が過ぎたころに咲き、フルーティな香りを漂わせる。9m

'Paul Transon'（R.wichurana の子孫）

興味深い色合いのバラで、古いレンガ造りの壁を背景にすると特に素晴らしい（たとえばイギリス、ケント州にあるシッシングハースト城）。平たい八重の花は、銅色を帯びた一種のサーモンピンク。盛夏を過ぎるとすぐに花をたくさんつけ、その後も散発的に咲く。花には強いリンゴの香りがある。4.5m

'Rambling Rector'（R. multiflora の子孫）

素敵な白花のランブラーローズ。古い果樹に這い登らせたり、小屋を覆うように這わせるとよい。花は半八重で黄色い雄しべを持ち、強いフルーティな香りがある。花後に続いてバラの実がなる。6m

'Sanders' White Rambler'（R. wichurana の子孫）

盛夏を過ぎたころ、ロゼット形をした純白で八重の小さな花を大量に咲かせる見事なバラで、花にはフルーティな香りがある。5.5m

'Seagull'（R. multiflora の子孫）

繁殖力の強い壮観なランブラーローズ。半八重の白い花を大きな房状につけ、強くフルーティな香りを漂わせる。7.5m

'The Garland'（R. moschata × R.multiflora）

ガートルード・ジーキル（Gertrude Jekyll）のお気に入りで、今でも最も美しいランブラーローズのひとつ。盛夏にクリーム色をした小さな半八重の花を房状につけるようすは素晴らしい。オレンジの香りがする。4.5m

'Veilchenblau'（R. multiflora の子孫）

深紅の並はずれたバラのひとつで、スミレ色とグレーのニュアンスを持つ。'Bleu Magenta' に比べると色は薄いが、香りにははるかに恵まれている。花は半八重で、黄色い雄しべを持ち、盛夏を過ぎるとすぐに咲く。4.5m

'Wedding Day'

繁殖力の強い素晴らしいランブラーローズ。盛夏を過ぎたころ、黄色い蕾からオレンジを帯びたクリーム色の雄しべを持つクリーム色の一重の花が開き、とても大きな房状に咲く。高木に這い登らせたり、建物を覆うように這わせたい時に理想的。力強いオレンジの香りがある。9m

R. wichurana

とても多くの優秀なランブラーローズの親種で、この品種自身も栽培する価値がある。特にグラウンドカバーにすると、密生したほぼ常緑性のカーペットとなる。一重の白い花には強いリンゴの香りがあり、盛夏を過ぎたころに咲いた後、続いてオレンジのバラの実をつける。4.5m

RHS ガーデン　ウィズリー内のジュビリーローズガーデン

RHS ガーデン　ウィズリー（Wisley）

> RHS ガーデン　ウィズリーでは、香りは視覚的な効果に比べると二次的な役割を果たすことが多かったのだが、今では、マンサク類のような香りのよい植物は花壇の中央に植えるのではなく通路に近い場所に植えるようにするなど、香りが以前より注目を集め、重要視されてきている。バトルストンヒル近くの林地の庭では、冬は特に香り豊かな季節である。なかでもジンチョウゲ属の *Daphne bholua* 'Peter Smithers' は、その少し後に咲く黄色いコリロプシス（*Corylopsis*）とともに最良のもののひとつである。コリロプシスのプリムローズのような香りは、今は亡き皇太后が好んだ香りのひとつである。シャクナゲの仲間の Loderi rhododendrons の立ちのよい香りももうひとつの見どころである。私たちは来園者に、アルパインハウスに展示されている植物の香り探しを薦めている。特に、香りがあると思われていないシクラメンの香りを探したり、初夏に主温室に展示されたペラルゴニウムの葉を触るとさまざまな香りを発見できる。ジュビリーローズガーデン（Jubilee Rose Garden）にある濃いピンクで半八重のイングリッシュ・ローズ 'Wild Edric' の生垣も、特筆すべき香りの見どころである。秋には庭園の周りにたくさん植えられているカツラがタフィーアップル（棒に刺したリンゴに砂糖とバターを煮詰めた甘いタフィーを掛けたお菓子。リンゴ飴のようなもの）のような強い香りを漂わせる。

コリン・クロスビー（Colin Crosbie）
RHS ガーデン　ウィズリーのキュレーター

ハーブガーデン

　植物学的に、木質または低木性の植物以外のものをハーブ（草本）と呼ぶ。しかし園芸的にはハーブという言葉は、薬用、食用、あるいは化粧用など、私たちに有益な植物を指して使用される。このカテゴリーに入る植物はとても多く、シュラブローズやピオニー、プリムローズ、バルサムポプラなども含まれる。他の章に分類した方がしっくりくる植物はそちらへ入れることにして、この章では明らかにハーブとして知られるものを扱うこととする。この章に記載するハーブの香りは、花の香りではなく、主に葉、根、種などから来るものである。香りの多くはスパイシーな香りや、樟脳のような香りで、なかにはバラやフルーツのような少し甘さのある香りもあり、ミントやユーカリのような鋭さを持つものもある。

　庭でハーブを育てる方法はたくさんある。コーナーを設けてハーブを植えたり、幾何学的な模様を作ったり、何気なく何種類かのハーブを混植できるものもある。鉢植えや窓の下に置く植木箱で育ててもよい。芝生や小径、腰掛けや生垣にしたり、他の植物と全く同様に扱ってミックスボーダー花壇に使用してもよい。

　最も初期の庭はハーブガーデンであった。ハーブは庭の歴史や文学、民間伝承とも密接に関連している。ハーブのコレクションはいつも昔の雰囲気を漂わせ、伝統的な左右対称の花壇や真っ直ぐな小径に植えると効果的である。多くのハーブは本来はか細いもので、雑草のようにまとまりなく育つので、強いデザインで庭に構造を与えると、ハーブが無造作に増殖するさまからうまく注意をそらすことができる。

　幾何学的デザインのなかでも真ん中に十字交雑があり、花壇を囲い込むような背の低いツゲの生垣は便利である。ツゲの生垣は葉の陰になっても構わないし、だらりとした花茎をつける植物を支えてやることもできる。生垣のツゲの生長のためには、中に植えたハーブ類をシーズン中に1、2度切り戻すとよい。

多くのハーブはか細いもので、まとまりなく育つので、幾何学的な強いデザインを施してバランスをとるのが伝統である。

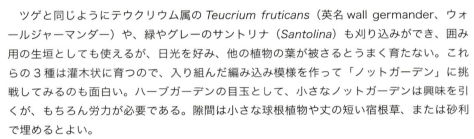

ハーブガーデンの狭い小径やツゲのトピアリー、保護壁の縁を香りで彩るゴールデンマジョラムとチャイブ（*Allium schoenoprasum*）。さまざまな色のハーブの葉が魅力的な織模様を作るが、じめじめした冬にはラベンダーや銀色の葉を持つ植物は美しくはならない。

ツゲと同じようにテウクリウム属の *Teucrium fruticans*（英名 wall germander、ウォールジャーマンダー）や、緑やグレーのサントリナ（*Santolina*）も刈り込みができ、囲み用の生垣としても使えるが、日光を好み、他の植物の葉が被さるとうまく育たない。これらの3種は灌木状に育つので、入り組んだ編み込み模様を作って「ノットガーデン」に挑戦してみるのも面白い。ハーブガーデンの目玉として、小さなノットガーデンは興味を引くが、もちろん労力が必要である。隙間は小さな球根植物や丈の短い宿根草、または砂利で埋めるとよい。

ハーブガーデンのデザインにはさまざまな方向性がある。草本類のハーブは繁殖力の強いコロニーを形成するので、あなたが整理整頓が好きでなければ、そのままにしておいてもよい。こぼれ種で増えるブロンズ色や緑のフェンネル（*Foeniculum vulgare*）や、緑や金色の葉のバーム類（英名 balms）、青花のボリジ（*Borago officinalis*）、意匠的なアンゼリカ（*Angelica*）などが芳しいワイルドガーデンになる。ミント（*Mentha*、英名 mint）のように地下茎が暴れて制御するのが難しいハーブは避けた方がよい。他のものは花を意図的に除去して種をつけさせないようにしたり、切り戻しをすることにより、樹勢を保つことができる。

料理人は家から行きやすい場所にハーブをまとめて植えるのを好むが、私の庭では、ハーブは花をつける低木や宿根草、岩場の植物や球根とともに至る所にある。あちこちで小さなかたまりを作るが、色鮮やかな植物たちの間に一種類のハーブが割り込んでいる場合が多い。

もしハーブをあちこちに散らしても構わなければ、その色や香り、特性を使ってさまざまな効果を生みだすことができる。地中海の丘陵斜面や低木地帯のハーブは、似たような環境で育つ他の植物と併せて、マキ（地中海沿岸の常緑の低木地帯）を思い起こすような柔らかい色合いや、スパイシーで樟脳のような香りのプランを作ってもよい。日向で水はけのよい土壌が成功への処方箋で、緩やかな斜面地が理想的である。太陽の熱で暖められた時に最も豊かに香る。

地中海風の植栽計画のための、グレーや灰緑、ブルーグレーの葉を持つ候補には事欠かない。ラウァンドゥラ（*Lavandula*、英名 lavender）、サルビア（*Salvia*、英名 sage、セージ）、サントリナ（*Santolina*）、ヘンルーダ（*Ruta*、英名 rue、ルー）、青花のカリオプテリス（*Caryopteris*）、石鹸のような香りの花をつけるエルサレムセージ（*Phlomis fruticosa*）、テウクリウム（*Teucrium*、和名ニガクサ）、アルテミシア（*Artemisia*、和名

玉石で舗装されたハーブガーデンに地中海の雰囲気をもたらすシスタス、サルビアと銀色の葉を持つ亜低木。

ヨモギ）などがある。ロスマリヌス（*Rosmarinus*、英名 rosemary、ローズマリー）は四方に広がり高さを出すのに役立ち、ブーケガルニ（スープなどの香り付けに用いられる香草類の束）の香りにさらに甘さを加えてくれる。シスタス（*Cistus*）はべたべたした香りがあり、紙のように薄い花びらを持つが、ここではたくさん植えるべきである。タイムも同様で、花壇の手前側に波打つように植えるとよい。夏に濃青の花を咲かせるヒソプス（*Hyssopus*、和名ヤナギハッカ）も不可欠である。ミントとフルーツの香りのするカラミンサ（*Calamintha*）や、クローブの香りのするナデシコ類（*Dianthus*）も、全体の香りを補足してくれるだろう。アスフォデル（*Asphodeline lutea*）、バーバスカム（*Verbascum*）、エニシダ（*Cytisus*、英名 broom）なども山吹色の花房で飾り、オリガヌム（*Origanum*、英名 marjoram、マジョラム）は金色の海を作る。花壇の後ろに壁があればミルツス（*Myrtus*、英名 myrtle、マートル）を植えて、鼻の高さまで達する植栽計画にしてもよい。晩夏の色どりにはペロフスキア（*Perovskia*）や少しロマンチックにガリカ・ローズを植えてはどうだろう？　あとは、背景にオリーブや鉛筆のようにほっそりとしたイトスギがあればよい。寒冷気候ではオリーブの代わりに、沿海のクロウメモドキ（*Hippophae rhamnoides*）やナシ属の *Pyrus salicifolia* 'Perndula'（英名 weeping silver pear）がよい。イトスギの代わりには、ほっそりしたネズや寒さに強いヒノキ類がよい。

　地中海のハーブの多くは伝統的な庭の装飾的植物として最初に選ばれるものである。単独で植えたり、建物のコーナーや小径や中庭の舗装の割れ目に突っ込んだり、青々と茂った植物の間に植えると気ままに育つ。ローズマリーは日当たりのよい壁際に植える中程

度の大きさの常緑性低木のなかでは最良で、幅の狭い花壇から小径にこぼれるように育つようすが特に魅力的である。濃青の花を咲かせるものが私の一番のお薦めで、クリーム色のエニシダや青いケアノツス（*Ceanothus*）と組み合わせると目が覚めるようである。ローズマリーの独特の香りは一年中楽しめて、エニシダ属のモロッカンブルーム（英名 Moroccan broom）のパイナップルの香りや、レモンバーベナ（*Aloysia citrodora*、英名 lemon verbena）の苦味のあるレモンの香りと合わせると食欲をそそる。

　ラベンダーは小径の上に低く張りだしてくる。足で触れると香りが立ち、花が咲いている時は指で花を撫でると香りがする。花にも落胆しない芳しいハーブである。寒さに強いラベンダーがさまざまな色の流れ——紫や青紫のニュアンスをさまざまに帯びた色からピンク、白まで幅広い——を作るようすはパステル画のような愉しみだが、非常に稀にしか見られない。ラベンダーはもちろん、コテージガーデンで好まれるバラやモックオレンジ（*Philadelphus*、英名 mock orange）、マドンナリリー（*Lilium candidum*）やピオニーなどの主役の相棒としても大いに愛されている。

　望ましいローズマリーやラベンダーは多くあるが、耐寒性では境界上にあるので、寒冷気候では鉢植えにして冬は温室に置くとよく育つだろう。夏には庭の腰掛けの横や階段の段上に集めるとよい。匍匐性のローズマリー、うぶ毛の生えた鋸歯状の葉を持つラベンダーもこのカテゴリーに入り、それぞれ特徴的な香りがする。これらは、パイナップルの香りのセージ（*Salvia elegans*、英名 pineapple sage）やクロスグリの香りのセージ（*S.discolor*、*S.microphylla*）、ペパーミント、バラやフルーツの香りのするペラルゴニウム（*Pelargonium*、和名テンジクアオイ）などの香りのよい鉢植えの植物を補足するような香りを提供する。

ゲッケイジュ　*Laurus*（bay）

　ゲッケイジュは鉢植えのハーブのなかで最も意匠的な植物である。トピアリーに仕立てると、大きな邸宅やお洒落なレストランの入口の飾りになる（以前レストランの入口でレモンの木に釘止めしていかにも柑橘類の木のように仕立てたものを見たことがある）。庭では、出入口や塗装された腰掛けの側などに植えると形が強調されていてもうまく納まるだろう。寒さが厳しい地域以外では地植えしてもよい。しかし霜が多い場合は幹をさらさないように剪定すること。芳しい葉に加えて花には蜂蜜の香りがある。（p.262 の LAURUS を参照）

タイムス（*Thymus*、英名 thyme、タイム）やマジョラムなどの丈の低いハーブは、香りの歩道を作るのに役立つ。タイムス属のタチジャコウソウ（*Thymus vulgaris*）とオレガノ（*Origanum vulgare*）は、舗装の割れ目から現われて日当たりのよい小径へと垂れるように足元に生い茂った路を作り、歓迎してくれる。また、緑や銀、金色の霞のような葉は、地面の固い印象を和らげる。匍匐性のタイム──ヨウシュイブキジャコウソウ（*T.serpyllum*）の種類──の上を歩くこともでき、茂り過ぎなければ舗装よりも植物の割合を広くしてもよい。雨の日に歩きやすいように、また草刈の時の足場にするために、一面にデザインされた緑やグレーのハーブの合間に踏み石を置くとよい。匍匐性のタイムは中国のカーペットのように正方形、長方形、円形に織り込むこともできる。幅の広いテラスをとびとびに覆ったり、ハーブやローズガーデンの中央部の装飾としてもよい。薄ピンク、モーブ色、深紅や白い花を咲かせるものを使ってさまざまな模様を作ることができ、花の季節にはカーペットに蜂も飛びまわる。イングランド、ケント州のシッシングハースト城のタイムの芝生が最も有名である。

　芝生になるくらいに平らなハーブが他にふたつある。カモミールとコルシカミント（*Mentha requienii*）である。苔のようでフルーツの香りがするカモミールの上は、歩いても、座っても、いつも楽しく、暑く乾燥した土地では芝の代わりとしても便利である。けれども、タイムの芝のように手で雑草を取り除かなければならないので、私はあまり広い場所には植えない。カモミールやコルシカミントで香りの腰掛けを作るのもとてもよい。土手を切り出して作ったり、レイズドベッドの肘掛けや背もたれなどにもできる。コルシカミントはカモミールとは異なる環境を好む──少し湿った日陰の場所がよい──ので、適宜選ぶこと。カモミール──花をつけない 'Treneague' が望ましい──も芝生に織り込むことができる。匍匐性のタイムやメグサハッカ（*Mentha pulegium*）も使えるだろう。これらの香りはクロケットの試合にも新たな側面をもたらしてくれる。

　ミントについて触れたので、2番目に大きなハーブのグループを紹介しよう。すべてのハーブが日当たりと水はけのよさを求めるわけではない。寒く、じめじめした、日陰の場所や粘土質の土壌でうまく育つものもある。これにはミントのほか、アンゼリカ、ボリジ、ナツシロギク（*Tanacetum parthenium / Chrysanthemum parthenium*、英名 feverfew、フィーバーフュー）、セイヨウナツユキソウ（*Filipendula ulmaria*、英名 meadowsweet、メドウスイート）、フェンネル、ラベージ（*Levisticum officinale*）、レモンバーム（*Melissa officinalis*、英名 lemon balm）、ベルガモット（*Monarda*、英名 bergamot）、スイートシスリー（*Myrrhis odorata*）、チャイブ、パセリなどがある。これらの植物は、グレーの葉の木本性植物はほとんどなく、緑の草本性植物が主である。香りは主に葉にあり、フレッシュで、全体的に野菜のような香りがする。樟脳や薬のような香り、あるいは樹脂のような香りというよりも、フルーツやスパイス（オニオンの香りが台無し

ハーブの共演。パセリ、ラベンダー、斑入りのセージ、アップルミントを手の届く場所に配置した。

にすることもあるが）の香りを含んでおり、空気を満たすというより、手で触れることで香りを放つ。ボーダー花壇にも使いやすく、アニスの種の香りのフェンネルは春にとりわけ素晴らしい。緑やブロンズ色のふわっとした葉は、早咲きのシュラブローズやスミラキナ（Smilacina）、チューリップ、ウォールフラワーと組み合わせるとよい。

盛夏に切り戻すとまた新しい葉が出て形も整う。スイートシスリーも同様に処置するとよい。こちらも美しく軽やかな宿根草で、香りも倍くらい強い。葉と同様に白い花にもよい香りがある。

花ではなく独特な香りを目的にベルガモットを育てる人もいるが、夏のボーダー花壇によい植物である。開花期が長く、花色も多く、モップの頭のような面白い形をしている。'Cambridge Scarlet' は特に印象的である。赤い花を咲かせる寒さに強い宿根草は貴重で、草花のボーダー花壇で紫のサルビアや白い粉で覆われたような青い葉との相性もよい。

アンゼリカは花が咲くと彫刻のように威厳があり、石や草地、水を背景とした輪郭線が美しい。実生の苗が多くなりすぎるのを防ぐために、種を落とす前にほとんどの花を取り除かなければならないが、花が咲き終わると枯れてしまうので少しは残しておくこと。ミントも厄介だが、実生ではなく地下茎によるものであるため、混植した花壇には向かず、舗装で区切られた場所か、底に穴があいたバケツで育てて土壌に埋めるのが最良である。最も美しいミントは、純白の葉が多く現われる斑入りのアップルミント（Mentha suaveolens）'Variegata' と、柔らかいグレーの葉を持ち夏に綺麗なモーブ色の花を咲かせるホースミント（M.longifolia）である。アップルミントはフルーティな素晴らしい香りがする。

ゲラニウム属の Geranium psilostemon の背後に花咲くアンゼリカ（Angelica archangelica）。特徴的な「グリーンな香り」がする。

バジル *Ocimum*（basil）

スイートバジルは最も豊かで温かみのあるスパイスの香りがある。しかし半耐寒性の熱帯植物なので、特別に扱う必要がある。春に室内で種を播き、霜が降りなくなってから外に植え替える。草花のボーダー花壇の手前側や裏口のドア横に植えると、香りが風に乗って運ばれる。紫の葉を持つ 'Dark Opal' は特に装飾的で香りも強い。収穫期を長くするためには、盛夏に屋外に2度目の種を播き、初秋に鉢に植え替えて室内の日当たりのよい窓台に置くとよい。新しい葉芽を摘むとよく茂る。

ハーブ

ACINOS　アキノス属
Lamiaceae　シソ科

Acinos alpines（英名：alpine basil）
とても魅力的な丈の低い宿根草で、夏に紫のサルビアのような唇形の花を咲かせ、灰緑の強く芳しく香る葉を持つ。レイズドベッドに植えるとよい。日向。水はけのよい土壌。20cm

ALLIUM　アリウム（ネギ）属
Alliaceae　ネギ科

***A. cepa* Proliferum Group**（英名：tree onion）
管状の茎の先端に小さな玉葱が集まったような房をつける。シチューやサラダの香り付けに使用してもよい。葉には典型的なつんとした香りがあり、チャイブ（あさつき）のように刻んで使うこともできる。20cm間隔で植える。日向。60cm

A. fitsulosum（英名：Welsh onion、和名：ネギ）
常緑性の葉を持ち、冬にはチャイブの良き代役となる。60-90cm

A. sativum（英名：garlic、和名：ニンニク）
つんとした香りのある平たい葉を持ち、夏には白っぽい花をつける。料理用のハーブとして人気。小鱗茎（しょうりんけい）を秋または春に植えると増殖し、盛夏と秋には熟したものを掘り起こせる。15 cm間隔で2.5 cmの深さに植える。日向。水はけのよい軽しょう土。30-60cm

A. schoenoprasum（英名：chives、チャイブ、和名：エゾネギ／セイヨウアサツキ）
とても装飾的なハーブで、大きな品種の *sibiricum* は特に観賞に向く。オニオンの香りのする中空の草のような葉が群生するようすは小奇麗でみずみずしく、葉の上に普通はバラ色を帯びたピンクの花を半球形につける。初夏に地表面まで刈り取ると、葉も花も2度芽吹く。ハーブガーデンの縁飾りに使用すると魅力的。日向。肥沃な良質の土壌。10-40 cm。Z3

ANETHUM　アネツム（イノンド）属
Apiaceae　セリ科

A. graveolens（英名：dill、ディル、和名：イノンド）
寒さに強い一年草で、ふわふわした羽のような葉を持ち、盛夏には黄色を帯びた平らな花序をつける。葉にはスパイシーな香りがあり、野菜料理や魚料理の香り付けに使われる。香りのある種は酢や水に入れて、胃の不調を和らげるのに使われる。春に25cm間隔でまばらに種を播く。日向。水はけのよい土壌。60cm

ANGELICA　アンゲリカ／アンゼリカ（シシウド）属
Apiaceae　セリ科

A. archangelica（英名：angelica、和名：アンゼリカ）
樹液の多い中空の大きな茎を持ち、こすると独特の涼しげな香りがする。球状の緑の花序や、丈夫な枝の張り具合により、ハーブガーデンで最も意匠的な存在。若葉の軸にはマスカットの香りがあり、煮込んだ果物の香り付けにも使われる。薄切りにした茎を砂糖漬けにしてケーキの飾りにも用いられる。香りのよい根は消化促進作用があり、葉は刻んでサラダにも使われる。花をそのままにすると、こぼれ種から猛烈な勢いで繁殖する。半日陰。保水力のある土壌。1.5m

ANTHRISCUS　アントリスクス（シャク）属
Apiaceae　セリ科

A. cerefolium（英名：chervil、チャービル）
魅力的なシダ状の葉を持ち、夏には白い散形花序をつける寒さに強い一年草。葉には甘いアニスの種の香りがあり、スープやソース、サラダなどに使われる。地

右：チャイブ（*Allium schoenoprasum*）
右端：ディル（*Anethum graveolens*）

表面まで刈り取ると、さらに育って収穫できる。春にまばらに種を播くと、その後はこぼれ種で増える。半日陰。涼しく、湿った土壌。45cm。

APIUM　アピウム（オランダミツバ）属
Apiaceae　セリ科

Apium graveolens（英名：wild celery）
葉に強いセロリの香りがある二年草で、スープの香味付けに使われる。日向または半日陰。ほとんどの土壌。90cm

ARTEMISIA　アルテミシア（ヨモギ）属
Asteraceae　キク科

A. abrotanum（英名：southernwood）
線条細工のような灰緑の葉が茂った植物。葉には「甘いレモンのような」香りがありこれを喜ぶ人もいるが、他の人たち（私も含めて）にはその鋭い香りは攻撃的にも感じる。一般的な別名は「old man（年老いた男性）」！ 毎春に強剪定すると、クッションのような格好のよい葉を作る。昔は床にばら撒いて、防腐剤や強壮剤として使われていた。日向。痩せた水はけのよい土壌。60-90cm。Z6

A. absinthium（英名：wormwood、和名：ニガヨモギ）
より刺激のある香りで、蛾や蠅よけにも使われる。しかし、'Lambrook Silver'は銀色を帯びた見事な低木で、深い切れ込みの入った絹のような葉を持つ。その香りにかかわらず、白やピンク、青い花々の間に植える価値がある。医薬的にはニガヨモギは寄生虫に効果があり、消化不良も和らげる。寒さに強く常緑性。日向。水はけのよい土壌。60-90cm。Z5

A. dracunculus（英名：French tarragon、和名：タラゴン）
温かみのあるスパイシーな香りがあり、調味料として人気。濃緑の槍形の葉を持ち、盛夏には白い花々をだらりと垂れ下げる。挿し木で育つ。30cm間隔で植える。寒風を避ける必要があり、冬の間はある程度保護してやるとよい。ロシアンタラゴンはより耐寒性があるが、風味は劣る。雄ずいより下につく。日向。水はけのよい土壌。60cm。Z5

A. pontica（英名：old warrior）
A. abrotanum の小型種で、淡い灰緑の葉をもやがかかったようにつける。繁殖力が強く、コロニーを形成する。日向。60cm。Z6

BORAGO　ボラゴ（ルリジサ）属
Boraginaceae　ムラサキ科

B. officinalis（英名：borage、和名：ボリジ／ルリジサ）
寒さに強い一年草で、たいていの土壌でこぼれ種から大量に増える。葉と皮をむいた茎にはほのかなキュウリの香りがあり、サラダにしたり、ドリンクの香り付けに使われる。スカイブルーの星形の花が夏の間中、垂れ下がった円錐花序につく。砂糖漬けにしてからサラダに加えるのもよい。日向または半日陰。30-60cm

上：ニガヨモギ（*Artemisia absinthium*）'Lambrook Silver'
左端：アンゼリカ（*Angelica archangelica*）
左：チャービル（*Anthriscus cerefolium*）

左：ボリジ（*Borago officinalis*）　中央：ローマンカモミール（*Chamaemelum nobile*）　右：コリアンダー（*Coriandrum sativum*）

CALAMINTHA　カラミンサ（トウバナ）属
Lamiaceae　シソ科

C. grandiflora
葉の茂った小奇麗な宿根草で、ハーブガーデンやロックガーデンの縁どりに役に立つ。甘く芳しい小さな葉を持ち、葉はハーブティに使われる。ライラックピンクのセージのような花は、夏に長い間咲く。日向。水はけのよい土壌。45cm

C. menthifolia
夏に濃い色の萼から薄ピンクの花を咲かせ、葉にはミントの香りがある。日向。水はけのよい土壌。60cm

C. nepeta subsp. *nepeta* (*C. nepetoides*)
縁どりに植えるのに向く、花期の長い素晴らしい植物で、ミントの香りの葉を持つ。秋に咲くラベンダー色の花は蜂も好む。日向。水はけのよい土壌。30cm

CARUM　カルム（ヒメウイキョウ）属
Apiaceae　セリ科

C. carvi（英名：caraway、キャラウェイ、和名：ヒメウイキョウ）
通常は寒さに強い二年草として扱われる。夏の終わりに種を播くと、翌年収穫できる。レースのような常緑性の葉からパースニップのような形の根まで、全草に香りがある。樟脳の香りのする種はパンやケーキに使われ、つぶして熱湯に入れると、胃腸に溜まったガスを軽減する。初夏に白い散形花序をつける。日向。水はけのよい土壌。60-90cm

CHAMAEMELUM　カマエメルム属
Asteraceae　キク科

C. nobile（英名：camomile、和名：ローマンカモミール／ローマカミツレ）
丈の低い匍匐性の宿根草で、フルーティな香りがする苔のような葉を持ち、夏にヒナギクのような花を咲かせる。花に熱湯を注いでカモミールティを作る。乾燥し過ぎて芝が育たない地域では、ローマンカモミールが涼しげな緑のカーペットを提供するが、全面に敷くと管理が難しい。花の咲かない品種 'Treneague'（和名ローンカモミール／ノンフラワーカモミール）が芝生には最も適している。もしくは、八重咲きの 'Flore Pleno'（和名ダブルフラワーカモミール）もよい。日向。水はけのよい土壌。15cm

CORIANDRUM　コリアンドルム（コエンドロ／コリアンダー）属
Apiaceae　セリ科

C. sativum（英名：coriander、コリアンダー／ cilantro、和名：コエンドロ）
種は熟すとスパイシーなオレンジの香りがあり、スープやカレーの香り付けに使われる（私には石鹸の味に感じるが！）。一年草で、春に屋外に種を播くのが最も良い。モーブ色の花が夏に咲く。種が熟したら刈り取り、乾かすために新聞紙でくるんで、暖かく風通しのよい所に吊るすこと。日向。45cm

ハーブ 261

ウイキョウ（*Foeniculum vulgare*）

FOENICULUM　フォエニクルム（ウイキョウ）属
Apiaceae　セリ科

F. vulgare（英名：fennel、フェンネル、和名：ウイキョウ）
私の好きな葉を持つ植物で、羽のようにふわふわした若葉色の葉の塊は、明るく色づいた花を霞のように見事に引き立てる。雨の雫に輝くと特に魅力的。初夏に、頭花がつくころに地表面まで刈り取ると、若芽が伸びて次の収穫ができる。ブロンズ色の'**Purpureum**'は暖色系の強烈な色彩を持つ植物とともに植えても素晴らしい。種から生長し、放っておけば、緑のフェンネルのようにこぼれ種で大量に増える。葉にはアニスの種の香りがあり、魚料理の香り付けに使われる。

GALIUM　ガリウム（ヤエムグラ）属
Rubiaceae　アカネ科

G. odoratum（英名：woodruff）
乾燥すると刈ったばかりの干草、または「クマリン」の香りがし、束にして吊るして空気を香らせたり、戸棚に入れてリネンのシーツに香りを付けるのに使われる。葡匐性の宿根草で、ほっそりした葉を輪生させ、初夏に分枝した白い散形花序をつける。低木の周りや、林地の庭で育てると魅力的。日陰。15cm

GEUM　ゲウム（ダイコンソウ）属
Rosaceae　バラ科

G. urbanum（英名：herb bennet）
ドリンクの香り付けに使われる、クローブの香りのする根を持つ。葉にもほのかにクローブの香りがあるが、盛夏に咲く山吹色の花には香りがない。半日陰。30cm

HELICHRYSUM　ヘリクリサム（ムギワラギク）属
Asteraceae　キク科

H. italicum（*H. angustifolium*）（英名：curry plant、カレープラント）
まばらに散らかった印象の植栽を補完するのに役立つ小奇麗でずんぐりした小型の低木のひとつ。密生する常緑性の銀葉は、ハーブガーデンのコーナーや縁どりに使うと素晴らしいが、寒い地域では極寒の冬にはほとんど枯れてしまう。盛夏に、先端にふわっと膨らんだ金色の花をつける。唯一の欠点は香りで、辛口カレーのような香りが神々しいと言う人もいるが、私にはそうは思えない。ほのかな香りを好むなら、代わりに*Santolina*（サントリナ）を植えるとよい。矮性のカレープラント *H. microphyllum* は、30cm程度。日向。水はけのよい土壌。60cm。Z8

HYSSOPUS　ヒソプス（ヤナギハッカ）属
Lamiaceae　シソ科

H. officinalis（英名：hyssop、ヒソップ、和名：ヤナギハッカ）
魅力的な常緑性の宿根草で、晩夏から秋に濃青の花が輝くように咲くようすは特に貴重。蜂が好む。細長い葉には、心地よい芳香がある。春に強剪定してコンパクトな姿に保てば、縁取りに向く小ぎれいな植物となる。見事な青色の矮性種 *aristatus* や、少し劣るが白とピンクの花の品種もある。ヒソップティーには頂上部（花と葉）を使用する。日向。30–60cm

右：ダイコンソウ属の *Geum urbanum*
右端：ヤエムグラ属の *Galium odoratum*

LAURUS　ラウルス（ゲッケイジュ）属
Lauraceae　クスノキ科

L. nobillis（英名：bay/bay laurel、和名：ゲッケイジュ）
ピラミッドや棒付きキャンデーの形に刈り込まれたものは、センスのよいガーデナーの象徴である。残念ながら常緑性の葉は寒風に枯れてしまい、霜が酷いと地表面まで刈り取られてしまう。慎重なガーデナーや、吹きさらしの土地のガーデナーは、桶鉢に入れて育て、冬の間は室内に持ち込む。ボーダー花壇に植えて、冬にゼロに戻った後は植物の再生力を頼りにする人もいる。葉には親しみのある芳香があり、春に咲く黄色い花房にも蜂蜜の香りがある。薄緑のヤナギのような葉を持つ *angustifolia* や、あまり寒さに強くない黄葉の品種 'Aurea' もある。風にさらされないようにすることが重要。日向または日陰。ほとんどの土壌。4.5m。Z7

ゲッケイジュ（*Laurus nobilis*）

LAVANDULA　ラウァンドゥラ属
Lamiaceae　シソ科

一列に並べて小径を作ったり、戦略的にコーナーに置いてみたり、数多のラベンダー（英名 lavender）が手に入る。最も心地よく懐かしいハーブの香りであり、暑い夏の日には香りが空気を満たし、南ヨーロッパの乾いた丘陵地の斜面にいるような気持ちになるだろう。より寒さに強いものは、生い茂ったラフなミックス花壇にローズマリーやシスタスと一緒に植えるとよく、背の低い生垣にもよい。あまり寒さに強くないものは、鉢植えにして冬の間はコンサバトリーに入れるとよく育つ。春に剪定する。完全な日向。水はけのよい土壌。

L. angustifolia（***L. officinalis, L. spica***）（英名：common lavender、和名：イングリッシュラベンダー）
真正ラベンダー精油の原料。変異しやすい植物で、地中海西岸地方に自生していたものが、中央ヨーロッパの一部に帰化。夏に咲くラベンダーパープルの穂状花序と同じく、灰緑の葉はとりわけ香りがよい。庭で一般的に育てられている小型のものには、ラベンダーブルーの 'Munstead'、深紫ではっきりとした銀葉を持つ 'Hidcote'、スミレ色で香り豊かな幅の広い葉を持つ 'Twickel Purple'、見事な青色の 'Folgate'、モーブピンクの 'London Pink'、白い矮性種 'Nana Alba'、などがある。これらは皆、花色を重視したものとして価値があり興味深いが、香りは少ない。日向。水はけのよい土壌。30 - 45cm。Z6

L. dentate（和名：キレハラベンダー）
緑の鋸葉を持ち、丈夫な茎にラベンダーブルーの花をつける。こすると独特な薬のような香りがするが、香りの強い品種ではない。必ずしも寒さに強くはない。60cm。Z9

左：イングリッシュラベンダー（*Lavandula angustifolia*）'Hidcote'　中央：ラベージ（*Levisticum officinale*）　右：レモンバーム（*Melissa officinalis*）

L. lanata（和名：ウーリーラベンダー）
とても変わった品種で、柔毛に覆われた幅の広い銀葉を持ちスミレ色の花を咲かせる。非常に密生した植物で、鉢植えにすると素晴らしい。耐寒性は無く、香りはほとんどしない。60cm。Z9

L. stoechas（英名：French lavender、和名：イタリアンラベンダー／フレンチラベンダー）
私のお気に入り。膨らんだ種の鞘のような珍しい形の花で、紫の包葉の房を冠状につけ、いつも話の種になる。温暖な気候の年には、ほぼ継続的に次々に花を咲かせる。酷い霜が降りれば枯れてしまうが、春にはいつも実生の芽がたくさん現われる。見事な白花の subsp. *stoechas* f. *leucantha* や、より印象的な冠毛を持つ素晴らしいモーブ色の近縁種のスパニッシュラベンダー（*L. pedunculata* subsp. *pedunculata*）もある。私はこれらを鉢植えにして、冬は温室で育てている。これらは皆、薬のような強い香りがある。60cm。Z8-9

ラベンダーの交配種
ラベンダーの交配種は多く出回っている。'Dutch' の栄養系品種は一般的に遅咲き。*L. × intermedia* 'Grappenhall' は繁殖力の強い大きな遅咲きの交配種で、幅の広い灰緑の葉とラベンダーパープルの花をつける。'Grosso' も大きく、見事な紫青の穂状花序とグレーの葉をつける。*L. × intermedia* 'Alba' は大きく立派な白い花を咲かせる。

LEVISTICUM　レヴィスティクム（ラベージ）属
Apiaceae　セリ科

L. officinale（英名：lovage、ラベージ／ラベッジ）
背の高いハーブで、あまり美しくはないが、爽やかな野菜の香りがある。濃い色の羽状複葉は、シチューに使われると強いセロリの風味を添える。盛夏に黄色い散形花序をつけるようすは、すらりとしたアンゼリカに似ている。日向または半日陰。1.5m

MELISSA　メリッサ（コウスイハッカ）属
Lamiaceae　シソ科

M. officinalis（英名：lemon balm、レモンバーム、和名：コウスイハッカ／セイヨウヤマハッカ）
私の望ましい植物リストではあまり順位が高くない。イラクサのような見た目は冴えなく、こぼれ種でそこらじゅうに増え、その香りはレモンバーベナのような鋭いレモンの香りではなく、安物のレモン石鹸のようである。金色の 'All Gold' と、金の斑入りの 'Aurea' は注目に値する。日向または半日陰。90cm

MENTHA　メンタ（ハッカ）属
Lamiaceae　シソ科

ハッカ類（英名 mint、ミント）の葉の香りは涼し気で爽やかである。しかし、ほとんどの品種はコロニーを形成してはびこるので、狭いボーダー花壇に植えるか、底のないバケツに植えたものを地面に沈めて植えるのが一番よい。日向または半日陰。

M. arvensis（英名：corn mint、コーンミント、wild mint、和名：ヨウシュハッカ）'Banana'
小さな葉にはミントの香りがあるが、明らかにバナナの香りも含んでいる！　珍しい品種。45cm

左端：ヨウシュハッカ(Mentha arvensis) 'Banana'
左：スペアミント (Mentha spicata) var. crispa 'Moroccan'
下：モナルダの交配種 'Cambridge Scarlet'

MONARDA　モナルダ（ヤグルマハッカ）属
Lamiaceae　シソ科

M. citriodora （英名：lemon bergamot、レモンベルガモット）
半耐寒性の一年草で、夏にピンクがかった紫の花を輪生させる。葉は他のベルガモットよりもレモンの香りが強い。日向。30cm

M. didyma （英名：bergamot balm / bee balm、和名：タイマツバナ）
ハーブガーデンに植えると強烈な色の飛沫で歓迎してくれるが、草本のボーダー花壇に植えても見事。盛夏に小さな花が集まって緋色のモップのような形をつくり、頂生するようすは人目を引く。先の尖った葉にはレモンとミントを混ぜたような美味しそうな香りがあり、熱湯を注ぐとオスウェゴティ（Oswego tea）を作れる。交配種の 'Cambridge Scarlet' も似ているがより優れている。'Gardenview Scarlet' も素晴らしい。日向を好むが、乾燥した土壌を嫌う。90cm。Z4

M. x gracilis （英名：ginger mint、ジンジャーミント）
通常見かけるのは黄色い斑が入った 'Variegata'。温かみのあるスパイシーなミントの香りがあり、サラダに使われる。45cm

M. longifolia （英名：buddleja mint / horse mint、ホースミント、和名：ナガバハッカ）
軟毛に覆われたグレーの葉を持ち、モーブ色の花を咲かせる魅力的なミント。75cm

M. x piperita （英名：peppermint、ペパーミント、和名：セイヨウハッカ）
通常見かけるのは黒い亜種 *piperita* で、濃い紫を帯びた緑の葉を持ち、美味しそうなペパーミントの香りがある。f. *officinalis* （英名：white peppermint）は緑がより濃い。f. *citrate* （英名：eau-de-cologne mint / bergamot mint、ベルガモットミント）はブロンズ色を帯びていて最も洗練されたミントの香りがある。この品種からは、面白い香りのする品種が作りだされている。'Basil'（英名：minty basil）、'Chocolate'（英名：mint chocolate）、柑橘類特有の強い香りがある 'Grapefruit'、'Lemon'、'Lime' など。30-60cm

M. requienii （英名：Corsican mint、コルシカミント）
極めて小さく、トラフや舗装の割れ目に育つと素晴らしい。湿り気と暖かさを好む。

M. spicata （英名：spearmint、スペアミント）
鋭い鋸歯状の緑の葉を持つハーブ。素晴らしい「スペアミントの香り」があり、料理用によいハーブでもある。*crispa* という変種は、緑の巻き毛の葉を持ち、夏にライラック色の花を咲かせる。60cm

M. suaveolens （英名：variegated apple-mint、和名：アップルミント） 'Variegata'（*M.rotundifolia*（和名：マルバハッカ） 'Variegata'）
最も装飾的なミントで、白い斑がたくさん入った柔らかい緑の葉を持つ。ラセットアップルの香りがする。サラダやソースに使うとよい。60cm

M. x villosa var. ***alopecuroides*** （英名：Bowles' mint）
背が高く綿毛で覆われた葉を持つ。フルーティなミントの香りがあり、料理用には最良の品種という人も多い。90cm-2m

M. fistulosa（和名：ヤグルマハッカ）
M. didyma（タイマツバナ）に匹敵するが、ライラックパープルの小さめの花をつけ、香りも弱め。日向。タイマツバナよりも乾燥した土壌に強い。90cm-1.2m。Z3

モナルダの交配種
モナルダには、ピンク、紫、そして白い交配種がある。最良の品種には、'Beauty of Cobham'（薄いピンク）、'Croftway Pink'、'Prärienacht'（マゼンタを帯びた紫）、'Violet Queen'、'Scorpion'（マゼンタ）、'Snow White' などがある。現代的なモナルダは、昔の品種よりもうどんこ病に強い傾向にある。日向。湿った土壌。90cm

MYRRHIS　ミリス（スイートシスリー）属
Apiaceae　セリ科

M. odorata（英名：sweet cicely、スイートシスリー、和名：スイートチャービル／ガーデンミルラ）
シャク（ワイルドチャービル）の近縁種の優雅な宿根草。レースのような大きな葉にはリコリス（カンゾウ）やアニスの種のような香りがあり、サラダに使われる。根は野菜として茹でて食べる。春にクリーム色の散形花序をつけ、続いて黒い種ができる。日陰や野趣ある庭に植えると愛らしい。半日陰。保水力のある土壌。60-90cm

OCIMUM　オキムム（メボウキ）属
Lamiaceae　シソ科

O. americanum（英名：lime basil）
青々としたレモンの香りのする葉を持つ。すべてのバジルと同じく、霜に弱い一年草。日向。30cm

O. basilicum（英名：sweet basil、スイートバジル、和名：メボウキ／バジル）
熱帯植物で、半耐寒性の一年草として育てる。春に温室で種を播き、夏に屋外に植えるのが一番よい。鉢植えのハーブにして窓台に置くのもよい。三角形の葉にはクローブの香りがあり、トマト料理やスープの味付けやサラダに使われる。'Dark Opal' はブロンズ色の葉を持ち、特に香りや味が豊かである。地味な印象で、ハーブガーデンに咲く薄い色の花や銀葉の引き立て役となる。バジルは、寒風にさらされない暖かい場所が必要。名前の付いた品種も多くあるが、特に紫を帯びたスパイスの香りの 'Cinnamon'、栗色を帯びたアニスの種の香りの 'Horapha' は特筆に値する。日向。肥沃な軽しょう土の土壌。45cm

O. x citriodorum（英名：lemon-scented basil）
その名に恥じない品種。日向。30cm

O. minimum（英名：bush basil）
小さめの葉を持ちわずかに香りが弱いが、コンパクトに育つので鉢植えにするとよい。日向。20cm

ORIGANUM　オリガヌム／オレガナム（ハナハッカ）属
Lamiaceae　シソ科

O. majorana（英名：oregano / knotted marjoram、和名：マジョラム）
通常は半耐寒性の一年草として戸外で育てるか、キッチンの窓台に置いて鉢植えの宿根草として育てる。小さなグレーの葉には、温かみのあるスパイシーな香りがある。日向。水はけのよい土壌。30cm

O. onites（英名：French marjoram）
若葉色でとても芳しい葉を持つ寒さに強い宿根草。イギリスのマジョラムよりも香り高い。日向。30cm

O. vulgare（英名：common marjoram/English marjoram、和名：オレガノ／ワイルドマジョラム／ハナハッカ）
最も一般的に育てられている品種で、ボーダー花壇の手前側に植えると、素晴らしく伸びやかに生長する。樹脂のような強い香りがある。金色の葉を持つ 'Aureum' は特に人目を引き、ハーブガーデンには欠かせない。しかし、モーブピンクの花との組み合わせはむしろ悲惨である。斑入りのものもある。'Compactum' はわずかに丈が低い。亜種 *hirtum* は灰緑の葉と白い花をつける。日向。25cm

スイートシスリー（*Myrrhis odorata*）

PETROSELINUM ペトロセリヌム（オランダゼリ）属
Apiaceae　セリ科

P. crispum（英名：parsley、和名：オランダゼリ、パセリ）
寒さに強い二年草で、暖かさと湿度があるとよく発芽する。種を播く前に24時間温水によく浸すこと。春に屋外に種を播くと夏に収穫でき、盛夏に播くと次の春に収穫できる。若葉を芽ぶかせるためには切り戻すとよい。葉が巻いた品種や平らな品種もあるが、すべてに爽やかな野菜の香りがする。日向。肥沃で、保水力のある土壌。できればアルカリ性の土壌が望ましい。30cm

ROSMARINUS ロスマリヌス（マンネンロウ）属
Lamiaceae　シソ科

マンネンロウ類（英名 rosemary、ローズマリー）は香りの庭の大黒柱で、その芳しい香りは地中海で過ごす休暇や、イタリア料理のタリアータ、日曜の昼食で頂く仔羊のローストなどを呼び起こす。緩やかな形の常緑性低木で、家のコーナーに置くと気持ちよさそうに小径の上に張りでて生長する。生垣として使うのもよい。花の後に剪定する。どの品種も過剰な霜には弱いが、他のものよりは寒さに強いものもある。どれも寒風から守る必要がある。完全な日向。水はけのよい土壌。

R. officinalis（英名：common rosemary、和名：マンネンロウ）
長いこと愛され続けている庭園植物。灰緑の葉を持ち、春には薄いスミレ色を帯びた青い花に覆われる。'Miss Jessopp's Upright'は、直立して生長する丈夫な品種。1.2m。Z8

変種はいくぶん寒さに強いので、試してみる価値はある。夏に切穂しておくのが賢明。変種の *albilorus* 'Lady in White' は魅力的な白い花、'Majorca Pink' は見事なピンクの花をつける。'Aureus' は金色の斑入りの葉を持つ。'Sissinghurst' は素敵な青い花をつけ、私の庭では何年もとても丈夫に育つことが証明されている。'Benenden Blue' は、幅の狭い濃い色の葉と青い花をつける丈の低い品種で、'Fota' と 'Seven Sea' はさらに丈が低いが、より輝くような青い花をつける。'Green Ginger' の葉には、ショウガ特有のピリッとした香りがある。Prostratus Group は葡匐性のローズマリーで、壁にくっついて垂れ下がり、素敵な青い花をつけるが、耐寒性は全くない（Z9）。45-90cm。Z8

SALVIA サルビア（アキギリ）属
Lamiaceae　シソ科

S. lavandulifolia（英名：Spanish sage）
上品な細い灰緑の葉を持ち、夏に見事なバイオレットブルーの花をつける。日向。水はけのよい土壌。45cm

S. officinalis（英名：sage、セージ）
小型の常緑性低木で、ハーブガーデンにも草花のボーダー花壇にも貴重。舗道に不規則に広がるようすは、特に魅力的。'Berggarten' は丸葉の素敵な品種で、'Albiflora' は綺麗な白花を咲かせる。概して私は、くすんだ緑の葉のものよりも色のついた葉を持つものを育てているが、はっきりとセージの香りがする。'Icterina' には黄色い斑が入り、'Purpurascens' は紫を帯びている。繁殖力は弱めだがより寒さに強い 'Tricolor' は、白、緑、紫の斑が入る。初夏にバイオレットブルーの帽子状の花が咲く。春に刈り込むこと。

左：パセリ（*Petroselinum crispum*）'Moss Curled'　　中央：マンネンロウ（*Rosmarinus officinalis*）　　右：セージ（*Salvia officinalis*）'Tricolor'

RUTA　ルタ（ヘンルーダ）属
Rutaceae　ミカン科

R. graveolens（英名：rue、和名：ヘンルーダ／ルー）
金属質な青色の'Jackman's Blue'が小型の常緑性低木のなかで最良である。シダ状の葉には鼻を刺激する香りがあり、オレンジを思い出す人もいる。しかし敏感肌の人は植えない方がよいし、触らないこと（特に晴れた日には）。さもないと、水疱ができるかも知れない。斑入りのものは、かぶれやすい。早春に刈り込むこと。日向。水はけのよい土壌。90cm。Z5

ヘンルーダ（*Ruta graveolens*）'Jackman's Blue'

寒風にさらされない場所が必要。日向。水はけのよい土壌。90cm

SANGUISORBA　サングイソルバ（ワレモコウ）属
Rosaceae　バラ科

S. minor（英名：salad burnet、和名：オランダワレモコウ）
爽やかな香りを放つ鋸歯状の葉を持つ。サラダやドリンクに使われ、キュウリを思わせる香りがある。夏に紫と緑の花を頂生する。日向。水はけのよい土壌。60cm

SANTOLINA　サントリナ（ワタスギギク）属
Asteraceae　キク科

S. chamaecyparissus（英名：cotton lavender、和名：サントリナシルバー、ワタスギギク）
鼻を刺激する好き嫌いのある香りがある。しかし葉を観賞する植物としてはいつも賞賛される。シルバーグレーの珊瑚のような葉を密生し、夏にはその先端に山吹色の釦のような花をつける。刈り込むとよく育ち、低い生垣やノットガーデンに使われる。コンパクトに育つ矮性の*nana*は複雑な刈り込みに向く。日向。水はけのよい土壌。45cm。Z7

S. pinnata subsp. *neapolitana*
より直立した品種で、レモンイエローの釦のような花をつける。30cm。Z6

S. rosmarinifolia subsp. *rosmarinifolia*（*S. virens*, *S. viridis*）
緑の葉を持つサントリナの仲間で、同様の魅力がある。45cm

SATUREJA　サツレヤ（キダチハッカ）属
Lamiaceae　シソ科

S. douglasii（*Clinopodium douglasii*）（英名：yerba buena）
匍匐性で半耐寒性の常緑性植物。ミントの香りのする小さな葉と白い花をつける。日向。水はけのよい土壌。15cm

S. hortensis（英名：summer savory、サマー・セボリー、和名：キダチハッカ／セボリー）
半耐寒性の一年草で、小さくまっすぐな

サントリナシルバー（*Santolina chamaecyparissus*）

葉にはタイムのような鼻を刺激する香りがある。豆料理の香り付けに使われる。夏にライラック色または白い花が輪生する。春に屋外に種を播くか窓台で鉢植えにして育てるとよい。日向。水はけのよい土壌。20cm

S. montana（英名：winter savory、和名：ウィンター・セボリー）
宿根草だが、生長すると半常緑性の低木となる。*S. hortensis*（キダチハッカ）よりも広く育てられる。共に強く香り、料理用に役立つハーブ。ライラック色の花が夏に咲く。ボーダー花壇の手前側にタイムと一緒に植えるとよい。日向。水はけのよい土壌。40cm

S. spicigera（英名：creeping savory）
強い香りのある葉と白い花をつける。日向。水はけのよい土壌。10cm

TAGETES　タゲテス（センジュギク）属
Asteraceae　キク科

T. lucida（英名：winter tarragon）
半耐寒性の宿根草で、アニスの種の香りのする葉を持つ。日向。水はけのよい土壌。60cm

TANACETUM　タナセツム属
Asteraceae　キク科

T. parthenium（*Chrysanthemum parthenium*）（英名：feverfew、フィーバーフュー、和名：ナツシロギク）
白く小さなキクの花をつけた時には最も可愛らしい草のひとつだが、こぼれ種であちこちに増える。葉には鼻を刺激する香りがあり、昔は熱湯を注いで発熱の治療に使われた。今でも偏頭痛の治療に使われ、人気がある。金色の葉を持つ 'Aureum' やいくつかの八重咲きのものが一般的に栽培されている。日向または半日陰。45cm

T. vulgare（英名：tansy、タンジー、和名：エゾヨモギギク）
樟脳のような香りがあり、タンジーティを作るのに使われる。優雅な葉を持つが、気まぐれにコロニーを形成するので、植える場所に気を付けること。夏に黄色い釦（ぼたん）のような花をつける。変種 *crispum* は魅力的にカールした葉を持つ。日向または半日陰。90cm

TEUCRIUM　テウクリウム（ニガクサ）属
Lamiaceae　シソ科

T. chamaedrys（英名：wall germander、ウォールジャーマンダー）
小型の低木で、小さな卵形の葉には鼻を刺激するような芳しい香りがある。晩夏に赤紫の唇形の花をつける。しばしばノットガーデンでツゲと一緒に使われたり、幾何学的な花壇の縁取りに用いられる。日向。15-30cm

T. marum
香りのよい灰緑の小さな葉を持ち、夏にはピンクの花をつける。縁取りに用いると格好がよい。日向。水はけのよい土壌。30cm

THYMUS　ティムス／タイムス（イブキジャコウソウ）属
Lamiaceae　シソ科

タイムス（英名 thyme、タイム）は香りの庭には欠かせない。葡匐性のものは、舗装の割れ目やタイムの芝として育ててもよく、踏まれても丈夫である。小径の縁から

左：ウィンター・セボリー（*Satureja montana*）　　中央：センジュギク属の *Tagetes lucida*　　右：ナツシロギク（*Tanacetum parthenium*）

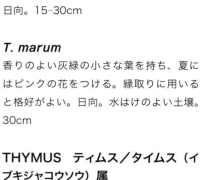

タイムス属の'Silver Queen'（左）とヨウシュイブキジャコウソウ（*T. serpyllum*）'Pink Chintz'（右）

溢れだして歩く人が足でかすめる場所によく茂る。どの品種にも親しみのあるタイムの香りがあるが、それぞれ微妙に異なり、他の香りのニュアンスを持っている。短命で、夏に刈り込むと若葉がよく増えるが、特に直立する品種は定期的に挿し木で更新する必要もあるだろう。すべて、寒風にさらされない場所が必要。日向。水はけのよい土壌。

T. 'Bressingham'
匍匐性で、グレーの葉とピンクの花をつける。

T. caespititius（*T. azoricus*）
松葉の房に似た細長い葉のクッションをつくる。香りもマツの香りだが、オレンジのニュアンスもある。盛夏に淡いライラック色の花をつける。5 - 10cm

T. Coccineus Group
濃い色の葉と濃紫の花をつける。10cm

T. 'Culinary Lemon'（*T. citri-odorus hort*）（英名：lemon thyme）
葉の茂ったタイムで、芳しいレモンの香りがある。緑の葉とライラック色の花をつける。金色の斑入りの葉を持つ'Aureus'、銀色の斑入りの葉を持つ'Silver Queen'など、人気のある品種が多くある。これらのとても好ましい品種は寒風にさらされない場所で育てることが大事で、寒さが厳しく湿気のある地域ではうまく育たない。25 - 30cm。Z4

T. 'Fragrantissimus'
白い花をつけ、オレンジの香りのする灰緑の葉を持つ。30cm

T. herba-barona（和名：キャラウェイタイム）
半匍匐性のタイムで、キャラウェイ（ヒメウイキョウ）の香りがある。艶のある緑の葉を持ち、盛夏にバラ色を帯びた紫の花をつける。5-15cm

T. pseudolanuginosus（和名：ウーリータイム）
香りの強いタイムではないが、柔毛に覆われたグレーの葉を目的に育てられる。15cm

T. pulegioides
ピンクの花とレモンの香りのする葉を持つ。'Bertram Anderson'と'Aureus'は、金色の葉を持つ素晴らしい選択。10cm

T. serpyllum（英名：wild thyme / English thyme / creeping thyme、和名：ヨウシュイブキジャコウソウ）
芝生や舗道の割れ目に育ち、カーペットを敷き詰めたような感じを作るさまざまなタイムを提供する。毛に覆われた緑の葉には正真正銘のタイムの香りがあり、盛夏にライラックピンクの花をつける。他には、白花の変種 var. *albus* や、繊細な薄いピンクの花が灰緑の葉を覆う程たくさん咲く'Pink Chintz'、などが魅力的で望ましい。5 - 10cm

T. vulgaris（英名：common thyme、和名：タチジャコウソウ）
濃緑の葉を持ち、花色はライラック色からバラ色を帯びた紫まで幅広い。15 - 20cm

RHS ガーデン　ローズムーア（Rosemoor）

「　RHS ガーデン　ローズムーアで毎年演出される香りの見どころは、「果物と野菜の庭」（Fruit and Vegetable Garden）の温室にある鉢植えのフリージアとスイセン 'Paperwhite' である。早春に、トマトやキュウリに場所を奪われる前に花が咲く。香りのよい低木類も、訪れた人が近づける場所にそこかしこ植えられている。色をテーマにした「スパイラルガーデン」（Spiral Garden）では、初夏にフィラデルファス（*Philadelphus*）'Beauclerk' と 'Belle Etoile' が迫力のある香りを漂わせ、ふたつのローズガーデンでは夏の間中香りのカクテルが愉しめる。ローズガーデンのひとつはオールドシュラブローズが中心で、ロープに沿って仕立てたつるバラもあり、もうひとつの「母なる女王のローズガーデン」（Queen Mother's Rose Garden）にはモダンなブッシュローズが溢れている。「ウィンターガーデン」（Winter Garden）には、低い気温にも耐えられるフクリンジンチョウゲ（*Daphne odora* 'Aureomarginata'）やジンチョウゲ属の *D. bholua* 'Jacqueline Postill' などから漂う素敵な香りが潜んでいる。　」

ジョナサン・ウェブスター（Jonathan Webster）、
RHS ガーデン　ローズムーアのキュレーター

つる植物のアーチのある菜園。奥にはコテージガーデンが見える。デボン州にある RHS ガーデン　ローズムーアにて。

室内、夏の鉢植え、温暖な気候で育てる植物（半耐寒性植物）

　花の香りは暖かく湿った環境で特に力強く香り、暖かい場所や熱帯の気候では豊かな植物相に恵まれる。そこには重いエキゾチックな香りや、時には鼻につくほど香り立つフルーティでスパイシーな香りが多く存在しており、葉から漂う力強い香りもある。

　地中海やオーストラリアの一部、南アフリカ、カリフォルニアなどの乾燥した気候で感じられる香りも同じくらい印象的である。これらの地域の最も典型的な香りは、針葉樹やユーカリの葉の樹脂性の香り、小さな丘の斜面やマキ（地中海沿岸の岩の多い地域）、埃っぽい荒野、岩の多い地形、ガリグなど育つ低木の香りだろう。これらの香りは温暖湿潤気候のものと比べると、概して軽く、より純粋なフルーティまたはアロマティックな香りである。——アカシア類（*Acacia*）、カーペンテリア（*Carpenteria*）、コロニラ（*Coronilla*）やエニシダ類（*Cytisus*、英名 broom）の香りには自然なニュアンスがある。これらの地域のガーデナーたちは、アジア、アフリカ、南米などの温暖湿潤気候の地域から、重くエキゾチックな香りのする植物——たとえばジャスミン類（*Jasminum*）、ホヤ（*Hoya*、英名 wax flower、ワックスフラワー）、クチナシ類（*Gardenia*）、柑橘類（*Citrus*）など——を持ってきて、香りのブーケを豊かにすることもできる。

　マヨルカで8年間ガーデニングをするなかで、私はこの章に記載する植物の多くを試しに屋外で育ててみた。イギリスとヨーロッパ、北アメリカの大半の地域で温暖な地域の芳香植物を育てる場合には、さまざまな環境要因から保護する必要がある。しかしなかには寒風にさらされない場所であれば屋外で育つものもある。イギリスでは、日当たりのよい壁際は、ブッドレア属の *Buddleja auriculata*、コロニラ、ユーフォルビア属の *Euphorbia*

紫の芳しいヘリオトロープと、香りのよいペラルゴニウムの、生き生きとした夏の組み合わせ。

mellifera、レモンバーベナ（英名 lemon verbena）、トベラ類（*Pittosporum*）、プロスタンテラ（*Prostanthera*）、そしておそらくはアカシア、カリステモン（*Callistemon*）、ギョリュウバイ（*Leptospermum*）、ミケーリア（*Michelia*、現在ではマグノリア属に入る）などにも適しているだろう。暖房のない温室はこれらの植物にとって、より好ましい微気候を作りだす。天井が張り出していてガラスの壁が側面にあるようなポーチなども半耐寒性のツツジやツバキには十分寒風にさらされない場所となり、太陽の光が不足しても適応できる。私はウェールズ地方でそうした環境下でハゴロモジャスミン（*Jasminum polyanthum*）も育てた。冬でも暖かさを必要とする植物もあり、室内で育てるものも

室内、夏の鉢植え、温暖な気候で育てる植物　275

斑入りのフェリシア（*Felicia*）と黄葉のヘリクリサム（*Helichrysum*）と共に育つセンテッドゼラニウム。生長すると葉をこすって香りを楽しめる。ペラルゴニウムの葉の香りには驚くほど幅広い種類がある。ペパーミント、マツ、リンゴ、レモン、オレンジ、そしてよく知られたバラの香りなど。このバラの香りを嗅ぐと、玄関ポーチに必ずゼラニウムの鉢を置いていた祖父母の時代を思い出す人も多い。

ある。日当たりのよい窓台は葉にセンテッドゼラニウム（*Pelargonium*、英名 scented geranium）や芳香性のサボテンに適している。光が少し弱い場所では、マダガスカルジャスミン（*Stephanotis floribunda*）、ワックスフラワー、柑橘類、それに一部のオーキッド（蘭）なども育つだろう。腕が良ければクチナシも育つ。私はアプリコットとクローブの香りが美味しそうにブレンドされたクチナシの香りが大好きである。大型の植物は日光不足になるため、一般的には室内ではうまく育たない。窓を通ると光の強さが極端に弱まり、紫外線も届かず、室内で十分な光があることはほとんどないのである。

光、気温、湿度などが植物のために快適に制御された温室やコンサバトリーが理想的な環境である。どの植物が育つかは、設定した気温によって大きく左右される。一年中熱帯の気候を維持するのは費用もかかり、できる人はほとんどいない。多くの人が知りたいのは、どのくらい低い気温まで下げても幅広い植物を育てられるか、である。「半耐寒性植物」の章に記載する多くの植物は、凍らない程度の温度を維持できればよく育つ。冬の最低気温が5℃であれば植物は生長を維持できる。しかしこの気温では植物にとって、そして私たちにとっても少し肌寒く、冬咲きのものは花をつけないことも多い。休眠状態の植物はほとんど乾燥した状態に保つ必要があるので、水やりには気を遣わなければならず、寒い日々にとても手間がかかる。最低気温が10℃あればかなり快適であり、格段に良い結果を得られる。室内の庭が最も美しい環境なので、できれば私はこのくらいの気温をお薦めしたい。各植物の欄に記載した温度は生長を維持するのに最低限必要な気温である。

多くの植物は温室の中では低い気温でも越冬でき、夏には鉢植えにして屋外に出すことができる。キダチチョウセンアサガオ類、ユリ、ヘディキウム類（*Hedychium*、英名 ginger lily、ジンジャーリリー）、ヘリオトロープ類などは、花盛りの時には風に乗って辺りに香りを漂わせ、レモンバーベナなどのアロイシア（*Aloysia*）、ユーカリノキ（*Eucalyptus*）、プロスタンテラ、サルビア（*Salvia*）など葉に香りがあるものは、腰掛けの横に置くと指でちぎって香りを楽しむことができる。

柑橘類はチューインガムのような香りの花と弾けるような香りの葉や果実を持つ最高の芳香植物である。マイヤーレモンは家で育てるには最高のもののひとつ。皮が薄くて果汁が多く、花粉媒介作業をしなくても立派な果実を収穫できる。

　温室では冬が最も重要な季節である。温室で育てる低木やつる植物のほとんどは常緑性であるため、緑の葉を背景にできる。室咲きのヒアシンスやスイセン、ムスカリ属の *Muscari macrocarpum* などさまざまな春咲きの宿根草が豊富な花色を飛沫のように現わし、さまざまな香りが層をなして香る。他にも花をつける植物が多くある。さまざまなアカシアがシーズンを通してふわふわとした黄色い花を咲かせ続け、スミレのような「ミモザの香り」で空気を満たす。この香りはエキゾチックなジャスミンや柑橘類の花の香りと好対照を成す。

　入手できる多くの柑橘類の木のなかでは、私はいつもまずマイヤーレモン（*Citrus x meyeri* 'Meyer lemon'）を選ぶ。チューインガムの香りがする白い花を勢いよく咲かせ、一年中実をつける。手の届く高さに生長する洗練された木からは、自分でレモンをもぎ取ることができる。果実は香りがよく皮が薄く、果汁が多い。フルーティな花の香りがどの季節にも漂う。タイワンフジウツギ（*Buddleja asiatica*）のほっそりした白い円錐花序からも優しく素晴らしいレモンの香りがする。鉢植えのプリムラ属の *Primula kewensis* にも甘いレモンのような香りがある。赤紫の星形の花をつけるジンチョウゲ（*Daphune odora*）は、特に強く豊かなオレンジの香りを放つ。レモンユーカリ（*Eucalyptus citriodora*）の葉から漂うレモン石鹸のような香りは同じ部類ではないが、サルビアやペラルゴニウムのフルーティで清々しく鋭い香りが相補的なニュアンスを与えてくれる。

ジンチョウゲ（*Daphne odora*）は縁が金色の種類'Aureomarginata'ほど耐寒性はなく、温室で育てるのが最良である。温室では真冬に咲き、豊かなオレンジの香りを放つ。冬咲きの低木やつる植物は皆、室内で育てるとより香りが溢れ、嗅ぎやすくなる。寒さに強い *D.bhulua* やクレマチス・シルホサ（*Clematis cirrhosa*）なども喜ばれる。

　春になると他にもフルーティな香りが漂い始める——フリージア類の桃のような香り、ボローニア属の *Boronia megastigma* のレモンのような香り、少し遅れて、カラタネオガタマ（*Magnolia figo*）のバナナのような香りや黄色いコロニラから漂う桃の香り。ユーフォルビア属の *Euphorbia mellifera* の蜂蜜のような濃い香りと重なるように香るものもある。

　トベラ（*Pittosporum tobira*）の白い花には、蜂蜜ではなくオレンジブロッサムの香りがあり、こうした花にまじって春の間中、エキゾチックな香りを漂わせる。球根植物のパミアンテ属の *Pamianthe peruviana* は理想的で、夕方になると豊かな香りを放つ。半耐寒性のツツジ・シャクナゲ類はシーズンの間中、スパイシーなユリのような香りを次々と続けて漂わせる。ウェールズ地方では、私は2月から6月まで咲かせ続けることができている。低木状のオオバナカリッサ（*Carissa macrocarpa*）は、防虫剤のような香りを感じることもあるが、育てる価値が大いにある。

エキゾチックな香りのするつる植物は夏に香りが増す。マダガスカルジャスミンは早咲きでシーズンの間中咲き続ける。ワックスフラワーも同じような清潔感のある甘い香りを漂わせる。——ワックスフラワーの一種 *Hoya lanceolata* subsp. *bella* は特によい。

夏になると、ボーモンティア（*Beaumontia*）、マンデヴィラ（*Mandevilla*）、ドレジア（*Dregea*）やトラケロスペルムム（*Trachelospermum*、和名テイカカズラ）などの香りのよいつる植物と一緒に、ジャスミンもたくさん咲く。これらは皆、涼しい気温の方が素晴らしく、芳しい香りが強すぎない程度に漂う。寒さに弱いティー・ローズやノアゼット・ローズなど、香りのよい花を滝のように咲かせるつるバラも見逃してはならない。——'Belle Portugaise'、'Climbing Columbia'、'Climbing Devoniensis'、'La Follette'、'Maréchal Niel'、'Sombreuil' などが代表格である（214–45 ページの「ローズ」の章を参照のこと）。

夏に咲く香りのよい低木のなかではキダチチョウセンアサガオ類が最も壮観である。ハダニがつくのが問題だが、健康な木が満開の花をつけるようすは忘れられない姿である。甘い香りも素晴らしく、特に夜に強く香る。

ユリやヘディキウムも夏を謳歌する。濃厚で重たい香りがするので、対照的な香りがあるとよい。ペラルゴニウムの葉は一年中心地よい香りを発するが、ペパーミント、リンゴ、オレンジ、レモン、スパイス、バラの香りなど何でもある。レモンバーベナには酸っぱいレモンの香り、サルビアにはパイナップルやクロスグリの香りがある。

秋になるとギンモクセイ（*Osmanthus fragrans*）からアプリコットの香りが漂う。この季節の私のお気に入りは球根植物で、現在はグラジオラスの類とされるアシダンテラ（*Gladiolus murielae*、英名 acidanthera）が気に入っている。日当たりのよいボーダー花壇では屋外でも花をつけるが、テラスや室内で鉢植えにするとその香りを楽しみやすい。花の香りは熱帯地方を思わせるように甘く、夕方になると風に乗ってふわりと運ばれる。アシダンテラはオランダの宿根草の会社で毎年大量に作られており、意図的に一年草として扱うこともできる。一度咲くと再び咲かせるのは難しい。

さらに珍しい宿根草はキルタンツス属の *Cyrtanthus mackenii* で、バナナの香りのする花を目的に、育てる価値はある。通常は、コロニラの二番花の時期や、種から育てたフリージアの一番花と同じ時期に咲くので、心地よい香りの「フルーツサラダ」が楽しめる。レモンの香りのするブッドレア属の *Buddleja auriculata* もこの時期に咲く。サザンカ（*Camellia sasanqua*）の変種は秋に咲き、軽い香りを漂わせる。ヘリオトロープは室内に戻されてもバニラのような香りを放ち続ける。スイートバジルも室内に置くと、調理用に用いたり、香りを楽しんだりできる。'Dark Opal' のような変種の香りは空気中に留まり、底にあるスパイスの香りが鋭いニュアンスの香りを補完する。

トウテイカカズラ（*Trachelospermum jasminoides*）は暖かい地域では屋外でよく育つが、それ以外の地域では温室植物として魅力的である。

半耐寒性植物

注：この章に記載する温度は、植物が生長を続けるのに最低限必要な気温である。大半は5℃以下の気温でも育ち、なかには軽い霜にも耐性を持つものもある。

ACACIA　アカシア属
Mimosaceae　ネムノキ科

アカシアは冬と春に咲き、丸い黄色の花をふわふわとつけた頭状花序は、独特の、そしてしばしば強いスミレやエンドウの花の香りがする。鉢植えにするとうまく育ち、時には屋外でも寒風にさらされない場所であれば育つ。丈夫でよく育つので、すぐに与えられた場所を越えるほど大きくなってしまうこともある。花の後に強剪定してもよい。夏に向けて、屋外の日当たりのよいボーダー花壇に鉢ごと縁まで地中に埋めるのもよい。日向または半日陰。最低気温5℃

A. baileyana（英名：Cootamunda wattle、和名：ギンヨウアカシア）
半耐寒性の常緑樹のなかで最も美しいもののひとつで、枝垂れた枝に粉で覆われたようなブルーグレーの細かい切れ込みの入った葉をつけ、春には山吹色の花が咲く。'Purpurea' は紫を帯びた印象的な品種。9mまで。

A.dealbata（英名：florist's mimosa/silver wattle、和名：フサアカシア）
銀色を帯びたブルーグリーンの羽状葉を持つ人気のある品種で、早春にとても香りのよいレモンイエローの花が咲く。気候の温暖な地域では、寒風にさらされない場所にある屋外のボーダー花壇や、日当たりのよい壁面でもうまく育つ。私の庭でも育てているが、1本は寒さの厳しい冬に枯れてしまったが、幸運な事に、後になって舗装の割れ目から実生の苗が芽を出した。15mまで、またはそれ以上。

A. podalyriifolia（英名：Queensland silver wattle）
銀色を帯びたブルーグリーンの丸葉を持つ見事な低木で、冬と春に濃黄の香りのよい長い総状花序をつける。気候の温暖な地域では日当たりのよい壁面によく育つ。3m

A. retinodes（英名：wirilda）
甘い見事な香りがあり、しばしば冬の終わりから何か月も咲き続ける。濃緑の長くほっそりした葉を持ち、薄黄の花が咲く。温暖な気候の地域では、屋外で育ててみてもよい。9mまで。Z9-10

ALOYSIA　アロイシア属
Verbenaceae　クマツヅラ科

A. citrodora（*Lippia citriodora*）
（英名：lemon verbena、レモンバーベナ、和名：コウスイボク／ボウシュウボク）
葉から放たれる鋭いレモンの香りは私のお気に入り。私は夏に屋外の腰掛けの傍らに置くために鉢植えの低木として育て

左端：ギンヨウアカシア（*Acacia baileyana*）
左：レモンバーベナ（*Aloysia citrodora*）

左、中央：紫と白のホザキアヤメ（*Babiana stricta*）　右：ボーモンティア属の *Beaumontia grandiflora*

ており、冬は温室で越冬させている。温暖な地域では、屋外の日当たりのよい壁面でも丈夫に育つ。落葉性で、夏には槍形の葉ととても小さい花々の円錐花序をつける。春に剪定する。香りの庭には欠かせない植物で、立ち木として育てるととても効果的。日向。3mまで。最低気温5℃

BABIANA　バビアナ（ホザキアヤメ）属
Iridaceae　アヤメ科

B. stricta（英名：baboon flower、和名：ホザキアヤメ）

外見はどちらかというとフリージアに似ており、スミレの香りがする。*B. ambigua*、*B. fragrans*、*B. odorata* など数多ある芳香性のバビアナのなかで最も一般的に育てられている品種。短い総状花序をつけ、ひだのある刀形の葉を持つ。紫、黄、白のニュアンスを持つさまざまな花色の品種や交配種がある。南アフリカではヒヒの好物でもある球茎は、毎年植え替えるために秋に掘りだして、芽が出るまで適度に乾燥させておくこと。花は晩春に咲く。日向。20cm。最低気温5℃

BEAUMONTIA　ボーモンティア属
Apocynaceae　キョウチクトウ科

B. grandiflora（英名：Herald vine）

コンサバトリーでの鉢植えやボーダー花壇に望ましいインドのつる植物。幅の広い葉には光沢があり、裏側はうぶ毛で覆われている。はっきりと浅裂したトランペット形の大きな白い花には、異国情緒漂う香りがある。花は夏の間鈴なりに咲く。花の後に剪定する。日向または半日陰。6mまで、またはそれ以上。最低気温5℃

BORONIA　ボローニア属
Rutaceae　ミカン科

ボローニアはオーストラリア原産の常緑性低木で、フルーティなよい香りの葉を持ち、しばしば強いレモンの香りの花を咲かせる。コンサバトリーや、日当たりのよい窓台に置くとうまく育つ。花の後に強剪定してもよく、夏に向けて屋外で鉢を縁まで地中に埋める。日向。最低気温5℃

B. megastigma

独立した枝垂れた樹形で、早春に細い小葉の間におびただしい数の小さな花々をつける。花の外側は茶色がかった紫、内側は辛子のような黄という珍しい色を持ち、抗いがたいほど魅力的なレモンの香りを漂わせる。60cm

BOUVARDIA　ブヴァルディア（カンチョウジ）属
Rubiaceae　アカネ科

B. longiflora（*B. humboldtii*）（和名：ナガバナカンチョウジ）

メキシコ原産の半常緑性の小型の低木で、夏から冬にかけて、異国情緒漂う香りのする管状の白い花をたくさん咲かせる。冬でも暖かい気温が必要だが、コンサバトリーでも簡単に育てられる。花の後は切り戻しが必要。日向または半日陰。1m。最低気温10℃

左端：キダチチョウセンアサガオ（*Brugmansia arborea*）'Knightii'
左：ブッドレア属の *Buddleja auriculata*

BRUGMANSIA　ブルグマンシア（キダチチョウセンアサガオ）属
Solanaceae　ナス科

キダチチョウセンアサガオ類（英名：**angel's trumpet**）は、温室で鉢植えにして育てるのに向く、よく知られた落葉性低木。異国情緒のある見かけによらず、高い気温でなくても育つ。ぶら下がって咲く巨大なトランペット形の花の縁にはくっきりと浅裂が入り、しばしば、特に夜に、強く甘く香る。毒性があるので、深く吸い込むと麻酔のような作用がある。花は夏の間から初秋にかけて惜しまずに咲き、大きな葉を持つ。生長期には水と肥料が豊富に必要で、暖かい季節には屋外でも育てられる。スタンダード仕立てで育てられることもあり、それには花の後に枝を刈り込むとよい。晩冬に地表から15cm以内まで切り戻しできる。ハダニが深刻な問題を引き起こすこともある。半日陰。3mまたはそれ以上。最低気温5℃

B. arborea（和名：キダチチョウセンアサガオ）
この品種と、この八重の種類 'Knightii' は、*B. suaveolens* と同様、とても香りのよい白い花を咲かせる。*B. suaveolens* にはピンクと黄色の品種もある。香りは弱めだが、美しいアンズ色の花を咲かせる種類 'Grand Marnier' では *B. x candida* が最もよく知られている。

BRUNFELSIA　ブルンフェルシア（バンマツリ）属
Solanaceae　ナス科

B. americana（英名：lady of the night、和名：アメリカバンマツリ）
英語の名前の通り、夜に香る美女である。浅裂のある大きな花は、咲き始めの薄黄から白へと変化していき、スパイシーで甘い香りを漂わせる。南アメリカ原産の革のような葉を持つ低木で、暖かさと湿り気を好む。鉢植えにしてもよく育ち、夏にたくさんの花を咲かせる。3mまで。最低気温5℃

B. pauciflora（*B. calycina*）
最も一般的に栽培される品種。花は、3日のうちに、濃いスミレ色から薄紫、そして白へと色褪せて行くので、通称、昨日・今日・明日（英名：**yesterday, today, tomorrow**）とも呼ばれる。60cm

BUDDLEJA　ブッドレア（フジウツギ）属
Scrophulariaceae　ゴマノハグサ科

後述する2つの常緑性の品種は、フルーティで甘い香りがあり、寒さに強い近縁種の蜂蜜のような香りよりも洗練されている。温室内のボーダー花壇や鉢植えにするとよく育ち、夏に楽しむために、鉢植えは屋外で縁まで地中に埋めてもよい。花の後に剪定してもよい。日向。3mまたはそれ以上。最低気温5℃

B. asiatica（和名：タイワンフジウツギ）
長く先細の灰緑の葉を持ち、晩冬から春にかけて細く垂れ下がった白い円錐花序をつける。花には強いレモンの香りがある。コンサバトリーには欠かせない。

B. auriculata
より寒さに強く、多くの地域では屋外の日当たりのよい壁面で丈夫に育つ。生長が早く、背が高くなる。ウェールズ州の私の庭では、寒さの厳しい冬には時折地表面まで切り戻すが、いつも力強く再生する。秋から冬にかけて、クリーム色の円錐花序をつける。*B. asiatica*（タイワンフジウツギ）の花序の半分以下の長さだが幅はより広い。葉は短めで濃緑。弾けるようなレモンの香りがある。

CARISSA　カリッサ属
Apocynaceae　キョウチクトウ科

C. macrocarpa（*C. grandiflora*）（英名：Natal plum、和名：オオバナカリッサ）
魅力的な常緑性低木で、白い一重のジャスミンのような花をつける。花は異国情

緒漂う甘い香りがするが、近づくとほのかに防虫剤を思わせる。晩春に咲き、花後に食用の赤い果実をつける。革のような濃緑の卵形の葉を持つ。'Nana' は矮性でコンパクトな樹形。半日陰。野生では4.5m。鉢植えでは 2 m。最低気温 10℃

CEDRONELLA　ケドロネラ属
Lamiaceae　シソ科

C. canariensis (*C. triphylla*) （英名：false balm of Gilead）
細長い三出葉を持ち、葉をこするとフルーツやミントの鋭い香りがする。夏に白かモーブ色の花を輪生させる。半日陰。1 m。最低気温 5℃

CESTRUM　ケストルム／セストラム（キチョウジ）属
Solanaceae　ナス科

A. nocturnum（和名：ヤコウボク）
生長の速い常緑性低木で、温暖な地域の庭や温室では最も強く香る植物のひとつである。夏に薄緑の管状の花々を房状につけ、夕方に豊かな蜂蜜の香りを含む複雑なフローラルの香りを遠くまで漂わせる。春に強剪定してもよい。半日陰。3.5m。最低気温 5℃

CITRUS　キトルス（シトラス）属（ミカン属）
Rutaceae　ミカン科

柑橘類の香りは 3 倍強い。果実と葉は傷つけると鋭いフルーティな香りがする。果実は鼻を近づけても、空気中に漂う香りも、切り分けても、より柔らかく、より甘い香りがする。星形で肉厚の白い花には、ほのかだがはっきりと風船ガムを思わせる異国情緒漂う甘い香りがある。コンサバトリーの中で鉢植えにするとよく育ち、気温が十分に高ければ、結実する。夏の最も暑い季節には屋外の日当たりのよい場所に置くとよい。必要なら、春に軽く剪定する。カイガラ虫に注意。日向。最低気温 5℃（可能ならもう少し高く）

C. x aurantium（英名：Seville orange、和名：ダイダイ）
寒さに強い丈夫な柑橘類のひとつで、格好のよい葉を持つ。果実も花も極めて芳しく香る。小さく苦い果実の皮からは精油が採れ、その大きな花は香水にも使用されるネロリ油の原料となる。加えて、果実は最高のマーマレードになる。'Bouquet de Fleurs' はとても強い香りのある矮性種。9m まで。

C. x limon（英名：lemon、レモン）
紫を帯びた蕾からかなり大きい白い花を咲かせる、格好のよい低木。小型の交配種 *C. x meyeri* 'Meyer'（マイヤーレモン）は、頑丈で花や実をたくさんつけるので、室内やコンサバトリーで育てるすべての柑橘類のなかで最も人気がある。実際、私は室内で育てる最良の植物のひとつと評価しており、何年も育てている。果実は皮が薄く、果汁が多い。他のレモンの品種では、クリーム色の斑入りの葉を持ち緑の筋の入ったレモンがなる 'Variegata' と、大きな果実をつけ作物としても頼りになる 'Villa Franca' が望ましい。3m

シトラス属のダイダイ（*Citrus* x *aurantium*、Sweet Orange Group）'Valencia Late'（左）とレモン（*C. x limon*）'Villa Franca'（右）

COSMOS　コスモス属
Asteraceae　キク科

C. atrosanguineus（和名：チョコレートコスモス）
豪華な赤いベルベットのような花をつける。晩夏に咲く花は、咲き始めがほとんど黒で、美味しそうなビターチョコレートの香りがある。暖かい地域以外では、マルチングするのが最良だが、ダリアのように掘り起こして保存してもよい。春も終わりごろに生長し始めるので、早合点して枯れてしまったと思わないように。日向。60cm。

チョコレートコスモス（*Cosmos atrosanguineus*）

CLERODENDRUM　クレロデンドルム（クサギ）属
Lamiaceae　シソ科

C. chinense var. *chinense*（*C. fragrans* var. *pleniflorum*）
極東地域原産の落葉性低木で、ハート形の葉を持ち、夏から秋にスイーツのお店のような美味しそうな甘い香りのする白い八重の花を丸い房状につける。室内や暖かい温室でよく育つ。花の後には強く切り戻すこと。残念ながら小さいハダニがつきやすい。日向。2mまで。最低気温5℃

CLETHRA　クレトラ（リョウブ）属
Clethraceae　リョウブ科

C. arborea（英名：lily of the valley tree）
マディラ諸島原産の小型の常緑性高木で、晩夏から秋にかけて、突き刺すような鋭い香りのする釣鐘形をした白い花々の円錐花序をつける姿は、とても格好がよい。葉は深緑の幅広い皮針形。花の後に剪定してもよいが、時折挿し木で更新する必要がある。半日陰。野生では9m。最低気温5℃

CORONILLA　コロニラ属
Papilionnaceae　マメ亜科

C. valentina subsp. *glauca*
人気のある第一級の低木で、春から初夏にかけてのほか、普通は秋にも大量に花を咲かせる。丸い房状に咲くマメ科独特の花は山吹色で、フルーティな香りがする。常緑の葉は、5枚から7枚の、白い粉で覆われたようなブルーグリーンの小葉から成り、花々を完璧に引き立てる。温暖な地域では屋外の寒風にさらされない場所にあるボーダー花壇や、日当たりのよい壁面で育てるとよい。美しいレモンイエローの 'Citrina' や、クリーム色の斑入り葉を持つ 'Variegata' もある。日向。60cm-1.5m。最低気温5℃

CRINUM　クリヌム／クリナム（ハマオモト）属
Amaryllidaceae　ヒガンバナ科

C. amoenum
とても香りのよいほっそりした白い花を夏に房状に咲かせる。花は紫を帯びた花糸が突き出している。日向または半日陰。45cm。最低気温5℃

C. asiaticum（和名：ハマオモト）
大きく印象的な球根植物で、巨大な球根と、幅の広い紐のような葉を持ち、夏には蜘蛛の足のように細長い白い花の房をつける。花には清潔感のある甘い香りがある。マヨルカの私の庭の湿った肥沃な土壌ではうまく育っている。日向または半日陰。90cm。最低気温5℃

C. moorei（和名：モモイロハマオモト）
猛々しい葉の間から、大きくて美しく香りのよい、薄いピンクのトランペット形の花を晩夏に咲かせる。美しい白花の品

種 *album* もある。日向または半日陰。90cm。最低気温5℃

CYCLAMEN　シクラメン属
Primulaceae　サクラソウ科

C. persicum（和名：シクラメン）
花壇や鉢植えに向く秋咲きの植物として、よく知られている。ガーデンセンターに何百もの品種が並んでいるが、強く香るものを見つけるのは難しいだろう。温暖な気候の庭や温室で育てたものは、早春に花が咲く。最良の品種としては、直立してねじれた花びらの小さな花をつけるものに強く甘い香りがある。花色は、白、ピンクまたはバラ色を帯びた紫で、口の所にえんじ色の斑が入ったものもあり、模様の入った葉を持っている。鉢植えのものは、晩春には乾かして、風通しがよく乾いた冷床に入れて日向に置く。新しい生長が認められた時にだけ水を遣り、必要なら植えかえること。花屋に並ぶような大きな花をつける交配種は香りがしない。日向または日陰。20cm。最低気温5℃。とても暖かい環境を嫌う。

CYMBOPOGON　キンボポゴン（オガルカヤ）属
Poaceae　イネ科

香料が採れる熱帯地方の草（オイルグラス）で、強烈に芳しく、香粧品香料の主成分ともなる。*C. citrates*（レモングラス）からはレモングラス油を採取でき、アジア料理にも使われる。*C. nardus*（コウスイガヤ）からはシトロネラ油を採取できる。*C. martini*（パルマロサグラス）にはバラの香りがあり、パルマローザ油の原料となる。日向。30cm。最低気温10℃

CYRTANTHUS　キルタンツス属
Amaryllidaceae　ヒガンバナ科

C. mackenii
南アフリカ原産の球根植物で、管状の白い花にバナナのような香りがある。紐のような葉を持ち、主に春または秋に散形花序をつける。湿生植物で、生長期には豊富な水が必要だが、夏の間はやや日陰で乾き気味にするとよく育つ。クリーム色、赤、ピンクのものや、甘く香るキルタンツスの他の品種も手に入る。30cm。最低気温5℃

DAPHNE　ダフネ（ジンチョウゲ）属
Thymelaeaceae　ジンチョウゲ科

D. odora（英名：winter daphne、和名：ジンチョウゲ）
より一般的な品種'Aureomarginata'（フクリンジンチョウゲ）より寒さに弱い。葉の縁が黄色く、寒い地域ではコンサバトリーで寒風にさらされないように育てること。晩冬から早春に赤紫の星形の花を房状につける見事な常緑樹で、洗練されたオレンジのような香りが部屋を満たす。夏の間は、最も暑い時間帯だけ日陰になるような屋外の場所に置くとよい。白花の品種 *alba* もある。日向。1.5m。最低気温5℃。Z7

DATURA　ダツラ／ダチュラ（チョウセンアサガオ）属
Solanaceae　ナス科

D. inoxia（*D. meteloides*）（和名：ケチョウセンアサガオ／アメリカチョウセンアサガオ）
管状の地下茎を持つ宿根草だが、通常は

左：コロニラ属の *Coronilla valentina* subsp. *glauca*　　中央：シクラメン（*Cyclamen persicum*）'Halios Violet'　　右：レモングラス（*Cymbogon citratus*）

半耐寒性の一年草として扱われる。種から簡単に育ち、夏の鉢植えに素晴らしい。大きな白やピンクまたはラベンダー色のトランペット形の花は、夕方になると、強く甘い香りを放つ。葉はグレーで臭い。白と濃紫の2色に彩られた八重咲きで印象的なものもある。日向。60cm。最低気温5℃

DIANTHUS　ディアンツス／ダイアンサス（ナデシコ）属
Caryophyllaceae　ナデシコ科

D. caryophyllus（英名：carnation、和名：カーネーション）
花屋に並ぶようなカーネーションは、専門家向けのとても人気のある温室植物。縞の入ったカラフルな品種の多くは香りに欠けるが、その他のもの、特に白花の'Fragrant Ann'はクローブの香りに恵まれ、上着の襟元のボタン穴に飾るのも素敵である。花期は側生芽を摘み取る時期によって決まる。夏に若い側生芽を摘み取った場合は、花期を冬まで遅らせることができる。夏咲きのボーダー花壇に向くカーネーションは、耐寒性ではあるが、室内で鉢植えにしてもよく育つ。「高山植物」の章を参照。日向。1-1.5m。最低気温7℃

DIOSMA　ディオスマ属
Rutaceae　ミカン科

D. ericoides（英名：breath of heaven）
南アフリカ原産の常緑性低木で、針のような葉には鋭い芳香があり、晩冬に咲く小さな白い花は蜂蜜の香りがする。日向。中性または酸性土壌。60cm。最低気温5℃

DREGEA　ドレジア属
Apocynaceae　キョウチクトウ科

D. sinensis（*Wattakaka sinensis*）
コンサバトリーに望ましい常緑性のつる植物で、夏の間白い星形の花の散形花序を垂れ下げる。花には繊細なピンクの筋があり、蜂蜜の甘い香りがする。花に続いて面白い形の実がなることがある。温暖な気候の地域では、屋外の日当たりのよい壁面で育ててみてもよい。日向。3m。最低気温5℃

カーネーション（*Dianthus caryophyllus*）'Coquette'

ECHINOPSIS　エキノプシス属
Cactaceae　サボテン科

E. candicans（英名：torch cactus、トーチカクタス）
一般的に育てられているエキノプシスのひとつで、香りよい花が夜に咲く。夏に咲く花は白く、異国情緒漂う強い香りがある。円柱形の植物で、育てやすい。日向。1m。最低気温10℃

E. oxygona（英名：Easter lily cactus）
南アメリカ原産の球形で棘のあるサボテン。赤味を帯びたピンクや白い花びらがぎっしり詰まった大きな花を咲かせる。花は短い間しか咲かないが、軽やかな甘い香りがあり、とても美しい。*E. ancistrophora* は白花で芳香がある。これらは芳香性のエキノプシスの交配種で、ほとんどはピンク、赤、モーブ色のニュアンスを帯びている。日向。10cm。水はけのよい土壌。最低気温5℃だが、乾燥した場所では寒さにとても強い。

左端：アメリカチョウサンアサガオ（*Datura inoxia*）'Evening Fragrance'
左：ドレジア属の *Dregea sinensis*

半耐寒性植物　287

左：ディオスマ属の *Diosma ericoides*　右：カルダモン（*Elettaria cardamomum*）

E. spachiana

背の高い円柱形のエキノプシス。赤味を帯びたピンクや白い花が夜に咲き、甘い香りを漂わせる。日向。90cmまたはそれ以上。最低気温5℃

ELETTARIA　エレッタリア（ショウズク）属
Zingiberaceae　ショウガ科

E. cardamomum（英名：cardamom、カルダモン、和名：ショウズク）

ショウガ科の宿根草で、幅の広い槍形の常緑性の葉には、温かみのあるスパイシーな香りがある。乾燥させた種はアジア料理に使われる。うまく育てるには湿度が高く暑い環境を必要とするため、イギリスではあまり見かけない。日向または半日陰。3.5mまで。最低気温10℃

EPIPHYLLUM　エピフィルム属
Cactaceae　サボテン科

E. anguliger（英名：fishbone cactus）

甘く香る、葉の生い茂った着生サボテンで、ほっそりとギザギザした葉のような茎を持つ。きちんと花を咲かせる丈夫な植物で、晩夏に巨大なクリーム色の花をつけた姿は全く素晴らしい。水のやり過ぎは禁物だが、他のサボテンほど水枯れには強くない。室内の窓台で育てるとよい。日向または半日陰。1mまで。最低気温10℃

E. oxypetalum（英名：Dutchman's pipe cactus）

背が高く育てやすい攀縁性の着生サボテンで、夏の間中香りのよい鮮やかな白色の夜咲きの花を次々と咲かせる。日向または半日陰。3mまたはそれ以上。最低気温5℃

EUCALYPTUS　エウカリプツス（ユーカリノキ）属
Myrtaceae　フトモモ科

E. citriodora（英名：lemon-scented gum、和名：レモンユーカリ）

寒さに弱いユーカリで、屋外に植えた場合には、夏はともかく冬には霜から守る必要がある。若葉の時は毛深いが、生長すると滑らかになる長い葉には、レモンの香りがある。私には石鹸の香りに思えてあまり好きではないが、この香りが大好きな人もいる。コンサバトリー向きの見事な常緑性低木だが、背を低く保つためには春に枝を刈り込むとよい。日向。2mまたはそれ以上。野生では45m。最低気温5℃

EUCHARIS　エウカリス（ユーチャリス）属
Amaryllidaceae　ヒガンバナ科

E. amazonica（英名：Amazon lily、和名：アマゾンユリ）

球根植物で、暖かさと湿度があると最高の状態に育つが、室内や暖かい温室でも見事な鉢植えになる。恰幅のよい茎に白い散形花序をつける姿は、揺らぐラッパズイセンを思わせる。花には異国情緒漂う香りがあり、幅の広い紐のような常緑性の葉を持つ。腐植質の土壌を好み、開花中と開花後にはたくさんの水を欲しがる。半日陰。60cm。最低気温15℃

GARDENIA　ガーデニア（クチナシ）属
Rubiaceae　アカネ科

G. jasminoides（英名：Cape jasmine、和名：クチナシ）
ガーデニア類は、室内や温室向きに最もよく知られた植物で、その香りは最も愛されるもののひとつである。スパイシーでクローブのような香りには、太陽の光を浴びて熟したアンズのようなニュアンスもある。庭の中心に置くと、見た目も、香りも楽しめるが、綺麗に咲かせるためには十分な暖かさと湿気が必要であるため、当てが外れることもしばしばある。暑い気候が相応しく、地中海地方やアメリカでは屋外で夏の鉢植え植物として元気によく育つ。艶のある魅力的な葉を持つ常緑性低木で、花が終わったら切り戻してもよい。夏から秋にかけて八重の白い花が咲く。'Kleim's Hardy' は一重咲きの矮性種。半日陰。酸性または中性土壌。1.5mまで。最低気温10℃

クチナシ（*Gardenia jasminoides*）

FREESIA　フリージア属
Iridaceae　アヤメ科

フリージアは切り花として最もよく知られるが、現代的な交配種であるため、通常は鮮やかな花色を幅広く提供する一方、その香りにはがっかりすることも多い。鉢植えで球根から育てるなら、小さな花を咲かせるものから大きな花のものまで多くある品種のなかからうまく選べば、花が咲いた時にはペッパーのニュアンスのあるフルーティで豊かな香りを十分楽しむことができる。花は切り花にしたものより遥かに長く咲き続ける。黄と紫の斑が入った白花の *F. alba* や、クリーム色や黄色い花を咲かせる *F. caryophylacea* は、特に芳しく香り、鉢植えにしても上手く育つ。名前の付いた交配種のなかでは、クリーム色を帯びた白い花をつける 'White Swan'、カナリアイエローの 'Yellow River'、モーブ色で八重咲きの 'Romany'、などに見事な香りがある。球茎を秋に植えると冬か春に咲く。球茎は葉が萎れた後に乾かしておくこと。地中海沿岸地域の庭では、育てやすい球根植物である。日向。30cm。最低気温10℃

GELSEMIUM　ゲルセミウム属
Gelsemiaceae　ゲルセミウム科

G. sempervirens（英名：Carolina jasmine、和名：カロライナジャスミン／イエロージャスミン）
アメリカ、カロライナ州で人気のあるつる植物で、玄関のポーチや電柱を覆うのに使われるが、イギリスではコンサバトリー以外では見たことがない。魅力的な植物で、春から初夏にかけて山吹色の漏斗のような形の花を房状につける。花には甘いスミレの香りがするが、ジャスミンの香りほど強くはない。八重咲きの 'Flore Pleno' もある。日向または半日陰。4.5m。最低気温5℃。Z8

左：アマゾンユリ（*Eucharis amazonica*）　右：フリージア属の *Freesia fergusoniae*

GENISTA　ゲニスタ（ヒトツバエニシダ）属
Papillionceae　マメ亜科

G. × spachiana（*Cytisus × spachiana*）
冬から春にかけて、甘く香る黄色いマメ科特有の花がほっそりした総状花序につく。室内やコンサバトリーで鉢植えにすると、気分を引き上げてくれるような明るい雰囲気を作る。大きな常緑性低木だが、花の後は刈り込んでもよい。ハダニの被害を受けやすい。日向。3mまで。最低気温5℃

GLADIOLUS　グラジオラス（トウショウブ）属
Iridaceae　アヤメ科

G. murielae（*G. callianthus*）（英名：acidanthera、アシダンテラ、和名：トウショウブ／オランダショウブ）
ドイツの球根栽培者たちによって毎年幾千となく作られており、ほとんどガーデンセンターで売られている。球茎は春に10cm間隔で10cmの深さに植える。夏の間は屋外に置き、秋に花が咲き始めたらいくつかは室内に戻すのがよいだろう。日当たりのよいボーダー花壇でもよく育つ。印象的な白い花は、先の尖った花びらを持ち栗色の斑が入る。異国情緒漂う甘い香りがあり、特に夕方に強く香る。葉が萎れたら、球茎を乾かしておくこと。屋外のボーダー花壇で育てたものは、掘り起こして暖かい場所に保管するのだが、再び花を咲かせるのは難しいことが多い。香りを意識するガーデナーにとっては不可欠な植物。日向。1m。最低気温5℃。あまり一般的に植えられていないが香り高い他の品種には、スミレ色の *G. carinatus* や銅色の *G. liliaceus* などもある。

G. tristis
花屋に並ぶグラジオラスとは大違いの清楚な草姿で、暖かい地域では屋外に植えるのもよい。さもなければ、コンサバトリーで鉢植えにして育てること。春になると、緑や栗色の斑が入った大きなクリーム色の花をほっそりした葉の間に咲かせる。花には甘くスパイシーで蜂蜜のような壮麗な香りがあり、夜には特に強く香る。濃黄の 'Christabel' は優れた交配種。完全な日向。肥沃で水はけのよい土壌。45cm

HEDYCHIUM　ヘディキウム属
Zingiberaceae　ショウガ科

ヘディキウム類（英名 ginger lily、ジンジャーリリー）は、根茎を持つ華やかな宿根草で、暖かい地域では屋外の寒風にさらされない場所にある日当たりのよいボーダー花壇でも育つだろう。通常は鉢植えにして温室で育てるか、夏の間はテラスに置く。花から漂う香りは、適度に強く、異国情緒がある。櫂のような形の葉を持ち、花は太った茎の上に咲く。肥沃で湿った土壌を好むが、根茎は軽く土で覆うだけでよい。

H. coronarium（英名：white ginger lily）
力強いフルーティな香り（私にはアンズの香りのように思われる）のする、黄色い斑が入った大きな白い花を晩夏に咲かせる。他の品種よりも暖かい環境を好む。日向。2m。最低気温10℃

ホヤ属のサクララン（*Hoya carnosa*）(左)と *H. lanceolata* subsp. *bella*(右)

H. densiflorum

晩夏に赤い花糸を突きだした珊瑚色の花を長い穂状花序につける。'Stephen' が優れている。日向。2mまたはそれ以上。最低気温5℃

H. gardnerianum （英名：Kahili ginger、和名：キバナシュクシャ）

最も一般的で、私見では最も美しいジンジャーリリー。晩夏に咲く花はレモンイエローで、突きだした赤い花糸があり、ブルーグリーンの葉との組み合わせも美しい。香りはスパイシーで甘く、底の方に防虫剤のような印象もあり、ビブルナムの香りを思わせる。日向。2m。最低気温5℃

H. villosum var. *tenuifolium*

鉢植えに向く丈の低い魅力的なジンジャーリリー。晩夏に、紫を帯びた蕾から甘く香る白い花を咲かせる。日向。60cm。最低気温5℃

H. yunnanense

とても香りのよい白い花をつける凛々しいジンジャーリリーで、オレンジの雄しべが突き出ている。日向。90cm。最低気温5℃

HELIOTROPIUM ヘリオトロピウム（キダチルリソウ）属
Boraginaceae　ムラサキ科

H. arborescens（英名：heliotrope、ヘリオトロープ／cherry pie、和名：キダチルリソウ）

ヴィクトリア朝時代の庭園にあった、スタンダード仕立ての紫のヘリオトロープは灌木で、挿し木で育て、暖かい場所で越冬させたのだが、今日では、種から栽培された一年草 'Marine' などに広く取って代わられている。しかし、香りの強さから言えば、'Mrs J. W. Lowther' や 'Chatsworth'、濃紫の 'Princess Marina' などの昔の園芸品種に戻るべきである。これらはバニラの香りを惜しげなく漂わせ、コンサバトリーの鉢植えとしても見事。夏の間は屋外に置いてもよく、ボーダー花壇に植え、秋に掘り上げて植え替えてもよい。暖かければ一年中咲くだろう。日向。1mまたはそれ以上。最低気温5℃

HOYA ホヤ（サクララン）属
Apocynaceae　キョウチクトウ科

ホヤ類（英名 wax flower）は、暖かい温室に向く香りのよい常緑性のつる植物や低木を幅広く提供する。室内でもよく育つ。肉厚の葉を持ち、夏には厚みのある花びらの蝋を引いたような花を垂れ下がった散形花序につけ、甘い香り、あるいは少し甘さに欠ける香りがある。必要なら花の後に切り戻すとよい。腐葉土をたっぷり含んだ酸性土壌と湿った環境を好む。つる植物は、コンサバトリーの中のボーダー花壇で壁面に育てるのが一番よい。見かけはぼんやりしているが、よい香りのある品種には、白い小さな花が滝のように咲く *H. lacunosa* や、花の中心部がピンク色に突起した *H. nummularioides* などがある。

H. australis

つる植物で、異国情緒漂う香りのする白、または赤味を帯びたピンクの花をつける。花には赤い斑が入る。4.5m。最低気温15℃

H. carnosa（英名：common wax flower、和名：サクララン）

中心がピンクの白い花を咲かせる優雅なつる植物。香りは心地よいが、どちらかと言うと肉のようで、特に夕方にはっきりと香る。いくつかの種類がある。半日陰。

6m。最低気温10℃

H. lanceolata subsp. bella

低木の着生植物で、ハンギングバスケットから滝のように吊るすのが一番よい。私は室内でハイファイスピーカーから吊るしている。甘い蜂蜜の香りがする白い花は、中心がピンクを帯びており、小さな房状に咲く。半日陰。45cm。最低気温15℃

HYMENOCALLIS ヒメノカリス属
Amaryllidaceae ヒガンバナ科

ヒメノカリス類（英名：spider lily、スパイダーリリー）は南アメリカ原産の球根植物で、パンクラティウムの近縁だが、花は蜘蛛の足をもったスイセンや触手のある小さなクラゲを思わせる。夏に紐のような葉の上に散形花序をのぞかせる。蜂蜜の香りがする花は、主に夜に咲き、時にスパイシーに香ることもある。落葉性の品種を軽しょう土で育て、冬は乾燥させるとよい。日向。60cm。最低気温10℃。常緑種なら15℃。

H. × festalis（Ismene × festalis）

香りのよい白い花を咲かせる落葉性の品種。

H. × macrostephana

香り高い品種である H. narcissiflora と H. speciosa との交配種で、美しい白い花を咲かせる。ほぼ常緑性なので、冬には余分に暖かさと湿り気があるとよい。

H. narcissiflora（Ismene calathina）（英名：Peruvian daffodil）

とても芳しく香る白い花を咲かせる落葉性の品種。

H. speciose（和名：スパイダーリリー）

緑を帯びた白い花を咲かせる常緑性の品種。冬には余分に暖かさと湿り気が必要。

HYMENOSPORUM ヒメノスポルム属
Pittosporaceae トベラ科

H. flavum（英名：Australian frangipani、和名：キバナトベラ）

常緑性の低木または小高木で、艶のある卵形の葉を持ち、晩春に異国情緒漂う香りのする管状の花々の円錐花序をつける。花の咲き始めはクリーム色で、濃黄へと変化する。マヨルカ島の私の庭では、野生のオリーブの木陰に部分的に覆われるような場所で元気に育っている。日向。3mまたはそれ以上。最低気温5℃

JASMINIUM ヤスミヌム（ジャスミナム）（ソケイ）属
Oleaceae モクセイ科

どんなコンサバトリーにもジャスミンの香りは欠かせない。囲まれた空間に漂う J. affine、J. officinale（ペルシアソケイ）、J. polyanthum（ハゴロモジャスミン）などの香り立ちが強すぎると感じる場合には、もう少し甘く風船ガムのような香りの J. azoricum（ツルジャスミン）や J. sambac（マツリカ）、または洗練された香りのオーストラリア原産の J. suavissimum などを試してみるとよい。これらは J. officinale や J. polyanthum よりも繁殖力は弱い。コンサバトリーに向くジャスミンは、主に常緑性のつる植物で、支柱や垂木を覆うよ

左：ヘディキウム属の *Hedychium densiflorum* 'Stephen'　**中央**：ヘリオトロープ（*Heliotropium arborescens*）'Lord Roberts'　**右**：ヒメノカリス属の *Hymenocallis × macrostephana*

うにまとわせると素晴らしい。品種を慎重に選べば、どの季節にも花を咲かせることができる。花は新しく伸びた枝に咲くので、花の後に剪定して軽く間引くこと。根が軽く制限されるくらいが最もよく育つので、植え替える時はほんの少しずつだけ大きな鉢にしていくこと。以下の品種はすべて、マヨルカ島の私の庭では上手く育っている。日向または半日陰。

J. angulare
南アフリカ原産で、香りのよいかなり大きな白い花をつける。3m。最低気温5℃

J. azoricum（和名：ツルジャスミン）
柑橘類のニュアンスを含んだ清潔感のあるジャスミンの香りがする白い花を咲かせる。夏から秋にかけてほとんど絶えることなく咲き続ける。3m。最低気温5℃

J. grandiflorum（和名：ソケイ／タイワンソケイ）'De Grasse'
香りの強い大きな白い花を咲かせる、香料業界では有名なジャスミン。温室で鉢植えにしても見事なジャスミンで、秋から冬に咲く。3m。最低気温5℃

J. laurifolium f. nitidum（英名：windmill jasmine）
紫を帯びた蕾から、蜘蛛の足のように細く白い花が開く。主に夏に咲く。3m。最低気温5℃

J. polyanthum（英名：Chinese jasmine/pot jasmine、和名：ハゴロモジャスミン）
ガーデンセンターで売られている、よく知られたジャスミンで、冬から春にかけて、赤味を帯びた蕾からとても強く香る白い花を咲かせる。温暖な気候の地域では屋外でも育つが、最低限の霜よけがあれば、室内の涼しく陰になっている場所でも元気に育つ。3m。最低気温5℃

J. sambac（英名：Arabian jasmine、和名：マツリカ）
ジャスミンティーに使用される品種。幅の広い独特な葉を持ち、十分な気温があれば、冬の間でもほとんど絶え間なく、大きな白い花を咲かせる。'Grand Duke of Tuscany' は珍しい八重咲きの品種。3m。最低気温10℃

LEPTOSPERMUM　レプトスペルムム（ギョリュウバイ）属
Myrtaceae　フトモモ科

L. scoparium（英名：manuka／New Zealand tea tree、和名：ギョリュウバイ／マヌーカ）
小さな常緑性低木で、先の尖ったほっそりした葉は、こすると芳香がする。温暖な地域では屋外でも育つので、ガーデナーに人気が出てきている。晩春に白い花が咲くと華やかで魅力的。ピンクや赤のニュアンスを持ったさまざまな花色がある。コンパクトな樹形で、矮性種は日当たりのよい窓台に置くと丈夫に生長する。日向。2mまたはそれ以上。最低気温5℃

LILIUM　リリウム（ユリ）属
Liliaceae　ユリ科

ほとんどのユリは鉢植えで上手く育ち、*L. regale*（リーガルリリー）や*L. auratum*（ヤマユリ）などの香りがよく寒さに強い品種を室内で育てるのも楽しみであり、屋外のものよりも早く咲く。以下に、鉢植えで特に丈夫に育つユリを

左：ツルジャスミン（*Jasminum azoricum*）　　**中央**：ギョリュウバイ（*Leptospermum scoparium*）'Red Damask'　　**右**：カノコユリ（*Lilium speciosum*）

右：ルクリア属の *Luculia gratissima* 'Rosea'
右端：マグノリア属の *Magnolia doltsopa*

挙げた。日向または半日陰。水はけのよい、腐植土を多く含む土壌。最低気温5℃

L. formosanum（和名：タカサゴユリ）
この上なく優れた白ユリ。大きなトランペット形の花は、外側が赤紫で甘い香りがある。短命でウィルスに弱いが、種から簡単に育てることができ、最初の年に花を咲かせる。1.2m

L. longiflorum（英名：Easter lily、和名：テッポウユリ）
香りのよい長い純白のトランペット形の花が夏に咲くが、春咲き用に促成栽培もできる。やはり種から簡単に育てることができるが、花をつけるのは、普通は翌年である。アルカリ性土壌に強い。1m

L. speciosum（和名：カノコユリ）
花屋でとても人気のある turk's cap lily のように反り返った花を持ち、うっとりするような芳香を有するユリ。厚みのある白い花は、普通は深紅や濃赤を帯びるか、その色の斑点があるが、他にも多くの花色がある。*rubrum* という品種は濃い深紅で、並はずれて美しい。晩夏に咲くが、簡単に促成栽培もできる。1.2-2m

LUCULIA ルクリア属
Rubiaceae アカネ科

ルクリア類は力強い香りのある管状の花を持つ常緑性低木で、暖かいコンサバトリーで非常に魅力的。生長期には水をたっぷり欲しがる。花が終わったら切り戻してもよい。日向または半日陰。最低気温10℃

L. grandifolia
とても格好のよい低木あるいは小高木で、赤い葉脈のある卵形の葉を持ち、夏には白い花々の大きな房をつける。2mまたはそれ以上。

L. gratissima
晩秋から冬にかけて、異国情緒漂う甘い香りのする明るいローズピンクの花々を大きな房状につける。1-2mまたはそれ以上。

MAGNOLIA (MICHELIA) マグノリア（モクレン）属
Magnoliaceae モクレン科

M. doltsopa
長い革のような葉を持つ常緑性高木で、春に咲くクリーム色の花には、力強いフルーティな香りがある。軽く霜が降りるイギリスも含めて、温暖な地域の庭にはとても望ましい。酸性または中性土壌が必要。日向または半日陰。9mまたはそれ以上。最低気温5℃

M. figo（和名：カラタネオガタマ）
W・J・ビーン（W. J. Bean）の著書 *Trees and Shrubs* では、すべての低木のなかで最もよく香ると記されている。花は、バナナや洋梨のキャンディーのようなフルーティな香りを放ち、ほんの少しの花があるだけで部屋中に香りが満ちる。最も温暖な地域では屋外でも丈夫に育つが、温室で鉢植えにしても素晴らしい。生長は遅く、光沢のある葉を茂らせる常緑樹。紫を帯びたクリームイエローの小さな花々が、春から初夏にかけて咲き続ける。酸性または中性土壌が必要。日向または半日陰。3mまたはそれ以上。最低気温5℃

MANDEVILLA マンデヴィラ（チリソケイ）属
Apocynaceae キョウチクトウ科

M. laxa（*M suaveolens*）（英名：Chilean jasmine、チリソケイ）
温室で育てるのにとても望ましい、人気のある落葉性のつる植物。白い花はジャスミンのようだが、とても大きく、*Gladiolus murielae*（トウショウブ／オランダショウブ）のような清潔感のある甘い香りがする。ハート形の葉の間に、夏に房状の花をつける。鉢植えよりもボーダー花壇や大型の桶鉢を好む。春に軽く剪定してもよい。人気のある明るいピンクの *Mandevilla x amabilis* 'Alice

左：チリソケイ（*Mandevilla laxa*）　右：スイレン属の *Nymphaea capensis*

du Pont' には香りがない。半日陰。3m またはそれ以上。最低気温5℃

MILLETTIA　ミレティア（ナツフジ）属
Papilionaceae　マメ亜科

M. reticulata (*M. Satsuma*)（和名：ムラサキナツフジ）

魅力的な常緑性のマメ亜科のつる植物。夏に濃い赤紫の花々をブドウのようにつけた花房が長い間咲き、素晴らしい蜂蜜の香りがする。日向または半日陰。4.5m またはそれ以上。最低気温5℃

NYMPHAEA　ニンファエア（スイレン）属
Nymphaeaceae　スイレン科

多くの熱帯のスイレンには、豊かなフルーティな香りがある。20℃程度の水温が必要だが、さもなくば、籠に入れてコンサバトリーの水たまりや、水を一杯にした桶に入れても容易に育つ。初秋に籠を水から上げて、塊茎は12℃の湿った砂の中で保存するのがよい。*N. capensis*（英名 Cape blue waterlily）や、ピンクの花をつける 'General Pershing'、青い花をつける *N. stellata* などの香りのよいスイレンは日中に咲くが、*N. caerulea* は夜に香る。

ORCHIDS　オーキッド（ラン）

ランを育てる温室を訪れるのは、うっとりするような経験である。フルーティな香り、花が咲き乱れたような香り、スパイシーな香り、立ちのよい香り——そこにはあらゆる異国情緒漂う香りがある。専門家が必要な世界で、温度や湿度、換気を注意深く制御しなければならない。ここでは栽培の複雑さに触れたり、実在する何千もの品種や交配種からそれなりの数の事例を紹介するスペースはないが、少なくとも曇りガラスを通して一見する程度の紹介はできるだろう。けれども、同じ品種のなかでもさまざまな花色があり、それと同じくらいさまざまな香りがあるので、私の記述が、あなたが嗅いでいる植物とは一致しないかもしれないことを記しておく。

栽培されるランの大半は着生で、すなわち、自然環境では枝や岩の上に、偽球茎と呼ばれる膨らんだ茎に湿り気を貯めて育つ。温室では、繊維質で保水排水の大変よい堆肥を使っていない特別な培養土が必要。

垂れ下がる品種は、ハンギングバスケットやぶらさがった筏、剪定された高木や低木の枝に苔状の温床をつけたもの（ツツジとサンザシの枝が特によい）などで最もよく育つ。直立して育つ着生の品種と陸生のランは、素焼きの鉢で栽培できる。夏は強い日差しにさらされない日陰と、十分な水、毎日の水分の噴霧が必要だが、冬は生長が続かなければ水は減らしてよく、なかには乾燥させて休止させた方がよいものもある。冬の夜の最低気温は15℃、夏の日中の最高気温は25℃の環境がよい。カトレヤ属（*Cattleya*）には、とても多くの強く甘く香る品種や交配種がある——*C. velutina*、ヒアシンスの香りの *C. labiata*、クチナシの香りの *C. loddigesii* は特筆に値する——。また、*C. cristata*、*C. nitida*、*C. pandurata* を含むセロジネ属（*Coelogyne*）にも強く甘く香る品種

左：バンダ属のオーキッドの *Vanda tricolor*　中央：ギンモクセイ（*Osmanthus fragrans*）　右：パミアンテ属の *Pamianthe peruviana*

や交配種がとてもたくさんある。シンビジウム類の多くには芳しいフルーティな香りがあり、時にはアンズの香りがする。*C. eburneum* と *C. tracyanum* は特に素晴らしい香りがある。*L. aromatica* や *L. cruenta* などのリカステ属（*Lycaste*）や、*E. anisatum* や *E. nocturnum* などのエピデンドルム属（*Epidendrum*）には、スパイシーな香りの品種がしばしばある。

エンシクリア属（*Encyclia*）——*E. alata*、*E. citrina*、*E. fragrans*——には甘くスパイシーな香りがある。デンドロビウム属（*Dendrobium*）やバルボフィルム属（*Bulbophyllum*）にもスパイシーな香りか甘い香りを持つものが多い。*D. heterocarpum*、*D. nobile*、*D. moschatum*、及び *B. lobbii* が特筆すべきである。しかし実際、ひどく不快なにおいがするものも多くある。たとえば、*B. caryanum* は腐った魚のにおいがする。一方、香りのよい品種も多くある。アングレクム属（*Angraecum*）の *A. eburneum*、*A. sesquipedale*。マクシラリア属（*Maxillaria*）の *M. picta*、*M. venusta*。オドントグロッサム属（*Odontoglossum*）の *O. pulchellum*。オンシディウム属（*Oncidium*）の *O. ornithorrhynchum*。バンダ属（*Vanda*）の *V. parishii*（今は正しくは *Vandopsis parishii*）、*V. tricolor*。スタンホペア属（*Stanhopea*）の *S. tigrina* のバニラの香り、などである。

OSMANTHUS　オスマンツス（モクセイ）属
Oleaceae　モクセイ科

O. fragrans（和名：ギンモクセイ）
常緑性の葉を持つアジアの低木で、小さな淡黄の花の房をつける。美味しそうなアンズの香りがある。アメリカ南部と西部で屋外の庭で育っているのを見たことがあるが、イギリスではあまり耐寒性はない。私は温室で育てているが、問題なく生長しており、秋に花を咲かせる。柔らかいオレンジの花をつける *aurantiacus*（キンモクセイ）という品種も育てている。日向または半日陰。3m。5℃

PAMIANTHE　パミアンテ属
Amaryllidaceae　ヒガンバナ科

P. peruviana
常緑性の球根植物で、異国情緒漂う香りの大きな白い花が高く評価されている。花びらは大きく広がり、緑の縞模様がある。特に夕方に力強く香る。冬は、夏よりも少ない水で育つが、球根は完全には乾燥しないようにすること。部分的な日陰。豊かで、水はけのよい土壌。60cm。最低気温12℃

PANCRATIUM　パンクラティウム属
Amaryllidaceae　ヒガンバナ科

以下に述べる地中海の球根植物2品種は、ともに力強く甘い香りがあり、しっかりと直立して生長し、わずかに粉で覆われたような葉を持つ。最も暖かい地域では、屋外の日当たりのよい壁の足元に植えてみるのもよい。乾燥した、焼けつくような夏の暑さを好み、温室で鉢植えにすると丈夫に育つ。冬の間も定期的に肥料と水をやること。水はけのよい土壌に15cmの深さに植える。日向。最低気温5℃

左：ブラジルトケイソウ（*Passiflora alata*）　中央：ペラルゴニウム（*Pelargonium*）'Rose'　右：トベラ（*Pittosporum tobira*）

P. illyricum
より丈夫な品種。初夏に星形の白い花々の散形花序をつける。45cm

P. maritimum（英名：sea lily）
細い常緑性の葉を持ち、晩夏にか細く白い花を咲かせる。30cm

PASSIFLORA　パッシフローラ（トケイソウ）属
Passifloraceae　トケイソウ科

P. alata（和名：ブラジルトケイソウ）
温室栽培に向く、香りのよいトケイソウ（英名 passionflower）の品種のひとつ。繁殖力の強いつる植物で、長い夏の間を通して咲く。深紅の花を咲かせるが、その中心はクラゲのような形で、紫、赤、白の揺れ動く花糸がある。*P. x belotii* は、豊かに香る交配種で、ピンクの花に紫の花糸がついている。日向または半日陰。4.5 m。最低気温5℃

P. incarnata（和名：チャボトケイソウ）
よい香りのする素晴らしいトケイソウの仲間で、ラベンダーパープルのクラゲのような花を咲かせる。北アメリカに自生するつる性の草本植物。冬になると枯れて根だけが残るので、イギリスの温暖な地域では、屋外で試してみる価値がある。濃紫の交配種 'Incense' にもよい香りがあり、寒さにもかなり強い。より背が高く惜しげなく花を咲かせる。日向または半日陰。2 m。最低気温5℃

PELARGONIUM　ペラルゴニウム（テンジクアオイ）属
Geraniaceae　フクロソウ科

窓台、バルコニー、テラス、夏の寄せ植え花壇で使われるゼラニウムとしてよく知られた植物で、すべていくばくかの香りがある。特徴のある「ローズゼラニウム」の香りは、葉の柔らかい変わり葉ゼラニウムの方がなめらかな革のような葉のリーガルゼラニウムやアイビーゼラニウムよりも際立っている。多くの品種が手に入るが、ここに挙げるには多過ぎるし、花や葉の色と形ごとに選ばなければならない。しかしペラルゴニウムの交配種や品種には強い香りのするものもあり、香りも標準的なバラの香りだけでなく幅広い。実際ペラルゴニウムの品種群は、サルビアも含めて私の知っているどの植物の品種群よりも、葉の香りの種類が幅広い。通常は花の香りはあまり目立たないが、何もかも手に入れることができないのは世の常である。水はけのよい土壌で、水をやり過ぎなければ、どれも容易に育てられる。普通は放っておいても丈夫に育つ。冬は、かなり乾燥させること。日向。30-90cm またはそれ以上。最低気温5℃

うぶ毛のある葉を持つペラルゴニウムのなかでも、*P. tomentosum* と、茶色の斑の入った *P.* 'Chocolate Peppermint' は、ペパーミントの香りがある。矮性種の Fragrans Group は、ナツメグやマツの香りがあり、*P. odoratissimum* はリンゴの香りがする。繊細な切れ込みのある葉を持つ *P. abrotanifolium* には、南国の木 *Artemisia abrotanum* を思わせるような香りがある。ミントの香りのするシルバーの斑入り葉の 'Lady Plymouth'。レモンの香りの葉を持つ *P. crispum* 'Major'（Prince Rupert geranium）、*P.* 'Citronella'、*P.* 'Mabel Grey'。オレンジの香りの

POLIANTHES　ポリアンテス（ゲッカコウ）属
Agavaceae　リュウゼツラン科

P. tuberosa（英名：tuberose、和名：チューベロース／ゲッカコウ）半耐寒性の宿根草で、香りのよい植物として昔から有名である。漏斗形の白い花にはココナッツの香りで縁どられたような異国情緒漂うとても強い香りがあり、夏から秋に直立した総状花序をつける。生長期には水をたっぷり必要とするが、冬にはダリアのように、乾燥させて砂の中に保存すること。より頻繁に育てられる八重咲きの 'The Pearl' は、さらに強く香る。日向。水はけのよい土壌。60cm。最低気温15℃

チューベロース（*Polianthes tuberosa*）

P. 'Prince of Orange'。バラの香りがする *P. graveolens*（ローズゼラニウム）と *P.* 'Attar of Roses'。樹脂やライラックの香りの *P. denticulatum*。スギの香りの 'Clorinda'。そして *P. quercifolium* は鋭いスパイスの香りがある。

塊根を持つ *P. triste* と多肉植物の *P. gibbosum* の花は夕方に甘く香る。これらの品種は、冬は完全に乾燥させて保存すること。

PITTOSPORUM　ピットスポルム（トベラ）属
Pittosporaceae　トベラ科

ピットスポルムは、寒さの厳しい冬にはひどく打撃を受ける。桶鉢に植えると素晴らしい。魅力的な常緑性の葉を持ち、花の香りは温室の中では特に濃厚。日向。最低気温5℃

P. tobira（英名：Japanese pittosporum、和名：トベラ）
春に、クリーム色を帯びた白い大きな花の散形花序をつけると、人目を引く。甘い風船ガムのようなオレンジブロッサムの香りがする。葉はかなり幅広く丸い。葉に白い縁取りがされた可愛らしい品種 'Variegatum' もある。3ｍまたはそれ以上。Z8

PLECTRANTHUS　プレクトランツス（ヤマハッカ）属
Lamiaceae　シソ科

P. madagascariensis 'Variegated Mintleaf'
匍匐性の常緑性亜低木。温暖な地域で、コロニーを形成する装飾的なグラウンドカバーとして使用される。縁の白い、イラクサのような葉には、ミントのような香りがある。花は白色。日向または半日陰。15cm。最低気温5℃

PLUMERIA　プルメリア（インドソケイ）属
Apocynaceae　キョウチクトウ科

P. rubra（英名：frangipani、和名：インドソケイ）

熱帯地方の夕暮れ時の微風を香らせる高木のひとつ。異国情緒漂うフルーティな香りが漏斗形の花の房から漂う。白や黄からオレンジやピンクまでさまざまな花色があり、夏の間中咲く。櫂のような形をした大きな葉を持つ。中央アメリカ原産だが、生長できる環境では広く栽培されており、湿り気を与えれば繁茂する。私は中央アメリカで、日に焼かれ、乾燥して、風にあおられながら沿岸部の岩の上に自生しているのを見てとても驚いたことがある。寒い気候の地域では暖かい温室が必要で、冬に落葉した時は、ほぼ乾いた状態にしておくこと。*acutifolia* という品種は、よく目立つ黄色い目のある大きな白い花を咲かせる。日向。3mまたはそれ以上。最低気温10℃

PRIMULA　プリムラ（サクラソウ）属
Primulaceae　サクラソウ科

P. kewensis

冬や春に温室を明るく彩るのに使われる、かつては人気があった山吹色のプリムラ。輪生する花には、レモンのようなニュアンスのあるとても甘い香りがある。育て易く、春または夏に播いた種からすぐに発芽する。半日陰。30cm。最低気温10℃

PROSTANTHERA　プロスタンテラ属
Lamiaceae　シソ科

プロスタンテラ類（英名 mint bush、ミントブッシュ）は常緑性低木で、強い香りのある小さな葉を持ち、やはりよい香りのする人目を引く花を晩春から初夏に咲かせる。葉にミントの香りがない品種もあるので、ミントブッシュという通称は当てにならない。とても温暖な地域では、屋外の日当たりのよい壁面で育ててみる価値があるが、コンサバトリーで鉢植えの低木として育てるのがよい。日向。最低気温5℃

P. cuneata

枝張りのある小さな低木で、濃い色の葉にはウィンターグリーン（ヒメコウジ）やプラスチシン（粘土の一種）のような力強い香りがある。唇形の花はモーブ色を帯びた白で紫の斑が入っている。屋外でも適度に耐寒性がある。60cm

P. melissifolia

とても強いミントの香りがあり、スミレ色の花房は人目を引く。3mまで。

P. ovalifolia

ウィンターグリーン（ヒメコウジ）やプラスチシンのような香りのする葉を持ち、モーブ色を帯びた紫の短い総状花序をつける。3mまで。

P. rotundifolia

ミントの香りのする卵形の葉と、バイオレットブルーの短い総状花序をつける。3mまで。

QUISQUALIS　クイスクアリス（シクンシ）属
Combretaceae　シクンシ科

Q. indica（英名：Rangoon creeper、和名：シクンシ）

生長の速いつる植物で、温室の垂木に向く。夏中香りのよい小さな花を咲かせる。花は夕方に咲き始める時は白で、ピンクや赤またはオレンジに変わっていく。日向または部分的な日陰。4.5mまたはそれ以上。最低気温10℃

RHODODENDRON　ロドデンドロン（ツツジ）属
Elicaceae　ツツジ科

最も力強い香りのするツツジ・シャクナ

左端：インドソケイ（*Plumeria rubra*）
左：プリムラ属の *Primula kewensis*

左：プロスタンテラ属の *Prostanthera cuneata*　右：シャクナゲの 'Fragrantissimum'

ゲ類の多くは、暖かく温和な気候の地域のものであり、寒い地域では冬の寒さから少し保護してやる必要がある。イギリスの暖かい地方では、屋外で育てることができる。コンサバトリーの日陰の多い場所や、頭上からの光がなくほとんど暖かくならないような玄関ポーチなどのコンテナに植えると素晴らしい。これらのツツジ・シャクナゲ類の多くは着生する性質を持ち、不格好だが、花の後に剪定し形を整えることもできる。壁面や柱にもたせて育てることもできる。酸性土壌が必要。花は、普通は白で、スパイスの効いたユリのような香りがあり、ほとんどの場合春に咲く。どれもとても美しく、私はどうしてもこれらを収集したくなる。半日陰。2mまたはそれ以上。最低気温5℃

R. edgworthii

厚いフェルトのような灰緑で深い葉脈のある葉と、ピンクを帯びた白い大きな花を持つ独特の品種。見事なユリの香りがある。*R. ciliatum* との交配種が入手できる時があれば、晩冬に室内で咲く香りのよい植物なので、飛びつくべきである。

R. formosum var. *inaequale*

背の低い木に、黄色い斑の入った白い大きな花をつける。

R. lindleyi

独特の大きな白いトランペット形の花をつける。私には他のものより香りが弱く感じられる。

R. maddenii subsp. *crissum*

近縁種よりも遅く、盛夏に咲く、より大きく強健な低木。私が育てているものはあまりよく香らないが、他の栄養系品種はましである。*R. m.* subsp. *maddenii* Polyandrum Group は、ピンクの蕾を持ち、黄色の喉とクリーム色の差しの入った花をつける。

芳香性の交配種

'Countess of Haddington' は、白いトランペット形の花にしばしばピンクの差しが入り、その香りにはリコリス（スペインカンゾウ）のようなニュアンスがある。'Lady Alice Fitzwilliam' と 'Fragrantissimum' は、香りのよい半耐寒性のシャクナゲとして最もよく知られているが、共に白い花を咲かせ、ユリのような傑出した香りがある。前者はよりコンパクトな樹形で真緑の葉を持ち、後者はより強い香りがある。'Sesterianum' は 'Fragratissimum' と似ているが、よりピンクの強い蕾をつける極上の植物。'Logan Early' は珍しい種類で、壮麗な香りのある大きな白い花を咲かせる素晴らしい4月の低木。'Jim Russell' は、ピンクを帯びた白い花の縁にフリルが付いている。

Vireya Rhododendrons

霜の降りない環境が必要。この系統には、鮮やかな赤やオレンジを含めてさまざまな花色を持つ多くの品種や交配種がある。その多くにはよい香りがある。長い管状の白い花をつける *R. jasminiflorum* は、最良の品種のひとつ。*R. polyanthemum* は、香りのよいオレンジの花をつける。交配種の中では、クリーム色の 'Moonwood' がとても格好がよい。

サルビア属の *Salvia confertiflora*（左）、*S. discolor*（中央）、*S. elegans* 'Scarlet Pineapple'（右）

SALVIA　サルビア（アキギリ）属
Lamiaceae　シソ科

木本性のサルビアの多くは香りのよい葉を持つが、その中でも *S. discolor* と *S. elegans* は私のお気に入り。実際、これらはすべての葉の香りのなかでも私が特に気に入っているものである。花も印象的。ともに管理しやすい大きさの葉の茂った鉢植えで、夏の間は、屋外の腰掛けの傍らに置いたり、ボーダー花壇に植えてもよい。挿し木で増やすが、*S. elegans* はより適応力があり、コップの水の中にも根を出す。日向。最低気温5℃

S. clevelandii 'Winnifred Gilman'
木本性のジムセージ（Jim sage）の優良種で強い芳香のある灰緑の葉を持ち、夏にはバイオレットブルーの花を輪生させる。60cm

S. confertiflora
目を引く植物で、初秋に咲く。オレンジを帯びた茶色の、細いベルベットのような穂状花序をつけ、尖った大きな葉をつぶすと、焼いたラム肉にミントソースをかけたような香りがする。壁面の暖かさの恩恵を受けて、霜が降りる前に花を咲かせる。屋外で育てられるのは気候温暖な地域でのみ。完全な日向。1.5m

S. discolor
ブラックカラント（クロスグリ）の強い香りがある。この香りは、ベタベタした長い花茎と、裏側が驚くべき灰白色をした緑の葉から放たれる。夏の間中咲く紫黒の小さな花は、灰緑の萼の帽子をかぶっている。まばらな葉に覆われたようなだらしない樹形だが、香りがこの欠点を補う。1m まで。

S. elegans 'Scarlet Pineapple'（*S. rutilans*）（英名：pineapple sage）
強いパイナップルの香りがする若葉色の柔らかい葉を持つ。木本性で、夏の間中、枝先に緋色の花をつける。'Tangerine' という種類には柑橘類の香りがある。1m まで。

SELENICEREUS　セレニケレウス属
Cactaceae　サボテン科

S. grandiflorus（英名：queen of the night）
西インド諸島原産のほっそりしたつる性のサボテン。夏の夜に、エピフィルム（*Epiphyllum*）の花と似た大きな白い花を咲かせ、異国情緒漂う力強い芳香を放つ。コンサバトリーで簡単に育ち、鉢植えでもボーダー花壇でも丈夫に生長する。日向。4.5m まで。最低気温 10℃

SOLANDRA　ソランドラ（ラッパバナ）属
Solanaceae　ナス科

S. maxima（英名：Chalice vine/Cup of gold、現地名：capa de oro）
人目を引くメキシコ原産の常緑性のつる植物。大きなトランペット形をしており、栗色の斑が入った山吹色で力強い香りのする花をつける。異国情緒漂う甘い香りは、ココナッツの香りに縁どられており、夕方に最も強く香る。光沢のある葉を持つ

半耐寒性植物 301

左端：ムベ（*Stauntonia hexaphylla*）
左：マダガスカルジャスミン（*Stephanotis floribunda*）
下：ササゲ属の *Vigna caracalla*

繁殖力の強い植物で、花の後に剪定してもよい。夏の間中花をつける。冬から早春にかけては、花芽が出てくるまでは適度に乾燥させておくこと。*S. grandiflora*（ラッパバナ）も同様で、同じくらい力強く香る。日向。9m。最低気温5℃

STAUNTONIA　スタウントニア（ムベ）属
Lardizabalaceae　アケビ科

S. hexaphylla（和名：ムベ／トキワアケビ）
格好のよい常緑性のつる植物で、温暖な地域では暖かい壁面に育ててみるのもよい。春に総状花序に咲くピンクを帯びた白い小さな星形の花々からふくよかな香りが漂う。日向または半日陰。9m。最低気温5℃

STEPHANOTIS　ステファノティス（シタキソウ）属
Asclepiadaceae　ガガイモ科

S. floribunda（英名：Madagascar jasmine、和名：マダガスカルジャスミン）
シタキソウの花には、とても愛されているよく知られた香りがある。清潔感があり異国情緒漂う甘さを有し、夕方に特に強く香る。春から秋にかけて、肉厚で艶のある葉の間に光沢のある白い花が房状に咲き続ける。冬の終わりに中心となる茎と側生芽も一緒に小さく切り戻してもよい。室内で育てると素晴らしく、私は寝室に置いているが、鉢植えで輪のような形に仕立てることもできる。コンサバトリーではつる植物としても育つ。乾燥し過ぎないよう、堆肥はしない。半日陰。60cm–4.5 m、またはそれ以上。最低気温10℃

VIGNA　ヴィグナ（ササゲ）属
Papillionaceae　マメ亜科

V. caracalla（*Phasiolus caravalla*）（英名：snail vine / corkscrew vine）
夏に奇妙な渦巻き形の花を咲かせるつる植物。花色はライラック色と白で、スイートピーのような甘いよい香りがある。日向または半日陰。4.5mまたはそれ以上。最低気温5℃

香りのカレンダー：主な植物

春

高木
マグノリア属の
Magnolia×loebneri 'Merrill'、
タムシバ（*M. salicifolia*）
ナンキョクブナ属の
Nothofagus antarctica
ポプルス属の
バルサムポプラ（*Populus balsamifera*）、
P. trichocarpa

低木・灌木
エニシダ属の *Cytisus×praecox*
フクリンジンチョウゲ（*Daphne odora* 'Aureomarginata' ）
マグノリア類（*Magnolia* vars）
ヒイラギメギ（*Mahonia aquifolium*）
オエムレリア属の
Oemleria cerasiformis
モクセイ属の
Osmanthus×burkwoodii、
O. delavayi
アセビ類（*Pieris* spp.）
ロドデンドロン属の
Rhododendron Loderi Group、
キバナツツジ（*R. luteum*）、
ほか多くのアザレア
スキミア類（*Skimmia* spp.）
ハリエニシダ（*Ulex europaeus*）
ビブルナム属の
Viburnum×burkwoodii、
オオチョウジガマズミ（*V. carlesii*）、
V.×juddii

ウォールシュラブ
アザーラ属の *Azara microphylla*
ビワ（*Eriobotrya japonica*）
ユーフォルビア属の
Euphorbia mellifera
クロバトベラ
（*Pittosporum tenuifolium*）

つる植物
クレマチス属の
クレマチス・アーマンディ
（*Clematis armandii*）、
クレマチス・モンタナ
（*C. montana*）
シナフジ（*Wisteria sinensis*）

球根植物
ヒアシンソイデス属の
Hyacinthoides non-scripta
ヒアシンス類（*Hyacinthus* vars）
ムスカリ属の *Muscari armenicacum* 'Valerie Finnis'
スイセン類（*Narcissus* vars）
シラー属の *Scilla mischtschenkoana*

一年草・二年草
ニオイアラセイトウ
（*Erysimum cheiri*）

高山植物
トチナイソウ類（*Androsace* spp.）
ジンチョウゲ類（*Daphne* spp.）
プリムラ類（*Primula* spp.）

半耐寒性植物
アカシア類（*Acacia* spp.）
ボローニア属の *Boronia megastigma*
タイワンフジウツギ
（*Buddleja asiatica*）
コロニラ属の *Coronilla valentine* subsp. *glauca*
フリージア類（*Freesia* spp.）
グラジオラス属の *Gladiolus tristis*
ハゴロモジャスミン
（*Jasminum polyanthum*）
ムスカリ属の *Muscari macrocarpum*
ロドデンドロン類
（*Rhododendron* spp.）
ニオイスミレ（*Viola odorata*）

初夏～盛夏

低木・灌木
ジンチョウゲ属の *Daphne× burkwoodii* 'Somerset'
グミ属のギンヨウグミ（*Elaeagnus commutata*）、*E.* 'Quicksilver'
エリカ属の *Erica arborea*、
E. erigena、*E.×veitchii*
マグノリア属の *Magnolia maudiae*、
オオバオオヤマレンゲ（*M. sieboldii*）、
ウケザキオオヤマレンゲ
（*M.×wieseneri*）、
M. wilsonii、*M. yunnanensis*
オゾタムナス属の *Ozothamnus ledifolius*
フィラデルファス類
（*Philadelphus* spp.）
ロドデンドロン類
（*Rhododendron* spp.）
ハシドイ（ライラック）類
（*Syringa* spp.）

ウォールシュラブ
ショウジア属の *Choisya ternate*
エニシダ属のモロッカンブルーム
（*Cytisus battandieri*）

つる植物
ホルボエリア属の *Holboellia latifolia*
ロニセラ類（*Lonicera* spp.）

ローズ
つるバラ
ランブラーローズ
シュラブローズの原種と近原種
モダンシュラブローズ
オールドローズ（ガリカ・ローズ、ア
ルバ・ローズ、ダマスク・ローズ、
ポートランド・ローズ、プロヴァンス・
ローズ、モス・ローズ）
繰り返し咲くシュラブローズ（ブル
ボン・ローズ、ハイブリッド・パー
ペチュアル・ローズ、ハイブリッド・
ムスク・ローズ、チャイナ・ローズ、
ルゴサ・ローズ）

宿根草
ドイツスズラン
（*Convallaria majalis*）
クランベ属の *Crambe cordifolia*
アイリス属の *Iris graminea*
アイリスの交配種
マイヅルソウ属の
Maianthemum racemosa
ボタン・シャクヤク類
（*Paeonia* vars）
テリマ属の *Tellima grandiflora*
セイヨウカノコソウ
（*Valeriana officinalis*）

一年草・二年草
ハナダイコン
（*Hesperis matronalis*）
ストック（*Matthiola incana*）
マツヨイグサ（*Oenothera stricta*）

高山植物
ダイアンサス類
（*Dianthus* spp.、*Dianthus* vars）

半耐寒性植物
シトラス類（*Citrus* spp.）
サクラ ラン類（*Hoya* spp.）
マダガスカルジャスミン
（*Stephanotis floribunda*）

盛夏〜晩夏

高木
キササゲ属の *Catalpa×erubescens*
ペルシアグルミ（*Juglans regia*）
ホオノキ（*Magnolia obovata*）
ホップノキ（*Ptelea trifoliate*）
シナノキ類（*Tilia* spp.）

低木・灌木
フサフジウツギの仲間
　（*Buddleja davidii* vars）
ゲニスタ属の *Genista aetnensis*

ウォールシュラブ
アベリア属の *Abelia triflora*
ズイナ属の *Itea ilicifolia*
タイサンボクの仲間
　（*Magnolia grandiflora* vars）
ギンバイカ（*Myrtus communis*）

つる植物
クレマチス属のクレマチス・レデリ
　アナ（*Clematis rehderiana*）
ペルシアソケイ
　（*Jasminum officinale*）
ニオイニンドウ
　（*Lonicera periclymenum*）
　'Serotina'
テイカカズラ
　（*Trachelospermum asiaticum*）
トウテイカカズラ（*T. jasminoides*）

ローズ
ハイブリッド・ティー・ローズ
フロリバンダ・ローズ
ポンポン咲きのポリアンサ・ローズ
ミニチュア・ローズ
パティオ・ローズ
つるバラ
ランブラーローズ
モダンシュラブローズ
繰り返し咲くシュラブローズ（ブル
　ボン・ローズ、ハイブリッド・パー
　ペチュアル・ローズ、ハイブリッド・
　ムスク・ローズ、チャイナ・ローズ、
　ルゴサ・ローズ）

宿根草
クレマチス・ヘラクレフォリア
　（*Clematis heracleifolia*）
エキナセア属（*Echinacea* vars）
クサキョウチクトウの仲間
　（*Phlox paniculata* vars）
シャボンソウ
　（*Saponaria officinalis*）
　'Alba Plena'

球根植物
ヒマラヤウバユリ
　（*Cardiocrinum giganteum*）
ユリ類（*Lilium* spp.）

一年草・二年草
イベリス属の *Iberis amara*
ヨルガオ（*Ipomoea alba*）
スイートピー（*Lathyrus odoratus*）
スイートアリッサム
　（*Lobularia maritima*）
ストック（*Matthiola incana*）
オシロイバナ（*Mirabilis jalapa*）
ニコチアナ類（*Nicotiana* spp.）

水辺の植物
プリムラ属の *Primula florindae*

ハーブ
ラヴァンドゥラ類
　（*Lavandula* spp.）
タイマツバナ（*Monarda didyma*）

半耐寒性植物
ヤコウボク（*Cestrum nocturnum*）
チョコレートコスモス
　（*Cosmos atrosanguineus*）
チョウセンアサガオ類
　（*Datura* vars）
クチナシ（*Gardenia jasminoides*）
ヘリオトロープ
　（*Heliotropium arborescens*）
インドソケイ（*Plumeria rubra*）
チューベロース
　（*Polianthes tuberosa*）

秋

高木
カツラ（*Cercidiphyllum japonicum*）
マルメロ（*Cydonia oblonga*）

低木・灌木
ボタンクサギ
　（*Clerodendrum bungei*）
クサギの一種
　C. trichotomum var. *fargesii*
グミ属の *Elaeagnus×sbbingei*
ビブルナム属の
　Viburnum×bodnantense vars

つる植物・ウォールシュラブ
ブッドレア属の *Buddleja auriculata*
クレマチス・レデリアナ
　（*Clematis rehderiana*）

ローズ
繰り返し咲くシュラブローズ（ブル
　ボン・ローズ、ハイブリッド・パー
　ペチュアル・ローズ、ハイブリッド・
　ムスク・ローズ、チャイナ・ローズ、
　ルゴサ・ローズ）

宿根草
ルイヨウショウマ属の *Actaea*
　matsumurae 'Elstead Variety'、
　A. simplex Atropurpurea Group
　と 'Brunette'

球根植物
ホンアマリリス
　（*Amaryllis belladonna*）

半耐寒性植物
シクラメン（*Cyclamen persicum*）
トウショウブ（*Gladiolus murielae*）
ヘディキウム属の
　Hedychium coronarium、
　キバナシュクシャ（*H. gardnerianum*）
ギンモクセイ
　（*Osmanthus fragrans*）

冬

低木・灌木
ジンチョウゲ属の
　Daphne bholua、
　D. mezereum
マンサク類（*Hamamelis* spp.）
ロニセラ属の
　Lonicera fragrantissima、
　L.×purpusii、
　L. standishii
ヒイラギナンテン
　（*Mahonia japonica*）
サルココッカ類（*Sarcococca* spp.）
ビブルナム属の
　Viburnum×bodnantense、
　V. farreri

ウォールシュラブ
ロウバイ（*Chimonanthus praecox*）
ウメ（*Prunus mume*）

宿根草
カンザキアヤメ（*Iris unguicularis*）

球根植物
クロッカス類（*Crocus* spp.）
スノードロップ類
　（*Galanthus* vars）
アイリス属の *Iris reticulate*

半耐寒性植物
ヒアシンス（*Hyacinthus*）促成栽培
スイセン（*Narcissus*）促成栽培

生育環境別にみる香りの植物

日向／水はけのよい土壌

低木・灌木
シスタス Cistus
コレティア Colletia
コルディリネ Cordyline
キティスス（エニシダ）Cytisus
ダフネ（ジンチョウゲ）Daphne
エラエアグヌス（グミ）Elaeagnus
エリカ Erica
エスカロニア Escallonia
ゲニスタ（ヒトツバエニシダ）
　Genista
ヘーベ Hebe
オゾタムナス Ozothamnus
ウレクス（ハリエニシダ）Ulex

ウォールシュラブ
カーペンテリア Carpenteria
セストラム（キチョウジ）Cestrum
キティスス（エニシダ）Cytisus
エリオボトリア（ビワ）Eriobotrya
イテア（ズイナ）Itea
ミルツス（ギンバイカ）Myrtus
ピットスポルム（トベラ）
　Pittosporum

宿根草
ディクタムヌス（ハクセン）
　Dictamnus
アイリス（アヤメ）Iris
ネペタ（イヌハッカ）Nepeta
サルビア Salvia
バーベナ Verbena

球根植物
アマリリス Amaryllis
クロッカス（サフラン）Crocus
ユーコミス Eucomis
ヘルモダクティルス（クロバナアイリ
　ス）Hermodactylus
ヒアシンス Hyacinthus
アイリス（アヤメ）Iris
リリウム（ユリ）Lilium
ムスカリ Muscari
ナルキッスス（スイセン）Narcissus
シラー（ツルボ）Scilla
ツリパ（チューリップ）Tulipa

一年草・二年草
アブロニア（ハイビジョザクラ）
　Abronia
ダイアンサス（ナデシコ）Dianthus
エリシマム（エゾスズシロ）
　Erysimum
エキザカム（ベニヒメリンドウ）
　Exacum
ギリア（ヒメハナシノブ）Gilia
ロブラリア（ニワナズナ）Lobularia
マッティオラ（アラセイトウ）
　Matthiola
ネメシア Nemesia
オエノテラ（マツヨイグサ）
　Oenothera
パパウェル（ケシ）Papaver
ペチュニア Petunia
レセダ Reseda

高山植物
ダフネ（ジンチョウゲ）Daphne
ダイアンサス Dianthus
オリガヌム（ハナハッカ）Origanum

ハーブ
カラミンサ（トウバナ）Calamintha
カマエメルム Chamaemelum
フォエニクルム（ウイキョウ）
　Foeniculum
ヘリクリサム（ムギワラギク）
　Helichrysum
ラウルス（ゲッケイジュ）Laurus
ラウァンドゥラ Lavandula
オリガヌム（ハナハッカ）Origanum
ロスマリヌス（マンネンロウ）
　Rosmarinus
サルビア Salvia
タイムス Thymus

日向／湿った土壌

低木・灌木
ブッドレア Buddleja
カリカンツス（クロバナロウバイ）
　Calycanthus
キオナンツス（ヒトツバタゴ）
　Chionanthus
クレロデンドルム（クサギ）
　Clerodendrum
クレトラ（リョウブ）Clethra
コルヌス（ミズキ）Cornus
ダフネ（ジンチョウゲ）Daphne
エラエアグヌス（グミ）Elaeagnus
マグノリア Magnolia
オスマンツス（モクセイ）
　Osmanthus
パエオニア（ボタン）Paeonia
フィラデルファス Philadelphus
フィリレア Phillyrea
バラ Rosa
シリンガ（ハシドイ）Syringa
ビブルナム Viburnum

ウォールシュラブ
アベリア Abelia
アザーラ Azara
ブッドレア Buddleja
キモナンツス（ロウバイ）
　Chimonanthus
エッジワーチア（ミツマタ）
　Edgeworthia
ユーフォルビア属の Euphorbia
　mellifera
タイサンボク Magnolia grandiflora
ウメ Prunus mume

つる植物
クレマチス Clematis
ホルボエリア Holboellia
ジャスミナム（ソケイ）Jasminum
バラ Rosa
ストーントニア（ムベ）Stauntonia
トラケロスペルムム（テイカカズラ）
　Trachelospermum
ウィステリア（フジ）Wisteria

宿根草
アガスタケ Agastache
カンパニュラ Campanula
クレマチス Clematis
エキナセア Echinacea
ヘメロカリス Hemerocallis
アイリス Iris
ネペタ Nepeta
パエオニア（ボタン）Paeonia
フロックス Phlox
サポナリア Saponaria
バレリアナ（カノコソウ）Valeriana
ビオラ Viola

球根植物
クリヌム Crinum
リリウム（ユリ）Lilium
ナルキッスス（スイセン）Narcissus
ツリパ（チューリップ）Tulipa

一年草・二年草
ケンタウレア（ヤグルマギク）
　Centaurea
ダイアンサス（ナデシコ）Dianthus
ヘリオトロピウム（キダチルリソウ）
　Heliotropium
ラティルス（レンリソウ）Lathyrus
ニコチアナ Nicotiana
オエノテラ Oenothera
スカビオサ Scabiosa
バーベナ Verbena

水辺の植物
フィリペンドゥラ（シモツケソウ）
　Filipendula
プリムラ Primula

ハーブ
メンタ（ハッカ）Mentha
モナルダ Monarda

日陰

低木・灌木
コリロプシス（トサミズキ）
　Corylopsis
ダフネ（ジンチョウゲ）*Daphne*
ハマメリス（マンサク）*Hamamelis*
イリキウム（シキミ）*Illicium*
ロニセラ *Lonicera*
マグノリア *Magnolia*
マホニア *Mahonia*
オエムレリア *Oemleria*
オスマンツス（モクセイ）
　Osmanthus
ピエリス（アセビ）*Pieris*
ロドデンドロン *Rhododendron*
サルココッカ *Sarcococca*
スキミア *Skimmia*
ビブルナム *Viburnum*

ウォールシュラブ
カメリア *Camellia*
ショワジア *Choisya*

つる植物
アクチニディア（マタタビ）
　Actinidia
クレマチス *Clematis*
ロニセラ *Lonicera*
ピレオステギア（シマユキカズラ）
　Pileostegia

宿根草
アクタエア（ルイヨウショウマ）
　Actaea
コンバラリア（スズラン）
　Convallaria
ゲラニウム *Geranium*
ホスタ *Hosta*
ルナリア *Lunaria*
マイアンセマム（マイヅルソウ）
　Maianthemum
ミーハニア *Meehania*
フロックス *Phlox*
プリムラ *Primula*
テリマ *Tellima*

球根植物
カルディオクリヌム（ウバユリ）
　Cardiocrinum
シクラメン *Cyclamen*
ガランツス（マツユキソウ）
　Galanthus
ヒアシンソイデス *Hyacinthoides*
リリウム（ユリ）*Lilium*
シラー *Scilla*

一年草・二年草
ヘスペリス *Hesperis*

高山植物
フロックス *Phlox*
ロドデンドロン *Rhododendron*

水辺の植物
フィリペンドゥラ（シモツケソウ）
　Filipendula
プリムラ *Primula*

ハーブ
アンゼリカ（シシウド）*Angelica*
ミリス（スイートシスリー）
　Myrrhis

バーバスカム（*Verbascum*、和名モウズイカ）'Helen Johnson' がすくすくと伸びる乾燥地の植栽に、クリーム色のサントリナ、ラベンダー、そしてアニスの種の香りのするブロンズ色のフェンネルの香りが溶け込む。

305

索引　イタリックは写真、ゴシックはコラムのページ

【和名ほか】

アイリス属 17, 19, 30, 32, 119, 136-7, *136*, *137*, *146*, 147, 193, 197, 222
アエスクルス属 70, 84; →トチノキ属
アカシア属 30, **170**, 273, 274, 276, 280
アガスタケ 38, 53, 126, *126*, 130-1, *130*
アガパンサス属（アガパンサス属）117, 126, 142, 146
アキノス属 258
アキレア属 39
アクイレギア属 201; →オダマキ属
アクタエア属 126, 130
アクチニディア属 182
アケビ 23, 182, *182*, 223
アケビ科 171, 182
アゲラティナ属 35
アコルス属 130, 210
アサガラ属 81
アザーラ（アサーラ）属 30, 44, 47, 166, 172-3, *173*
アジサイ属 96, *96*
アシダンテラ 278, 289
アスター属 131
アスチルベ属 131
アスフォデリネ属 131
アスペルラ属 156
アセビ 106-7, *107*
アセビ属→ピエリス属
アツバキミガヨラン 117
アツバサクラソウ **197**, 207, *207*
アップルミント 39, *254*, 257, 264
アデノフォラ属 130
アトラススギ 71
アネツム属 258
アネモネ属 200
アピウム属 259
アビエス属 39, 70
アフリカンマリーゴールド 163
アブロニア属 42, 156
アベリア 47, 167, 172, *172*
アベリオフィルム属 30, 172
アポテカリーズローズ 225
アポノゲトン属 210
アマゾンユリ 287, *289*
アマドコロ 134, 138, 141, 207
アマドコロ 141, 207, *207*
アマリリス属 144
アメリカアサガラ 75
アメリカオオモミ 39, 56, 70
アメリカキササゲ 71, *71*
アメリカシキミ 96
アメリカセンノウ 124
アメリカチョウセンアサガオ　285
アメリカトガサワラ 80
アメリカネズコ 82, 114; →ベイスギ
アメリカハイネズ 98
アメリカハナシノブ 157
アメリカハンゲショウ **213**, *213*
アメリカバンマツリ 282
アメリカヒトツバタゴ 87
アメリカミズバショウ 35, *198*, 211
アメリカリョウブ 88, 198
アヤメ属→アイリス属
アラセイトウ 159; →ストック
アリウム属 *12*, *76*, 258
アリサエマ属 144, 196
アリゾナイトスギ 74
アリッサム 125, 200
アルテミシア属 39, 123, 131, 251, 259

アルバ・セミプレナ 219, 225
アルバ・ローズ 215, 219, **225**, 225-6
アロイシア属 275, 280
アングレクム属 295
アンゼリカ *41*, 254, 257, *257*, 258, *259*
アンゼリカ（アンゲリカ）251, 258
アンティリヌム属 →キンギョソウ属
アンテミス属 131, *131*
アントリスクス属 258
アンドロサケ 30, 195, 200, *200*
イエロージャスミン 288
イオノプシディウム属 158
イソツツジ 39, 98, *98*
イタリアンサイプレス 73
イタリアンラベンダー 263
イチイ 58
イチゲサクラソウ *141*, 142
イチリンソウ 200
イテア属 168, 178, *178*
イトスギ 56, 73, 252
イトハユリ 30, 149
イトラン 117
イヌゴマ属 194, 209
イヌサフラン **154**
イヌハッカ 139, *139*
イノンド 258
イブキ 97
イブキジャコウソウ属→タイムス属
イプシランドラ属 143
イベリス属 158
イボタノキ属 35, 62, 98
イポメア属 158
イリキウム属 96
イリス属 →アイリス属
イワガラミ 185, 188
イワベンケイ 209, *209*
イングリッシュラベンダー *10*, 11, 262, *263*
イングリッシュ・ローズ 220, 233-5, 247
インドソケイ 298, *298*
ヴァイゲラ属 →ウェイゲラ属
ヴァレリアナ属 →バレリアナ属
ウイキョウ 261, *261*
ヴィグナ属 301
ウィステリア属 30, 171, 189, 223
ウィッチヘーゼル 95
ヴィテックス（ウィテクス）属 181
ヴィブルヌム属 →ビブルナム属
ウィンター・セボリー 268, *268*
ウェイゲラ属 116
ウェルバスクム属 →バーバスカム属
ウォールジャーマンダー 251, 268
ウォールフラワー 23, 29, 49, *118*, **120**, 122, 157, 194, 204, 257
ウグニ属 179, 181
ウケザキオオヤマレンゲ 100, *100*
ウコンユリ 149
ウスユキソウ 204
ウチワノキ 166, 172, *172*
ウツギ属 91, *91*
ウバユリ属 20, 144
ウメ 47, 120, *166*, **166**, *180*, 180
ウーリータイム 269
ウーリーラベンダー 263
ウルシ 110, *110*
ウレクス属 114; →ハリエニシダ
ウワミズザクラ 80, *80*
ウンベルラリア属 67, 115
エウオディア属 82

エウカリス属 287
エウカリプツス属 →ユーカリノキ
エウクリフィア属 →ユークリフィア属
エキザカム属 157, *157*
エキナセア属 135
エキノプシス属 286-7
エゴノキ 82, *82*
エスカロニア属 37, 61, *92*, 93, 176, *177*, 222
エゾスズシロ属→エリシマム属
エゾネギ 258
エゾヨモギギク 268
エッジワーチア属 176
エニシダ 30, 67; →キティスス属
エノテラ属 →オエノテラ
エピデンドルム属 295
エビネ 131
エピフィルム属 287, 300
エラエアグヌス属 →グミ属
エリオボトリア属 **177**
エリカ 92, *92*
エリシマム（エリシムム）属 *15*, 157, 204
エルショルツィア属 40, 92
エルシラ属 185
エレッタリア属 287
エンキリア属 295
エンレイソウ属 209, *209*
オウシュウクロマツ 78, *79*
オエノテラ属 123, 161
オエムレリア属 30, 44, 62, 102, *102*
オオクワノキ 184
オオチョウジガマズミ **64**, 116, *116*
オオバアサガラ 81
オオバイボタ 98
オオバオオヤマレンゲ 100
オオバナカリッサ 29, 277, 282
オオバユク属 73
オオヒエンソウ 134
オオガルカヤ 285
オーキッド（ラン）275, 294-5, *295*
オキシム属 265
オクサリス属 206
オシダ属→ドリオプテリス属
オシロイバナ 33, 42, 44, 123, **160**, *160*
オスマンツス属 23, 51, 61, 68, 103, *103*, 106, 170, 295
オゾタムナス属 33, 39, 47, 67, 104, 167
オダマキ属 196, 201
オドントグロッスム属 295
オノスマ属 194, 205
オミナエシ属 206
オランダシャクヤク 140
オランダショウブ 289, 293
オランダゼリ 266
オランダミツバ属 259
オランダワレモコウ 267
オリガヌム 205, *205*, 252, 265
オリクサ 103
オルセニウム属 205
オレアリア属 33, 38, 61, 67, 102, *102*, 167
オレガノ 194, 254, 265
オーレリアンハイブリッド 150
オンシディウム属 295

カイガンショウ 78
カイドウズミ 77
カスミソウ 124
カタバミ属 206
カタルパ属 58, 71

カッシニア属 86, **191**
カツラ 42, 57, 68, **72**, *72*, 247
カツラ属 58, **72**
ガーデニア属 33, 273, **288**
ガーデンミルラ 265
カトレヤ属 294
カーネーション 29, 157, 202, 203, 286, *286*
カノコソウ属→バレリアナ属
カノコユリ *292*, 293
カバノキ属 71, *71*
カーペンテリア属 167, **174**, *174*, 223, 273
カマエキパリス属 72; →ヒノキ類
カマエメルム属 260
ガマズミ属 →ビブルナム属
カメリア属 49, 51, *173*, 173-4, 197, 274
カヤツリグサ属 210
カラタチ **106**, *106*
カラタネオガタマ 32, 277, 293
カラマツソウ属 142
カラミンサ属 40, 252, 260
ガランツス属 119, 146, *146*
カランテ属 131
カリア属 71
ガリウム属 261, *261*
カリオプテリス属 86, 251
カリガネソウ属 86
ガリカ・ローズ 218, 222, 224-5, *224*, *225*, 252
カリカンツス属 41, 86
カリステモン属 35, **170**, 274
カリッサ 282
カルダモン 37, 287, *287*
カルディオクリヌム属 20, 30, 144
ガルトニア属 126, 146
カルム属 260
カレープラント 37, 261
カレンデュラ属 156
カロメリア属 39
カロライナジャスミン 288
カワラナデシコ 203
カンガリアヤメ 119, *137*, 137, 165
カンチョウジ 281
カンパニュラ属 53, 125, 130, 132, 193, *193*, 201
カンフォロスマ属 86
キイチゴ属 111
キオナンツス属 87
キケマン属→コリダリス属
キササゲ属 58, 71
キズイセン 120, 151, *151*, 152
キスゲ 123, 135
キスツス属 →シスタス属
キダチチョウセンアサガオ 275, 278, 282, *282*
キダチハッカ 267, 268
キダチルリソウ 158, 290, *291*
キチョウジ 175, *175*, 283; →セストラム属
キティスス属 32, **45**, *56*, 90, *90*, 94, 167, 176, 252, 253, 273
キドニア属 74
キトルス属 →シトラス属
キバナクリンソウ 141, 183
キバナシュクシャ 26, 290
キバナツツジ **44**, 67, 108, *108*
キバナトベラ 291
キバナルピナス 159
キブサズイセン 152
キベルス属 210
ギボウシ →ホスタ属
キモナンツス属 175, 292

キャラウェイ 260
キャラウェイタイム 269
キャンディタフト 35
ギョリュウバイ 292, *292*
キリ 58, *78*, 78
ギリア 157
キルタンツス属 278, 285
ギレアドバルム 70
キレハラベンダー 262
キンギョソウ 156, *156*, 216
キンギョソウ属 127, 156
キングサリ →ラブルヌム属
キンセンカ 156, *156*
ギンバイカ 168, *180*, 180
ギンバイカ属 →ミルツス属
キンポウゲ 285
キンモクセイ 295
ギンモクセイ 33, 278, 295, *295*
ギンヨウアカシア 280, *280*
ギンヨウヒマラヤスギ 71
キンレイカ 206
キンレンカ 163
クイスクアリス属 298
クサギ 29, 88
クサキョウチクトウ 141
クサボタン 132
クサントリザ属 **117**, *117*
クジャクソウ 163
クチナシ 275, **288**, *288*
クチベニスイセン **37**, 51, 152, *152*
クニフォフィア属 117, 126, 146
クプレッスス属 73: →イトスギ属
クマツヅラ属→バーベナ属
グミ属 47, 61, 68, 91-2, *91*, 191
グラジオラス属 16, *18*, 278, 289
クラタエグス →サンザシ属
クラドラスティス属 73
クラブアップル 30, **57**, 58, 65, 77
クランベ属 33, 44, 124, *132*, 133
クリスマスローズ →ヘレボルス属
クリヌム（クリナム）属 128, 144, 284
クリミアシナノキ 83
クルマバソウ 156
クルミ 39, 58, 75
クレイトニア属 132
クレトラ属 88, 284
クレマチス・アーマンディ 30, 166, *183*, 183
クレマチス・シルホサ *277*
クレマチス属 **17**, 23, 49, **57**, 125, *132*, 132, 167, 170, 171, 183, *184*, **191**, 219, 222
クレマチス・フォステリ 32, *184*, 184, **197**
クレマチス・フランムラ 62, 171, *183*, 183
クレマチス・ヘラクレフォリア 30
クレマチス・モンタナ 30, 44, 166, *169*, 170, 184
クレマチス・レデリアナ 30, 171, *184*, 184
クレロデンドルム属 41, 88, 284
クロウメモドキ 252
クログルミ 75, *75*
クロコスミア 125
クロス レドデンドロン属 98
クロッカス属 17, 23, 33, 51, 64, 119, 120, 145, *145*, 193, **197**
クロバトベラ 170, 180
クロバナイリス 30, 120, 146
クロバナロウバイ 86
クロベ 83
クロムスカリ 151
クロモジ属 37, 99
クロランサス属 132
グンバイナズナ属 195, 209
ケアノサス 56, 167, *167*, 174, 223,

252
ケイランツス属→エリシマム属
ゲウム属 261, *261*
ケシ属→パパウェル属
ケストルム属 →セストラム属
ケチョウセンアサガオ 285
ゲッカコウ 297
ゲッケイジュ 37, 49, 178, **253**, 262, *262*
ケドルス属 →セドルス属
ケドロネラ属 283
ゲニスタ属 68, 94, *94*, 289
ゲラニウム属 38, 51, *134*, 135, 193, **216**, 216, *257*
ケルキディフィルム属 →カツラ属
ゲルセミウム属 288
ケンタウレア属 156
コウオウソウ 163
コウスイガヤ 285
コウスイハッカ 263
コウスイボク 280
コエノメレス属 175
コエンドロ 260
コーカサスモミ 70
コクサギ 103
コスモス属 **284**
コツラ属 198, 210
ゴーティエ属 94
コトネアスター属 35
コブシ 30, 76
コリアンダー **260**, 260
コリアンドルム属 260
コリダリス属 *132*, 133, 196
コリロプシス属 30, 65, 89, 120, 247
コルシカミント 254, 264
コルチカム（コルキクム）属 128
コルディリネ属 **89**
コルヌス属 51, 89
コレティア属 67, 88
コロニア属 30, *170*, 273, 277, 278, 284, *285*
コンヴァラリア属 →コンバラリア属
コンテ・ド・シャンボール 226
コンバラリア属 133
コンプトニア属 37, 88, 198
コーンミント 263

サウルルス属 **213**
サクラ 18, 30, *31*, 58, **64**, 80, *81*, 120
サクラソウ属→プリムラ属
サクラソウ 290, *290*
ササゲ属 301
サザンカ 174, 278
サツマイモ属 158
サツレヤ属 267
サナエタデ属→ペルシカリア属
サフラン属→クロッカス属
サポナリア属 53, 126, 142
サマー・セボリー 267
サリクス 55, 65, 81, 111
サルココッカ属 16, 33, 42, 44, 51, 65, 111, *112*, **192**
ザルジアンスキア属 163
サルビア 18, 23, 39, 41, 42, 49, 128, 142, **191**, 222, 251, *252*, 257, 266, 275, 278, 276, 296, 300, *300*
サンギイソルバ属 267
サンザシ属 35, 57, 62, 73, *73*, 209, 294
サンシュウギク 163
サンショウ 117
ザントクシルム属 117
サントリナシルバー 267, *267*
サントリナ属 *10*, 39, 47, 61, 251, 261, 267, *305*
サンブクス属 62, 111

シオン属 131
シキミ 96, *96*
シクラメン 285, *285*
シクラメン属 30, **128**, 145, *145*, 247, 285
シクンシ 298
ビジョナデシコ 157, *157*
シスタス属 19, 39, 42, 47, 67, 86, 87, *87*, **191**, 218, 252, *252*
シタキソウ 301
シダレカツラ 57, 72
シデコブシ 30, 100
シトラス属 283, *283*
シナギリ 78
シナノキ属 19, 55, 57, 58, 83
シナフジ **57**, *76*, 168, *189*, 189
シナマンサク 95
シボタン 53, 104
シマユキカズラ 188
シモクレン 100
シモツケソウ属 211
シャク 265
シャクヤク 122, 140, *140*
ジャスミナム属 178, 185, *186*, 291
ジャック・カルティエ 227
シャボンソウ 53, 142, *142*
シャリンバイ 180, *180*
ジュウガツザクラ 64
シュウメイギク 125
ジュニペルス属 76, 97
シュラブローズ *28*, 32, 47, 61, 67, 91, 123, 131, 132, 135, 143, 216, 217, 218, 219, 220, 222, 223, 225, 226, 227, 228, 233, *233*, 242, 243, 249, 257
ジョウズク 287
ショウブ 198, 210
ショウジア属 30, 49, *56*, 166, *175*, 175
シラー属 20, **153**, *153*, 154, 194
シラタマノキ 94
シリンガ属 113, *114*
シレネ属 142
シロカヤマモモ 102
シロダモ 102
シロバナハマナシ 232
シロバナレンギョウ 172
シロマツ 79
ジンジャーミント 264
ジンチョウゲ 90, 276, *277*, 285
スイカズラ 62, 168, 170, 187
スイセン 14, 16, 20, 29, 55, 85, 119, 120, 151-2, *154*, 194, **197**, **270**, 276
スイートアリッサム 45, 127, 159
スイートサルタン 127, 156
スイートシシリー 38, 51, 254, 257, 265, *265*
スイートチャービル 265
スイートバジル **257**, 265, 278
スイートピー **17**, *22*, 23, 33, 49, 53, 68, *127*, **127**, 154, 159
ズイナ属 168, 178, *178*
スイレン属 198, *212*, 212, 294, *294*
スカビオサ属 163
スキサンドラ属 170, 188, *188*
スキゾフラグマ属 188
スキゾペタロン属 30, 123, 163
スキミア属 20, 23, 30, 51, 65, 112, 170
スグリ属 41, 110
スズランノキ 117
スタウントニア属 188, 301
スタキス属 194, 209
スタフィレア属 112, *113*
スタンホペア属 295
スチュアーティア属 58, 82, *82*

スティラクス属 82
ステファノティス属 29, 301
ストック 17, 29, 42, 45, 123, 159, *159*
スノーフレーク 148
スパイダーリリー 291
スパニッシュラベンダー 263
スパルティウム属 112
スペアミント 40, 264, *264*
スミルニウム属 147
スミレ属→ビオラ属
セアノサス属 →ケアノッス属
セイタカハマスゲ 198, 210
セイヨウアサツキ 258
セイヨウカノコソウ 123, 143, **154**
セイヨウグルミ 75
セイヨウサンザシ 73, 102
セイヨウサンシュユ 65, **88**, 89, 120
セイヨウツゲ 85
セイヨウトチノキ 70
セイヨウナツユキソウ 122, 183, *210*, 211, 254
セイヨウニンジンボク 181
セイヨウネズ 97
セイヨウハッカ 264
セイヨウマツムシソウ 163
セイヨウヤマハッカ 263
セキショウ 38, 130
セキヘキノキ属 185
セージ 15, **45**, 49, 142, 251, 253, 255, 266, *266*
セストラム属 30, 42, 44, 168, 175, *175*, 283
セダム属 193, **208**, 209
セドルス属 71
ゼノビア属 117
セボリー 267
セレニケレウス属 300
セロジネ属 294
センジュギク 163, *268*
センジュギク属→タゲテス属
センチフォリア・ローズ 219, 227
センニンソウ 184; →クレマチス属
センネンボク属 **89**
センノウ属 *193*
ソケイ 292
ソケイ属→ジャスミナム属
ソランドラ属 300
ソロモンズシール 207

ダイアンサス属 17, 47, 157, *192*, 194, 202-3, *203*, 252, 286
ダイコンソウ属 261, *261*
タイサンボク 32, 47, 58, 76, 100, 168, 170, 179, *179*
ダイダイ 283, *283*
タイマツバナ 264, 265
タイムス属 254, 268, *269*
タイワンソケイ 292
タイワンツクバネウツギ 172
タイワンフジウツギ 276, 282
タイワンフタリシズカ 132
タイワンフッキソウ 104
ダヴィディア属 41
タカサゴユリ 148, 293
タカネヒナゲシ 206, *206*
タケシマユリ 149, *149*
タゲテス属 163, 268
タチジャコウソウ 254, 269
タチムシャリンドウ 157
ダチュラ 49, 285
タツタナデシコ 216, 222
ダツラ属 →ダチュラ属
タナセツム属 268
タニウツギ属 91, 116
ダフネ 16, 17, 20, 29, 42, 51, 64, 65, 90, *90*, 120, 166, 170, 194, 196, **197**, 201, *201*, **202**, **247**, **270**, 285

ダブルフラワーカモミール 260
タマクルマバソウ 156
ダマスク・パーペチュアル・ローズ 220, 226
ダマスク・ローズ 219, 220, 226, *226*, 227
タムシバ 38, 77
タラゴン 259
タラスビ属 195, 209
タリクトルム属 142
タンジー 39, 268
チェイランサス→エリシマム属
チェリーセージ 181, *181*
チゴユリ属 134
チダケサシ 131
チタンコウ 94
チャイナ・ローズ 220, **231**, *231*, 233, 239
チャイブ 251, 254, 258, *258*
チャービル 258, *259*
チャボトケイソウ 296
チャボハシドイ 65, 113, *114*
チャラン属 132
チューベローズ **297**, *297*
チューリップ 23, 85, 100, 120, 122, 125, 152-3, *152*, *153*, 157, 194, 257
チョウジグリ 110, *110*
チョウセンアサガオ属→ダチュラ属
チョウセンゴミシ 188
チョウセンシラベ 70
チョウセンヤマツツジ 109
チョコレートコスモス 30, 127, **284**, *284*
チリソケイ 293, *294*
ツクシカイドウ 77
ツクバネウツギ属 47, 172
ツゲ 11, 41, 60, *61*, 62, 85, *85*, *221*, 249, **250**
ツツジ 20, *25*, 49, 107, 194, 197, 198, 208, 274, 277, 294, 298, 299
ツノゴマ 162
ツノスミレ 143
ツバキ属→カメリア属
ツバキ 174
ツヤ属 39, 62, 82, 114
ツリガネオモト属 126, 146
ツリガネニンジン属 130
ツリパ属 152; →チューリップ
ツリールピン 19, 68, 99, 128
ツルアリドオシ属 *101*, 102, 196
ツルジャスミン 291, 292
ツルボ→シラー属
ディアスキア属 *43*, *192*
ディアンツス属→ダイアンサス属
ディオスマ属 286, *287*
ディオニシア属 195, 203
テイカカズラ 188, *188*, 189
テイカカズラ属 47, 188, 278
ディクタムヌス属 47, 134, 222
ディスポルム属 134
ディスポロプシス属 134
ディペルタ属 91, *91*
ティムス属→タイムス属
ティリア属→シナノキ属
ディル 258, *258*
テウクリウム属 251, 268
デクマリア属 185
テッポウユリ 293
テトラディウム属 82, *83*
テリマ属 120, 142, *143*
デルフィニウム属 134
テンジクアオイ→ペラルゴニウム属
デンドロビウム属 295
テンナンショウ属 144, *144*
ドイツアヤメ 137
ドイツィア属 91, *91*
ドイッスズラン 30, 120, 122, **133**, *133*

トウショウブ 289, 293
トウダイグサ→ユーフォルビア属
トウツバキ 174
トウテイカカズラ 168, *189*, 189, *279*
トウネズミモチ 98
トウバナ属→カラミンサ属
トウヒ属 78
トガサワラ 80
トキワアケビ 188, 301; →ムベ
ドクダミ 39, 211, *211*
トケイソウ 168, 187, *187*, 223, 296
トケイソウ属→パッシフロラ属
トサミズキ 89
トーチカクタス 286
トチナイソウ属 200, *200*; →アンドロサケ属
トチノキ属 35, 70, *70*, 84
トネリコ 75
トベラ 29, 277, *296*, 297
トベラ属 180, 274, 296
トラケロスペルムム属→テイカカズラ属
ドラコケファルム属 157
ドラゴンアルム 34, *35*
ドリオプテリス属 40, 134
ドリミス属 35, *41*, 176, *176*
トリリウム属 209, *209*
ドレジア属 286, *286*
トロパエオルム属 163
ドワーフ・ポリアンサ・ローズ 222

ナガバナカンチョウジ 281
ナガバハッカ 212, 264
ナギナタコウジュ属→エルショルツィア属
ナシ属 252
ナスタチウム 163
ナツシロギク 254, 268, *268*
ナツツバキ属 58, 82, *82*
ナツフジ属 294
ナデシコ属→ダイアンサス属
ナナカマド 35
ナルキッスス属→スイセン属
ナワシログミ 68, 92
ナンキョクブナ 39, 42, 58, 78, *78*
ニオイアラセイトウ **102**, 157
ニオイカントウ 140
ニオイシュロラン 89, *89*
ニオイスミレ 80, 120, 143, *143*
ニオイニワトコ 168, 171, *186*, 187
ニオイハンゲ 141
ニオイヒバ 114, *115*
ニオイヤグルマ 33, 156
ニオイロウバイ 33, 86, *86*
ニガクサ属 251, 268
ニガヨモギ 259, *259*
ニコチアナ属 *161*, 161
ニセアカシア 81
ニワナズナ 159
ニンドウ→スイカズラ
ニンニク 258
ニンフアエア属→スイレン属
ヌマヒノキ 73
ヌルデ 110, *110*
ネオリトセア属 102
ネギ 258
ネペタ属 139, *139*
ネメシア属 160, *161*
ノアゼット・ローズ 32, 223, 239-42, 278
ノウゼンハレン 163
ノトファグス属→ナンキョクブナ属
ノトリリオン属 152
ノンフラワーカモミール 260

バイカイチゲ 196, 200, *200*

バイカウツギ属→フィラデルファス属
ハイドランジア属 96, *96*
ハイビジョザクラ属 156
ハイビャクシン 98
ハイブリッド・ティー・ローズ 32, 137, 214, 216, 234, 235-42, 244, *235*, *236*, *237*
ハイブリッド・パーペチュアル・ローズ 220, 229-230, *230*
ハイブリッド・ムスク・ローズ 10, 32, **217**, 220, **230**, 230-1, *232*, 244
ハウチワマメ 99, 138, 159; →ルピナス
ハウツイニア属 211
パウロウニア属 58, 78
パエオニア属 277, *104*, 104, 140, *140*
パキサンドラ属 104
ハクウンボク 82
ハクセン属 47, 134, 222
ハクモクレン 76
ハコヤナギ 79
ハゴロモジャスミン 29, 168, 274, 291, 292
ハシドイ属 113, *114*
バジル 37, *257*, 265
パセリ 40, 254, *255*, 266, *266*
ハゼリソウ属 162
ハッカ 40, 211→メンタ属
パッシフロラ属 *187*, 296
パティオ・ローズ 216, **238**, *238*
パトリニア属 206
ハナクルマバソウ *15*, 41
ハナダイコン *28*, 29, **32**, 42, **45**, 123, **154**, 158, *158*
ハナタバコ 18, 20, 29, 42, *43*, 53, 123, **154**, 161
ハナツクバネウツギ 172
ハナハッカ 205, 265
パパウェル属 162, 206
バーバスカム属 252, *305*
バビアナ属 281
バーベナ属 18, 20, 42, *43*, 53, 124, 143, *162*, 163
ハマオモト 284
ハマオモト属→クリヌム属
ハマゴウ属 181
ハマナ 124, 133
ハマナシ 232
ハマメリス属 51, *95*, 95
パミアンテ属 277, 295
パラディセア属 206, *206*
バーランディエラ属 131, *131*
ハリエニシダ 30, 65, 114, *115*, **147**
ハリエンジュ 81
バルサムポプラ 39, 54, 79, *79*
バルサムモミ 70, *71*
バルボフィルム属 295
パルマロサグラス 285
ハレーシア属 58, 75
バレリアナ 143, **216**
パンクラティウム属 291, 295
ハンゲショウ **213**
ハンゲ属 141
バンダ属 295, *295*
バンマツリ属 282
ヒアシンス *146*, 147
ヒアシンス（ヒアキンツス）属 30, 49, 118, **125**, 147, **154**, *155*, **197**, 216, 276
ヒアシンソイデス属 **147**, *147*
ヒイラギ 104
ヒイラギナンテン 30, 65, 68, 101
ヒイラギナンテン属→マホニア属
ヒイラギメギ 33, 44, *59*, 65, 101, *101*, 170
ピエリス属 23, 30, 65, 106, 170
ビオラ属 143, 194

ピケア属 78
ビジョザクラ 163
ヒソップ 23, 261
ヒソプス属 252, 261
ヒッコリー 71
ピットスポルム属 180, 274, 297
ヒトツバエニシダ属 94, 289; →ゲニスタ属
ヒトツバタゴ属 87
ヒドランゲア属→ハイドランジア属
ヒトリシズカ属 132
ピヌス属 78; →マツ
ピネーリア属 141
ヒノキ 72, 73, 252
ビブルナム属 20, 26, 29, 51, *62*, 64, **64**, 65, **81**, 115-6, 154, 166, 170, 198, 290
ヒペリカム属 39
ヒマラヤユバユリ 51, *122*, 125, 144, *144*
ヒマラヤスギ 72
ヒマラヤソケイ 178, *178*
ヒメウイキョウ 260, 269
ヒメコウジ 94, 298
ヒメコブシ 100
ヒメサザンカ 174
ヒメタイサンボク 77, 179
ヒメノカリス属 291, *291*
ヒメノスポルム属 291
ヒメハナシノブ 157
ヒメミズキ 89
ビャクシン 56, 76, 97, 193
ヒョウガミズキ 89
ビラルディエラ属 182
ビレオステギア属 188
ビワ 16, 49, *177*, 177
ファケリア属 *162*, 162
ファビアナ属 30
フィーバーフュー 254, 268
フィラデルファス属 *8*, 16, 20, 23, 32, 45, 47, 53, 67, *104*, 105, *105*, 122, **154**, *219*, 222, **270**
フィリペンドゥラ属 211
フィリレア属 61, 106
ブヴァルディア属 281
フウロソウ属→ゲラニウム属
フェリシア属 **274**
フォエニクルム属 261; →ウイキョウ属
フォッサギラ（フォテルギラ）属 65, 94, *94*, 120
フキ 140
フクシア属 105, 125
ブクスス属 85; →ツゲ
フクリンジンチョウゲ 90, 166, **270**, 285
フサアカシア 280
フサザキスイセン 152
フサフジウツギ *26*, 68, 85
フジ 167, 189
フジウツギ属→ブッドレア属
フジ属→ウィステリア属
プセウドツガ属 80
フッキソウ属 104
ブッドレア属 20, *26*, 32, 33, 47, 53, 57, 68, 84-5, *84*, 165, 168, **170**, 173, *173*, 219, 222, 223, 273, 278, 282, *282*
ブテレア属 51, 58, **81**
プテロスティラクス属 81
フユボダイジュ 58, 83, *83*
フラクシヌス属 75
ブラジルケイソウ 296, *296*
ブラスボタン 198, 210
フラワートネリコ 75
フリージア属 32, **270**, 277, 278, 288, 289

プリムラ属 17, 30, 32, 38, 45, 141, 194, 196, **197**, 198, 207, *208*, 212-3, *213*, 276, 298, *298*
ブルグマンシア属 42, 275, 278, 282
ブルヌス属 80, 180
ブルボン・ローズ 32, 220, *228*, 228-9, 239, 241, 242
ブルメリア属 298
ブルンフェルシア属 282
ブレクトランツス属 *18*, 297
フレグラントスノーボールビブルヌム 116
フレンチマリーゴールド 163
フレンチラベンダー 263
プロヴァンス・ローズ 219, 227, *227*
プロスタンテラ属 40, *170*, 274, 275, 298, *299*
フロックス属 17, 20, 23, 29, 42, 53, *121*, 125, 138, *141*, 194, 196, 206
プロボスキデア属 162
フロリバンダ・ローズ 216, 220, 230, 237-8, *239*, 240
ベイスギ 39, 58, 82, 114
ベイマツ 80
ヘイルジア属 →ハレーシア属
ペカン属 71
ヘスペリス属 53
ベタシテツ属 140
ペチュニア属 42, *43*, 123, 162
ベツラ属 71, *71*
ヘディキウム属 26, 29, 49, 275, 278, 289, *291*
ペトロカリス属 195, 206
ペトロセリヌム属 266
ベニバナサンザシ 185
ペパーミント 40, 44, 74, 253, 264, **274**, 278, 296
ヘプタコディウム属 30, **97**, *97*
ヘーベ属 39, *96*, 96, 219
ヘメロカリス属 135
ペラルゴニウム属 38, 39, 40, **247**, 253, *272*, **275**, 276, 278, 296
ヘリオトロピウム属 158, 290
ヘリオトロープ 16, *16*, 30, 44, 45, 103, 123, 158, 168, 179, 189, 216, 290
ヘリクリサム属 261, **275**
ベルガモットミント 264
ペルシアグルミ 75, *76*
ペルシアソケイ 29, 168, 185, *185*
ペルシカリア属 30, 44, 126, 140, 141
ベルベリス属 61, 65, 84, *85*, 170
ヘルモダクティルス属 146
ヘレボルス属 65, 120, 135, *135*
ペロフスキア属 105, 252
ヘンルーダ 39, 251, 267, *267*
ボウシュウボク 280
ホオノキ 32, 77
ボケ属→コエノメレス属
ホザキアヤメ 278, *281*
ホスタ属 *12*, 51, 128, 136
ホースミント 212, 257, 264
ホソバキスゲ 136
ホタルブクロ属→カンパニュラ属
ボタンクサギ 68, 88, *88*
ボタン属→パエオニア属
ボックスハニーサックル **60**
ホットニア属 211
ホップノキ 81, *81*
ポートランド・ローズ 220, 235
ポプルス属 79
ホヘリア属 177, *178*
ボーモンティア属 281
ホヤ属 273, 290, *290*
ボラゴ属 259
ポリアンサ・ローズ 216, 222, 238, *239*, 240
ポリアンテス属 30, 297

ポリゴナツム属 141, 207；→アマドコロ属
ボリジ 251, 254, 259, *260*
ホルボエリア属 170, 185
ボローニア属 277, 281
ホワイト・モス 228
ホンアマリリス 33, 128, 144
ポンキルス属 **106**
マイアンセマム（マイアンテムム）属 122, 138
マイヅルソウ 138, *139*
マイヤーレモン 49, 276, **276,**283
マーガレット *18*, 123
マクシラリア属 295
マグノリア属 18, 20, 32, 33, *41*, 51, 58, **64**, 76, *77*, 99-101, *101*, 120, 170, 171, 179, 293, *293*
マジョラム 37, 205, **250**, 252, 254, 265
マダガスカルジャスミン 275, 278, 301, *301*
マタタビ 182
マツ 39, 45, 78-9, 80, 196, 269, **275**, 296
マッティオラ属 159；→ストック
マツバユリ 148
マツブサ属 170, 188, *188*
マツムシソウ 163
マツユキソウ 146
マツユキソウ属→ガランツス属
マツヨイグサ 17, 32, 42, 45, 47, 123, 162
マツリカ 29, 291, 292
マドンナリリー 123, 148, *148*, 149, 253
マナトネリコ 75
マヌーカ 292
マホニア属 20, 51, 101, 111
マルス属 77
マルバアオダモ 75
マルバタマノカンザシ 29, 136, *136*
マルバハッカ 264
マルメロ **41**, 57, 58, 74
マンサク 20, 30, 51, 62, *63*, 65, *68*, 94, 95, *95*, 120, 247
マンシュウキスゲ 29, 123, *135*, 136
マンジュギク 163
マンデヴィラ属 278, 293
マンテマ属 142
マンネングサ 209；→セダム
マンネンロウ 266, *266*
ミアム属 139
ミカン属 283
ミズキ属 51, 89
ミズサンザシ 198, 210, *210*
ミズバショウ *199*, 211, *211*
ミソハギ *126*
ミッチェラ属 102；→ツルアリドオシ
ミツバウツギ属 112, *113*
ミツマタ 176, *176*
ミナリアヤメ 41, 65, 136
ミニチュア・ローズ 216, **238**, *238*
ミーハニア属 139
ミヤマシキミ 112, *112*；→スキミア属
ミヤマナズナ属 200
ミヤマヒナゲシ 206
ミヤママタタビ 182, *182*
ミラビリス属 **160**
ミリカ属 102
ミリス属 265
ミルツス属 167, 179, 223, 252
ミレティア属 294
ムギワラギク属 261
ムシャリンドウ属 157
ムスカリ属 32, 120, **125**, 150-1, *150*, 76,171

194, 216, 276
ムベ 188, *188*, 301, *301*
ムラサキナツフジ 294
ムラサキハシドイ 114；→ライラック
ムラサキバレンギク 135
メイデンス・ブラッシュ 226
メギ→ベルベリス
メキシコシロマツ 79
メグサハッカ *212*, 212, 254
メボウキ 265
メマツヨイグサ 161, *162*
メリッサ属 263
メリティス属 139
メンタ属 211, *211*, 263
モウズイカ属→バーバスカム属
モクセイソウ 32, **45**, 163, *163*
モクセイ属→オスマンツス属
モクレン属→マグノリア属
モス・ローズ 219, 227-8, *227*, *228*
モダンシュラブローズ 32, 220, 233, 234, 241
モナルダ属 23, *121*, 126, 139, 264, *264*, 265
モミ 70
モモイロハマモト 284
モリナ属 **138**, *138*
モロッカンブルーム 167, *176*, 176, 253
モンテレーマツ 79
モントレーサイプレス 73
ヤエムグラ 261, *261*
ヤグルマギク属→ケンタウレア属
ヤグルマハッカ 265；→モナルダ属
ヤコウボク 33, 42, 283
ヤスミヌム属 →ジャスミナム属
ヤナギ 120, 198；→サリクス属
ヤナギハッカ 261
ヤナギハナガサ 143
ヤマナズナ 200
ヤマハッカ属 18, 297
ヤマフジ *189*, 190, *191*
ヤマモモ属 102, 198
ヤマユリ 148, 292
ユーカリノキ属 40, 55, 58, 74, *74*, 275, 287
ユグランス属 75
ユークリフィア属 93, *93*
ユーコミス属 *18*, 35, 146
ユーチャリス属 287
ユッカ属 62, 68, 117, 170
ユニペルス属 →ジュニペルス属
ユーフォルビア属 19, 33, 44, 47, 122, 177, 273, 277
ユリ →リリウム属
ヨウシュイブキジャコウソウ 254, *269*, 269
ヨウシュハクセン *134*, 134
ヨウシュハッカ 263, *264*
ヨシノサクラ **64**, 80
ヨモギ属 131, 252, 259；→アルテミシア属
ヨルガオ 158
ヨルザキアラセイトウ 160
ヨレハマツ 78

ライラック 30, 35, 58, 65, 67, 113, 114, *136*, 297
ラヴァンドゥラ属 251, 262
ラウルス属 262；→ゲッケイジュ
ラショウモンカズラ 139
ラッパバナ 301
ラティウス属 301
ラフィオレピス属 180
ラブルヌム属 *12*, 30, 55, 58, 67, *76*, 76, 171

ラベージ（ラベッジ）254, *263*, 263
ランブラーローズ 25, 32, 223, 239, 242-5, *244*
リカステ属 295
リーガルリリー *18*, 26, 29, 123, 149, *149*, 222, 292
リグストルム属 →イボタノキ属
リクニス属 *193*
リシキトン属 211
リトルム属 *126*
リナエア属 204；→リンネソウ属
リベス属 110
リムナンテス属 127, *158*, 159
リュウキュウツツジ *193*
リョウブ 88；→クレトラ属
リリウム属 148, 196, 209, 292
リンドウ 193, 196
リンドラ属 99；→クロモジ属
リンネソウ **204**
ルー 39, 251, **267**
ルイヨウショウマ属 130；→アクタエア属
ルクリア属 293, *293*
ルゴサ・ローズ 32, 42, 61, **216**, **218**, 220, 232, *232*, 235, 239
ルス属 110, *110*
ルタ属 →ヘンルーダ
ルナリア属 122, *137*, 137
ルピナス属 30, 68, 99, *99*, 122, 123, 138, *139*, 159
ルブス属 *22*, 111
ルマ属 179, *179*
ルリジサ 259
ルリムスカリ 151
レイランドヒノキ 58
レヴィスティクム属 263
レウコユム属 30, 120, 148, *148*
レオントポディウム属 204
レースソウ属 210
レセダ属 30, 163
レダマ 19, 67, 112, *113*
レドゥム属 39, 98；→イソツツジ属
レバノンスギ 57, 71, 72
レプトスペルムム属 274, *292*, 292
レモン 65, 283
レモングラス 285, *285*
レモンタイム 39
レモンバーベナ 18, 39, **45**, 49, *170*, 253, 263, 274, 275, 278, 280, *280*
レモンバーム 39, 157, 254, *263*, 263
レモンベルガモット 264
レモンユーカリ 39, 276, 287
レンリソウ属 159
ロウバイ 30, 165, *175*, 175
ローズゼラニウム 296, 297
ロスマリヌス属 252, 266
ローソンヒノキ 58, 72, *73*
ロディオラ属 *41*, 209
ロドデンドロン属 107, *108*, *109*, 208, 298
ロニセラ属 29, 99, *99*, 165, 168, 186, 191
ロビニア属 58, 81
ロブラリア属 33, 44, 159
ロベリア属 127
ローマカミツレ 260
ロマティア属 179
ローマンカモミール *260*, 260
ロムニア属 *181*, 181
ローレリア属 178
ローンカモミール 260
ロンドレティア属 35

ワイルドマジョラム 265
ワスレグサ 135-6
ワタスギギク 267
ワレモコウ属 267

【学名】

Abelia 172; *A. chinensis* 172; *A. x grandiflora* 172; *A. triflora* 167, 172, *172*
Abeliophyllum 30, 172; *A. distichum* 166, *172*, 172
Abies 39, 70; *A. balsamea* 70; *A. b.* Hudsonia Group *70*, 70; *A. grandis* 39, 56, 70; *A. koreana* 70; *A. nordmanniana* 70
Abronia 42, 156; *A. fragrans* 156
Acacia 30, **170**, 273, 280; *A. baileyana* 280, *280*; *A. dealbata* 280; *A. podalyriifolia* 280; *A. retinodes* 280
Achillea 39
Acinos 258; *A. alpinus* 258
Acorus 130, 210; *A. calamus* 198, 210; *A. c.* 'Argenteostriatus' 210; *A. gramineus* 'Licorice' 38, 130
Actaea 126, 130; *A. matsumurae* 'Elstead Variety' 130; *A. simplex* Atropurpurea Group 130
Actinidia 182; *A. deliciosa* 182; *A. kolomikta* 182, *182*; *A. polygama* 182
Adenophora 130; *A. liliifolia* 130
Aesculus 70, 84; *A. californica* 70, *70*; *A. hippocastanum* 70; *A. parviflora* 35, 84
Agapanthus 126, 146
Agastache 126, 130; *A. foeniculum* 130; *A. mexicana* 130; *A. rugosa* 38, 130-1, *130*; *A. r.* 'Black Adder' 130; *A. r.* 'Blue Fortune' 130; *A. r. f. albiflora* 'Liquorice White' 131
Ageratina ; *A. ligustrina* 35
Akebia 23, 171, 182; *A. quinata* 182, *182*
Allium 258; *A. aflatunense* *76*; *A. cepa* Proliferum Group 258; *A. fistulosum* 258; *A. hollandicum* 12; *A. sativum* 258; *A. schoenoprasum* **251**, 258, *258*
Aloysia 275, 280; *A. citrodora* 39, **170**, 253, *280*, 280-1
Alyssum 200; *A. maritimum* 159; *A. montanum* 200
Amaryllis 144; *A. belladonna* 33, 128, 144
Ammi; *A. majus* 2
Amomyrtus luma 180
Amorphophallus 27
Androsace 30, 200; *A. ciliata* 200; *A. cylindrica* 195, 200; *A. pubescens* 200; *A. villosa* 200; *A. v.* var. *arachnoidea* 'Superba' *200*
Anemone 200; *A. sylvestris* 196, *200*, 200
Anethum 258; *Anethum graveolens* 258, *258*
Angelica 251, 258; *A. archangelica* 254, *256*, 258, *259*
Angraecum 295; *A. eburneum* 295; *A. sesquipedale* 295
Anthemis 131; *A. punctata* subsp. *cupaniana* 131, *131*
Anthercum liliastrum 206
Anthriscus 258; *A. cerefolium* 258, *259*
Antirrhinum 127, 156; *A. majus* *156*, 156
Apium 259; *A. graveolens* 259
Aponogeton 210; *A. distachyos* 198, *210*, 210
Aquilegia 201; *A. fragrans* 201, *201*;

A. viridiflora 196, 201
Argyranthemum ; *A. frutescens* 123
Arisaema 144; *A. candidissimum* 144, *144*, 196
Artemisia 39, 123, 131, 251, 259; *A. abrotanum* 259, 296; *A. absinthium* 259; *A. a.* 'Lambrook Silver' *259*, 259; *A. dracunculus* 259; *A. pontica* 259
Asperula 156; *A. orientalis* 156
Asphodeline 131, 252; *A. lutea* 131
Aster 131; *A. sedifolius* 131
Astilbe 131; *A. rivularis* 131
Azara 172-3; *A. lanceolata* 172; *A. microphylla* 30, 44, 166, 173; *A. petiolaris* 173; *A. serrata* *173*, 173

Babiana 281; *B. ambigua* 281; *B. fragrans* 281; *B. odorata* 281; *B. stricta* 281, *281*
Beaumontia 278, 281; *B. grandiflora* 281, 281
Berberis 61, 84; *B. candidula* 84; *B. julianae* 84, *85*; *B. sargentiana* 84; *B. verruculosa* 84
Berlandiera 131; *B. lyrata* 131, *131*
Betula 71; *B. lenta* 71, *71*
Billardiera 182; *B. longiflora* 182
Borago 259; *Borago officinalis* 251, *260*, 259
Boronia 32, 281; *B. megastigma* 277, 281
Bouvardia 281; *B. humboldtii* 281; *B. longiflora* 281
Brugmansia 42, 282; *B. arborea* 282; *B. a.* 'Knightii' *282*, 282; *B. x candida* 282; *B. x c.* 'Grand Marnier' 282
Brunfelsia 282; *B. americana* 282; *B. calycina* 282; *B. pauciflora* 282
Buddleja 20, 68, 84-5, *170*, 173, 282; *B. agathosma* 32, 168, 173; *B. alternifolia* 57, 84; *B. asiatica* 276, 282; *B. auriculata* 165, 173, 273, 278, 282; *B. crispa* 168, *173*, 173, 223; *B. davidii* 68, 85; *B. d.* 'Black Knight' 85; *B. d.* 'Dartmoor' 85; *B. d.* 'Empire Blue' 85; *B. d.* 'Harlequin' 85; *B. d.* 'Nanho' 85; *B. d.* 'Purple Emperor' *26*; *B. d.* 'Royal Red' 85; *B. fallowiana* 68; *B. f.* var. *alba* 85; *B. globosa* 84, 85; *B. 'Lochinch' 84*, 85; *B. x weyeriana* 'Golden Glow' 68, 85
Bulbophyllum 295; *B. caryanum* 295; *B. lobbii* 295
Buxus 85, 249; *B. sempervirens* 85; *B. s.* 'Elegantissima' 85; *B. s.* 'Handsworthiensis' 85; *B. s.* 'Suffruticosa' 85

Calamintha 40, 252, 260; *C. grandiflora* 260; *C. menthifolia* 260; *C. nepeta* subsp. *nepeta* 260; *C. nepetoides* 260
Calanthe 131; *C. dicolor* 131
Calendula 156; *C. officinalis* 156, *156*
Callistemon 170, 274; *C. pallidus* 35, **170**
Calomeria; *C. amaranthoides* 39
Calonyction aculeatum 158
Calycanthus **41**, 86; *C. floridus* 33, 86, *86*
Camellia 173-4; *C.* 'Cornish Snow' 174; *C.* 'Fragrant Pink' 174; *C.* 'High Fragrance' 174;

C. japonica 174; *C. j.* 'Emmett Barnes' 174; *C. j.* 'Kramer's Supreme' 174; *C. j.* 'Nuccio's Jewel' 174; *C. j.* 'Scented Red' 174; *C. j.* 'Scentsation' 174, **197**; *C. lutchuensis* 174; *C.* 'Quintessence' *173*, 174; *C. reticulata* 174; *C. sasanqua* 174, 278; *C. s.* 'Fukuzutsumi' 174; *C. s.* 'Narumigata' 174; *C. s.* 'Rainbow' 174; *C. s.* 'Setsugekka' 174; *C.* 'Scentuous' 174; *C. transnokoensis* 174; *C. x williamsii* 174; *C. x w.* 'Mary Jobson' 174
Campanula 130, 132, *192*, 201; *C. lactiflora* 125, 132; *C. l.* 'Pritchard's Variety' 132; *C. thyrsoides* 201
Camphorosma 86; *C. monspeliaca* 86
Cardiocrinum 20, 30, 140; *C. giganteum* *122*, 125, 144; *C. g.* var. *yunnanense* 144, *144*
Carissa 282; *C. grandiflora* 282; *C. macrocarpa* 29, 277, 282-3
Carpenteria **174**, 273; *C. californica* 167, **174**, *174*
Carum 260; *C. carvi* 260
Carya 71; *C. tomentosa* 71
Caryopteris 86, 251; *C. x clandonensis* 86; *C. c.* 'Arthur Simmonds' 86; *C. c.* 'Ferndown' 86; *C. c.* 'Heavenly Blue' 86; *C. c.* 'Kew Blue' 86
Cassinia 86; *C. leptophylla* subsp. *fulvida* 86, **190**
Catalpa 58, 71; *C. bignonioides* 71, *71*; *C. x erubescens* 71; *C. ovata* 71
Cattleya 294; *C. labiata* 294; *C. loddigesii* 294; *C. velutina* 294
Ceanothus 56, 167, 174, 253; *C. arboreus* 'Trewithen Blue' 174; *C.* 'Puget Blue' 174
Cedronella 283; *C. canariensis* 283; *C. triphylla* 283
Cedrus 71-2; *C. atlantica* 71; *C. a.* 'Glauca' 57, 71; *C. deodara* 72; *C. d.* 'Aurea' 72; *C. d.* 'Golden Horizon' 72; *C. libani* 57, 72
Centaurea 156; *C. moschata* 33, 156
Cercidiphyllum 58, **72**, *247*; *C. japonicum* 42, 68, **72**, *72*; *C. j.* 'Boyd's Dwarf' 68, **72**; *C. j. f. pendulum* 57, **72**
Cestrum 175, 283; *C. nocturnum* 33, 42, 283; *C. parqui* 30, 42, 168, 175, *175*
Chaenomeles 175
Chamaecyparis 72-3; *C. lawsoniana* 58, 72, *73*; *C. l.* 'Columnaris' 72; *C. l.* 'Ellwoodii' 72; *C. l.* 'Erecta Viridis' 72; *C. l.* 'Fletcheri' 72; *C. l.* 'Green Pillar' 73; *C. l.* 'Kilmacurragh' 73; *C. l.* 'Lanei Aurea' 73; *C. l.* 'Pembury Blue' 73; *C. l.* 'Pottenii' 73; *C. obtusa* 73; *C. o.* 'Crippsii' 73; *C. thyoides* 73
Chamaemelum 260; *C. nobile* 260, 260; *C. n.* 'Treneague' 260 *C. n.* 'Flore Pleno' 260
Cheiranthus 204; *C. cheiri* 157
Chimonanthus 175; *C. praecox* 165, 175; *C. p.* 'Grandiflorus' 175; *C. p.* 'Luteus' 175, *175*

Chionanthus 87; *C. virginicus* 87
Chloranthus 132; *C. oldhamii* 132
Choisya 56, 175; *C. dewitteana* 'Aztec Pearl' 176; *C. ternata* 30, 166, *175*, 175-6; *C. t.* 'Sundance' 176
Chrysanthemum parthenium 254, 268
Cimicifuga 130
Cistus 19, 39, 67, 87-8, **190**, 252; *C. aguilarii* 86, 87; *C. x a.* 'Maculata' 87; *C. x argenteus* 'Peggy Sammons' *87*, 87; *C. x cyprius* 87; *C. ladanifer* 87; *C. l.* var. *sulcatus* 87; *C. laurifolius* 87; *C. x lenis* 'Grayswood Pink' 88; *C. x lenis* 'Silver Pink' 88; *C. palhinhae* 87; *C. x purpureus* 88; *C. x p.* 'Alan Fradd' 86, 88
Citrus 273, 283; *C. x aurantium* 283 Sweet Orange Group 'Valencia Late' *283*; *C. limon* 283; *C. x l.* 'Variegata' 283; *C. x l.* 'Villa Franca' *283*, 283; *C. x meyeri* 'Meyer' 276, 283; *C. trifoliata* 106
Cladrastis 73; *C. kentukea* 73; *C. lutea* 73
Claytonia 132; *C. sibirica* 132; *C. virginica* 132
Clematis 132, 183-4; *C. afoliata* 183; *C. armandii* 30, 166, 183; *C. aromatica* 132; *C. a.* 'Apple Blossom' 183, *183*; *C. a.* 'Snowdrift' 183; *C. x aromatica* 132; *C. cirrhosa* var. *balearica* 171, 183; *C.* 'Edward Prichard' 183; *C.* 'Fair Rosamond' 183; *C. flammula* 62, 171, *183*, 183-4; *C. forsteri* 32, *184*, 184, **197**; *C. heracleifolia* 30, 132; *C. h.* var. *davidiana* 125, 132; *C.* 'Lemon Dream' 184; *C. montana* 30, 166, 184; *C. m.* 'Elizabeth' 184; *C. m.* 'Grandiflora' 184; *C. m.* var. *rubens* 184; *C. m.* var. *wilsonii* 184; *C. orientalis* 'Bill MacKenzie' *167*; *C. petriei* 184; *C. recta* 'Purpurea' 132; *C. rehderiana* 30, 171, *184*, 184; *C. serratifolia* 184; *C. stans* 132; *C. terniflora* 171, 184; *C. x triternata* 'Rubromarginata' 184, *184*, **190**; *C. tubulosa* 125, 132; *C. t.* 'Côte d'Azur' 132; *C. t.* 'Wyevale' 125, *132*, 132; *C. vitalba* 183; *C. viticella* 'Betty Corning' 184
Clerodendrum 41, 88, 284; *C. bungei* 68, 88, *88*; *C. chinense* var. *chinense* 284; *C. fragrans* var. *pleniflorum* 29, 88; *C. t.* var. *fargesii* 68
Clethra 88, 284; *C. alnifolia* 88, 198; *C. a.* 'Paniculata' 88; *C. arborea* 284; *C. barbinervis* 88
Clinopodium douglasii 267
Coelogyne 294; *C. cristata* 294; *C. eburnea* 294; *C. nitida* 294; *C. pandurata* 294; *C. tracyanum* 295
Colchicum 128; *C. autumnale* **154**
Colletia 88; *C. armata* 88; *C. cruciata* 88; *C. hystrix* 67, 88; *C. paradoxa* 88
Comptonia 88; *C. peregrina* 37, 88-9, 198
Convallaria **133**; *C. majalis* **133**, *133*; *C. m.* 'Fortin's Giant' **133**; *C. m.* 'Hardwick Hall' **133**;

C. m. var. *rosea* **133**; *C. m.*
'Variegata' **133**
Cordyline 89; *C. australis* **89**, *89*
Coriandrum 260; *C. sativum* *260*,
260
Cornus 89; *C. mas* 65, *88*, 89, 120
Coronilla 30, **170**, 273, 284; *C.*
valentina subsp. *glauca* 284, *285*;
C. v. subsp. *g.* 'Citrina' 284; *C.*
v. subsp. *g.* 'Variegata' 284
Corydalis 133; *C. elata* 133;
C. flexuosa 133, *132*, 196;
C. f. 'China Blue' 133
Corylopsis 30, 89, 120, **247**;
C. pauciflora 89; *C. sinensis*
var. *calvescens* f. *veitchiana* 89;
C. sinensis var. *sinensis* 89;
C. spicata 89; *C. veitchiana* 89;
C. willmottiae 89
Cosmos **284**; *Cosmos*
atrosanguineus 30, 127, *284*, **284**
Cotoneaster 35; *C. horizontalis* 163
Cotula 210; *C. coronopifolia* 198,
210
Crambe 33, 133; *C. cordifolia* 124,
132, 133; *C. maritima* 124, 133
Crataegus 35, 62, 73; *C. laevigata*
73; *C. l.* 'Paul's Scarlet' 73; *C.*
oxyacantha 73 *C. monogyna* 73,
73
Crinum 128, 144, 284-5; *C.*
amoenum 284; *C. asiaticum* 284;
C. moorei 284-5; *C. x powellii*
144-5; *C. x p.* 'Album' 145
Crocosmia ; *C.* 'Lucifer' 125
Crocus 145; *C. biflorus* 'Blue
Pearl' 145, *145*; *C. chrysanthus*
23, 33, 145, 193; *C. c.* 'Cream
Beauty' 145; *C. c.* 'E.A. Bowles'
145; *C. c.* var. *fusco-tinctus* 145;
C. c. 'Snow Bunting' 145; *C.*
laevigatus 145; *C. longiflorus*
145; *C. speciosus* 145; *C.*
tommasinianus 120; *C. versicolor*
145, 193; *C. v.* 'Picturatus' 145
x *Cupressocyparis leylandii* 58
Cupressus 56, 73-4, 252; *C.*
arizonica var. *glabra* 74; *C.*
macrocarpa 73; *C. sempervirens*
73; *C. s.* 'Pyramidalis' 74; *C. s.*
'Totem Pole' 73
Cyclamen 30, **128**, 145-6, 285; *C.*
balearicum 145; *C. cilicium*
145; *C. coum* 145; *C. cyprium*
145; *C. europaeum* 146; *C.*
hederifolium **128**, 145, *145*, 146;
C. neapolitanum 146; *C. persicum*
128, 145, 285; *C. p.* 'Halios
Violet' *285*; *C. pseudibericum*
145; *C. purpurascens* **128**, 145,
146; *C. repandum* 142
Cydonia 74; *C. oblonga* 74; *C. o.*
'Vranja' 74
Cymbopogon 285; *C. citratus* *285*,
285; *C. martini* 285; *C. nardus*
285
Cyperus 210; *C. longus* 198, 210
Cyrtanthus 285; *C. mackenii* 278,
285
Cytisus 56, 90, 176, 252, 273; *C.*
battandieri 32, **45**, 167, *176*,
176; *C. x praecox* 'Albus' 90;
C. x p. 'Allgold' 90; *C. x p.*
'Warminster' *90*, 90

Daphne 16, 29, 90-1, 194, 201,
285; *D. bholua* 64, 90, 166; *D.*
b. 'Darjeeling' 64, 90, 166; *D.*

b. 'Gurkha' 64, 90, 120; *D. b.*
'Jacqueline Postill' 64, 90, **270**;
D. b. 'Peter Smithers' **247**;
D. blagayana 196, 201; *D. x*
burkwoodii 'Somerset' 65, 90;
D. cneorum 17, 194, 201; *D. c.*
'Eximia' 194, 201, 201; *D. c.*
'Variegata' 201; *D. laureola*
42, 90, 170; *D. l.* subsp. *philippi*
90; *D. mezereum* 90; *D. m.*
'Alba' 90; *D. m.* 'Bowles
White' 90; *D. x napolitana* 201;
D. odora 90, 270, 276, *277*, 285;
D. o. 'Aureomarginata' 90,
166, **270**, 285; *D. pontica* 90, 91,
170; *D. x rollsdorfii* 'Wilhelm
Schacht' 201; *D. sericea* Collina
Group 194, 202; *D. x susannae*
'Tichborne' 202; *D. tangutica*
202, 202; *D. t.* Retusa Group 194,
202; *D. x transatlantica* 'Eternal
Fragrance' 194, *202*, 202
Datura 285; *D. inoxia* 285; *D. i.*
'Evening Fragrance' *286*;
D. meteloides 285
Davidia 41
Decumaria 185; *D. barbara* 185;
D. sinensis 185
Delphinium 134; *D. brunonianum*
134; *D. leroyi* 134; *D. wellbyi* 134
Dendrobium 295; *D. heterocarpum*
295; *D. moschatum* 295; *D. nobile*
295
Deutzia 91; *D. compacta* 91;
D. x elegantissima 91;
D. x e. 'Fasciculata' 91, *91*;
D. x e. 'Rosealind' 91
Dianthus 17, 157, 194, 202-3,
252, 286; *D. arenarius* 202; *D.*
barbatus 157, 157; *D. b.* 'Magic
Charms' 157; *D. b.* 'Bridal Veil'
203; *D.* 'Brympton Red' *203*,
203; *D. caryophyllus* 157, 286;
D. c. Chabaud Giant 157;
D. c. 'Coquette' *286*; *D. c.*
'Fragrant Ann' 286; *D.* 'Charles
Musgrave' 203; *D.* 'Dad's
Favourite' 203; *D.* 'Doris' *203*,
203; *D.* 'Fenbow Nutmeg Clove'
203; *D. gratianopolitanus* 202;
D. 'Gran's Favourite' 203; *D.*
'Haytor' 203; *D.* 'Hope' 203; *D.*
hyssopifolius 202; *D.* 'Inchmery'
203; *D.* 'Laced Romeo' 203; *D.*
'Little Jock' 203; *D.* 'London
Delight' 203; *D.* 'Mendelsham
Minx' 203; *D. monspessulanus*
subsp. *sternbergii* 202; *D.* 'Mrs
Sinkins' 203; *D.* 'Musgrave's
Pink' 203; *D.* 'Mystic Star' 203;
D. 'Nyewood's Cream' 203;
D. 'Old Crimson Clove' 203;
D. petraeus 203; *D. p.* subsp.
noeanus 203; *D. squarrosus* *202*,
202, 203; *D. superbus* 203; *D.*
'Waithman Beauty' 203; *D.*
'White Ladies' 203;
Diascia 43, *192*
Dictamnus 40, 134; *D. albus* 39, 124,
134, *134*; *D. a.* var. *purpureus*
134
Dionysia 203; *D. aretioides* 195, 203
Diosma 286; *D. ericoides* 286, *287*
Dipelta 91; *D. floribunda* 91, *91*
Disporopsis 134; *D. pernyi* 134
Disporum 134; *D. megalanthum*
134; *D. nantouense* 134
Dracocephalum 157; *D. moldavica*

157
Dracunculus 27, *D. vulgaris* *34*, 35
Dregea 278, 286; *D. sinensis* *286*,
286
Drimys **41** ,176; *D. winteri* 35, 176,
176
Dryopteris 134; *D. aemula* 40, 134

Echinacea 135; *E.* 'Art's Pride'
135; *E.* 'Fragrant Angel' 135; *E.*
purpurea 135; *E.* 'Sundown' 135
Echinopsis 286; *E. ancistrophora*
286; *E. candicans* 286; *E. oxygona*
286; *E. spachiana* 287
Edgeworthia 176; *E. chrysantha*
176; *E. c.* 'Red Dragon' 176, *176*
Elaeagnus 61, 91-2, **190**; *E.*
argentea 92; *E. commutata* 92;
E. x ebbingei 68, **91**, 91-2; *E.*
x *e.* 'Gilt Edge' 91; *E. x e.*
'Limelight' 91; *E. macrophylla*
91; *E. pungens* 68, 91; *E.*
'Quicksilver' 92
Elettaria 287; *E. cardamomum* 287,
287
Elsholtzia 40, 92 *E. stauntonii* 92
Encyclia 295; *E. alata* 295; *E.*
citrina 295; *E. fragrans* 295
Epidendrum 295; *E. anisatum* 295;
E. nocturnum 295
Epiphyllum 287; *E. anguliger* 287;
E. oxypetalum 287
Ercilla 185; *E. volubilis* 185
Erica 92-3; *E. arborea* 67, 92; *E.*
a. var. *alpina* 92, *92*; *E. erigena*
92; *E. e.* 'Brightness' 92; *E.*
e. 'Superba' 92; *E. e.* 'W.T.
Rackliff' 92; *E. mediterranea* 92;
E. x veitchii 'Exeter' 93
Eriobotrya 177; *E. japonica* 16, **177**,
177
Erodium *192*
Erysimum 157, 194, 204; *E. allionii*
hort. 157; *E.* 'Bowles' Mauve'
15; *E. cheiri* 157; *E. c.* 'Bloody
Warrior' 204; *E. c.* 'Harpur
Crewe' 204; *E. helveticum*
204; *E. x marshallii* 157; *E.*
'Moonlight' 204; *E. pumilum*
204
Escallonia 61, 93, 176; *E.* 'C.F.
Ball' 93; *E.* 'Donard Beauty'
93; *E. illinita* 37, 93; *E.* 'Iveyi'
176, *177*; *E. macrantha* 93; *E.*
rubra. 'Crimson Spire' *92*, 93;
E. r. 'Ingramii' 93; *E. r.* var.
macrantha 93
Eucalyptus 40, 55, 74-5, 275, 287;
E. citriodora 39, 276, 287; *E.*
coccifera 40, 74; *E. dalrympleana*
74; *E. glaucescens* 40, 74; *E.*
gunnii 74, 75; *E. pauciflora*
subsp. *niphophila* 55, *74*, 75
Eucharis 287; *E. amazonica* 287,
289
Eucomis 18, 146; *E. autumnalis*
146; *E. bicolor* 35, 146; *E.*
zambesiaca 'White Dwarf' 146
Eucryphia 93; *E. glutinosa* 93; *E.*
x *intermedia* 'Rostrevor' 93;
E. lucida 93; *E. x nymansensis*
'Nymansay' *93*, 93
Euodia 82
Eupatorium 35
Euphorbia 19, 122, 177; *E. mellifera*
33, 44-5, 177, 273-4, *277*
Exacum 157; *E. affine* 157, *157*

Fabiana 30
Felicia **275**;
Filipendula 211; *F. ulmaria* *210*,
211, 254; *F. u.* 'Aurea' 211; *F. u.*
'Variegata' 211
Foeniculum 261; *F. vulgare* 251,
261, *261*; *F. v.* 'Purpureum' 261
Fothergilla 65, 94, 120; *F. gardenii*
94; *F. g.* 'Blue Mist' 94; *F. major*
94; *F. m.* Monticola Group *94*, 94
Fraxinus 75; *F. mariesii* 75;
F. ornus 75; *F. sieboldiana* 75
Freesia **288**; *F. alba* 288;
F. caryophyllacea 288;
F. fergusoniae *289*; *F.* 'Romany'
288; *F.* 'White Swan' 288;
F. 'Yellow River' 288
Fritillaria ; *Fritillaria imperialis*
41, *40*
Fuchsia 125

Galanthus 146, 197; *G. nivalis* 146;
G. 'S. Arnott' 119, 146, *146*;
G. 'Straffan' 146
Galium 261; *G. odoratum* 261, 261
Galtonia 126, 146; *G. candicans* 146
Gardenia 33, 273, **288**;
G. jasminoides *288*, **288**
Gaultheria 94; *G. forrestii* 94;
G. procumbens 40, 94
Gelsemium 288; *G. sempervirens*
288; *G. s.* 'Flore Pleno' 288
Genista 94, 289; *G. aetnensis* 68, 94;
G. cinerea 94, 95; *G* × *spachiana*
(*Cytisys* × *spachiana*) 289
Geranium 38, 135, **216**; *G. endressii*
38, 135; *G. e.* 'Wargrave Pink'
134, 135; *G. macrorrhizum* 38,
135, 216; *G. m.* 'Album' 135;
G. m. 'Ingwersen's Variety'
135; *G. x oxonianum* *134*, 135;
G. psilostemon 256
Geum 261; *G. urbanum* **41**, *261*,
261
Gilia 157; *G. tricolor* 157-8
Gladiolus 289; *G. carinatus* 289; *G.*
liliaceus 289; *G. murielae* 16, *18*,
278, 289, 293; *G. tristis* 289; *G. t.*
'Christabel' 289
Gypsophila 124

Halesia 58, 75; *H. carolina* 75;
H. monticola 75
Hamamelis 62, 95, 120, **247**;
H. x intermedia 95; *H. x i.*
'Aphrodite' 95; *H. x i.* 'Diane'
95; *H. x i.* 'Jelena' *69*, 95; *H. x i.*
'Moonlight' 95; *H. x i.* 'Pallida'
95, 95; *H. x i.* 'Vesna' 95; *H.*
japonica 'Zuccariniana' 95; *H.*
mollis 95; *H. m.* 'Brevipetala'
95; *H. m.* 'Coombe Wood' 95; *H.*
m. 'Goldcrest' 95; *H. m.* 'Wisley
Supreme' 95 *H. vernalis* 95 *H.*
v. 'Sandra' 95
Hebe 96; *H. cupressoides* 39, 96, *96*;
H. 'Midsummer Beauty' 96;
H. 'Spender's Seedling' 96;
H. stenophylla 96
Hedychium 29, 275, 289; *H.*
coronarium 289; *H. densiflorum*
290; *H. d.* 'Stephen' 290, *291*;
H. gardnerianum 26, 290;
H. villosum var. *tenuifolium* 290;
H. yunnanense 290
Helichrysum 261, **275**; *H.*
angustifolium 261; *H. italicum*
37, 261; *H. ledifolium* 104; *H.*

microphyllum 261
Heliotropium 158, 290; *H. arborescens* 16, 158, 290; *H. a.* 'Chatsworth' 290; *H. a.* 'Lord Roberts' *291*; *H. a.* 'Marine' 158, 290; *H. a.* 'Mrs J.W. Lowther' 290; *H. a.* 'Princess Marina' 290; *H. peruvianum* 158
Helleborus 135; *H. foetidus* 120, 135, *135*; *H. f.* 'Miss Jekyll's Form' 120, 135; *H. lividus* 135; *H. odorus* 135
Hemerocallis 135; *H. citrina* 135; *H. dumortieri* 136; *H. flava* 29, 123, 136; *H. lilioasphodelus* 29, 123, *135*, 136; *H. middendorfii* 136; *H. minor* 135
Heptacodium 30, **97**; *H. miconioides* **97**, **97**
Hermodactylus 146; *H. tuberosus* 30, 120, 146
Hesperis 158; *H. matronalis* 28, **33**, **154**, *158*, 158
Hippophae ; *Hippophae rhamnoides* 252
Hoheria 177; *H. lyallii* 177; *H. sexstylosa* *178*, 178
Holboellia 170, 185; *H. brachyandra* 185; *H. coriacea* 185, *185*; *H. latifolia* 185
Hosta 12, 128, 136; *H.* 'Honeybells' 136; *H. plantaginea* 29, *136*, 136; *H. p.* var. *grandiflora* 136; *H. p.* var. *japonica* 136; *H.* 'Royal Standard' 136; *H.* 'Sugar and Cream' 136; *H.* 'Summer Fragrance' 136
Hottonia 211; *H. palustris* 211
Houttuynia 211; *H. cordata* 39, 211, *211*; *H. c.* 'Chameleon' 211; *H. c.* 'Flore Pleno' 211
Hoya 273, 290; *H. australis* 290; *H. carnosa* 290, *290*; *H. lacunosa* 290; *H. lanceolata* subsp. *bella* 278, *290*, 291
Humea elegans 39
Hyacinthoides 147; *H. hispanica* **147**; *H. non-scripta* *147*, *147*
Hyacinthus 147, **154**, *154–5*, 275; *H. orientalis* *146*, 147
Hydrangea 96; *H. anomala* subsp. *petiolaris* 96, *96*; *H. aspera* 96; *H. paniculata* 96; *H. scandens* subsp. *chinensis* f. *macrosepala* 96
Hymenocallis 291; *H. x festalis* 291; *H. x macrostephana* *291*, 291; *H. x narcissiflora* 291; *H. speciosa* 291
Hymenosporum 291; *H. flavum* 291
Hypericum 39
Hyssopus 252, 261; *H. officinalis* 261; *H. o.* subsp. *aristatus* 261

Iberis 158; *I. amara* 158; *I. a.* Giant Hyacinth Flowered Strain 158; *I. umbellata* 158; *I. sempervirens* 35
Ilicium 96–7; *I. anisatum* 96, *96*; *I. floridanum* 96; *I. simonsii* 97
Ionopsidium 158; *I. acaule* 158
Ipomoea 158; *I. alba* 158
Iris 136, 147; *I.* 'Florentina' **41**, 122, 136; *I. foetidissima* 41, 136; *I. f.* var. *citrina* 136; *I. germanica* 137; *I. graminea* 32, 123, 137, *137*; *I. g.* var. *pseudocyperus* 137; *I. hoogiana* 137; *I. pallida* var. *dalmatica* 123, 137; *I. p.* subsp. *pallida* 123, 137; *I. reticulata* 17,

30, 119, *146*, 147, 193; *I. r.* var. *bakeriana* 147; *I. stylosa* 137; *I. tuberosa* 146; *I. unguicularis* 119, 137, *137*; *I. u.* 'Mary Barnard' 137; *I. u.* 'Walter Butt' 119, 137
Ismene 291
Itea 168, 178; *I. ilicifolia* *178*, 178

Jasminum 178, 185–6, 273, 291; *J. affine* 186; *J. angulare* 292; *J. azoricum* *292*, 292; *J. beesianum* 185; *J. grandiflorum* 'De Grasse' 292; *J. humile* 'Revolutum' *178*, 178; *J. laurifolium* f. *nitidum* 292; *J. officinale* 29, 168, *185*, 185–6, 291; *J. o.* 'Aureum' 186; *J. o.* 'Clotted Cream' 168, 186; *J. polyanthum* 29, 168, 274, 292; *J. sambac* 29, 292; *J. x stephanense* *186*, 186
Juglans 75; *J. nigra* 75, *75*; *J. regia* 75; *J. r.* 'Buccaneer' *76*
Juniperus 56, 76, 97–8; *J. chinensis* 97; *J. c.* 'Pyramidalis' 97; *J. communis* 97; *J. c.* 'Compressa' 97; *J. c.* var. *depressa* 97; *J. c.* 'Depressa Aurea' 97; *J. c.* 'Hibernica' 97; *J.* 'Grey Owl' 98; *J. horizontalis* 98; *J. x pfitzeriana* 98; *J. procumbens* 'Nana' 98; *J. sabina* 98; *J. scopulorum* 'Skyrocket' 98; *J. squamata*; *J. s.* 'Blue Star' 193; *J. s.* 'Meyeri' 98

Kniphofia 126, 146

Laburnum *12*, 55, 76; *L. alpinum* 'Pendulum' 76; *L. x watereri* 'Vossii' 76, *76*
Lathyrus 159; *L. odoratus* 159; *L. o.* 'Chatsworth' 159; *L. o.* 'Cupani' 159; *L. o.* Grandiflora 159; *L. o.* 'Matucana' *22*, 159; *L. o.* Old-fashioned 159; *L. o.* 'Painted Lady' 159; *L. o.* Spencer varieties 159; *L. o.* 'White Supreme' 159
Laurelia 178; *L. sempervirens* 178
Laurus **253**, **262**; *L. nobilis* **262**, *262*; *L. n.* 'Aurea' **262**; *L. n.* f. *angustifolia* 262
Lavandula 251, 262–3; *L. angustifolia* 262; *L. a.* 'Folgate' 262; *L. a.* 'Hidcote' *10*, 262, 263; *L. a.* 'Loddon Pink' 262; *L. a.* 'Munstead' 262; *L. a.* 'Nana Alba' 262; *L. a.* 'Twickel Purple' 262; *L. dentata* 262; *L. x intermedia* 'Alba' 263; *L. x i.* 'Grappenhall' 263; *L. x i.* 'Grosso' 263; *L. lanata* 263; *L. officinalis* 262; *L. pedunculata*. subsp. *pedunculata* 263; *L. spica* 262; *L. stoechas* 263; *L. s.* subsp. *stoechas* f. *leucantha* 263
x *Ledodendron* 98; x *L.* 'Arctic Tern' 98, 197
Ledum 98; *L. groenlandicum* 39, *98*, 98
Leontopodium 204; *L. aloysiodorum* 204; *L. haplophylloides* 204
Leptospermum 274, 292; *L. scoparium* 292; *L. s.* 'Red Damask' *292*
Leucojum 148; *L. aestivum* 148 *L. vernum* 30, 120, *148*, 148
Levisticum 263; *L. officinale* 254,

263, *263*
Ligustrum 62, 98; *L. lucidum* 98; *L. ovalifolium* 98; *L. quihoui* 98; *L. sinense* 98
Lilium 148–50, 292–3; *L.* 'African Queen' 123, 150; *L. auratum* 148, 292; *L. a.* var. *platyphyllum* 148; *L.* 'Black Dragon' 150; *L.* 'Brasilia' 150; *L. candidum* 123, *148*, 148, 253; *L.* 'Casa Blanca' 123, 150; *L. cernuum* 148, 196; *L. duchartrei* 148, 196; *L. formosum* 148, 293; *L. f.* var. *pricei* 148–9; *L.* 'Green Dragon' 150; *L. hansonii* *149*, 149; *L. kelloggii* 149; *L. leucanthum* var. *centifolium* 149; *L.* 'Limelight' 150; *L. longiflorum* 293; *L. majoense* 149; *L. monadelphum* 149; *L. nepalense* 149, 196; *L. parryi* 149; *L. x parkmanii* 149; *L. pumilum* 30, 149; *L. regale* *18*, 26, 123, 149, 292; *L. r.* 'Album' *2*, 149, *149*; *L. speciosum* *292*, 293; *L.* 'Stargazer' 150; *L. x testaceum* 149
Limnanthes 159; *L. douglasii* 127, *158*, 159
Lindera 99; *L. benzoin* 99
Linnaea **204**; *L. borealis* 196, **204**; *L. borealis* subsp. *americana* *204*, **204**
Lippia citriodora 280
Lobelia 127
Lobularia 33, 159; *L. maritima* 45, 159
Lomatia 179; *L. myricoides* 179; *L. tinctoria* 179
Lonicera 99, 186, **190**; *L. x americana* 29, **45**, *164*, 168, 186, *186*; *L. caprifolium* 186; *L. etrusca* 186; *L. fragrantissima* 99, 99, 170; *L. x heckrottii* 'Gold Flame' hort. 187; *L. japonica* 'Halliana' 62, 168, 170, 187; *L. nitida* **61**, 99; *L. n.* 'Fertilis' 99; *L. periclymenum* 62, 168, 171, 187; *L. x purpusii* 99; *L. splendida* 187; *L. standishii* 99, 99, 170; *L. syringantha* 99; *L.* 'Winter Beauty' 99
Luculia 293; *L. grandiflora* 293; *L. gratissima* 293; *L. g.* 'Rosea' *293*
Luma 179; *L. apiculata* *179*, 179
Lunaria 137; *L. rediviva* 122, 137, *137*
Lupinus 99, 138, 159; *L. arboreus* 68, *99*, 99, *129*; *L. elegans* Fairy strains 159; *L. luteus* 159
Lycaste 295; *L. aromatica* 295; *L. cruenta* 295
Lychnis 192; *L. chalcedonica* 124
Lysichiton 211; *L. americanus* 35, 211; *L. camtschatcensis* 198, *211*, 211
Lythrum 126

Magnolia 58, 76–7, 99–100, 120, 179, 293; *M.* 'Apollo' 100; *M.* 'Charles Coates' 100; *M. denudata* 76; *M. doltsopa* *293*, 293; *M. figo* 32, 277, 293; *M. grandiflora* 32, 58, 100, 168, *179*, 179; *M. g.* 'Exmouth' 179; *M. g.* 'Goliath' 179; *M. g.* 'Kay Parris' 179; *M. g.* 'Little Gem' 179; *M.* 'Heaven Scent' 100,

101; *M. hypoleuca* 77; *M.* 'Jane' 100; *M. kobus* 76; *M. liliiflora* 100; *M. x loebneri* 'Ballerina' *77*, 76; *M. x l.* 'Leonard Messel' 76; *M. x l.* 'Merrill' 58, **64**, 76; *M.* 'Maryland' 179; *M. maudiae* 100; *M. obovata* 32, 77; *M. salicifolia* 38, 77; *M. sieboldii* 100; *M. s.* subsp. *sinensis* 100; *M. sinensis* 32; *M. x soulangeana* 77; *M. x s.* 'Picture' 100; *M. stellata* 30, 100; *M.* 'Susan' 100; *M. virginiana* 77, 179; *M. x watsonii* 100; *M. x wieseneri* 100, *100*; *M. wilsonii* 18, 100, 171; *M. yunnanensis* 100
Mahonia 20, 42, 65, 101; *M. aquifolium* 33, 44, 65, 101, *101*, 170; *M. a.* 'Apollo' 101; *M. a.* 'Atropurpurea' 101; *M. a.* 'Moseri' *59*; *M. japonica* 30, 101; *M. j.* Bealei Group 101, 170; *M. lomariifolia* 101; *M. x media.* 'Buckland' 101; *M. x m.* 'Charity' 101; *M. x m.* 'Lionel Fortescue' 101; *M. x wagneri* 'Undulata' 101
Maianthemum 138; *M. formosanum* 138; *M. henryi* 138; *M. racemosum* 122, 138–9, *139*; *M. stellatum* 138
Malus 77; *M. coronaria* 'Charlottae' 77; *M. floribunda* 77; *M.* 'Golden Hornet' 77; *M. hupehensis* 77
Mandevilla 278, 293; *M. x amabilis* 'Alice du Pont' 293–4; *M. laxa* *294*, 293; *M. suaveolens* 293
Martynia louisianica 162
Matthiola 120, 122, 159–60; Beauty of Nice strain 159, 160; Brompton strain *159*, 160; East Lothian strain 160; Excelsior strain 159; Giant Imperial strain 159; Seven Week strain 159; Ten Week strain 159; *M. incana* 17, 159; *M. i.* 'White Perennial' 123, 160; *M. longipetala* subsp. *bicornis* 160
Maxillaria 295; *M. picta* 295; *M. venusta* 295
Meehania 139; *M. urticifolia* 139
Melissa 263; *M. officinalis* 39, 254, 263, *263*; *M. o.* 'All Gold' 263; *M. o.* 'Aurea' 263
Melittis 139; *M. melissophyllum* 139
Mentha 211–12, 251, 263; *M. aquatica* 211, 212; *M. arvensis* 'Banana' 263, *264*; *M. x gracilis* 264; *M. longifolia* 212, 257, 264; *M. x piperita* 264; *M. x p.* f. *citrata* 264; *M. x p.* f. *citrata* 'Basil' 264; *M. x p.* f. *citrata* 'Chocolate' 264; *M. x p.* f. *citrata* 'Grapefruit' 264; *M. x p.* f. *citrata* 'Lemon' 264; *M. x p.* f. *citrata* 'Lime' 264; *M. x p.* f. *officinalis* 264; *M. pulegium* 212, 212, 254, 264; *M. requienii* 254, 264; *M. rotundifolia* 'Variegata' 264; *M. spicata* 264; *M. s.* var. *crispa* 'Moroccan' *264*; *M. suaveolens* 'Variegata' 257, 264; *M. x villosa* var. *alopecuroides* 264
Meum 139; *M. athamanticum* 139
Michelia 170, 274
Millettia 294; *M. reticulata* 294
Mirabilis ; *M. jalapa* 33, 42, 123, **160**, *160*
Mitchella 102; *M. repens* *101*, 102,

196
Monarda 23, 126, 254, 264; *M.*
'Beauty of Cobham' 265; *M.*
'Cambridge Scarlet' *264*, 264;
M. citriodora 264; *M.* 'Croftway
Pink' 265; *M. didyma* 39, 264;
M. d. 'Gardenview Scarlet'
264; *M. fistulosa* 265; *M.*
'Prärienacht' 265; *M.* 'Scorpion'
265; *M.* 'Snow White' 265; *M.*
'Violet Queen' 265
Morina 138; *M. longifolia* *138*, **138**
Muscari 120, 150; *M. armeniacum*
150; *M. a.* 'Valerie Finnis' *124*,
150, 151, 194; *M. botryoides*
151; *M. macrocarpum* 32, *151*,
151, 276; *M. moschatum* 151; *M.*
muscarimi 151
Myrica 102; *M. cerifera* 102; *M. gale*
102, 198; *M. pensylvanica* 102
Myrrhis 265; *M. odorata* 38, 254,
265, 265
Myrtus 167, 179–80, 252;
M. communus 168, *180*, 180;
M. lechleriana 180; *M. luma* 179;
M. ugni 179, 181

Narcissus 120, 151–2; *N. assoanus*
151, 152; *N. canaliculatus* 152;
N. jonquilla 120, *151*, 151;
N. j. 'Baby Moon' 151; *N. j.*
'Bobbysoxer' 151; *N. j.* 'Flore
Pleno' 151; *N. j.* 'Lintie'
151; *N. j.* 'Orange Queen'
151; *N. j.* 'Pencrebar' 151;
N. j. 'Sugarbush' 151; *N. j.*
'Sundial' 151; *N. j.* 'Suzy'
151; *N. j.* 'Trevithian' 151; *N.*
juncifolius 151; *N.* x *odorus* 152;
N. poeticus var. *recurvus* 36,
152, 152; *N. p.* var. *r.* 'Actaea'
152; *N. p.* var. *r.* 'Cantabile'
152; *N. rupicola* 152; *N. tazetta*
120, 151, 152; *N. t.* 'Avalanche'
152; *N. t.* 'Cheerfulness' 152;
N. t. 'Cragford' 152; *N. t.*
'Geranium' 152; *N. t.* 'Minnow'
152; *N. t.* 'Paper White' 152,
270; *N. t.* 'Silver Chimes' 152;
N. t. 'Yellow Cheerfulness' 152
Nemesia 160; *N. caerulea* 160, *161*;
N. cheiranthus 'Masquerade'
strain 161; *N. c.* 'Shooting Stars'
strain 161; *N. fruticans* hort. 160
Neolitsea 102; *N. sericea* 102
Nepeta 139; *N. cataria* 'Citriodora'
139; *N.* x *faassenii* 139; *N.* x
f. 'Kit Cat' *139*; *N.* x *f.* 'Six
Hills Giant' 139; *N. racemosa*
'Walker's Low' 139; *N. sibirica*
'Souvenir d'André Chaudron'
38, 39, 140
Nicotiana 123, 161; *N. alata* 161;
N. a. 'Grandiflora' 123, 161; *N.*
mutabilis 161, *161*; *N.* x *sanderae*
strain; 161 *N.* x *s.* 'Fragrant
Cloud' 161; *N.* x *s.* 'Sensation
Mixed' 161; *N. suaveolens* 161;
N. sylvestris 123, 161, *161*
Nothofagus 78; *N. antarctica* 39, 42,
58, 78, 78
Notholirion 152; *N. thomsonianum*
152
Nymphaea 198, 212, 294; *N. caerulea*
294; *N. capensis* 294, *294*; *N.*
'Fire Crest' 212; *N.* 'General
Pershing' 294; *N.* 'Laydekeri
Lilacea' 212, *212*; *N.* 'Marliacea

Albida' 212; *N.* 'Masaniello' 212;
N. odorata 212; *N. o.* var. *minor*
212, 212; *N.* 'Odorata Sulphurea
Grandiflora' 212; *N.* 'Rose Arey'
212; *N. stellata* 294; *N.* 'W.B.
Shaw' 212

Ocimum **257**, 265; *O. americanum*
265; *O. basilicum* 265; *O. b.*
'Cinnamon' 265; *O. b.* 'Dark
Opal' **257**, 265, 278; *O. b.*
'Horapha' 265; *O.* x *citriodorum*
265; *O. minimum* 265
Odontoglossum 295; *O. pulchellum*
295
Oemleria 30, 62, 102;
O. cerasiformis *102*, 102
Oenothera 123, 161; *O. biennis* 161,
162; *O. caespitosa* 161; *O. odorata*
123, 162; *O. pallida* subsp.
trichocalyx 162; *O. stricta* 17, 123,
162; *O. s.* 'Sulphurea' 162
Olearia 38, 61, 102–3;
O. x *haastii* 103; *O. ilicifolia* 103;
O. macrodonta 67, *102*, 103, 167;
O. moschata 33;
O. nummulariifolia 103
Olsynium 205; *O. filifolium* 205
Oncidium 295;
O. ornithorrhynchum 295
Onosma 205; *O. alborosea* 194, 205;
O. taurica 205
Origanum 205, 252, 265;
O. dictamnus 205, 205;
O. laevigatum 205; *O. l.*
'Herrenhausen' 205, *205*; *O. l.*
'Hopleys' 205; *O. majorana* 265;
O. onites 265; *O. rotundifolium*
205; *O. r.* 'Kent Beauty' 205; *O.*
vulgare 254, 265; *O. v.* 'Aureum'
265; *O. v.* 'Compactum' 265; *O.*
v. subsp. *hirtum* 265
Orixa 103; *O. japonica* 103
Osmanthus 23, 61, 103-4, 295; *O.*
armatus 68, 103; *O.* x *burkwoodii*
103, 103, 170; *O. decorus* 104; *O.*
delavayi 104, 172; *O. fragrans* 33,
278, 295, *295*; *O. f.* f. *aurantiacus*
295; *O. heterophyllus* 104; *O.*
yunnanensis 104
x *Osmarea*; *O. burkwoodii* 103
Oxalis 206; *O. enneaphylla* 206
Ozothamnus 104; *O. ledifolius* 33,
39, 67, 104, 167

Pachysandra 104; *P. axillaris* 104
Paeonia 104, 140; *P. delavayi*
104; *P. emodi* 140, *140*; *P. e.*
'Late Windflower' 140; *P.*
lactiflora 140; *P. l.* 'Baroness
Schroeder' 140; *P. l.* 'Calypso'
140; *P. l.* 'Claire Dubois' 140;
P. l. 'Crimson Glory' 140; *P. l.*
'Duchesse' de Nemours' 140; *P.*
l. 'Philippe Rivoire' 140; *P. l.*
'Président Poincaré' 140; *P.*
l. 'Sarah Bernhardt' *140*, 140;
P. l. 'White Wings' 140; *P.*
officinalis 140; *P. rockii* 104, *104*
Pamianthe 295; *P. peruviana* 277,
295, 295
Pancratium 295; *P. illyricum* 296;
P. maritimum 296
Papaver 162, 206; *P. alpinum* *206*,
206; *P. nudicaule* 162;
P. n. 'Meadow Pastels' 162;
P. n. 'Party Fun' 162

Paradisea 206; *P. liliastrum* 206,
206
Passiflora **187**, 296; *P. alata* 296,
296; *P. caerulea* 168, **187**, *187*;
P. incarnata 296
Patrinia 206; *P. triloba* var. *palmata*
206
Paulownia 58, 78; *P. fargesii* 78;
P. tomentosa 78, **78**
Pelargonium 38, 253, 275, 296; *P.*
abrotanifolium 296; *P.* 'Attar
of Roses' 38, 297; *P.* 'Chocolate
Peppermint' 296; *P.* 'Citronella'
39, 296; *P.* 'Clorinda' 297;
P. crispum 'Major' 296; *P.*
denticulatum 297; *P.* Fragrans
Group 296; *P. gibbosum* 297;
P. graveolens 39, 297; *P.* 'Lady
Plymouth' 296; *P.* 'Mabel Grey'
296; *P. odoratissimum* 296; *P.*
'Prince of Orange' 297; *P.*
quercifolium 297; *P.* 'Rose' *296*;
P. tomentosum 40, 296; *P. triste*
297
Perovskia 105, 252; *P. atriplicifolia*
105; *P. a.* 'Blue Spire' 105; *P. a.*
'Mrs Popple' 105
Persicaria 126, 140, 141; *P. alpina*
140; *P. amplexicaulis* 'Alba'
126, 140; *P. polymorpha* 140; *P.*
polystachya 140; *P. wallichii* 30,
44, 126, 140
Petasites 140; *P. fragrans* 140; *P.*
japonicus 140
Petrocallis 206; *P. pyrenaica* 195,
206
Petroselinum 266; *P. crispum* 266;
P. c. 'Moss Curled' *266*
Petunia 42, 123, 162
Phacelia 162; *P. campanularia* 162;
P. c. 'Blue Wonder' *162*; *P.*
ciliata 162
Phasiolus caracalla 301
Philadelphus 8, 16, 67, 105, 253; *P.*
'Avalanche' 105; *P.* 'Beauclerk'
105, *105*, **270**; *P.* 'Belle Etoile'
105, *219*, **270**; *P. coronarius* 29,
67, 105; *P. c.* 'Aureus' 105; *P. c.*
'Variegatus' 105; *P. maculatus*
'Mexican Jewel' 67, 105; *P.*
'Manteau d' Hermine' *104*,
105; *P. microphyllus* 32, 105; *P.*
'Sybille' 67, 106; *P.* 'Virginal'
106
Phillyrea 61, 106; *P. angustifolia*
106; *P. decóra* 106; *P. latifolia*
106
Phlox 17, 29, 141, 194, 206; *P.*
caespitosa 206; *P.* 'Charles
Ricardo' 206; *P. divaricata* 196,
206; *P. d.* 'Clouds of Perfume'
206; *P. d.* 'May Breeze' 207;
P. hoodii 206; *P. maculata* 141;
P. m. 'Alpha' 141, *141*; *P. m.*
'Omega' 141; *P. paniculata*
141; *P. m.* 'Balmoral' 141; *P.
m.* 'Mount Fuji' 141; *P. m.*
'Sandringham' 141; *P. m.*
'White Admiral' 141
Phlomis fruticosa 251
Phuopsis; *P. stylosa* 15, 41
Picea 78; *P. breweriana* S. Watson
57
Pieris 23, 30, 106–7, 170; *P.*
'Forest Flame' 107; *P. formosa*
var. *forrestii* 107; *P. f.* var. *f.*
'Jermyns' 107; *P. f.* var. *f.*
'Wakehurst' 107; *P. japonica*

107; *P. j.* 'Christmas Cheer' 107,
107; *P. j.* 'Firecrest' 107, *107*
Pileostegia 170, 188; *P. viburnoides*
188
Pinellia 141; *P. cordata* 141
Pinus 78; *P. ayacahuite* 79;
P. bungeana 79; *P. contorta* 78;
P. nigra 78, *79*; *P. pinaster* 78;
P. radiata 79; *P. sylvestris* 57
Pittosporum 180, 274, 297;
P. daphniphylloides 180;
P. tenuifolium 170, 180;
P. tobira 29, *277*, *296*, 297
Plectranthus 18, 297; *P.*
madagascariensis 'Variegated
Mintleaf' 297
Plumeria 298; *P. rubra* 298, *298*,
P. r. f. *acutifolia* 298
Polianthes 30, **297**; *P. tuberosa* *297*,
297; *P. t.* 'The Pearl' 297
Polygonatum 141, 207; *P. hookeri*
207, *207*; *P.* x *hybridum* 141,
207; *P. odoratum* 207; *P. o.*
'Variegatum' 207
Poncirus 106; *P. trifoliata* *106*, **106**
Populus 79; *P.* 'Balsam Spire'
79; *P. balsamifera* 39, *79*, 79;
P. x *jackii* 'Aurora' 79; *P.*
trichocarpa 79, *79*
Primula 141–2, 207–8, 212–13, 298;
P. alpicola 198, 212; *P. a.* var.
violacea *213*; *P. anisodora* 213; *P.*
auricula 207; *P. a.* 'Argus' 207,
207; *P. a.* 'Blue Velvet' 207; *P.
a.* 'Bookham Firefly' 207; *P. a.*
'C.G. Haysom' 208; *P. a.* 'Chloe'
208; *P. a.* 'Chorister' 208; *P.
a.* 'Fanny Meerbeck' 208; *P.
a.* 'Joy' 207; *P. a.* 'Lovebird'
208; *P. a.* 'Mrs L. Hearn' *207*,
207; *P. a.* 'Neat and Tidy'
208; *P. a.* 'Old Irish Blue' 207;
P. a. 'Old Red Dusty Miller'
207; *P. a.* 'Old Yellow Dusty
Miller' 207; *P. a.* 'Rajah' 208;
P. chionantha 212; *P. florindae*
32, 45, 154, 198, *213*, 212; *P.*
helodoxa 198, 213; *P. ioessa*
212–13; *P. kewensis* 32, 276, *298*,
298; *P. latifolia* 208; *P. munroi*
213; *P. palinuri* 208; *P. prolifera*
198, 213; *P.* x *pubescens* 208, 208;
P. x *p.* 'Faldonside' 208; *P.* x
p. 'Freedom' 208; *P.* x *p.* 'Mrs
J.H. Wilson' 208; *P.* x *p.* 'Rufus'
208; *P.* x *p.* 'The General' 208;
P. reidii var. *williamsii* 194, 208;
P. sikkimensis 198, 213; *P. veris*
141; *P. viallii* 141; *P. viscosa* 208;
P. vulgaris *141*, 142; *P. wilsonii*
var. *anisodora* 38, 198, 213
Proboscidea; *P. louisianica* 162
Prostanthera 40, *170*, 274, 298; *P.*
cuneata 298, *299*; *P. melissifolia*
298; *P. ovalifolia* 298; *P.*
rotundifolia 298
Prunus 80; *P.* 'Amanogawa' 80;
P. hirtipes 'Semiplena' 80; *P.*
'Jo-nioi' *31*, **64**, 80, 80; *P. mume*
166, 180; *P. m.* 'Beni-chidori'
166, *180*, 180; *P. m.* 'Omoi-no-
mama' *166*, **166**, 180; *P. padus*
80, 80; *P. p.* 'Watereri' 80; *P.*
'Shirotae' 80; *P.* x *subhirtella*
'Autumnalis' 64; *P.* x *yedoensis*
30, **64**, 80
Pseudotsuga 80; *P. menziesii* 80
Ptelea 58, **81**; *P. trifoliata* *81*, **81**

Pterostyrax 81; *P. hispida* 81
Pyrus ; *P. salicifolia* 'Pendula' 252

Quisqualis 298; *Q. indica* 298

Reseda 30, 163; *R. odorata* 32, *163*, 163
Rhaphiolepis 180; *R. umbellata* 180, 180–1
Rhodiola 209; *R. rosea* 41, *209*, **209**
Rhododendron 107–10, 298–9; *R.* 'Anneke' 110; *R. arborescens* 107; *R.* 'Arctic Tern' 98; *R. atlanticum* 107, 198; *R. auriculatum* 107; *R. a.* 'Argosy' 107; *R. a.* 'Polar Bear' 107; *R. bakeri* 110; *R. campylogynum* Myrtilloides group 208; *R. cephalanthum* 208; *R. ciliatum* 107, 299; *R.* 'Countess of Haddington' 299; *R.* 'Daviesii' 110; *R. decorum* 108; *R. edgworthii* 109, 299; *R.* 'Exquisitum' 110; *R. flavidum* 208; *R. formosum* var. *inaequale* 299; *R. fortunei* 108; *R. f.* 'Albatross' 108; *R.* 'Fragrantissimum' 67, *299*, 299; *R.* Ghent group 109–10; *R. glaucophyllum* 108; *R.* 'Govenianum' 110; *R. griffithianum* 108; *R. groenlandicum* 98; *R. heliolepis* 108; *R. h.* subsp. *brevistylum* 108; *R.* 'Irene Koster' 110; *R. jasminiflorum* 299; *R.* 'Jim Russell' 299; *R.* Knap Hill group 110; *R. kongboense* 208; *R.* 'Lady Alice Fitzwilliam' 67, **197**, 299; *R.* 'Lapwing' 110; *R. lindleyi* 299; *R.* Loderi Group 108, **154**, **247**; *R.* 'Loderi King George' *24*, 67, 108; *R.* 'Loderi Pink Diamond' 108; *R.* 'Logan Early' 299; *R. luteum* 44, 67, *108*, 108; *R. maddenii* 19, 29; *R. m.* subsp. *crassum* 299; *R.* Mollis group 110; *R. moupinense* 109; *R.* x *mucronatum* 109; *R.* 'Nancy Waterer' 110; *R.* 'Narcissiflorum' 110; *R. occidentale* 108, 109, 110; *R.* Occidentale group 110; *R.* 'Odoratum' 110; *R. polyanthemum* 299; *R. primuliflorum* 'Doker-La' 208; *R. prinophyllum* 109; *R. roseum* 109; *R. rubiginosum* 109; *R. saluenense* 109; *R. sargentianum* 209; *R. serotinum* 109; *R.* 'Sesterianum' 299; *R.* 'Spek's Orange' *54*; *R.* 'Summer Fragrance' 299; *R. trichostomum* 29, 65, 98, *109*, 109, 197; *R.* 'Turnstone' 109; *R. viscosum* 109, 110, 198; *R.* 'Whitethroat' 110; *R. yedoense* var. *poukhanense* 109; Vireya 299
Rhus 110; *R. aromatica* 110, *110*
Ribes 110–11; *R. odoratum* 110, 110; *R. sanguineum* 41, 111
Robinia 58, 81; *R. pseudoacacia* 81; *R. p.* 'Frisia' 81
Romneya 181; *R. coulteri* 181; *R. c.* 'White Cloud' 181, 181
Rondeletia ; *R. amoena* 35
Rosa (rose); *R.* 'Adam Messerich' 220, 228; *R.* 'Agnes' 32, **218**,

232; *R.* 'Aimée Vibert' 223, 240; *R.* x *alba* 'Alba Semiplena' 219; *R.* 'Alba Maxima' 225; *R.* 'Alba Semiplena' 225; *R.* 'Albéric Barbier' 215, 243; *R.* 'Albertine' 243, *243*; *R.* 'Alec's Red' 215, 235; *R.* 'Alexandre Girault' 243; *R.* 'Alister Stella Gray' 240; *R.* 'Aloha' 223, 240, *240*; *R.* 'Amber Queen' 237; *R.* 'Apricot Nectar' 237; *R.* 'Apricot Silk' 235; *R.* 'Arthur Bell' 216, 237; *R.* 'Assemblage de Beautés' 224; *R. banksiae* var. *banksiae* 243; *R.* 'Baron Girod de l'Ain' 230; *R.* 'Belle de Crécy' 224; *R.* 'Belle Isis' 32, 224; *R.* 'Belle Portugaise' 240, 278; *R.* 'Blanche Double de Coubert' **216**, **218**, 232; *R.* 'Blessings' *235*, 235; *R.* 'Blue for You' 237; *R.* 'Blue Moon' 235, *235*; *R.* 'Blush Noisette' 242; *R.* 'Bobbie James' 25, 223, *243*, 243; *R.* 'Boule de Neige' 228, 229; *R. bracteata* 32, 243; *R. brunonii* 'La Mortola' 243; *R.* 'Buff Beauty' 231; *R.* 'Buxom Beauty' 235; *R.* 'Camayeux' 224; *R.* 'Capitaine John Ingram' 227–8; *R.* 'Cardinal de Richelieu' 224, *224*; *R.* 'Cardinal Hume' 239; *R.* 'Cécile Brünner' 216, 238, *239*, 240; *R.* 'Céleste' 219, *225*, 225; *R.* 'Céline Forestier' 240; *R. celsiana* 219, 226; *R.* x *centifolia* 227; *R.* x *c.* 'Cristata' *226*; *R.* x *c.* 'De Meaux' 227; *R.* x *c.* 'Muscosa' *228*, 228; *R.* x *c.* 'Shailer' s White Moss' 228; *R.* x *c.* 'White Bath' 228; *R.* 'Cerise Bouquet' 32, 217, 220, 234; *R.* 'Charles de Mills' *214*, 218, 224, *224*; *R.* 'Chinatown' 216, 220, 237; *R.* 'Claire Austin' 234; *R.* 'Climbing Cécile Brünner' 240; *R.* 'Climbing Château de Clos-Vougeot' 240; *R.* 'Climbing Columbia' 240, 278; *R.* 'Climbing Devoniensis' 240, 278; *R.* 'Climbing Ena Harkness' 240; *R.* 'Climbing Etoile de Hollande' 240; *R.* 'Climbing Lady Hillingdon' 240; *R.* 'Climbing Lady Sylvia' 240; *R.* 'Climbing Madame Abel Chatenay' 241; *R.* 'Climbing Mrs Herbert Stevens' 241; *R.* 'Commandant Beaurepaire' 229; *R.* 'Comte de Chambord' 226; *R.* 'Comtesse de Murinais' 228; *R.* 'Comtesse du Cayla' **231**; *R.* 'Conrad Ferdinand Meyer' 232; *R.* 'Constance Spry' 32, 223, 224, 241, *241*; *R.* 'Cornelia' 231; *R.* 'Crimson Glory' 223, 235; *R.* 'Cuisse de Nymphe' 226; *R.* 'Cupid' 223; *R.* 'Dainty Bess' 235; *R.* 'Daisy Hill' 239; *R.* 'De Resht' 61, 220, 226; *R.* 'Dearest' 237; *R.* 'Desprez à Fleur Jaune' 241; *R.* 'Duc de Guiche' 224; *R.* 'Duchesse de Montebello' 224; *R.* 'Dupontii' 32, 233, *233*; *R.* 'Dusky Maiden' 237; *R.* 'Dutch Gold' 235; *R.* 'Easlea' s Golden Rambler' 244; *R.* 'Eden Rose' *236*, 235; *R.*

eglanteria 217, 233; *R.* 'Elizabeth of Glamis' 237; *R.* 'Emily Gray' 244; *R.* 'Emperor du Maroc' 230; *R.* 'Ena Harkness' 223; *R.* 'English Miss' 237; *R.* 'Ernest H. Morse' 236; *R.* 'Especially for You' 236; *R.* 'Etoile d'Hollande' 223; *R.* 'Fantin-Latour' 219, *227*, 227; *R. fedtschenkoana* 32; *R.* 'Felicia' *216*, 220, 231; *R.* 'Félicité Parmentier' 225; *R.* 'Félicité Perpétue' 32, 223, 239, *244*, 244; *R.* 'Ferdinand Pichard' 44, 194, 220, 230; *R. filipes* 25; *R. f.* 'Kiftsgate' *244*, *244*; *R.* 'Flower Power' **238**; *R. foetida* 32, 217; *R. f.* 'Persiana' 232, 242; *R.* 'Fragrant Cloud' 215, 236, *236*; *R.* 'Fragrant Delight' 238; *R.* 'Francesca' 231; *R.* 'Francis E. Lester' 244; *R.* 'François Juranville' 244; *R.* 'Fritz Nobis' 32, 234, *234*; *R.* 'Fru Dagmar Hastrup' 220, 232, *232*; *R.* 'Frühlingsgold' 67, 217, 234, *234*; *R.* 'Frühlingsmorgen' 234; *R. gallica* ; *R. g.* var. *officinalis* 225; *R. g.* 'Versicolor' (Rosa mundi) 61, 194, *214*, 218, 222, 225, *225*; *R.* 'Général Kléber' 228; *R.* 'Gertrude Jekyll' 234; *R. gigantea* 241; *R.* 'Gloire de Dijon' 32, 223, 241; *R.* 'Gloire de Ducher' 230; *R.* 'Gloire des Mousseuses' 228; *R. glutinosa* 233; *R.* 'Goldbusch' *6*; *R.* 'Golden Wings' 220, *234*, 234; *R.* 'Goldfinch' 244; *R.* 'Grace' *38*; *R.* 'Graham Thomas' 32, 234; *R.* 'Great Maiden's Blush' 219, 226; *R.* 'Guinée' 223, 241, *241*; *R.* x *harisonii* 'Harison's Yellow' 233; *R.* 'Headleyensis' 233; *R. helenae* 244; *R.* 'Honorine de Brabant' 220; *R.* 'Hot Chocolate' 238; *R.* 'Ice Cream' 236; *R.* 'Indian Summer' 236; *R.* x *jacksonii* 'Max Graf' 32, 239; *R.* 'Jacques Cartier' 226; *R.* 'Josephine Bruce' 236; *R.* 'Just Joey' 236, *236*; *R.* 'Katharina Zeimet' 239; *R.* 'Kathleen Harrop' 241, *241*; *R.* 'Kew Rambler' 244; *R.* 'Königin von Dänemark' *221*, 226; *R.* 'Korresia' 238; *R.* 'La Follette' 241, 278; *R.* 'La France' 236; *R.* 'La Ville de Bruxelles' 219, 226; *R.* 'Lady Hillingdon' 32, 223; *R.* 'Lady Sylvia' 215, 236; *R. laevigata* 244; *R.* 'L'Aimant' 238; *R.* 'Lawrence Johnston' 223, 242; *R.* 'Leverkusen' 242; *R.* 'Little White Pet' 32, 216, 239; *R. longicuspis* 244; *R.* 'Louise Odier' 229; *R.* 'Madame Abel Chatenay' 223; *R.* 'Madame Alfred Carrière' 170, 215, 223, 242; *R.* 'Madame Butterfly' 215, 223, 236; *R.* 'Madame Grégoire Staechelin' 223, 242; *R.* 'Madame Hardy' 219, 226, *226*; *R.* 'Madame Isaac Pereire' 220, 223, *228*, 229; *R.* 'Madame Knorr' 220, 226; *R.* 'Madame Lauriol de Barny' 229; *R.* 'Madame Legras de Saint

Germain' 219, 226; *R.* 'Madame Pierre Oger' 229; *R.* 'Madame Plantier' 223, 226; *R.* 'Maigold' *242*, 242; *R.* 'Mama Mia!' 236; *R.* 'Marchesa Boccella' 220, 226; *R.* 'Maréchal Davoust' 228; *R.* 'Maréchal Niel' 242, 278; *R.* 'Margaret Merril' 216, 237, 238, *239*; *R.* 'Max Graf' 32, 239; *R.* 'Mervrouw Nathalie Nypels' 239; *R.* 'Mister Lincoln' 236; *R.* 'Molineux' *6*; *R.* 'Moonlight' 231; *R. moschata* 25, 244; *R.* 'Mousseline' 228; *R.* 'Mrs Anthony Waterer' 232; *R.* 'Mrs John Laing' 230; *R.* 'Mrs Mullard Jubilee' 236; *R. mulliganii* 25, 32, 244; *R.* 'Multiflora' 243, 244–5; *R.* 'Munstead Wood' 234; *R.* 'Nevada' 217; *R.* 'New Dawn' 170, 242, *242*; *R.* 'Noisette Carnée' 32, 223, 242; *R.* 'Nuits de Young' 219, 228; *R.* 'Nymphenburg' 32, 220, 234; *R.* x *odorata* 'Pallida' (Old Blush China) 220, 222, 231, **231**; *R.* 'Ophelia' 215, 236; *R.* 'Papa Meilland' 236; *R.* 'Paul Shirville' 236, *237*; *R.* 'Paul Transon' 245, *245*; *R.* 'Paul's Himalayan Musk' 245; *R.* 'Paul's Lemon Pillar' 223, 242; *R.* 'Penelope' 231; *R.* 'Perle d' Or' 239; *R.* 'Petite de Hollande' 219, 227; *R. pimpinellifolia* 217, 233; *R.* 'Président de Sèze' 218, 225; *R.* 'Pretty Jessica' 234; *R.* 'Prima Ballerina' 215, 237; *R. primula* 39, 42, 217, 233, *233*; *R.* 'Princess of Wales' 238, *239*; *R. pulverulenta* 233; *R.* 'Queen of Bourbons' 28; *R.* 'Queen of Denmark' 226; *R.* 'Rambling Rector' 223, 245; *R.* 'Regensburg' **238**; *R.* 'Reine des Violettes' 230; *R.* 'Reine Victoria' 229; *R.* 'Rêve d'Or' *6*; *R.* 'Robert le Diable' 227; *R.* 'Roseraie de l'Hay' *216*, 232, *232*; *R. rubiginosa* 39, 42, 61, 217, 222, 233; *R. rugosa* 217, 232; *R. r.* 'Alba' **218**, *218*, 232; *R.* 'Sanders' White Rambler' 245; *R.* 'Sarah van Fleet' 220, 232; *R.* 'Scabrosa' 220, 232; *R.* 'Scepter'd Isle' 234; *R.* 'Scintillation' 239; *R.* 'Seagull' 223, 245; *R.* 'Sheila' s Perfume' 238; *R.* 'Silver Jubilee' *237*, 237; *R.* 'Simply the Best' 237; *R.* 'Sombreuil, Climbing' 242, 278; *R. soulieana* 204; *R.* 'Souvenir d'Alphonse Lavallée' 230; *R.* 'Souvenir de Claudius Denoyel' 242; *R.* 'Souvenir do Docteur Jamain' 230; *R.* 'Souvenir de la Malmaison' 223, 229, *229*; *R.* 'Souvenir du Docteur Jamain' 230; *R. spinosissima* 67, 217, 233, 242; *R.* 'Stanwell Perpetual' 217, 233; *R.* 'Sweet Dream' *238*, **238**; *R.* 'The Countryman' 235; *R.* 'The Garland' 32, 245, *245*; *R.* 'The Generous Gardener' 235; *R.* 'Tour de Malakoff' 227; *R.* 'Tricolore de Flandre' 225; *R.* 'Tuscany Superb' *225*, 225; *R.* 'Vanity' 231, *232*; *R.* 'Variegata

di Bologna' *229*, 229; *R.*
'Veilchenblau' 245; *R.* 'Wedding
Day' *245*, 245; *R.* 'Wendy
Cussons' 237; *R.* 'Whisky Mac'
215, 237; *R.* 'White Wings'
235, 237; *R. wichurana* 32, 45,
223, 242, 243, 244, 245; *R.* 'Wild
Edric' 61, 235, **247**; *R.* 'William
Lobb' (Old Velvet Moss) 219,
227, 227, 228; *R.* 'Wisley' *6*; *R.*
'Yesterday' 239; *R.* 'Yvonne
Rabier' 239; *R.* 'Zéphirine
Drouhin' 215, 241, 242
Rosmarinus 252, 266; *R. officinalis*
266, 266; *R. o.* var. *albiflorus*
'Lady in White' 266; *R. o.*
'Aureus' 266; *R. o.* 'Benenden
Blue' 266; *R. o.* 'Fota' 266;
R. o. 'Green Ginger' 266; *R.
o.* 'Majorca Pink' 266; *R. o.*
'Miss Jessopp's Upright' 266;
R. o. 'Severn Sea' 266; *R. o.*
'Sissinghurst' 266
Rubus 111; *R. cockburnianus*
'Goldenvale' *22*; *R. odoratus* 111
Ruta 251, 267; *R. graveolens*
'Jackman's Blue' **267**, *267*

Salix 55, 111, 120; *S. aegyptiaca* 111,
198; *S. medemii* 111; *S. pentandra*
81, 111, 198; *S. pyrifolia* 111; *S.
triandra* 111, 198
Salvia 128, 142, **181**, 251, 275,
300; *S. clevelandii* 'Winnifred
Gilman' 300; *S. confertiflora*
42, 128, 300, *300*; *S. discolor*
18, 39, 253, 300, *300*; *S.
dorisiana* 39; *S. elegans* 253;
S. e. 'Scarlet Pineapple' 39,
300, *300*; *S. gesneriiflora* 41; *S.
glutinosa* 142; *S. lavandulifolia*
266; *S. microphylla* 39, 128,
181, **181**, 253; *S. officinalis*
266-7; *S. o.* 'Albiflora' 266;
S. o. 'Berggarten' 266;
S. o. 'Icterina' 266; *S. o.*
'Purpurascens' 266; *S. o.*
'Tricolor' *266*, 266; *S. rutilans*
300; *S. sclarea* var. *turkestanica*
41; *S. uliginosa* 128, 142;
Sambucus 62, 111; *S. nigra* 111,
111; *S. n.* 'Laciniata' 111; *S. n.*
subsp. *canadensis* 'Maxima' 111;
S. racemosa 'Plumosa Aurea'
111
Sanguisorba 267; *S. minor* 267
Santolina 10, 39, 61, 251, 261, 267,
305; *S. chamaecyparissus* 267,
267; *S. pinnata* subsp. *neapolitana*
267; *S. rosmarinifolia* subsp.
rosmarinifolia 267; *S. virens* 267;
S. viridis 267
Saponaria 126, 142; *S. officinalis*
142; *S. o.* 'Alba Plena' 142
Sarcococca 33, 42, 65, 111-12, **190**;
S. confusa 111-2; *S. hookeriana*
var. *digyna* 111-2; *S. hookeriana*
var. *humilis* 16, 112, *112*; *S.
ruscifolia* var. *chinensis* 112
Satureja 267; *S. douglasii* 267; *S.
hortensis* 267; *S. montana* 268,
268; *S. spicigera* 268
Saururus 213; *S. cernuus* **213**, *213*
Scabiosa 163; *S. atropurpurea* 163;
S. a. 'Ace of Spades' 163
Schisandra 170, 188; *S. chinensis*
188; *S. grandiflora* 188;
S. rubriflora 188, *188*

Schizopetalon 163; *S. walkeri* 30,
163
Schizophragma 188; *S.
hydrangeoides* 188; *S.
integrifolium* 188; *S. walkeri* 123;
Scilla 20, 153; *S. autumnalis* **153**,
154; *S. mischtschenkoana* **153**,
194; *S. sibirica* **153**, *153*
Sedum 209; *S. populifolium* *208*,
209; *S. rhodiola* *41*, **209**; *S. rosea*
209
Selenicereus 300; *S. grandiflorus*
300
Silene 142; *S. nutans* 142
S. noctiflora 142
Sisyrinchium filifolium 205
Skimmia 20, 30, 65, 112, 170; *S.
anquetilia* 112; *S.* x *confusa*
'Kew Green' 112; *S. japonica*
112; *S. j.* 'Foremanii' 112; *S. j.*
'Fragrans' 112; *S. j.* 'Nymans'
112; *S. j.* 'Rubella' 112, *112*; *S.
j.* subsp. *reevesiana* 112; *S. j.*
'Veitchii' 112; *S. laureola* 112
Smilacina 257; *S. racemosa* 138, 142
Smyrnium ; *S. perfoliatum* **147**
Solandra 300; *S. grandiflora* 301; *S.
maxima* 300-1
Sorbus 35; *S. vilmorinii* 35
Spartium 112; *S. junceum* 67, 112,
113
Stachys 209; *S. citrina* 194, 209
Stanhopea 295; *S. tigrina* 295
Stapelia 27
Staphylea 112; *S. colchica* *113*, 112
Stauntonia 188, 301; *S. hexaphylla*
188, 188, *301*, 301
Stephanotis 29, 301; *S. floribunda*
275, 301, *301*
Stewartia 58, 82; *S. sinensis* 82, *82*
Styrax 58, 82; *S. japonicus* 82, *82*;
S. obassia 82
Syringa 113-14; *S.* x *chinensis* 113;
S. x *hyacinthiflora* 113; *S.* x *h.*
'Clarke's Giant' 113; *S.* x *h.*
'Esther Staley' 113; *S.* x *josiflexa*
'Bellicent' 113; *S. meyeri*
'Palibin' 113; *S. microphylla*
'Superba' 65, 113, *114*; *S.* x
persica 113; *S.* x *p.* 'Alba' 113,
114; *S.* x *prestoniae* 113-4; *S.* x *p.*
'Audrey' 114; *S.* x *p.* 'Elinor'
114; *S.* x *p.* 'Isabella' 114; *S.*
sweginzowii 114; *S. vulgaris* 114;
S. v. 'Andenken an Ludwig
Späth' 114; *S. v.* 'Charles Joly'
114; *S. v.* 'Firmament' 114; *S. v.*
'Katherine Havemeyer' 114; *S.
v.* 'Madame Lemoine' 114; *S. v.*
'Souvenir de Louis Spaeth' 114

Tagetes 163, 268; *T. lucida* 268, *268*
Tanacetum 268; *T. parthenium* 254,
268, 268; *T. vulgare* 39, 268
Taxus 58
Tellima 142; *T. grandiflora* Rubra
Group 120, 142, *143*
Tetradium 82; *T. daniellii* 82, *83*
Teucrium 251, 268; *T. chamaedrys*
268; *T. fruticans* 251; *T. marum*
268
Thalictrum 142; *T. actaeifolium*
'Perfume Star' 142; *T. omeiense*
142; *T. punctatum* 142
Thlaspi 209; *T. cepaeifolium* subsp.
rotundifolium 195, 209
Thuja 62, 82, 114; *T. koraiensis*
82; *T. occidentalis* 114; *T. o.*

'Danica' 114; *T. o.* 'Emerald'
114; *T. o.* 'Ericoides' 114;
T. o. 'Holmstrup' 114, *115*;
T. o. 'Rheingold' 114; *T. o.*
'Smaragd' 114; *T. o.* 'Sunkist'
114; *T. plicata* 39, 58, 82, 114;
T. p. 'Atrovirens' 58, 61; *T. p.*
'Rogersii' 114; *T. p.* 'Stoneham
Gold' 114; *T. p.* 'Zebrina' 114;
T. standishii 83
Thymus 254, 268-9, *269*; *T.*
'Aureus' 269; *T. azoricus*
269; *T.* 'Bressingham'
269; *T. caespititius* 269; *T.
citriodorus* hort. 39, 269; *T.
c.* hort. 'Silver Queen' 269;
T. 'Culinary Lemon' 269; *T.
'Fragrantissimus' 269; *T. herba-
barona* 269; *T. pseudolanuginosus*
269; *T. pulegioides* 269; *T.
serpyllum* 254, 269; *T. s.* 'Pink
Chintz' *269*, 269; *T. vulgaris* 254,
269
Tilia 55, 83; *T. cordata* 58, 83, *83*;
T. x *euchlora* 83; *T.* 'Petiolaris'
57, 83
Trachelospermum 29, 188, 278;
T. asiaticum *188*, 188-9; *T.
jasminoides* 168, 189, *278*; *T. j.*
'Variegatum' *189*, 189
Trillium 209; *T. luteum* 197, 209,
209
Tropaeolum 163; *T. majus* 163; *T.
m.* 'Gleam' 163
Tulipa 152-3, *154-5*, 194; *T.*
'Apricot Beauty' 153; *T.
aucheriana* 152; *T.* 'Ballerina'
153; *T.* 'Bellona' 153; *T.*
'Brazil' 153; *T. clusiana* 153;
T. 'General de West' 153; *T.*
'Lighting Sun' 153; *T.* 'Orange
Favourite' 153; *T.* 'Prince of
Austria' 153; *T. saxatilis* 153; *T.
sylvestris* 153, *153*; *T. tarda* 153

Ugni 181; *U. molinae* 181
Ulex 114; *U. europaeus* 'Flore
Pleno' 114, *115*
Umbellularia 115; *U. californica* 67,
115

Valeriana 143; *V. officinalis* 123,
142, **154**, *216*
Vanda 295; *V. parishii* 295;
V. tricolor *295*, 295
Vandopsis 295; *V. parishii* 295
Verbascum 252; *V.* 'Helen
Johnson' *305*
Verbena 20, 42, 123, 143, 163; *V.
bonariensis* 126, 143, 205; *V.* x
hybrida 163; *V.* x *h.* 'La France'
163; *V.* x *h.* 'Showtime' 163
Viburnum 20, **64**, 115-16, 198; *V.
awabuki* 115; *V.* x *bodnantense*
115; *V.* x *b.* 'Charles Lamont'
63, 115; *V.* x *b.* 'Dawn' 115; *V.* x
b. 'Deben' 115; *V.* x *burkwoodii*
64, *64*, 115-16, 170; *V.* x *b.* 'Anne
Russell' 115; *V.* x *b.* 'Fulbrook'
115; *V.* x *b.* 'Park Farm' 116; *V.*
x *carlcephalum* 115; *V. carlesii*
29, **64**, 116; *V. c.* 'Aurora' 116;
V. c. 'Charis' 116; *V. c.* 'Diana'
116, *116*; *V. farreri* 116, 166;
V. x *juddii* 29, **64**, 116; *V.
odoratissimum* hort. 115; *V. tinus*
116; *V. tinus* 'Eve Price' 116

Viola 143; *V.* 'Aspasia' 143;
V. cornuta 143; *V.* 'Inverurie
Beauty' 143; *V.* 'Little David'
143, 194; *V.* 'Maggie Mott' 143;
V. 'Mrs Lancaster' 143, 194; *V.
obliqua* 143 *V. odorata* 30, 120,
143, *143*; *V. o.* 'Coeur
d'Alsace' 143
Vitex 181; *V. agnus-castus* 181

Wattakaka sinensis 286
Weigela 91, 116-17; *W.* 'Mont
Blanc' 116; *W.* 'Praecox
Variegata' 117
Wisteria 189; *W. brachybotrys*
'Shiro-kapitan' 189, *190*, **190**;
W. floribunda 167, 189; *W. f.*
'Macrobotrys' 189; *W. f.*
'Multijuga' 189; *W. sinensis* 76,
189, *189*; *W. s.* 'Alba' 189; *W. s.*
'Prolific' 189; *W. venusta* 'Alba'
189

Xanthorhiza 117; *X. simplicissima*
117, *117*

Ypsilandra 143; *Y. thibetica* 143
Yucca 62, 117; *Y. filamentosa* 117;
Y. flaccida 117; *Y. gloriosa* 117

Zaluzianskya 163; *Z. capensis* 163;
Z. ovata 163; *Z. villosa* 163
Zanthoxylum 117; *Z. piperitum* 117
Zenobia 117; *Z. pulverulenta* 117

【英名】
acacia, false 81
acidanthera 278, 289
Adam's needle 117
Algerian iris 119, 137
almond-leaved willow 111
alpine basil 258
alpine poppy 206
Amazon lily 287
American arborvitae 114
American swamp lily **213**
angelica 258
angel's trumpet 282
apothecary's rose 225
applemint 264
apricot, Japanese 120, 180
Arabian jasmine 292
arborvitae 82, 83, 114
Arizona cypress, smooth 74
arum 35
ash 75
asphodel 131
Atlas cedar 71
Australian frangipani 291
Austrian pine 78
azalea 67

baboon flower 281
bagbane 130
baldmoney 139
balm 251
balm of Gilead 70, 79
balsam fir 70
balsam poplar 55, 79
balsam willow 111
basil 257
bastard balm 139
bayberry 102
bay laurel 253, 262
bay willow 81, 111, 198
beach pine 78
bearded iris 123
bee balm 264

bergamot 254
bergamot balm 264
bergamot mint 264
bigbud hickory 71
birch 71
bird cherry 80
birds' eyes 157
black birch 71
black cottonwood 79
black locust 81
black walnut 75
bladdernut 112
blue Atlas cedar 71
bluebell **147**
blue woodruff 156
bog arum 211
bog myrtle 102, 198
borage 259
bottlebrush buckeye 84
Bowles' mint 264
box **61**
brass buttons 198, 210
breath of heaven 286
broom (*Cytisus*) 252, 273
broom (*Genista*) 94
buddleja mint 264
burnet rose 233
burning bush 124, 134
bush basil 265
butterfly bush *26*, 84

cabbage rose 227
California laurel 115
California tree poppy 181
camomile 260
Campernelle jonquil 152
candytuft 158
capa de oro 300
Cape blue waterlily 294
Cape hyacinth 146
Cape jasmine **288**
caraway 260
cardamom 287
carnation 286
Carolina jasmine 288
Carolina silverbell 75
catmint 139
cedar (*Cedrus*) 71
cedar (*Thuja*) 82
cedar of Lebanon 72
Chalice vine 300
chaste tree 181
Cheddar pink 202
cherry pie 158, 290
chervil 258
Chilean guava 181
Chilean laurel 178
Chinese gooseberry 182
Chinese jasmine 292
Chinese juniper 97
Chinese lilac 113
Chinese wisteria 189
Chinese witch hazel 95
Chilean jasmine 293
chives 258
Christmas box 111
cider gum 75
cilantro 260
clove currant 110
common candytuft 158
common elder 111
common garden Verbena 164
common hawthorn 73
common honeysuckle 187
common jasmine 185
common juniper 97
common lavender 262
common lilac 114

common marjoram 265
common moss 228
common myrtle 180
common peony 140
common purple bearded iris 137
common rosemary 266
common snowdrop 146
common thyme 269
common valerian 143
common wax flower 290
confederate jasmine 189
Cootamunda wattle 280
coriander 260
corkscrew vine 301
Cornelian cherry dogwood 89
corn mint 263
Corsican mint 264
cottage garden mock orange 105
cottage pink 222
cotton lavender 267
cowslip 141
crab apples 77
creeping savory 268
creeping thyme 269
Crimean mint 264
cup of gold 300
currant 110, 111
curry plant 261
cypress 73

daisy bush 102
daylily 135
dead nettle 139
deodar 72
dill 258
dittany 205
dogwood 89
double white Banksian rose 243
dragon's head 157
Dutchman's pipe cactus 287

early cream honeysuckle 186
early Duch honeysuckle 187
Easter lily 293
Easter lily cactus 286
eau-de-Cologne mint 264
eglantine 233
elder 111
empress tree 78
English bluebell 147
English marjoram 265
English thyme 269
English walnut 75
epaulette tree 81
evening primrose 32

false acacia 81
false balm of Gilead 283
false cypress 72
false Solomon's seal 122, 138
Farrer's marble martagon 148
fennel 261
ferns 134;
feverfew 254, 268
fir 70
fishbone cactus 287
flag 210
fleur de lune 158
florist's hyacinth 147
florist's mimosa 280
flowering ash 75
flowering currant 111
flowering raspberry 111
foxglove tree 78
frangipani 298
French lavender 263
French marjoram 265
French tarragon 259

fringe tree 87

galingale 210
garland flower 194, 201
garlic 258
gentian 193
germander 251, 268
giant fir 70
giant Himalayan cowslip 198, 212
giant Himalayan lily 144
giant lily 125, 275
ginger lily 26, 275, 289
ginger mint 264
gladwin iris 136
gloxinia 162
golden-rayed lily of Japan 148
grape hyacinth 120
Great Double white 225
guava, Chilean 181
gum 74

hawthorn 73
heather 92
heliotrope 158, 290
Herald vine 281
herb bennet 261
hickory 71
hinoki false cypress 73
holm oak 106
honesty 122, 137
honeysuckle 99, 186
hop tree **81**
horse chestnut 70
horse mint 212, 264
hyacinth 147
hyssop 261

Iceland poppy 162
Indian bean tree 71
Irish juniper 97
Italian yellow jasmine 178

Jacobite Rose 225
Japanese anemone 125
Japanese apricot 120, 180
Japanese arborvitae 83
Japanese flowering crabapple 77
Japanese pepper 117
Japanese pittosporum 297
Japanese snowbell 82
Japanese wisteria 189
jasmine 178, 185, 186, 292
Jim sage 300
jonquil 151
Juniper 76, 97
Jupiter's distaff 142

Kahili ginger 290
knotted marjoram 265
kohuhu 180
Korean arborvitae 82
Korean azalea 109

Labrador tea 98
lace-bark pine 79
ladybell 130
lady of the night 282
lady tulip 152
lamb's ears 209
laurustinus 116
lavender 251, 262
Lawson's false cypress 72
lemon 283
lemon balm 254, 263
lemon bergamot 264
lemon-scented basil 265
lemon-scented gum 287
lemon thyme 269

lemon verbena 253, 274, 280
lilac 113
lily 26, 125, 144, 148-150, 275, 287, 289, 291, 293, 296
lily tree 76
lily of the valley 30, 120, 133
lily of the valley tree 284
lime 83
lime basil 265
lizard's tail **213**
loquat **177**
lovage 263
lupin 138

Madagascar jasmine 301
Madonna lily 148
manna ash 75
manuka 292
marigold 156
maritime pine 78
marjoram 205, 252
martagon 148
may 73
meadow foam 159
meadowsweet 211, 254
Mexican orange blossom 175
Mexican white pine 79
mezereon 90
mignonette 32, 163
mint 211, 251, 263
mint bush 298
mint chocolate 264
minty basil 264
mock orange 105, 253
mockernut 71
money plant 137
monks hood 125
Monterey pine 79
moonflower 158
Moroccan broom 167, 176
Mount Etna broom 94, 253
mountain snowdrop tree 75
musk willow 111
myrtle 167, 177, 223
myrtle 252

Nankeen lily 149
nasturtium 163
Natal plum 282
New Zealand cabbage tree 89
New Zealand holly 103
New Zealand tea tree 292
night-scented stock 161
Nottingham catchfly 142

old man's bread 183
old pink moss 228
old warrior 259
oleaster 92
onion 258
orange ball tree 85
orchids 294–5
Oregano 265
Oregon Douglas fir 80
Oregon grape 101
oriental popy 139

paper bush 176
parsley 266
partridge berry 94
partridge berry 102
passionflower 223, 296
pastel beauty 137
pennyroyal 212
peony 140
peppermint 264
perennial honesty 122, 137
Persian lilac 113

Persian violet 157
Persian walnut 75
peruvian daffodil 291
pheasant's eye 152
pine 78
pineapple sage 253, 300
plum-tart iris 137
poached egg flower 159
poplar 79
poppy 162, 206
pot jasmine 292
pot marigold 156
primrose 142
Prince Rupert geranium 296
privet 98

Queen of Denmark 226
queen of the night 300
Queensland silver wattle 280
quince 57, 74

Rangoon creeper 298
red-hot poker 116
rocket candytuft 158
rock rose 87
rose 224-245
rosemary 252, 266
roseshell azalea 109
Rouen lilac 113
royal jasmine 186
rue 39, 251, 267
Russian olive 92
Russian sage 105

sage (*Perovskia*) 105
sage (*Salvia*) 142, 251, 266
St Bruno's lily 206
salad burnet 267
sand verbena 156
savin 98
savory 267, 268

scented geranium 275
Scotch laburnum 76
Scottish rose 233
sea kale 133
sea lily 296
Seville orange 283
Siberian purslane 132
silver wattle 280
small-leaved lime 83
smooth Arizona cypress 74
snail vine 301
snake's head 120, 146
snapdragon 156
snowdrop 146
snowdrop windflower 200
snow gum 75
soapwort 142
Solomon's seal 134, 138, 141, 207
southernwood 259
Spanish bluebell 147
Spanish broom 19, 112
Spanish dagger 117
Spanish jasmine 186
Spanish sage 266
spearmint 264
spice bush 37, 99
spider lily 291
spignel 139
spring snowflake 120, 148
spruce 78
spurge laurel 90
star jasmine 168, 189
stinking iris 136
stock 160
summer savory 267
summer snowflake 148
swamp honeysuckle 109
sweet alyssum 127, 159
sweet basil 265
sweet bay 77
sweet birch 71

sweet box 111
sweet briar 233
sweet cicely 264
sweet fern 37, 88, 198
sweet flag 210
sweet gale 102
sweetheart rose 238
sweet peas 159
sweet pepper bush 88, 198
sweet rocket 29, 123, 158
sweet sultan 127, 156
sweet violet 120, 143
sweet William 157

tansy 268
tarragon 259, 268
Tasmanian snow gum 74
tea tree 292
thyme 254, 268
tiger lily 125
Tingiringi gum 74
tobacco flower 123, 161
torch cactus 286
traveller's joy 183
tree lupin 19, 99, *129*
tree heather 92
tree onion 258;
tree peony 104
tuberose 297
true Musk rose 244
twin flower **204**

unicorn plant 162

variegated apple-mint 264
violet cress 158

wallflower 29, 157, 204
wall germander 251, 268
walnut 58, 75
Warminster broom 90

water hawthorn 210
water mint 212
water violet 211
wattle 280
wax flower 273, 290
wax myrtle 102
weeping silver lime 83
weeping silver pear 252
Welsh onion 258
Western red cedar 82, 114
white cedar 114
white false cypress 73
white ginger lily 289
white peppermint 264
white Rose of York 225
wild celery 259
willow 81, 111
windmill jasmine 292
wind mint 263
wind thyme 269
wintergreen 94
winter heliotrope 140
wintyer savory 268
winter's bark 176
winter daphne 285
winter iris 165
winter jasmine 165
wintersweet 30, 165, 175
winter tarragon 268
wirilda 280
witch hazel 95, 120
woodruff 261
wormwood 259

yellow bog arum 211
yellow lupin 159
yellowroot **117**
yellow wood 73
yerba buena 267
yulan 76

ZONE RATINGS ［最低気温を示す気温帯のゾーン（Z）値表現］

それぞれの植物について、耐寒性の度合いをZとそれに続く数値で記した。冬に屋外で育てることができる最低の気温として参考にして頂きたい。とは言え、寒さに対する耐性は、根張りの深さ、霜が降りた時の土壌の含水量、寒い期間がどのくらい続くのか、風の強さ、直前の夏の長さやその暑さ、などさまざまな要因で変化するので、あくまで大体の目安である。

各ゾーンの示すおおよその年間平均最低気温帯は以下の通り。

Z1	−45°C 以下		Z6	−23°C から−18°C
Z2	−45°C から−40°C		Z7	−18°C から−12°C
Z3	−40°C から−34°C		Z8	−12°C から−7°C
Z4	−34°C から−29°C		Z9	−7°C から−1°C
Z5	−29°C から−23°C		Z10	−1°C から4°C

参考文献

香り

Brownlow, Margaret *Herbs and the Fragrant Garden* Darton, Longman and Todd, London, 1963

Genders, Roy *Scented Flora of the World* Robert Hale, London, 1977

Hampton, F. A. *The Scent of Flowers and Leaves* Dulau & Co., London, 1925

Proctor, Michael and Yeo, Peter *The Pollination of Flowers* Collins, London, 1973

Sanecki, Kay N. *The Fragrant Garden* Batsford, London, 1981

Thomas, Graham Stuart *The Art of Planting* Dent, London, 1984; Godine, Boston, 1984

Verey, Rosemary *The Scented Garden* Michael Joseph, London, 1982; Van Nostrand Reinhold, New York, 1981

Wilder, Louise Beebe *The Fragrant Garden* Dover, New York, 1974

植物全般

Austin, David *The English Rose* Conran Octopus, London, 2011

Beales, Peter *Classic Roses* Collins Harvill, London and Glasgow, 1985; Henry Holt & Co., New York, 1985

—— *Twentieth Century Roses* Collins Harvill, London, 1988; Harper & Row, New York, 1989

Bean, W. J. *Trees and Shrubs Hardy in the British Isles* (4 volumes) John Murray, London, (8th edition) 1980

Beckett, Kenneth A. (ed.) *The RHS Encyclopaedia of House Plants* Century, London, 1987

Chatto, Beth *The Damp Garden* Dent, London, 1982

Cox, Peter *The Smaller Rhododendrons* Batsford, London, 1985

—— *The Larger Species of Rhododendrons* RHS/Batsford, London, 1979

Cubey, Janet, Edwards, Dawn and Lancaster, Neil (eds.) *RHS Plant Finder 2014* Royal Horticultural Society, 2013

Evans, Alfred *The Peat Garden and its Plants* Dent, London, 1974

Fox, Derek *Growing Lilies* Croom Helm, Kent, 1985

Grey-Wilson, Christopher and Matthews, Victoria *Gardening on Walls* Collins, London, 1983

Harper, Pamela and McGourty, Frederick *Perennials* HP Books, Los Angeles, 1985

Ingwersen, Will *Manual of Alpine Plants* Ingwersen & Dunnsprint, Sussex, 1978

Lloyd, Christopher and Bennett, Tom *Clematis* Viking, London, 1989; Capability's Books, Deer Park, Wisconsin, 1989

Matthew, Brian *Dwarf Bulbs* Batsford, London, 1973

—— *The Larger Bulbs* Batsford, London, 1978

Paterson, Allen *Herbs in the Garden* Dent, London, 1985

Perry, Frances *Water Gardening* Country Life, London, 1985

Rogers Clausan, Ruth and Ekstrom, Nicolas *Perennials for American Gardens* Random House, New York, 1989

Royal Horticultural Society *Dictionary of Gardening* Oxford University Press, 1951

Thomas, Graham Stuart *Climbing Roses* Dent, London, 1965

—— *Perennial Garden Plants* Dent, London, 1976; McKay, New York, 1977

—— *Shrub Roses of Today* Dent, London, 1974

—— *The Old Shrub Roses* Dent, London, 1979; Branford Newton Centre, MA, 1979

—— *The Rock Garden and its Plants* Dent, London, 1989; Timber Press, Portland, OR, 1989

Wyman, Donald *Wyman's Gardening Encyclopedia* Macmillan, New York, 1986

塚本洋太郎 『園芸植物大事典』 コンパクト版、全3巻、小学館、1994 年
田中學 『植物の学名を読み解く―リンネの「二名法」―』 朝日新聞社、2007 年

謝 辞

このプロジェクトの実現に向けてさまざまなご配慮を頂いた Frances Lincoln 社の Helen Griffin 氏と Nicki Davis 氏、見事な写真を提供くださった Andrew Lawson 氏に感謝申し上げたい。また、植栽プランをデザインし図面化をお手伝い頂いた Matteo la Civita 氏、美しく着色してくださった Kathryn Pinker 氏にも厚く御礼申し上げる。

図版出典

L = left, R = right, C = centre, T = top, B = bottom

26 Pyrkeep, 27 knin, 40 V.J. Matthew, 71R Ilko Iliev, 73L Paul J Martin, 73R clearimages, 75 Bernd Schmidt, 77L Jorge Salcedo, 78R Galushko Sergey, 81 Georg Slickers, 83L Aleksander Bolbot, 84L LianeM, 85R P.Tummavijit, 88R Kostyantyn Ivanyshen, 89 Magnus Manske, 93R Phil Robinson, 94R B747, 96C MRTfotografie, 99L Eugene Berman, 101L almgren, 101C Alena Brozova, 101R Steve Bower, 104L KULISH VIKTORIIA, 106 Mykhaylo Palinchak, 111 A_Lein, 112L mitzy, 113L Kathy Burns-Millyard, 115R MIMOHE, 127 Laura Bartlett, 130 Bildagentur Zoonar GmbH, 131R Megan R. Hoover, 133 Elena Elisseeva, 134L Repina Valeriya, 34C Bildagentur Zoonar GmbH, 134R Emily Goodwin, 135L hjschneider, 139L Debu55y, 140R Serge Vero, 141R Colette3, 143L Martin Fowler, 145R sarra22, 146C Ying Geng, 147 hanmon, 148T Kuttelvaserova Stuchelova, 148B Sementer, 153T ekawatchaow, 156L mikeledray, 157L V. J. Matthew, 157R Mark III Photonics, 158L Vladimir Arndt, 158R LianeM, 161R Eva Gruendemann, 162C Becky Sheridan, 175TR Inomoto, 182R Lijuan Guo, 185R giulianax, 187 pjhpix, 189R khds, 199 Hiyoman, 200L kukuruxa, 206L Bos11, 209T Jeff Kinsey, 209B Sever180, 210R dabjola, 211BR PhotoWeges, 231 A. Barra, 235R Kathryn Willmott, 236L M.Choco, 258L Bildagentur Zoonar GmbH, 258R Krzysztof Slusarczyk, 260L fotomaton, 260C babetka, 261TL PhotoWeges, 276 Matt Howard, 281R kajornyot, 287L Cillas, 287R Chhe, 288 Cindy Underwood, 289L Junlapatchara, 290L roroto12p, 291R Philip Bird, 295C Forest & Kim Starr

Royal Horticultural Society: 70L, 74L, 76L, 82L, 92R, 102L, 115R, 122, 142, 145L, 177L, 181T, 185L, 206R, 212C, 227L, 242L, 267B, 285C, 294R, 300R; RHS/Lee Beel 124–5, 155–6; RHS/Mark Bolton 31, 211TR; RHS/Claire Campbell 184R; RHS/Janet Cubey 200R; RHS/Paul Cumbleton 289R; RHS/Ali Cundy 162R; RHS/Sue Drew 286R; RHS/Adam Duckworth 190–1; RHS/Philippa Gibson 78L, 188C, 188R, 207C, 207R, 279, 285L; RHS/Wilf Halliday 227R; RHS/Jerry Harpur 6-7, 270–1; RHS/Neil Hepworth 178T, 284; RHS/Leigh Hunt 172R, 230C, 266C, 300C; RHS/Jason Ingram 150R; RHS/Cecile Moisan 85L, 227C; RHS/David Nunn 212R; RHS/Barry Phillips

166, 261BL, 264TL, 268C; RHS/Katy Prentice 163; RHS/Zebrina Rendall 137L, 181B, 282R; RHS/Rebecca Ross 146L, 246–7, 283L; RHS/Tim Sandall 79L, 138, 139L, 140L, 151R, 161L, 173TR, 179L, 184L, 184C, 205L, 210L, 225L, 260R, 262, 264TR, 285R, 286L, 292L, 293R, 194L, 296L, 300L, 301BR; RHS/Carol Sheppard 64, 71L, 97, 99C, 99R, 103, 108R, 117, 132C, 135R, 137C, 149L, 156R, 175TL, 176R, 186L, 189L, 202R, 224L, 224R, 230L, 232BL, 259BL, 263L, 266L, 266R, 268R, 291C, 292R, 296C, 296R, 299L; RHS/Niki Simpson 178R; RHS/Mike Sleigh 149R, 150L, 178L, 180C, 205R, 236R, 237R, 241BR, 245R, 293L, 301TC; RHS/Graham Titchmarsh 72, 74R, 83R, 102R, 131L, 146R, 162L, 179C, 180L, 201R, 211TL, 213TR, 213B, 218, 228R, 228C, 229R, 234L, 235L, 237L, 238, 239C, 239R, 239C, 239R, 240, 242R, 243BL, 243TR, 244L, 244R, 245L, 245C, 259BR, 259TR, 261BR, 263C, 263R, 265, 267T, 268L, 269L, 269R, 281L, 282R, 292C, 299R; RHS/Wendy Wesley 208R; RHS/Christopher Whitehouse 212L

All other photographs copyright Andrew Lawson, with thanks to the garden owners, including: 12 Barnsley House, Gloucestershire, designer Rosemary Verey; 15, 60–1 Gowers Close, Sibford Gower, Oxfordshire; 20–1 Exbury Gardens, Southampton; 36–7 Manor House, Blewbury, Oxon; 43 Sticky Wicket, Dorset; 66–7 Mr & Mrs Gunn, Ramster; 126 Olympic Park, London, plantings by Sarah Price, James Hitchmough & Nigel Dunnett; 129 Penelope Hobhouse, Bettiscombe, Dorset; 144R Evenley Wood, Northants; 171, 221 Haseley Court, Oxfordhire; 192; Mr & Mrs Farquar, Old Cottage Inn, Piddington; 196 designer Kathy Brown; 214 designer Sir Hardy Amies; 216–17 Old Manor House, Charlbury, Oxfordshire, designer Sue Grant; 222–3 Seend Manor, Wiltshire, designers Julian & Isabel Bannerman; 250–1 designers Tessa Traeger & Patrick Kinmouth; 252 Chilcombe House, Dorset; 272 Pettifers, Oxfordshire; 305 *You* magazine, RHS Hampton Court Show 2000, designers Isabelle van Groeningen, Gabriella Pape

訳者あとがき

　本書を手に取られた方は、香りのする植物の種類や、その香りの種類が豊富であることに驚かれたかもしれない。本書はそれらをどのように分類し、どのように組み合わせたらよいのか、さまざまな角度からヒントが記されており、実際に香りの植物を活用した植栽設計をする上でも参考として頂ける心強い味方である。植物によって香りを発する部位やそのしくみも異なり、香りを漂わせる時期や生育しやすい環境も異なる。それらの特性を知れば、心に響く香りの庭作りにも活かせるのだが、その具体的な方法についてわかりやすく解説された本はおそらく本書が初であろう。

　本書は 2014 年秋にロンドンの Frances Lincoln 社から刊行された "RHS Companion to Scented Plants" の全訳である。一年草、二年草、宿根草、球根植物、低木・灌木、高木、水辺の植物、ウォールシュラブ、つる植物、高山植物、ハーブ、バラ、寒さに弱い植物、などをすべて網羅し、これほど多くの植物の香りについて詳細に取り上げた本は他にないと言ってよいだろう。美しく臨場感ある写真も素晴らしく、紙面から匂い立つようである。図鑑部分のみならず、さらにこの本の大きな特徴となっているのは、各章の冒頭部に「香り」という要素を活用するための基本的な考え方についてもわかりやすく述べている点である。

　庭での体験にとって「香り」という要素は、目には見えないがその場所に特有の雰囲気を作り出す点で大きな力を発揮する影の立役者である。訳者自身も博士論文『匂いの風景論―庭園における複合的感覚体験の分析―』（弘文社、2014）においてまさにそのことを述べており、「香り」という感覚に意識を向けることであらためて見えてくる風景、五感で感じ取られる風景を「匂い風景／香り風景」と呼んでいる。

　現在は香りを活用した空間の演出や、香水コンサルタントのほか、庭や公園などの設計のなかに植物の香りの要素を積極的に取り入れた「香り風景」のデザインやコンセプトの提案を行っているのだが、セミナーや講演などでお話しをさせて頂く機会は増えつつあるものの、日本にはまだ香りの植物を設計に活用する際の包括的な拠り所となるような書籍がないのが課題と思っていた矢先に翻訳のお話しを頂いた。著者とは対照的に、香料業界から出発し、庭の香りという視点に至った訳者にとって、本書はまるでその思いを代弁してくれるような書籍であり、喜んでお引受けした次第である。地球の裏側で同じ時期に同じことを考えている人がいるということに驚きと嬉しさを禁じえない。

　翻訳作業を進めるにあたり、属名、学名、英名、和名、などの表記について、特定品種を意味するのか、○○属全体を意味するのか分かりづらい箇所もあり、議論を重ねたが、原則としては、属名や学名は斜体、固有名詞のついた品種は‘ ’で表記した。各名称については『園芸植物大事典』を参照しつつ、最終的には一般読者にも読みやすいことを念頭において訳すこととした。

　本書の完成にあたり、学術用語や学名の取り扱いなどについて終始に亘り貴重なアドバイスを頂いた服部マリさん、膨大な情報を読みやすく熱意を持って編集してくださった柊風舎の麻生緑さんに心より感謝を申し上げたい。

　本書が多くの方の目にとまり、植物の香りに興味を持つきっかけとなり、さまざまな場所で魅力的な「香り風景」が創出されることを心より願っている。感謝とともに…。

株式会社セントスケープ・デザインスタジオ

代表取締役　小泉祐貴子

【著者】
スティーブン・レイシー（Stephen Lacey）
ガーデンライター。著書に The Startling Jungle、Real Gardening、Gardens of the National Trust など。長年デイリー・テレグラフ紙のコラムや特集記事を担当し、RHS The Garden など数多くの雑誌にも寄稿。世界各地の園芸協会やデザインスクールで講演を行い、長い間 BBC の Gardeners' World にレギュラー出演していた。この本で紹介した香り植物の多くは、1エーカーに及ぶ彼自身の庭で栽培されている。

【写真】
アンドリュー・ローソン（Andrew Lawson）
イギリスのガーデンフォトグラファー界の第一人者。画家、ガーデナーとしても知られる。英国王立園芸協会の写真部門でゴールドメダルを受賞。ガーデン雑誌 BISES の表紙やグラビア写真でも有名で、写真集も多数出版。

【訳者】
小泉祐貴子（Yukiko Koizumi）
香り風景デザイナー。京都造形芸術大学非常勤講師。学術博士（環境デザイン分野）。㈱資生堂、大手香料会社 Firmenich 社にて、人と香りをテーマに研究、開発、マーケティング、コンセプトワークなどを経験したのち独立。㈱セントスケープ・デザインスタジオ代表取締役。香りの植栽設計、芳香装置による空間演出、香水のプロデュースなど、幅広く香りの可能性を展開している。

RHS COMPANION TO SCENTED PLANTS
by Stephen Lacey, with photographs by Andrew Lawson
Copyright © Frances Lincoln Limited 2014
Text copyright © Stephen Lacey 2014
Photographs copyright © Andrew Lawson 2014 and as listed on pages 318-9
Planting Plans on pages 46, 48, 50, 52 illustrated by Kathryn Pinker
Japanese translation published by arrangement with
Frances Lincoln Limited through The English Agency (Japan) Ltd.

Printed and bound in China

英国王立園芸協会
香り植物図鑑
花・葉・樹皮の香りを愉しむ

2016年8月2日　第1刷

著　者　スティーブン・レイシー
写　真　アンドリュー・ローソン
訳　者　小泉祐貴子
装　丁　古村奈々
発行者　伊藤甫律
発行所　株式会社　柊風舎

〒161-0034 東京都新宿区上落合1-29-7 ムサシヤビル5F
TEL 03-5337-3299／FAX 03-5337-3290

日本語版組版／明光社印刷所

ISBN978-4-86498-038-8
Japanese text © Yukiko Koizumi